无线网络技术与规划设计

汪丁鼎　许光斌　丁　巍　汪　伟　徐　辉◎编著

U0344753

人民邮电出版社
北　京

图书在版编目（CIP）数据

5G无线网络技术与规划设计 / 汪丁鼎等编著. -- 北京 : 人民邮电出版社, 2019.8（2021.1重印）
ISBN 978-7-115-51551-3

Ⅰ. ①5… Ⅱ. ①汪… Ⅲ. ①无线电通信—通信网 Ⅳ. ①TN92

中国版本图书馆CIP数据核字(2019)第121535号

内 容 提 要

本书从 5G 无线网络的关键技术和系统协议入手，结合网络规划分析经验、5G 试验网数据和 5G 典型业务需求，着重阐述了 5G 基站基本能力、网络规划设计方法、设备演进、工艺要求，并提出了室内覆盖场景的综合解决方案。

本书内容丰富，资料翔实，逻辑严谨、论述深入浅出，特别提炼了 8 章内容概要一览彩图，适合从事 5G 无线网络工程的相关人员参考学习，也可供大专院校通信专业的师生阅读使用。

◆ 编　著　汪丁鼎　许光斌　丁　巍　汪　伟　徐　辉
　　责任编辑　赵　娟　王建军
　　责任印制　彭志环
◆ 人民邮电出版社出版发行　北京市丰台区成寿寺路 11 号
　　邮编　100164　电子邮件　315@ptpress.com.cn
　　网址　http://www.ptpress.com.cn
　　三河市中晟雅豪印务有限公司印刷
◆ 开本：787×1092　1/16　　　　　拉页：8
　　印张：27　　　　　　　　　　　2019 年 8 月第 1 版
　　字数：635 千字　　　　　　　　2021 年 1 月河北第 8 次印刷

定价：168.00 元

读者服务热线：(010)81055493　印装质量热线：(010)81055316
反盗版热线：(010)81055315

编委会

序 PREFACE

当前，第五代移动通信（5G）技术已日臻成熟，国内外各大主流运营商均在积极准备 5G 网络的演进升级。促进 5G 产业发展已经成为国家战略，我国政府连续出台相关文件，加快推进 5G 技术商用，加速 5G 网络发展建设进程。本月初，工信部发放 5G 商用牌照，标志着中国正式进入 5G 时代。4G 改变生活，5G 改变社会。新的网络技术带动了多场景服务的优化，也带动了互联网技术的演进，也将引发网络技术的大变革。5G 不仅仅是移动通信技术的升级换代，更是未来数字世界的驱动平台和物联网发展的基础设施，将对国民经济方方面面带来广泛而深远的影响。5G 和人工智能、大数据、物联网及云计算等的协同融合点燃了信息化新时代的引擎，为消费互联网向纵深发展注入后劲，为工业互联网的兴起提供新动能。

作为信息社会通用基础设施，当前国内 5G 产业建设以及发展如火如荼。在 5G 产业上虽然中国有些企业已经走到了世界的前面，但并不意味着在所有方面都处于领先地位，还应该加强自主创新能力。我国 5G 牌照虽已发放，但是 5G 技术仍在不断的发展中。在网络建设方面，5G 带来的新变化、新问题也需要不断的探索和实践，尽快找出分析解决办法。在此背景下，在工程技术应用领域，亟需加强针对 5G 网络技术、网络规划和设计等方面的研究，为已经来临的 5G 大规模建设做好技术支持。"九层之台，起于累土"，规划建设是网络发展之本，为抓住机遇，迎接挑战，做好 5G 建设准备工作，作者编写了系列丛书，为 5G 网络规划建设提供参考和借鉴。

本书作者工作于华信咨询设计研究院有限公司，长期跟踪移动通信技术的发展和演进，一直从事移动通信网络规划设计工作。作者已经出版过有关 3G、4G 网络规划、设计和优化的书籍，也见证了 5G 移动通信标准诞生、萌芽、发展的历程，参与了 5G 试验网的规划设计，积累了 5G 技术和工程建设方面的丰富经验。

在这一系列著作中，作者依托其在网络规划和工程设计方面的深厚技术背景，系统地介绍了 5G 无线网络技术、蜂窝网络技术、5G 核心网技术以及网络规划设计的内容和方法，系统全面地提供了从 5G 理论技术到建设实践的方法和经验。本系列书籍将有助于工程设计人员更深入地了解 5G 网络，更好地进行 5G 网络规划和工程建设。本系列书籍的出版适逢 5G 牌照发放，对将要进行的 5G 规模化商用网络部署将会有重要的参考价值和指导意义。

郭贺铨

2019.6.26

前言 FOREWORD

自我国开展 3G 商用，启动移动互联网时代以来，移动通信进入了快速发展的阶段，特别是经历了 4G 大发展时代，用户使用移动互联网已经成为一种习惯和刚性需求。移动互联网、物联网的结合，给未来信息化发展提供了非常广阔的空间。据估计，未来 5 年，移动互联网业务量每年复合增长率将达到 80% 以上。未来 10 年，移动互联网数据流量将增长 500 倍以上，4G 技术难以满足未来更高速率的数据业务和低时延、高可靠性业务的需求。为此，5G 技术应运而生，发展 5G 成为我国当前信息化发展的重要任务。

2017 年 10 月，国务院出台了《关于进一步扩大和升级信息消费持续释放内需潜力的指导意见》（以下简称《意见》），部署进一步扩大和升级信息消费，充分释放内需潜力，壮大经济发展内生动力；指出要加快第五代移动通信（5G）标准研究、技术试验和产业推进，力争 2020 年启动商用。2018 年 10 月，国务院印发《完善促进消费体制机制实施方案（2018—2020 年）》，要求加快推进第五代移动通信（5G）技术商用。两个文件对信息通信行业产生了深远影响，把握全球移动互联网发展机遇，促进 5G 产业快速发展成为国家战略。由此，各地 5G 试验网的建设和测试如火如荼，呈现多地开花的态势。2019 年 6 月 6 日，工信部正式发放 5G 商用牌照，标志着中国正式进入 5G 时代，同时也吹响了 5G 大规模建设的号角。

在此背景下，在工程技术应用领域，需要加强针对 5G 网络技术、网络规划和设计等方面的研究，为 5G 大规模建设做好技术指引和参考。

本书作者均是华信咨询设计研究院从事移动通信的专业技术人员，长期跟踪研究 5G 通信系统标准、规范与组网技术，参与国内 5G 试验网规划、设计和测试，对 5G 无线网络技术有较深刻的理解。本书在编写过程中融入了作者在长期从事移动通信网络规划设计和优化工作中积累的经验和心得，可以使读者较为全面地理解 5G 系统技术和网络规划、设计等内容。

本书第一章 5G 无线技术与系统概要介绍了 5G 系统的发展、系统架构、物理层协议和 5G 无线网关键技术。第二章 5G 业务与场景介绍了各类 5G 典型业务模型，以及不同场景下的业务模型的分析方法。第三章基站覆盖能力分析介绍了 5G 网络覆盖影响因素、链路预算、5G 频段传播模型及覆盖的平衡和优化等内容。第四章基站容量能力分析介绍了 5G 网络容量影响因素、基站容量分析、容量优化等内容。第五章 5G 无线网络规划介绍了无线网络规划的内容和方法，包括覆盖、容量、参数规划、组网技术以及 5G 与其他系统的干扰协调和规划仿真。第六章 5G 无线网络设备介绍了 5G 对设备系统的新需求，从网络架构演进和网络性能两个方面介绍了 5G 无线网络设备的变化。第七章 5G 无线网络设计介绍了 5G 无线网设计的内容和要求，包括基站的选址、勘察、主设备及配套设计等内容，对基础设施共建共享提出了建议。第八章 5G 室内覆盖系统设计从信号模型、系统分类、设计流程、典型解决方案等方面介绍了 5G 室内覆盖场景的设计方法和方案。

全书由华信咨询设计研究院有限公司总工程师朱东照统稿，许光斌编写了第一章，徐辉编写了第二章，汪丁鼎编写了第三、四、五章，丁巍编写了第六、八章，汪伟编写了第七章。华信设计院是国内最早从事移动通信网络规划、设计与优化的设计院之一，在 5G 网络规划、设计和优化方面具备雄厚的技术实力和丰富的实践经验。在本书的编写过程中，得到了华信多位领导和同事的大力支持，特别是公司余征然总经理的大力支持，在此表示衷心感谢！同时，在这里也向肖清华、黄小光、李娥江等同仁表示感谢！在本书的编写过程中，还得到了中国电信北京研究院、华为等公司的支持和帮助，参考了许多学者的专著和研究论文，在此一并致谢！

本书适用于从事 5G 移动通信系统规划、设计、网络优化和维护的工程技术人员与管理人员参考使用，也可作为高等院校移动通信相关专业师生的参考书。

由于时间仓促，编者水平有限，书中难免有疏漏与不妥之处，恳请读者批评指正。

编　者

2019 年 6 月于杭州

目录 CONTENTS

第五章　5G无线网络规划

第六章　5G无线网络设备

附　录

5G 无线技术与系统

Chapter 1

第一章

导读

　　5G 无线网络技术主要集中在物理层，包括物理层协议及相关技术。本章阐述了 5G 发展的演进情况及系统架构，重点介绍了 5G 帧结构以及上下行物理信道和信号，然后简要介绍了 5G 无线网络的 MAC、RLC、PDCP、RRC 等协议。5G 关键技术众多，皆为满足 5G 业务特性需求而来。Massive MIMO 天线技术是通过大幅增加收发端的天线数，以增加系统内可利用的自由度，从而形成高的速率和增益。NOMA 是一种功分多址方案，将不同信道增益的多个用户在功率域上叠加而获得复用增益。高频毫米波通信技术是充分利用高频波长短、设备集成度高及频谱资源支持极高速短距离的通信技术。超密集组网技术主要解决密集组网的干扰控制和切换问题，提升单位面积速率。网络切片技术是将物理网络进行层化逻辑切分，以更好地满足不同业务的特性需求。时频全双工技术本质是上下行同时、同频并解决收发自干扰，以提升系统容量的技术。MEC 技术是将内容与计算能力下沉，提供智能化的流量调度。这些关键技术解决了 5G 中相应的技术问题，但是也带来了不少挑战，在应用中需要认真分析。

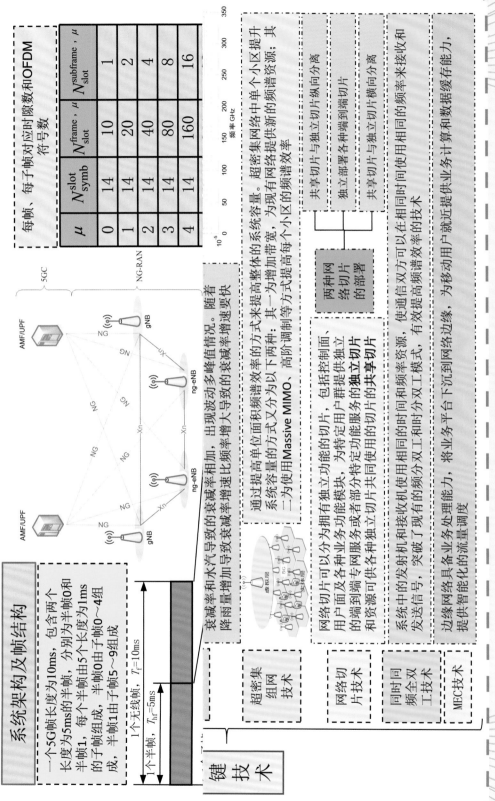

第一章 内容概要一览图

●● 1.1　5G 系统概述

从 1G 到 4G 的发展路线可以看出，移动通信系统的每次演进、更新换代都是为了解决当时最主要也是最迫切的通信需求。目前，随着智能手机的大规模普及，越来越多新的业务不停地出现，各个维度的业务需求也在不断提高。此外，移动互联网正在向"万物互联"的移动物联网发展。除了手机之外，数以亿计的智能终端将接入网络，相互连接、相互交互信息，使业务和应用更加多样化和多元化。以人为中心的通信与以机器为中心的通信将相互共存，相互融合，这将对移动通信系统带来前所未有的挑战。根据移动通信的发展，第五代移动通信系统（5th Generation Mobile Communication System，5G），将在 2020 年左右商用，5G 已经成为当前最为热门的研究方向和研究领域，全球各国政府、标准组织、相关企业院校纷纷开始了针对 5G 的研究工作。5G 将以用户为中心、构建全方位的信息生态系统，通过无缝融合的方式，实现人与万物的智能互联，最终实现"信息随心至，万物触手及"的总体愿景。

根据 IMT-2020 推进组《5G 需求与愿景白皮书》的要求，5G 需要支持 0.1~1Gbit/s 的用户体验速率，每平方千米 100 万的连接数密度，毫秒级的端到端时延，每平方千米数十 Tbit/s 的流量密度，每小时 500 千米以上的移动性和数十 Gbit/s 的峰值速率。同时，5G 还需要大幅提高网络部署和运营的效率，与 4G 相比，频谱效率提升 5~15 倍，能量效率和成本效率提升百倍以上。为了达到这些性能指标和要求，研究学者们对 5G 的核心技术进行了深入的研究。从增加覆盖、增加信道、增加带宽、增加信噪比等几个方面出发，相关技术包括增强覆盖技术、频谱提升技术、频谱扩展技术、能效提升技术，以及多址技术、用户调度、资源分配、用户 / 网络协作等。随着研究的深入，研究学者们认为，5G 的核心技术既包含新的无线接入技术，也包含一些传统无线技术的增强技术。

在世界范围内，各个国家各个地区都有组织地对 5G 开展积极的研究工作。例如，欧盟的 METIS[Mobile and Wireless Communications Enables for Twenty-Twenty（2020）Information Society]、中国的 IMT2020（5G）推进组、韩国的 SG Forum 论坛、由运营商主导的 NGMN（Next Generation Mobile Networks）等。当前，制定全球统一的 5G 标准已经成为业界共同的呼声。国际电信联盟（International Telecommunication Union，ITU）已经启动了面向 5G 标准的研究工作，并且明确了 IMT2020（5G）的工作计划：2015 年年中完成 IMT2020 国际标准前期研究（包括愿景、技术趋势和频谱）；2016 年开展 5G 技术性能需求和评估方法研究；2017 年年底 2018 年年初开始 5G 候选技术方案的征集；在 2020 年年底之前完成

5G 标准方案的评估和制定，开始进入全面商用。

5G 移动宽带系统将成为面向 2020 年以后人类信息社会需求的无线移动通信系统。5G 不再仅仅是更高速率、更大带宽、更强能力的空中接口技术，而是面向业务应用和用户体验的智能网络。它是一个多业务、多技术融合的网络，通过技术的演进和创新，满足未来包含广泛数据连接的各种业务的快速发展需要，提升用户体验。

3GPP 的 5G Release 15 版本已经标准化，在 2018 年 3 月完成非独立版本的 5G 标准。最初的 5G 国家安全部署可能会在 2019 年年底或 2020 年年初进行。3GPP 在 2018 年 9 月完成全部发布 Release 15 版本，并在 2020 年部署。Release 16 版，即 5G 的第二阶段，将在 2019 年年底完成，并将在 2021 年发布 Release 16 部署。在 2020 年，3GPP 将在 Release 17 版开始工作，图 1-1 所示的是 5G 开发和部署进度，图中显示了 5G 开发和部署的当前进度，其中 5G 系统架构见附录（一）。

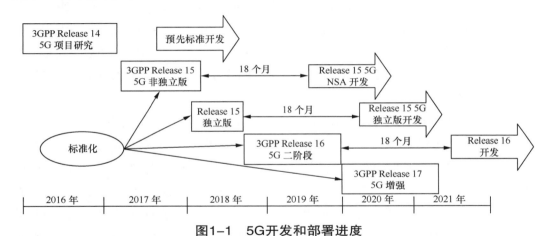

图1-1　5G开发和部署进度

●● 1.2　5G 帧结构和物理资源

1.2.1　帧结构

5G 物理层是在基于资源块的带宽不可知的方式下定义的，允许它适应不同的频谱分配，并且使它非常灵活。

每个资源块包含 12 个特定间隔的子载波。NR 的基本时间单位为 T_c，$T_c = 1/(\Delta f_{max} \cdot N_f)$，其中，$\Delta f_{max} = 480 \times 10^3$ Hz，$N_f = 4096$，常量 $\kappa = T_s/T_c = 64$，$T_s = 1/(\Delta f_{ref} \cdot N_{f, ref})$，$T_s$ 为基本时间单位，$\Delta f_{ref} = 15 \times 10^3$ Hz，$N_{f, ref} = 2048$。5G 支持多个 OFDM 的参数集，见表 1-1，子载波带宽指数 μ 和循环前缀宽度是由高层参数 DL-BWP-mu、DL-BWP-cp、UL-BWP-mu 和 UL-BWP-cp 给出的，用于上下行链路。

表1-1　5G支持的子载波间隔

μ	$\Delta f = 2^{\mu} \times 15 (\text{kHz})$	循环前缀
0	15	常规
1	30	常规
2	60	常规、扩展
3	120	常规
4	240	常规

与 TD-LTE 相似即一个 5G 帧长度为 10ms，包含两个长度为 5ms 的半帧，分别为半帧 0 和半帧 1，每个半帧由 5 个长度为 1ms 的子帧组成，半帧 0 由子帧 0~4 组成，半帧 1 由子帧 5~9 组成，5G 帧结构如图 1-2 所示。每个子帧的 OFDM 符号数 $N_{\text{symb}}^{\text{subframe}, \mu} = N_{\text{symb}}^{\text{slot}} N_{\text{slot}}^{\text{subframe}, \mu}$。时隙长度 $T_{\text{slot}} = \frac{1}{2^{\mu}}$ ms。

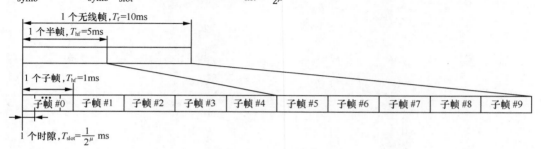

图1-2　5G帧结构

在上下行链路一个载波上分别有一组帧集合，上行链路帧发送要比对应下行链路发送帧提前 $T_{\text{TA}} = \left(N_{\text{TA}} + N_{\text{TA, offset}}\right) T_c$，根据 3GPP TS38.133 $N_{\text{TA, offset}}$ 取决于频段，上下行延时关系如图 1-3 所示。

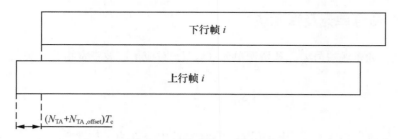

图1-3　上下行延时关系

5G 的一个时隙包含 14 个 OFDM 符号，时隙的持续时长取决于波形，如 15kHz 子载波每时隙持续时长为 1ms，一个无线帧为 10 个时隙，30kHz 子载波每时隙持续时长为 0.5ms，一个无线帧为 20 个时隙等。

$N_{\text{slot}}^{\text{frame}, \mu}$：对应不同子载波带宽指数 μ 每帧对应时隙数。

$N_{\text{symb}}^{\text{slot}}$：每时隙对应符号数。

$N_{\text{slot}}^{\text{subframe},\mu}$：对应不同子载波带宽指数 μ 的每个子帧对应时隙数。

根据子载波带宽指数 μ，一个子帧时隙数 $n_s^\mu \in \left\{0, \ldots, N_{\text{slot}}^{\text{subframe},\mu}-1\right\}$，一帧时隙数 $n_{\text{s,f}}^\mu \in \left\{0, \ldots, N_{\text{slot}}^{\text{frame},\mu}-1\right\}$。每个时隙有 $N_{\text{symb}}^{\text{slot}}$ 个连续的 OFDM 符号，具体 $N_{\text{symb}}^{\text{slot}}$ 值根据 CP 类型见表 1-2 和表 1-3。同一子帧中的开始时隙 n_s^μ 与开始的 OFDM 符号 $n_s^\mu N_{\text{symb}}^{\text{slot}}$ 对齐。目前有几种帧结构时隙配置，具体见附录（二）。

1 个时隙中的 OFDM 符号可以分为"下行"（用"D"表示）、"灵活"（用"X"表示）或"上行"（用"U"表示），如附录（三）所示。一个下行帧中的一个时隙只能是下行 D 或者灵活 X。

表1-2 常规CP每帧、每子帧对应时隙数和OFDM符号数

μ	$N_{\text{symb}}^{\text{slot}}$	$N_{\text{slot}}^{\text{frame},\mu}$	$N_{\text{slot}}^{\text{subframe},\mu}$
0	14	10	1
1	14	20	2
2	14	40	4
3	14	80	8
4	14	160	16
5	14	320	32

表1-3 扩展CP每帧、每子帧对应时隙数和OFDM符号数

μ	$N_{\text{symb}}^{\text{slot}}$	$N_{\text{slot}}^{\text{frame},\mu}$	$N_{\text{slot}}^{\text{subframe},\mu}$
2	12	40	4

1.2.2 资源单元及资源块

5G 频域普通资源块号 n_{CRB}^μ 和资源单元（k, l）对应子载波带宽指数 μ 关系如下：

$$n_{\text{CRB}}^\mu = \left\lfloor \frac{k}{N_{\text{sc}}^{\text{RB}}} \right\rfloor \qquad \text{式（1-1）}$$

k 参照子载波中心 A 点，当 $k = 0$，对应于子载波中心 A 点。物理资源块（Physical resource blocks，PRB）序号从 0 至 $N_{\text{BWP},i}^{\text{size}}-1$，其中，$i$ 为子带号，n_{PRB} 与 n_{CRB} 的关系如下：

$$n_{\text{CRB}} = n_{\text{PRB}} + N_{\text{BWP},i}^{\text{start}} \qquad \text{式（1-2）}$$

$N_{\text{BWP},i}^{\text{start}}$ 参照普通资源块 $n_{\text{CRB}}^\mu = 0$ 的子带。虚拟资源块子带序号从 0 至 $N_{\text{BWP},i}^{\text{start}}-1$，其中，$i$ 为子带号。资源块 $N_{\text{sc}}^{\text{RB}} = 12$，为在频域中连续的 12 个子载波。子帧时隙结构资源如图 1-4 所示。

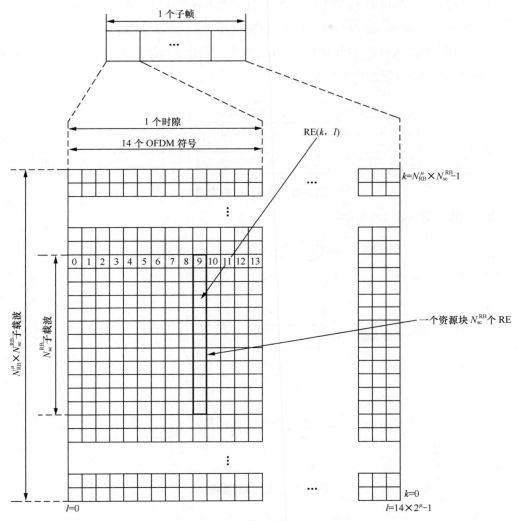

图1-4　子帧时隙结构资源

●●1.3　上行物理信道及信号

　　5G 中的物理层位于无线接口协议的最底层，提供物理介质中的比特（BIT）流传输所需的所有功能。物理信道可分为上行物理信道和下行物理信道。

　　5G 定义的上行物理信道主要包括物理上行共享信道（The Physical Uplink Shared Channel，PUSCH）、物理上行控制信道（The Physical Uplink Control Channel，PUCCH）和物理随机接入信道（The Physical Random Access Channel，PRACH）三种。上行物理信道如图 1-5 所示，采取 QPSK、16 QAM、64 QAM 和 256 QAM 调制方式。

（1）物理上行共享信道（PUSCH）：PUSCH 用于承载上行用户信息和高层信令。

（2）物理上行控制信道（PUCCH）：PUCCH 用于承载上行控制信息。

（3）物理随机接入信道（PRACH）：PRACH 用于承载随机接入前导序列的发送，基站通过对序列的检测以及后续信令交流，建立起上行同步。

图1-5　上行物理信道

上行信道映射如图 1-6 所示。

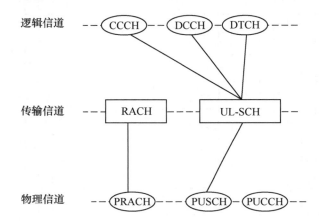

图1-6　上行信道映射

1.3.1　PUCCH 信道

5G 的物理上行控制信道 PUCCH 用于承载上行控制信息，包括 ACK/NACK、信道质量指示（Channel Quality Index，CQI）、大规模多入多出（Massive Multiple Input Multiple Output，Massive MIMO）回馈信息以及调度请求（SR，RI）信息等。PUCCH 是在没有数据需要发送的情况下发送的，不同带宽和网络负荷、用户数以及复用系数的情况下，需要配置的 PUCCH 数目有所区别。

物理上行链路控制信道支持多种格式，见表 1-4，其中，跳频是为 PUCCH 格式 1、格式 3 或格式 4 配置的，第一次跳频的符号数量是由 $\lfloor N_{\text{symb}}^{\text{PUCCH}}/2 \rfloor$ 给定，其中，$N_{\text{symb}}^{\text{PUCCH}}$ 表示 PUCCH 传输的 OFDM 符号长度。

表1-4 PUCCH格式

PUCCH 格式	OFDM 符号长度 $N_{\text{symb}}^{\text{PUCCH}}$	比特数	备注
0	1~2	≤ 2	
1	4~14	≤ 2	跳频
2	1~2	>2	
3	4~14	>2	跳频
4	4~14	>2	跳频

1.3.2 PUSCH 信道

5G 的物理上行共享信道 PUSCH 用于承载上行业务数据。上行资源只能选择连续的 PRB，并且 PRB 个数满足 2、3、5 的倍数。在 RE 映射时，PUSCH 映射到子帧中的数据区域上。PUSCH 支持的调制方式见表 1-5，其中，传输预编码相对于非传输预编码多了 $\frac{\pi}{2}$ — BPSK 调制。

表1-5 支持调制方式

非传输预编码		传输预编码	
调制方式	调制阶数 Q_m	调制方式	调制阶数 Q_m
		$\frac{\pi}{2}$-BPSK	1
QPSK	2	QPSK	2
16 QAM	4	16 QAM	4
64 QAM	6	64 QAM	6
256 QAM	8	256 QAM	8

为了保证上行单载波特性，当数据和控制信令同时传输时，控制信令和数据在 DFT 之前需要进行复用。

传输预编码根据下式：

$$y^{(0)}(l \cdot M_{\text{sc}}^{\text{PUSCH}} + k) = \frac{1}{\sqrt{M_{\text{sc}}^{\text{PUSCH}}}} \sum_{i=0}^{M_{\text{sc}}^{\text{PUSCH}}-1} \tilde{x}^{(0)}(l \cdot M_{\text{sc}}^{\text{PUSCH}} + i)e^{-j\frac{2\pi ik}{M_{\text{sc}}^{\text{PUSCH}}}}$$
$$k = 0, ..., M_{\text{sc}}^{\text{PUSCH}} - 1$$
$$l = 0, ..., M_{\text{symb}}^{\text{layer}}/M_{\text{sc}}^{\text{PUSCH}} - 1$$

式（1-3）

由式（1-3）可得到一个复值符号块 $y^{(0)}(0), ..., y^{(0)}(M_{\text{symb}}^{\text{layer}}-1)$。变量 $M_{\text{sc}}^{\text{PUSCH}} = M_{\text{RB}}^{\text{PUSCH}} \cdot N_{\text{sc}}^{\text{RB}}$，其中，$M_{\text{RB}}^{\text{PUSCH}}$ 代表 PUSCH 的 RB 的带宽。在预编码中的 DFT 变换时，将时域的每个采样点扩展到整个带宽，其中，DFT 点数需满足：

$$M_{\text{RB}}^{\text{PUSCH}} = 2^{\alpha_2} \times 3^{\alpha_3} \times 5^{\alpha_5}$$

式（1-4）

其中，α_2，α_3，α_5 是一组非负整数。物理上行共享信道 PUSCH 用于承载上行业务数据。上行资源只能选择连续的 PRB，并且 PRB 个数满足 2、3、5 的倍数。在 RE 映射时，PUSCH 映射到子帧中的数据区域上。

1.3.3　PRACH 信道

5G 在每个 PRACH 定义了 64 个前导，以递增的顺序从逻辑根序列的循环移位C_v，然后在逻辑根序列索引的递增顺序中，从高层参数 PRACH Root Sequence Index 中获得的索引开始。序列编号u是从逻辑根序列索引中获得的。循环移位C_v由下式给定：

$$C_v=\begin{cases} vN_{CS} & v=0,1,\dots,\lfloor L_{RA}/N_{CS}\rfloor-1,\ N_{CS}\neq0 & \text{for unrestricted sets}\\ 0 & N_{CS}=0 & \text{for unrestricted sets}\\ d_{start}\lfloor v/n_{shift}^{RA}\rfloor+(v\bmod n_{shift}^{RA})N_{CS} & v=0,1,\dots,w-1 & \text{for restricted sets Type A and B}\\ \bar{d}_{start}+(v-w)N_{CS} & v=w,\dots,w+\bar{n}_{shift}^{RA}-1 & \text{for restricted sets Type B}\\ \bar{\bar{d}}_{start}+(v-w-\bar{n}_{shift}^{RA})N_{CS} & v=w+\bar{n}_{shift}^{RA},\dots,w+\bar{n}_{shift}^{RA}+\bar{\bar{n}}_{shift}^{RA}-1 & \text{for restricted sets Type B}\end{cases}$$

$$w=n_{shift}^{RA}n_{group}^{RA}+\bar{n}_{shift}^{RA}$$

式（1-5）

N_{CS}由附录（四）附表 2 到附表 4 给出，更高层的参数限制 setconfig 决定受限集的类型（不受限制的、受限制的 Type A 类型、受限制的 Type B 类型）和附录（四）附表 5 和附表 6 表示支持不同前导格式的受限制集的类型。

变量 d_u 由下式得到

$$d_u=\begin{cases} q & 0\leqslant q<L_{RA}/2\\ L_{RA}-q & \text{otherwise}\end{cases}$$
式（1-6）

q 是最小的非负整数，满足$(q_u)\bmod L_{RA}=1$，对循环移位的限制集的参数取决于 d_u，对于所有其他 d_u 值，在受限集中没有循环移位。

前导序列应根据下式映射到物理资源：

$$a_k^{(p,RA)}=\beta_{PRACH}y_{u,v}(k)$$
$$k=0,1,\dots,L_{RA}-1$$
式（1-7）

β_{PRACH}是一个振幅因子，符合指定的传输功率，$p=4000$是天线端口。基带信号生成根据的是附录（四）附表 5 或附表 6 的参数，$\bar{k}$的取值按照附录（四）附表 7 给出的参数进行。

随机接入前导只能由更高层参数的 PRACH Configuration Index 提供的时间资源中传输，并且依赖于 FR1 或 FR2，FR1 或 FR2 频率范围见表 1-6。

表1-6　FR1或FR2频率范围

频率范围定义	频率范围
FR1	450 MHz~6000 MHz
FR2	24250 MHz~52600 MHz

随机接入前导只能在参数 Prach-FDM 给出的频率资源中传输。PRACH 频率资源 $n_{RA} \in \{0, 1, \dots, M-1\}$，$M$ 等于更高层的参数 Prach-FDM，在激活的上行链路初始接入 BWP 中从最低的频率开始，按递增顺序编号。为了时隙编号，假定下列子载波间隔：PRACH 15kHz 前导格式 0~3；PRACH $15 \cdot 2^{\mu}$ kHz 前导格式 A1、A2、A3、B1、B2、B3、B4、C0、C2，其中，μ 是 PRACH 子载波间隔配置。

1.3.4　上行 SRS 信号

UE 可以配置一个或多个探测参考信号（SRS）资源集，这些资源集由更高的层参数 SRS-Resource Set 配置。对于每个 SRS 资源集，UE 可以配置 $K \geqslant 1$ SRS 资源（更高的层参数 SRS-Resource）。SRS 资源集的适用性是通过在 SRS-Resource Set 中使用更高层次的参数来配置的。当较高层参数使用设置为"波束管理"时，在给定的时刻，多个 SRS 集中的每个 SRS 资源只能传输一个 SRS 资源。不同 SRS 资源集中的 SRS 资源可以同时传输。SRS-Resource Id 确定 SRS 资源配置标识。由更高的层参数 nrof SRS-Ports 定义的 SRS 端口数量。高层参数 resource Type 表示 SRS 资源配置的时域行为，可以是周期性的、半持久性的、非周期性的 SRS 传输。对于周期性或半持久性 SRS 资源，时隙周期性和时隙偏移量由更高层的参数所定义。UE 不期望在具有不同时隙周期的相同 SRS 资源集中配置 SRS 资源。对于配置更高层参数 Resource Type 为"非周期"的 SRS-Resource Set，时隙偏移量由更高层参数 slot Offset 定义。在 SRS 资源中 OFDM 符号的个数，在时隙中 SRS 资源的起始 OFDM 符号，重复系数 R，由更高的层参数 Resource Mapping 定义。定义频域位置和可配置位移将 SRS 分配对齐到 4 个 PRB 网格，这是由更高层的参数 freq Domain Position 和 freq Domain Shift 分别定义的。

对于 RS（可以是 SSB/PBCH/CSI-RS 等）与目标 SRS 之间的空间关系配置由更高层参数 SRS SPATIAL Relation Info 指示。

UE 可以通过高层的参数 Resource MApping 中的 $N_s \in \{1, 2, 4\}$ 进行配置，其中，SRS Resource 占用时隙最后 6 个符号中的相邻符号，其中，SRS Resource 的所有天线端口映射到资源的每个符号。当 PUSCH 和 SRS 在同一个时隙中传输时，UE 只能在 PUSCH 和相应的 DMRS 传输后配置 SRS 传输。对于 PUCCH 格式 0 和 2，当半固定和周期性 SRS 配置在同一符号中，且 PUCCH 只携带 CSI 报告或 L1-RSRP 报告时，UE 不能传输 SRS。当半固定或周期性 SRS 配置或非周期触发 SRS 传播相同的符号且 PUCCH 携带 HARQ-ACK 或 SR 时，UE 不能传输 SRS。若与 PUCCH 重叠，SRS 则被丢包，不能被传输。当触发非周期 SRS，使其与仅携带半固定（或周期性）CSI 报告或半固定（或周期性）L1-RSRP 报告的 PUCCH 符号重叠时，PUCCH 不能传输。

1.3.5　上行 DMRS 信号

当传输的 PUSCH 不被 C-RNTI、CS-RNTI 或 MCS-RNTI 加扰的 CRC PDCCH 格式 0_1 调度，UE 应当使用 DMRS 端口 0 上配置 Type1 的单一符号前载 DMRS，符号中其余不用于 DMRS 的 RE 则不用于任何 PUSCH 传输，除了配置持续时间小于 2 个 OFDM 符号且转换预编码禁用的 PUSCH 外，其他的 DMRS 可以根据指定的调度类型和 PUSCH 持续时长（见表 1-7）进行传输。

表1-7　非跳频一个时隙中单符号DMRS位置$\bar{l}$

符号持续时长	DMRS 位置$\bar{l}$							
	PUSCH 映射类型 A				PUSCH 映射类型 B			
	0	1	2	3	0	1	2	3
< 4	–	–	–	–	l_0	l_0	l_0	l_0
4	l_0	l_0	l_0	l_0	l_0	l_0	l_0	l_0
5	l_0	l_0	l_0	l_0	l_0	l_0, 4	l_0, 4	l_0, 4
6	l_0	l_0	l_0	l_0	l_0	l_0, 4	l_0, 4	l_0, 4
7	l_0	l_0	l_0	l_0	l_0	l_0, 4	l_0, 4	l_0, 4
8	l_0	l_0, 7	l_0, 7	l_0, 7	l_0	l_0, 6	l_0, 3, 6	l_0, 3, 6
9	l_0	l_0, 7	l_0, 7	l_0, 7	l_0	l_0, 6	l_0, 3, 6	l_0, 3, 6
10	l_0	l_0, 9	l_0, 6, 9	l_0, 6, 9	l_0	l_0, 8	l_0, 4, 8	l_0, 3, 6, 9
11	l_0	l_0, 9	l_0, 6, 9	l_0, 6, 9	l_0	l_0, 8	l_0, 4, 8	l_0, 3, 6, 9
12	l_0	l_0, 9	l_0, 6, 9	l_0, 5, 8, 11	l_0	l_0, 10	l_0, 5, 10	l_0, 3, 6, 9
13	l_0	l_0, 11	l_0, 7, 11	l_0, 5, 8, 11	l_0	l_0, 10	l_0, 5, 10	l_0, 3, 6, 9
14	l_0	l_0, 11	l_0, 7, 11	l_0, 5, 8, 11	l_0	l_0, 10	l_0, 5, 10	l_0, 3, 6, 9

特定 UE 参考信号生成的定义可以通过高层配置的加扰等式 $n_{\mathrm{ID}}^{\mathrm{DMRS}}$, i $i = 0, 1$ 获得，对于两个 PUSCH 映射 A 型和 B 型都相同。如果 UE 传输 PUSCH 在 DMRS-Uplink Config 中配置了高层参数 phase Tracking RS，那么，UE 对传输的 PUSCH 的 DMRS 口配置类型 1 和类型 2，在 4~7 或 6~11 的任何 DMRS 端口都被用于 UE 调度及发送 PT-RS。PUSCH 中 DMRS 的 EPRE 比例 β_{DMRS}（dB）根据 DMRS CDM 由表 1-8 给定，DMRS 的比例因子 $\beta_{\mathrm{PUSCH}}^{\mathrm{DMRS}} = 10^{\frac{\beta_{\mathrm{DMRS}}}{20}}$。

表1-8　PUSCH EPRE与DMRS EPRE比例（dB）

DMRS CDM 组数（非数据）	DMRS 配置 Type 1	DMRS 配置 Type 2
1	0 dB	0 dB
2	−3 dB	−3 dB
3	–	−4.77 dB

1.3.6　上行 PTRS 信号

如果 UE 没有在 DMRS-Uplink Config 中配置高层参数 phase Tracking RS，UE 就不传输 PT-RS。只有当 RNTI 等于 MCS-C-RNTI、C-RNTI、CS-RNTI、SP-CSI-RNTI 时，PTRS 才可能存在。当转换预编码不启用时，如果 UE 在 DMRS-Uplink Config 中配置了高层参数 phase Tracking RS，PTRS-Uplink Config 中高层参数 time Density 和 frequency Density 指示 ptrs-MCS i 的阈值，i=1，2，3 和 $N_{RB, i}$，i=0，1，分别见表 1-9 和表 1-10。如果配置了 PTRS-Uplink Config 中高层参数 time Density 和 frequency Density，UE 存在 PT-RS 天线端口和模式是相应带宽部分中相应调度 MCS 和调度带宽的函数。如果没有配置高层参数 time Density，UE 假设 L_{PT-RS}=1。若未配置高层参数 frequency Density，则 UE 的 K_{PT-RS}=2。如果在 PTRS-Uplink Config 中没有配置高层参数 time Density 和 frequency Density，则 UE 的 L_{PT-RS}=1，K_{PT-RS}=2。

表1-9　MCS的PT-RS时间密度函数

调度 MCS	时间密度（L_{PTRS}）
$I_{MCS} <$ ptrs-MCS$_1$	PT-RS 不存在
ptrs-MCS$_1 \leq I_{MCS} <$ ptrs-MCS$_2$	4
ptrs-MCS$_2 \leq I_{MCS} <$ ptrs-MCS$_3$	2
ptrs-MCS$_3 \leq I_{MCS} <$ ptrs-MCS$_4$	1

表1-10　调度带宽的PT-RS频率密度函数

调度带宽	频率密度（K_{PTRS}）
$N_{RB} < N_{RB0}$	PT-RS 不存在
$N_{RB0} \leq N_{RB} < N_{RB1}$	2
$N_{RB1} \leq N_{RB}$	4

高层参数 PTRS-Uplink Config 提供参数 ptrs-MCS$_i$（i=1，2，3），当使用 MCS 附录（五）附表 8 时的值区间为 0~28，当使用 MCS 附录（五）附表 9 时的值区间为 0~27。ptrs-MCS4 不是由高层显式配置的，而是假设使用 MCS 附录（五）附表 8 时为 28，使用 MCS 附录（五）附表 7 时为 27。上层参数 PTRS-Uplink Config 提供 $N_{RB, i}$（i=0，1）的参数，取值范围为 1~276。

如果高层参数 PTRS-Uplink Config 指示时间密度阈值 ptrs-MCS$_i$ = ptrs-MCS$_{i+1}$，则禁用表 1-9 中出现这两个阈值的相关行的时间密度 L_{PTRS}。如果 PTRS-Uplink Config 中高层参数 frequency Density 表示频率密度阈值 $N_{RB, i}$ = $N_{RB, i+1}$，则禁用表 1-10 中出现这两个阈值的相关行的频率密度 K_{PTRS}。如果表 1-9 和表 1-10 所示的 PTRS 时间密度（L_{PTRS}）和 PTRS 频率密度（K_{PTRS}）中有一个或两个参数指示配置为"PTRS 不存在"，则 UE 假定 PTRS 不存在。

如果 UE 在 DMRS-Uplink Config 中配置了高层参数 phase Tracking RS，且配置的 PTRS 端口数量为 1，则通过 UL DCI 将 UE 指定为与 PTRS 相关联的 DMRS 端口。当一个 UE 调度传输 PUSCH 时，分配映射 Type A 的持续时间为两个符号且 L_{PTRS} 设置为 2 或 4 时，UE 不传输 PTRS；若分配映射 Type A 的持续时间为 4 个符号且 L_{PTRS} 设置为 4 时，UE 也不传输 PTRS。配置的 PTRS 端口的最大数量是由 PTRS-Uplink Config 中的更高层参数 max Nrof Ports 给定。UE 的 UL PT-RS 端口数量不超过它所报告的需求。如果 UE 报告了支持全相关 UL 的传输能力，则 UE 在配置 UL PTRS 时，将 UL PT-RS 端口的数量配置为一个。在启用转换预编码时，如果 UE 在 PTRS-Uplink Config 中配置了高层参数 dftS-OFDM，UE 应配置高层参数 Sample Density，UE 应假设 PTRS 天线端口的存在和 PTRS 组是对应调度带宽的函数，见表 1-11。当调度 RB 数小于 N_{RB0}（N_{RB0}>1）或 RNTI 等于 TC-RNTI 时，UE 不存在 PTRS。

表1-11 分组模式作为调度带宽的函数

调度带宽	PTRS 组数	每个 PTRS 组抽样数
$N_{RB0} \le N_{RB} < N_{RB1}$	2	2
$N_{RB1} \le N_{RB} < N_{RB2}$	2	4
$N_{RB2} \le N_{RB} < N_{RB3}$	4	2
$N_{RB3} \le N_{RB} < N_{RB4}$	4	4
$N_{RB4} \le N_{RB}$	8	4

如果高层参数 Sample Density 指示样本密度阈值 $N_{RB,i}=N_{RB,i+1}$，则禁用附录（五）附表 9 中出现这两个阈值的相关行。启用预编码转换时，UE 高层参数 RTRS-Uplink Config 中的 dftS-OFDM PTRS 系数 β' 值及调度调制阶数，见表 1-12。

表1-12 启用传输编码PT-RS因子（β'）

调度调制	PTRS 因子（β'）
π/2-BPSK	1
QPSK	1
16 QAM	$3/\sqrt{5}$
64 QAM	$7/\sqrt{21}$
256 QAM	$15/\sqrt{85}$

1.4 下行物理信道及信号

5G 定义的下行物理信道主要有如下三种类型，如图 1-7 所示。

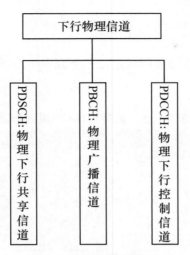

图1-7 下行物理信道

1. 物理下行共享信道（The Physical Downlink Shared Channel，PDSCH）

用于承载下行用户信息和高层信令，采用 QPSK、16 QAM、64 QAM、256 QAM 调制。

2. 物理广播信道（The Physical Broadcast Channel，PBCH）

用于承载主系统信息块信息，传输用户初始接入的参数，采用 QPSK 调制。

3. 物理下行控制信道（The Physical Downlink Control Channel，PDCCH）

用于承载下行控制的信息，如上行调度指令、下行数据传输（公共控制信息）等，采用 QPSK 调制。

下行信道映射如图 1-8 所示。

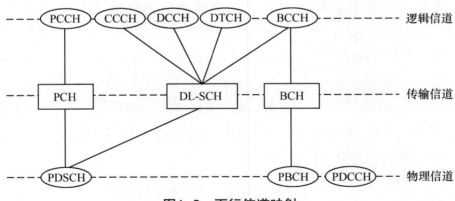

图1-8 下行信道映射

逻辑信道定义传送信息的类型，这些数据流包括所有用户的数据。传输信道是在对逻辑信道信息进行特定处理后再加上传输格式等指示信息后的数据流。物理信道则将属于不同用户、不同功用的传输信道数据流分别按照相应的规则确定其载频、扰码、扩频码、开始/结束时间等进行相关的操作，并在最终调制为模拟射频信号发射出去。

1.4.1 PDCCH 信道

5G 中的一个物理下行链路控制信道由一个或多个控制信道元素（CCE）组成，见表 1-13。

表1-13　支持PDCCH聚合等级

聚合等级	CCE 数
1	1
2	2
4	4
8	8
16	16

控制资源集由频域中的 $N_{RB}^{CORESET}$ 个资源块组成，由更高层次的参数 CORESET-freq-dom 和由更高层次的参数 coreset-time dur 给出的时域 $N_{symb}^{CORESET} \in \{1, 2, 3\}$ 符号组成，只有当更高层的 DL-DMRS-TypeA-pos 等于 3 时才会支持 $N_{symb}^{CORESET} = 3$。

一个控制通道元素由 6 个资源元素组（Resource Element Groups，REG）组成，其中一个 REG 在一个 OFDM 符号中等于一个资源块。控制资源集中的 REG 以一种时间优先的方式编号，从第一个 OFDM 符号以 0 开始编号，该 RB 块是控制资源集中的最低编号的资源块。一个 UE 可以配置多个控制资源集。每个控制资源集只与一个 CCE 至 REG 映射相关联。控制资源集的 CCE 至 REG 映射可以是交织的或非交织的，由更高层次的参数 CORESET-CCE-REG-mApping-type 配置，并由 REG 包描述：REG 包 i 被定义为 $\{iL, iL+1, \ldots, iL+L-1\}$，$L$ 是 RE 包长，$i = 0, 1, \ldots, N_{REG}^{CORESET}/L-1$，$N_{REG}^{CORESET} = N_{RB}^{CORESET} N_{symb}^{CORESET}$ 是 CORESET 中 REG 的数量；CCE 编号 j 由 REG 包交织组成 $\{f(6j/L), f(6j/L+1), \ldots, f(6j/L+6/L-1)\}$，$f(\cdot)$ 为交织函数。对于非交织 CCE 至 REG 映射，$L=6$ 且 $f(j) = j$；对于交织 CCE 至 REG 映射，当 $N_{symb}^{CORESET} = 1$ 时，$L \in \{2, 6\}$；当 $N_{symb}^{CORESET} \in \{2, 3\}$ 时，$L \in \{N_{symb}^{CORESET}, 6\}$，其中，$L$ 由高层参数 CORESET-REG-bundle-size 配置。交织函数定义如下：

$$\begin{aligned} f(j) &= (rC + c + n_{shift}) \bmod (N_{REG}^{CORESET}/L) \\ j &= cR + r \\ r &= 0, 1, \ldots, R-1 \\ c &= 0, 1, \ldots, C-1 \\ C &= N_{REG}^{CORESET}/(LR) \end{aligned}$$

式（1-8）

其中，$R \in \{2,3,6\}$ 由高层参数 CORESET-interleaver-size 取定，CORESET 中发送的

PDCCH 的 $n_{\text{shift}} = N_{\text{ID}}^{\text{cell}}$ 由 PBCH 或者 SIB1 配置，其他 $n_{\text{shift}} \in \{0,1,...,274\}$ 由高层参数 CORESET-shift-index 配置。UE 不期望它处理配置时导致数量 C 不是整数。对于交织和非交织映射，UE 假定：高层参数 CORESET-precoder-granularity=L，在 REG 包中使用相同的预编码。如果更高层次的参数 CORESET-precoder-granularity 等于频域中的 CORESET 的大小，那么所有 REG 在 CORESET 的相邻 RB 块集合中使用相同的预编码；对于由 PBCH 配置的 CORESET，UE 假定 L=6，R=2 以及在 REG 捆绑包中使用的相同的预编码。

UE 的比特块为 $b(0),...,b(M_{\text{bit}}-1)$，其中，$M_{\text{bit}}$ 表示物理信道发送的比特数，在调制前进行 $\tilde{b}(i) = \left(b(i)+c(i)\right)\bmod 2$ 加扰，产生扰码比特块 $\tilde{b}(0),...,\tilde{b}(M_{\text{bit}}-1)$，其中，$c(i)$ 为扰码序列，扰码序列初始化产生根据下式得到：

$$c_{\text{init}} = \left(n_{\text{RNTI}} \cdot 2^{16} + n_{\text{ID}}\right)\bmod 2^{31} \qquad \text{式（1-9）}$$

对于特定 UE 的搜索空间的 $n_{\text{ID}} \in \{0,1,...,65535\}$，如果配置高层参数 PDCCH-DMRS-Scrambling-ID，它就等于更高层的参数 PDCCH-DMRS-Scrambling-ID。其他情况下，$n_{\text{ID}} = N_{\text{ID}}^{\text{cell}}$；如果配置了高层参数 PDCCH-DMRS-Scrambling-ID，n_{RNTI} 则由 C-RNTI 在特定的搜索空间中给出用于的 PDCCH，其他情况下，$n_{\text{RNTI}} = 0$。UE 将 $\tilde{b}(0),...,\tilde{b}(M_{\text{bit}}-1)$ 的比特块采用 QPSK 调制，从而产生一个复值调制符号块 $d(0),...,d(M_{\text{symb}}-1)$。UE 由一个 β_{PDCCH} 因子的复值的符号块 $d(0),...,d(M_{\text{symb}}-1)$，并映射到被监测的 PDCCH 所使用的资源元素 $(k,l)_{p,\mu}$，而不是用于相关联的从 k 阶数递增顺序，再 l 阶数递增顺序的 PDCCH DMRS。其中，天线端口 p 的值为 2000，即 p=2000。

1.4.2 PDSCH 信道

最多可以传输两个码字 $q \in \{0,1\}$。在单码字传输的情况下，q=0。对于每个码字 q，$M_{\text{bit}}^{(q)}$ 在物理信道上传输的码字 q 的比特数，UE 块比特 $b^{(q)}(0),...,b^{(q)}(M_{\text{bit}}^{(q)}-1)$，在调制之前进行加扰，得到一个加扰 $\tilde{b}^{(q)}(0),...,\tilde{b}^{(q)}(M_{\text{bit}}^{(q)}-1)$ 块，加扰采用如下方式：

$$\tilde{b}^{(q)}(i) = \left(b^{(q)}(i)+c^{(q)}(i)\right)\bmod 2 \qquad \text{式（1-10）}$$

其中，$c^{(q)}(i)$ 为扰码序列，其有下式初始生成：

$$c_{\text{init}} = n_{\text{RNTI}} \cdot 2^{15} + q \cdot 2^{14} + n_{\text{ID}} \qquad \text{式（1-11）}$$

其中，如果配置高层参数 Data-scrambling-Identity，RNTI 等于 C-RNTI，则 $n_{\text{ID}} \in \{0,1,...,1023\}$ 等于 Data-scrambling-Identity，其他情况下，$n_{\text{ID}} = N_{\text{ID}}^{\text{cell}}$，$n_{\text{RNTI}}$ 与 PDSCH 传输有关。

对于每个码字 q，UE 都使用扰码比特 $\tilde{b}^{(q)}(0),...,\tilde{b}^{(q)}(M_{\text{bit}}^{(q)}-1)$，它所支持的调制方式见表 1-14，从而产生一个复值调制符号块 $d^{(q)}(0),...,d^{(q)}(M_{\text{symb}}^{(q)}-1)$。

表1-14 支持的调制方式

调制方式	调制阶数 Q_m
QPSK	2
16 QAM	4
64 QAM	6
256 QAM	8

UE 每个传输的码字复值调制符号根据表 1-14 映射到一个或多个层上。码字 q 的复值调制符号 $d^{(q)}(0), \ldots, d^{(q)}(M_{symb}^{(q)}-1)$ 映射到层上得到 $x(i)=\left[x^{(0)}(i) \quad \cdots \quad x^{(\mu-1)}(i)\right]^T$，$i=0,1,\ldots,M_{symb}^{layer}-1$，其中，$\mu$ 为层数，M_{symb}^{layer} 为每层的调制符号数。

根据附录（六）附表 11，UE 应假定每个要传输的码字的复值调制符号被映射到一个或多个层。码字的复值调制符号应该映射到层上，层的数量和每层的调制符号的数量映射到天线口的块向量 $\left[x^{(0)}(i) \quad \cdots \quad x^{(\mu-1)}(i)\right]^T$，$i=0,1,\ldots,M_{symb}^{layer}-1$ 根据下式取定：

$$\begin{bmatrix} y^{(p_0)}(i) \\ \vdots \\ y^{(p_{\mu-1})}(i) \end{bmatrix} = \begin{bmatrix} x^{(0)}(i) \\ \vdots \\ x^{(\mu-1)}(i) \end{bmatrix} \qquad 式（1-12）$$

其中，$i=0,1,\ldots,M_{symb}^{ap}-1$，$M_{symb}^{ap}=M_{symb}^{layer}$。$\{p_0,\ldots,p_{\mu-1}\}$ 为天线口集合。

每个天线端口用于物理信道的传输，假定复值符号块 $y^{(p)}(0),\ldots,y^{(p)}(M_{symb}^{ap}-1)$ 符合下行功率分配和映射序列从 $y^{(p)}(0)$ 到 RE $(k',l)_{p,\mu}$ 在分配的虚拟资源块传输满足以下所有条件：

（1）位于被分配传输的虚拟资源块中；

（2）可用于 PDSCH；

（3）相应的物理资源块中对应的资源元素是不用于传输相关的 DMRS 或用于其他 UE 的联合调度 DMRS；

（4）不用于零功率或非零功率的 CSI-RS，除非是高层的配置非零功率 CSI-RS-Resource-Mobility 参数；

（5）不用于 PTRS；

（6）没有声明 PDSCH 不可用。

任何与 SS/PBCH 传输块部分或完全重叠的 CRB，应视为已被占用，并假定不用于 PDSCH 中传输的 OFDM 符号。

为 PDSCH 分配 RE $(k',l)_{p,\mu}$ 的映射，没有其他用途的以递增的方式分配的虚拟资源块，$k'=0$ 是用以传输序号最小的虚拟资源块（Virtual Resource Block，VRB）的第一个子载波及相应的索引 l。UE 从 VRB 被映射到 PRB，根据映射指示，如果没有指明映射方式，则应采用非交织映射。对于非交织的 VRB 至 PRB 映射，虚拟资源块 n 被映射到物理资源块 n。

对于交织的 VRB 至 PRB 映射，映射过程是用资源块簇的形式定义的。

$N_{\mathrm{BWP}, i}^{\mathrm{size}}$ 集第 i 个 BWP 的 RB 块从 $N_{\mathrm{BWP}, i}^{\mathrm{start}}$ 开始被分成簇，如下所示：

$$N_{\mathrm{bundle}} = \left\lceil \left(N_{\mathrm{BWP}, i}^{\mathrm{size}} + \left(N_{\mathrm{BWP}, i}^{\mathrm{start}} \bmod L \right) \right) / L_i \right\rceil \qquad \text{式（1-13）}$$

RB 簇中的 RB 块和簇序号以递增方式排列，其中，L_i 是第 i 个 BWP 簇长度，由高层参数 VRB-to-PRB-interleaver 提供；RB 簇 0 由 $L_i - \left(N_{\mathrm{BWP}, i}^{\mathrm{start}} \bmod L_i \right)$ 个 RB 块组成；如果 $\left(N_{\mathrm{BWP}, i}^{\mathrm{start}} + N_{\mathrm{BWP}, i}^{\mathrm{size}} \right) \bmod L_i > 0$，RB 簇 $N_{\mathrm{bundle}} - 1$ 由 $\left(N_{\mathrm{BWP}, i}^{\mathrm{start}} + N_{\mathrm{BWP}, i}^{\mathrm{size}} \right) \bmod L_i$ 个 RB 块组成，其他情况下，RB 簇 $N_{\mathrm{bundle}} - 1$ 由 L_i 个 RB 块组成。所有其他 RB 簇由 L_i 个 RB 块组成。VRB 间隔 $j \in \{0, 1, \dots, N_{\mathrm{bundle}} - 1\}$ 映射到 PRB 根据 VRB 簇 $N_{\mathrm{bundle}} - 1$ 映射到 PRB 簇 $N_{\mathrm{bundle}} - 1$。VRB 簇 $j \in \{0, 1, \dots, N_{\mathrm{bundle}} - 2\}$ PRB 簇的 $f(j)$ 满足如下条件：

$$\begin{aligned} f(j) &= rC + c \\ j &= cR + r \\ r &= 0, 1, \dots, R - 1 \\ c &= 0, 1, \dots, C - 1 \\ R &= 2 \\ C &= \lfloor N_{\mathrm{bundle}} / R \rfloor \end{aligned} \qquad \text{式（1-14）}$$

UE 不期望配置 $L_i = 2$，同时配置一个大小为 4 的 PRG，如果没有配置簇的大小，则 UE 应假设 $L_i = 2$。UE 假设在一个 PRB 簇中使用相同的预编码。UE 不应假定相同的预编码被用于不同的公共资源块 CRB。

1.4.3　PBCH 信道

5G 广播信道 BCCH 用于承载广播信息，采用 QPSK 调制，它映射到 BCH 以及 PBCH 上，传递终端接入系统所必需的系统信息。PBCH 传送的系统广播信息包括：下行系统带宽、SFN 子帧号、PHICH 指示信息、天线配置信息等；其中，天线信息映射在 CRC 的掩码中。UE 比特块 $b(0), \dots, b(M_{\mathrm{bit}} - 1)$，其中，$M_{\mathrm{bit}}$ 是在物理广播信道 PBCH 中传输的比特数，在调制之前被加扰，根据 $\widetilde{b}(i) = (b(i) + c(i + \nu M_{\mathrm{bit}})) \bmod 2$ 产生扰码比特块 $\widetilde{b}(0), \dots, \widetilde{b}(M_{\mathrm{bit}} - 1)$，其中，扰码序列 $c(i)$ 在每个 SS/PBCH 块开始就采用 $c_{\mathrm{init}} = N_{\mathrm{ID}}^{\mathrm{cell}}$ 初始化，当 $L_{\max} = 4$ 时，ν 为最少 2 比特 SS/PBCH 块索引；$L_{\max} = 8$ 或者 $L_{\max} = 64$ 时，ν 为最少 3 比特 SS/PBCH 块索引。$L_{\max}$ 是在一个特定的频带上，在 SS/PBCH 周期中最大的 SS/PBCH 块的数量。UE 比特块 $\widetilde{b}(0), \dots, \widetilde{b}(M_{\mathrm{bit}} - 1)$ 扰码后采用 QPSK 调制，产生一组复值调制符号 $d_{\mathrm{PBCH}}(0), \dots, d_{\mathrm{PBCH}}(M_{\mathrm{symb}} - 1)$。

正常 CP 情形下 PBCH 在时频结构中的位置如图 1-9 所示。

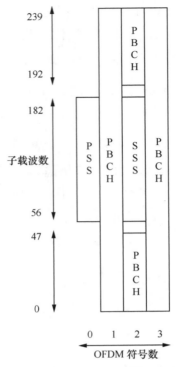

图1-9 同步信号和PBCH块的时频结构

在时域中，有一个S/PBCH块由4个OFDM符号组成，从0到3的编号的顺序是递增的，其中，PSS、SSS和PBCH与相关的DMRS被映射到表1-15所示的符号中。在频域中，一个SS/PBCH块由240个相邻的子载波组成，其中，子载波在SS/PBCH块中编号为0至239。在一个SS/PBCH块中，k和l各自对应频域和时域索引。UE复值符号对应RE设为0，见表1-15。表1-15中，v根据$v = N_{\text{ID}}^{\text{cell}} \bmod 4$得到。子载波偏置数$k_{\text{SSB}}$从CRB块$N_{\text{CRB}}^{\text{SSB}}$的0子载波到SS / PBCH块的0子载波，其中，$N_{\text{CRB}}^{\text{SSB}}$从高层参数 offset-ref-low-scs-ref-PRB 获得，至少4比特的数k_{SSB}由高层参数 ssb-subcarrier Offset 给定和SS / PBCH块 Type A 类型的k_{SSB}比特数由PBCH中的有效负载$a_{\bar{A}+5}$决定。在发送的SS/PBCH块的OFDM符号中，复值符号对应的SS/PBCH块部分或完全重叠于一个CRB中的RE，在CRB中，不用于SS/PBCH传输的RE设置为零。一个SS/PBCH块，天线口$p=4000$用于传输PSS、SSS和PBCH；PSS、SSS和PBCH的循环前缀长度和子载波间隔相同；对于SS/PBCH块 Type A，$\mu \in \{0, 1\}$，$k_{\text{SSB}} \in \{0, 1, 2, ... , 23\}$，$N_{\text{CRB}}^{\text{SSB}}$用15 kHz的子载波间隔表示；对于SS/PBCH块 Type B，$\mu \in \{3, 4\}$，$k_{\text{SSB}} \in \{0, 1, 2, ... , 11\}$，$k_{\text{SSB}}$根据子载波带宽并由高层参数$N_{\text{CRB}}^{\text{SSB}}$用60 kHz的子载波间隔表示。相同的块索引传输的SS/PBCH块在同一中心频率位置上与多普勒分布、多普勒频移、平均增益、平均延迟、延迟扩展和空间Rx参数准联合定位。对于任何其他的SS/PBCH块传输，UE都不准联合定位。

表1-15　1个SS/PBCH块中PSS、SSS、PBCH和PBCH DMRS资源

信道或信号	相对于 SS/PBCH 块开始 OFDM 符号数 l	相对于 SS/PBCH 块开始子载波数 k
PSS	0	56, 57, …, 182
SSS	2	56, 57, …, 182
设置为 0	0	0, 1, …, 55, 183, 184, …, 239
	2	48, 49, …, 55, 183, 184, …, 191
PBCH	1, 3	0, 1, …, 239
	2	0, 1, …, 47, 192, 193, …, 239
PBCH 的 DMRS	1, 3	0+v, 4+v, 8+v, …, 236+v
	2	0+v, 4+v, 8+v, …, 44+v
		192+v, 196+v, …, 236+v

UE 序列符号 $d_{PSS}(0), …, d_{PSS}(126)$ 构成主同步信号，由 β_{PSS} 因子做功率分配和以递增的顺序映射到一个 SS/PBCH 块中的 $\mathrm{RE}(k, l)_{p, \mu}$，$k$ 和 l（见表 1-15）代表的频率和时间索引，分别在一个 SS/PBCH 块。

UE 序列符号 $d_{SSS}(0), …, d_{SSS}(126)$ 构成辅同步信号，由 β_{PSS} 因子做功率分配和以递增的顺序映射到一个 SS/PBCH 块中的 $\mathrm{RE}(k, l)_{p, \mu}$，$k$ 和 l（见表 1-15）代表的频率和时间索引，分别在一个 SS/PBCH 块。

UE 复值序列符号 $d_{PBCH}(0), …, d_{PBCH}(M_{symb}-1)$ 由 β_{PBCH} 因子乘以 PBCH 信道做功率分配和以递增的顺序映射到一个以 $d_{PBCH}(0)$ 为始的 $\mathrm{RE}(k, l)_{p, \mu}$ 中，但不用于 PBCH 解调参考信号（DMRS），对不为 PBCH DMRS 保留的以递增的顺序映射到一个 SS/PBCH 块中的 $\mathrm{RE}(k, l)_{p, \mu}$，$k$ 和 l（见表 1-15）代表的频率和时间索引，分别在一个 SS/PBCH 块。

UE 复值符号序列 $r(0), …, r(143)$ 由 PBCH DMRS 的 SS/PBCH 块组成，并乘以 β_{PBCH}^{DM-RS} 因子做功率分配并以递增的顺序映射到一个 SS/PBCH 块中的 $\mathrm{RE}(k, l)_{p, \mu}$，$k$ 和 l（见表 1-15）代表的频率和时间索引，分别在一个 SS/PBCH 块。

1.4.4　下行 DMRS 信号

当任何 dmrs-Additional Position，maxLength 和 dmrs-Type 高层参数配置专用 dmrs-Additional Position 并由 DCI 格式 1_0 调度或接收到 PDSCH 之前，PDSCH 不存在任何携带 DMRS 符号，除了分配 2 个符号时长且映射 Type B 的 PDSCH 和一个符号配置 Type 1 在端口 1000 上 DMRS 前载传播，并且所有剩余的正交天线端口 PDSCH 传输与另一个 UE 无关。对于映射类型 Type A 的 PDSCH，UE 的 dmrs-Additional Position = "pos2"，并且根据 DCI 中定义的 PDSCH 持续时间取决于时隙中的附加两个单符号 DMRS。对于映射类型

Type B 的分配 7 个符号 PDSCH 持续时长的正常 CP 或分配 6 个符号 PDSCH 持续时长的扩展 CP，UE 需要在第 5 个或第 6 个符号位置插入 1 个 DMRS 符号，前载 DMRS 符号在 PDSCH 分配时长的第 1 个或第 2 个符号，其他则无附加 DMRS 符号；对于分配持续时长为 4 个符号，映射类型为 Type B 的 PDSCH，UE 则不存在附加的 DMRS；对于分配持续时长为 2 个符号，映射类型为 Type B 的符号的 PDSCH，则 UE 不存在附加的 DMRS，UE 应承载 DMRS 的符号存在于 PDSCH 中。当接收由 CRC 被 C-RNTI、mc -C-RNTI 或 CS-RNTI 加扰的 PDCCH 调度 DCI 格式 1_1 的 PDSCH 时，UE 可配置更高层参数 dmrs-Type，DMRS 配置类型用于接收 PDSCH。UE 通过 DMRS-Downlink Config 提供的高层参数 max Length 来配置 PDSCH 的最大前载 DMRS 符号数量。如果 max Length 设置为"len1"，那么可以通过 DCI 对 UE 单符号 DMRS 进行调度，UE 可以通过高层参数 dmr – Additional Position 的设置值（"pos0""pos1""pos2"或"pos3"）为 PDSCH 配置多个附加的 DMRS。如果将 max Length 设置为"len2"，则 DCI 可以为 UE 调度单符号 DMRS 和双符号 DMRS，并且可以通过高层参数 dmrs-Additional Position 设置（"pos0"或"pos1"）为 PDSCH 配置多个附加的 DMRS。对于 UE -specific 参考信号可以通过高层配置在一个或两个加扰（$n_{ID}^{DMRS, i}, i=0，1$）生成，适用于 PDSCH 的两个映射类型 Type A 和 Type B。

对于携带 SIB1 的 PDSCH，UE 假定 DMRS 序列是从 PBCH 中 CORESET 的最低 PRB 开始的，否则 DMRS 序列是从对应 PDSCH 的参考点 A 开始。一个 UE 可以通过 DCI 格式 1_1 的天线端口索引调度多个 DMRS 端口。对于 DMRS 配置类型 Type 1，如果一个 UE 调度使用一个码字，并使用索引为 {2，9，10，11 或 30} 的天线端口映射；如果一个 UE 计划有两个码字，UE 所有剩余的正交天线端口都与 PDSCH 传输与另一个 UE 无关。对于 DMRS 配置类型 Type 2，如果一个 UE 调度使用一个码字，并使用索引为 {2，10 或 23} 的天线端口映射；如果一个 UE 调度有两个码字，UE 所有剩余的正交天线端口都与 PDSCH 传输与另一个 UE 无关。如果 UE 接收的 PDSCH 配置了高层参数 PTRS-Downlink Config，则 UE 接收到的 PDSCH 不同时可进行以下配置。

对于 DMRS 配置类型 Type 1 和类型 Type 2 在 1004~1007 或 1006~1011 的任何 DMRS 端口，被不同 UE 调度共享相同 CDM 组上的 DMRS RE，同时 PTRS 传输到 UE，如果 UE 接收的 PDSCH 配置了高层参数 PTRS-Downlink Config，则无需此操作。UE 不需要像高层参数 dmrs-Additional Position 所给出的那样，通过设置高层参数 max Length 等于"len2"和一个以上的附加 DMRS 符号来同时配置 PDSCH 的最大前载 DMRS 符号数量。UE 不期望前端加载 DMRS 符号的实际数量、附加 DMRS 符号的数量、DMRS 符号位置和 DMRS 配置类型的联合调度。当收到通过 DCI 格式 1_0 调度 PDSCH，无数据的 DMRS CDM 组数是 1，对应 CDM 组号为 0 时，PDSCH 分配 2 个符号时长；无数据的 DMRS CDM 组数是 2，对应其他情况时，CDM 组号为 { 0，1 }。UE 不会收到 PDSCH 调度具有潜在与 UE 的配置

CSI-RS 资源重叠 DMRS 端口的 CDM 组的 DCI 指示。如果"QCL-TypeD"适用，UE 在同一个 OFDM 符号接收到 PDSCH 和 SS/PBCH 块的 DMRS，则 UE 可以 DMRS 和 SS/PBCH 块与"QCL-TypeD"准同位。此外，UE 不应期望接收资源元素 RE 与 SS/PBCH 块重叠的 DMRS；在一个 CC 内，相同或不同的子载波间隙可以配置 DMRS 和 SS/PBCH 块，但在 240 kHz 情况下，只支持不同的子载波间隙配置。

1.4.5　下行 PTRS 信号

UE 应报告其在给定载频下的首选 MCS 和带宽阈值。如 UE 收到报告中的最大调制阶数包含在其 MCS 表中，则根据该载频的 UE 能力来上报其对应数据信道子载波间隔所能首选的 MCS 和带宽阈值。如果 UE 在 DMRS-Downlink Config 中配置了高层参数 phase Tracking RS，PTRS-Downlink Config 中高层参数 time Density 和 frequency Density 指示 ptrs-MCS_i 的阈值（i =1，2，3）和 $N_{RB, i}$（i=0，1），分别见表 1-16 和表 1-17。如果有一方或者双方的附加高层配置参数 time Density 和 frequency Density 已配置，RNTI 等于 MCS-C-RNTI、C-RNTI 或 CS-RNTI，UE 的 PTRS 天线端口的存在和模式对应的 MCS 调度相应的码字和相应带宽中所调度的带宽的函数，见表 1-16 和表 1-17。如果没有配置 PTRS-Downlink Config 给定的高层参数 time Density，UE 的 L_{PTRS}=1。如果没有配置 PTRS-Downlink Config 给定的高层参数 frequency Density，UE 的 K_{PTRS}=2。否则，如果没有配置附加的高层参数 time Density 和 frequency Density，且 RNTI 等于 MCS-C-RNTI、C-RNTI 或 CS-RNTI，则 PTRS 在 L_{PTRS}=1，K_{PTRS}=2 时存在；附录（五）附表 8 中调度的 MCS 小于 10，附录（五）附表 9 的调度 MCS 小于 5，调度 RB 的数量小于 3，如果 RNTI 等于 RA-RNTI、SI-RNTI 或 P-RNTI 时，PTRS 不存在。

表1-16　PTRS时间密度与调度MCS对应关系

调度 MCS	时间密度（L_{PTRS}）
$I_{MCS} <$ ptrs-MCS_1	PTRS 不存在
ptrs-$MCS_1 \leq I_{MCS} <$ ptrs-MCS_2	4
ptrs-$MCS_2 \leq I_{MCS} <$ ptrs-MCS_3	2
ptrs-$MCS_3 \leq I_{MCS} <$ ptrs-MCS_4	1

表1-17　PTRS频率密度与调度带宽对应关系

调度带宽	频率密度（K_{PTRS}）
$N_{RB} < N_{RB0}$	PTRS 不存在
$N_{RB0} \leq N_{RB} < N_{RB1}$	2
$N_{RB1} \leq N_{RB}$	4

如果 UE 没有在 DMRS-Downlink Config 中配置高层参数 phase Tracking RS，则 UE 不存在 PTRS。高层参数 PTRS-Downlink Config 提供参数 ptrs-MCS$_i$（i=1,2,3），使用附录（五）附表 8 或附录（五）附表 10 时的 MCS 值范围为 0~28，使用附录（五）附表 9 时的 MCS 值范围为 0~27。ptrs-MCS4 不是由高层配置的，而是在使用附录（五）附表 8 或附录（五）附表 10 索引 28 和使用附录（五）附表 9 索引 27 时配署的。PTRS-Downlink Config 中高层参数 frequency Density 提供的参数 $N_{RB, i}$（i=0，1）在 1~276 范围内取值。如果高层参数 PTRS-Downlink Config 指示时间密度阈值 ptrs-MCS$_i$ = ptrs-MCS$_{i+1}$，则禁用表 1-16 中出现这两个阈值的相关行的时间密度 L_{PTRS}。如果高层参数 PTRS-Downlink Config 指示频率密度阈值 $N_{RB, i}$= $N_{RB, i+1}$，则禁用表 1-17 中出现这两个阈值的相关行的频率密度 K_{PTRS}。如果表 1-16 和表 1-17 所示的 PTRS 时间密度（L_{PTRS}）和 PTRS 频率密度（K_{PTRS}）中的任何一个或两个参数都表明"PTRS 不存在"，则 UE 不存在 PTRS。当 UE 接收到一个映射类型为 Type B 分配持续时长为 2 个符号的 PDSCH，若 L_{PTRS} 设置为 2 或 4，则 UE 的 PTRS 没有传输。当 UE 接收到一个映射类型为 Type B，持续时长为 4 个符号的 PDSCH 时，若 LPT-RS 设置为 4，则 UE 的 PTRS 没有传输。PTRS 端口与相关联的 DL DMRS 端口关于 {"QCL-TypeA" 和 "QCL-TypeD"} 准共定位。如果使用一个码字调度 UE，则 PTRS 天线端口与分配给 PDSCH 的 DMRS 天线端口中索引最低的 DMRS 天线端口相关联。如果一个 UE 调度使用两个码字，则 PTRS 天线端口与具有较高 MCS 索引的码字指定的 DMRS 天线端口中索引最低的 DMRS 天线端口相关联。如果两个码字的 MCS 指标相同，PTRS 天线端口与码字 0 指定的最低索引 DMRS 天线端口相关联。

1.4.6　下行 CSI-RS 信号

对于 CSI-RSRP、CSI-RSRQ 和 CSI-SINR 的测量，UE 可以假设 CSI-RS 资源配置端口的下行 EPRE 在配置的下行带宽上是恒定的，在所有配置的 OFDM 符号上也是恒定的。下行链路 SS/PBCH SSS EPRE 可由上层提供的参数 SS-PBCH-BlockPower 给出的 SS/PBCH 下行链路传输功率给定。下行链路 SSS 传输功率定义为承载 SSS 的所有资源单元的功率贡献的线性平均值。下行链路的 CSI-RS EPRE 可以由参数 SS-PBCH-Block Power 给出的 SS/PBCH 块下行链路传输功率和由高层提供的参数 Power Control Off set SS 给出 CSI-RS 功率偏移。下行参考信号 RS 传输功率定义为承载 CSI-RS 的资源单元功率贡献的线性平均值。

CSI-RS 可用于时间 / 频率跟踪、CSI 计算、L1-RSRP 计算，如果 UE 在相同的 OFDM 符号配置了 CSI-RS 资源和与 CORESET 关联搜索空间集，若采用 "QCL-TypeD"，UE 处理发送的 CSI-RS 和 PDCCH DMRS 在所有相关的搜索空间集 CORESET 与 "QCL-TypeD" 准联合定位。此外，UE 的搜索空间集所占用和核心集 CORESET 重叠的 CSI-RS，不应在 PRB 中配置。在 OFDM 符号中重叠的 PRB 中的 System Information Block Type1 传输发送，

UE 预计不会接收到 CSI-RS 和 System Information Block Type1 消息。RRC 连接模式下的 UE 接收配置高层参数 trs-Info 的 NZP-CSI-RS-Resource Set 的高层 UE 特定配置。对于高层 参数 trs-Info 配置的 NZP-CSI-RS-Resource Set，UE 应假设在 NZP-CSI-RS-Resource Set 中配 置的 NZP CSI-RS 资源具有相同端口索引的天线端口。

对于频率范围 1，UE 可以配置一个或多个 NZP CSI-RS 集，其中，NZP-CSI-RS-Resource Set 由位于两个连续的时隙中且每个时隙中有两个周期性 NZP CSI-RS 资源的四个 周期性的 NZP CSI-RS 资源组成。对于频率范围 2，UE 可以配置一个或多个 NZP CSI-RS 集， 其中一个 NZP-CSI-RS-Resource Set 由在一个时隙两个周期性 CSI-RS 资源组成或由位于两 个连续的时隙中且每个时隙中有两个周期性 NZP CSI-RS 资源的四个周期性的 NZP CSI-RS 资源组成。配置有高层参数 trs-Info 的 NZP-CSI-RS-Resource Set 的 UE 可以将 CSI-RS 资源 配置为：NZP-CSI-RS-Resource Set 中的 CSI-RS 资源配置具有相同的周期性、带宽和子载波 位置。在一组中使用周期性的 CSI-RS 资源，在另一组中使用非周期性的 CSI-RS 资源，非 周期性的 CSI-RS 和周期性的 CSI-RS 资源具有相同的带宽（具有相同的 RB 位置），而非周 期性的 CSI-RS 是 "QCL-TypeA" 和 "QCL-TypeD"，在适用的情况下，优先使用周期性的 CSI-RS 资源。

对于频率范围 2，UE 不携带触发 DCI 的 PDCCH 的最后一个符号与小于 UE 报告的阈 值 ThresholdSched-Offset 的非周期 CSI-RS 资源的第一个符号之间的调度偏移量。UE 要求 周期性和非周期性的 CSI-RS 资源集配置相同数量的 CSI-RS 资源。如果相关的周期性 CSI-RS 资源集配置位于两个连续的时隙中且每个时隙中有两个周期性 CSI-RS 资源组成。UE 不配置两个参数：trs-Info 配置下的 NZP-CSI-RS-Resource Set；高层参数 time Restriction for Channel Measurements 配置下的 CSI-Report Config。对于配置了 trs-Info 的非周期 NZP CSI-RS 资源集，UE 不配置高层次参数 report Quantity 的 CSI-Report Config，而不是将 report Quantity 设置为 "none"。

UE 不为使用 trs-Info 配置的周期性 NZP CSI-RS 资源集配置 CSI-Report Config。UE 不配 置同时具有 trs-Info 和 repetition 的 NZP-CSI-RS-Resource Set。每个 CSI-RS 资源都是由更高 层的参数 NZP-CSI-RS-Resource 配置的，其具有以下限制：由更高层的参数 CSI-RS-Resource Mapping 定义，一个时隙中两个周期性的 CSI-RS 资源的时域位置，或者两个连续时隙中四个 周期性的 CSI-RS 资源（在两个连续时隙中是相同的）的时域位置，由以下其中一个给出。

对于频率范围 1 和 2 时，$l \in \{4, 8\}$，$l \in \{5, 9\}$，或者 $l \in \{6, 10\}$。

对于频率范围 2 时，$l \in \{0, 4\}$，$l \in \{1, 5\}$，$l \in \{2, 6\}$，$l \in \{3, 7\}$，$l \in \{7, 11\}$，$l \in \{8, 12\}$ 或者 $l \in \{9, 13\}$。

单一端口的密度为 $\rho = 3$ 的 CSI-RS 资源和由 CSI-RS-Resource Mapping 高层参数。由 CSI-RS-Resource Mapping 配置的高层参数 freqBand 给出的 CSI-RS 资源的带宽是 52 和资

源块$N_{\text{RB}}^{\text{BWP}, i}$的最小值，或者等于$N_{\text{RB}}^{\text{BWP}, i}$资源块。当 CSI-RS 资源带宽大于 52 个资源块时，UE 不需要配置$2^\mu \times 10$个时隙的周期性。如果 UE 配置一个 NZP-CSI-RS-Resource Set，高层参数重复设置为"on"，CSI-RS 资源在 NZP-CSI-RS-Resource Set 内的下行空间域采用相同的传输过滤器，NZP-CSI-RS-Resource Set CSI-RS 资源在不同的 OFDM 符号上传输发送。若高层参数重复设置为"off"，CSI-RS 资源不在 NZP-CSI-RS-Resource Set 内的下行空间域采用相同的传输过滤器传输发送。如果 UE 使用与 SS/PBCH 块相同的 OFDM 符号配置了 CSI-RS 资源，可以假设如果适用"QCL-TypeD"，则 UE 的 CSI-RS 和 SS/PBCH 块用"QCL-TypeD"准联合定位。此外，UE 不应配置与 SS/PBCH 块重叠的 PRB 中的 CSI-RS，UE 的 CSI-RS 和 SS/PBCH 块使用相同的子载波间距。如果一个 UE 配置了高层参数 CSI-RS-Resource-Mobility，而高层参数 associated SSB 没有配置，那么 UE 应该基于 CSI-RS-Resource-Mobility 执行测量，UE 可以根据服务小区的计时来确定 CSI-RS 资源的计时。如果将 UE 配置为具有高层参数 CSI-RS- Resource-Mobility 和 associated SSB，则 UE 可以根据 CSI-RS 资源配置的 cell ID 给出小区的时间来确定 CSI-RS 资源的时间。另外，对于给定的 CSI-RS 资源，如果配置了相关的 SS/PBCH 块，但是 UE 没有检测到，那么 UE 就不需要监视相应的 CSI-RS 资源。如果 UE 配置了 DRX，那么除了在基于 CSI-RS-Resource-Mobility 的测量期间之外，UE 不需要执行 CSI-RS 资源的测量。如果 UE 配置了 DRX，并且使用中的 DRX 循环大于 80 ms，那么 UE 可能不希望在基于 CSI-RS-Resource-Mobility 的测量活动期间之外还可以使用 CSI-RS 资源。否则，UE 可假设 CSI-RS 可用于基于 CSI-RS-Resource-Mobility 的测量。当每个频率层的所有 CSI-RS 资源都配置 associated SSB 时，其 CSI-RS 资源不超过 96 个，或当所有的 CSI-RS 资源在没有 associated SSB 的情况下配置，或者只有部分 CSI-RS 资源配置为 associated SSB 时，每个频率层的 CSI-RS 资源不超过 64 个。对于频率范围 1，associated SSB 为每个 CSI-RS 可选地资源提供；对于频率范围 2，对于配置的 CSI-RS 资源，associated SSB 可以选择提供，也可以选择不提供。对于任何 CSI-RS 资源配置，UE 应假设参数 cdm-Type 为"No CDM"，且只有一个天线端口。

●● 1.5 5G 系统主要协议

1.5.1 MAC 协议

5G 的媒质接入控制（Medium Access Control，MAC）层结构根据是否配置辅助小区组（Secondary Cell Group，SCG）和主小区组（Master Cell Group，MCG）分别对应 3 种结构，分别如图 1-10、图 1-11、图 1-12 所示。MAC 层的各个子功能块提供以下 7 种功能：

（1）逻辑信道与传输信道之间的映射；

（2）来自一个或多个逻辑信道的服务数据单元（Service Data Unit，SDU）的复用与解复用，通过传输信道发送到物理层；

（3）上行调度信息上报，包括终端待发送数据量信息和上行功率余量信息；

（4）通过 HARQ 进行错误纠正；

（5）同一个终端不同逻辑信道之间的优先级管理；

（6）通过动态调度进行的终端之间的优先级管理；

（7）传输格式选择，通过物理层上报的测量信息、用户能力等，选择相应的传输格式，如调制式和编码速率等，从而达到最有效的资源利用。

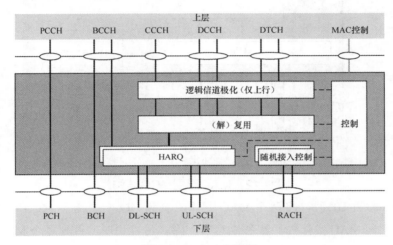

图1-10　MAC结构

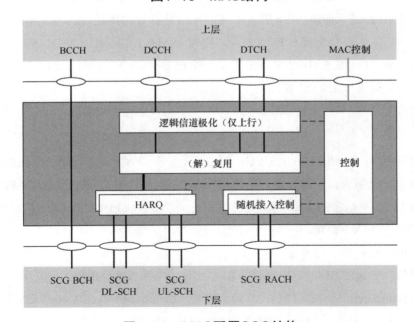

图1-11　MAC配置SCG结构

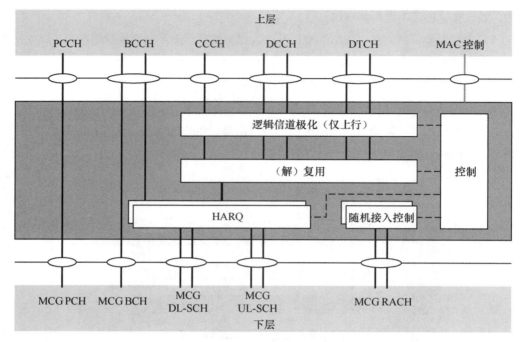

图1-12　MAC配置MCG结构

使用 SCG 配置 UE 时，将两个 MAC 实体配置为 UE: 一个用于 MCG；另一个用于 SCG。UE 中不同 MAC 实体的函数独立运行，除非另有说明，否则每个 MAC 实体中使用的计时器和参数都是独立配置的。除特别说明外，每个 MAC 实体所考虑的服务小区、C-RNTI、无线承载、逻辑通道、上下层实体、LCGs 和 HARQ 实体是指映射到该 MAC 的实体。

如果 MAC 实体没有配置任何辅小区，则每个 MAC 实体有一个 DL-SCH、一个 UL-SCH 和一个 RACH。如果 MAC 实体配置了一个或多个辅小区，每个 MAC 实体 DL-SCH 和 UL-SCH 可能随 RACH 成倍增加。

1.5.2　RLC 协议

无线链路控制（Radio Link Control，RLC）层位于 PDCP 层和 MAC 层之间。它通过 RLC 信道与 PDCP 层通信，通过逻辑信道与 MAC 层通信。RLC 层重排 PDCP PDU 的格式使其能适应 MAC 层指定的大小，即 RLC 发射机分块 / 串联 PDCP PDU，RLC 接收机重组 RLC PDU 来重构 PDCP PDU。

RLC 层的结构如图 1-13 所示。

RLC 层的功能通过 RLC 实体来实现，RLC 实体由三种数据传输模式的其中一种来配置：透明模式（Transparent Mode，TM）、非确认模式（Unacknowledged Mode，UM）和确认模式（Acknowledged Mode，AM）。三种模式的具体描述如下。

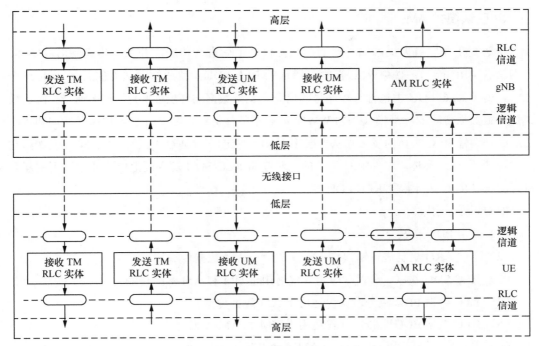

图1-13 RLC结构

1. 透明模式 TM

发送实体在高层数据上不添加任何额外控制协议开销，仅仅根据业务类型决定是否进行分段操作。接收实体接收到的协议数据单元（Protocol Data Unit，PDU）如果出现错误，则根据配置在错误标记后递交或者直接丢弃并向高层报告。TM RLC 实体可以配置为传输 TM RLC 实体，也可以配置为接收 TM RLC 实体。传输 TM RLC 实体从上层接收 RLC SDU，并通过下层将 RLC SDU 发送给它的对等接收 TM RLC 实体。接收 TM RLC 实体将 RLC SDU 发送到上层，并通过下层从其对等传输 TM RLC 实体接收 RLC PDU。

2. 非确认模式 UM

发送实体在高层 PDU 上添加必要的控制协议开销，然后进行传送但并不保证能传递到对等实体，且没有使用重传协议。接收实体对所接收到的错误数据标记为错误后递交，或者直接丢弃并向高层报告。由于 RLC PDU 包含有顺序号，因此能够检测高层 PDU 的完整性。UM RLC 主要用在延时敏感和容忍差错的实时应用，尤其是 VoIP。UM RLC 实体配置为传输 UM RLC 实体或接收 UM RLC 实体。发射 UM RLC 实体从上层接收 RLC SDU，并通过下层将 RLC PDU 发送给接收 UM RLC 实体的对等端。接收 UM RLC 实体将 RLC SDU 发送到上层，并通过下层从其对等传输 UM RLC 的实体中接收 RLC PDU。

3. 确认模式 AM

发送侧在高层数据上添加必要的控制协议开销后进行传送，并保证传递到对等实体。因为具有 ARQ 能力，如果 RLC 接收到错误的 RLC PDU，就通知发送方的 RLC 重传这个 PDU。由于 RLC PDU 中包含有顺序号的信息，支持数据向高层的顺序／乱序递交。确认模式是分组数据传输的标准模式，如 WWW 和电子邮件下载。AM RLC 实体由发送端和接收端组成。调幅 RLC 实体的发射端从上层接收 RLC SDU，并通过下层将 RLC PDU 发送给它的对等调幅 RLC 实体。AM RLC 实体的接收端将 RLC SDU 发送到上层，并通过下层从其对等的 AM RLC 实体接收 RLC PDU。

RLC 功能介绍如下。

（1）高层 PDU 传输。

（2）通过 ARQ 机制进行错误修正（仅适用于 AM 数据传输）。

（3）RLC SDU 级联、分段、重组（仅适用于 UM 和 AM 数据传输）。

（4）RLC 数据 PDU 重分段（仅适用于 AM 数据传输）。

（5）RLC 数据 PDU 重排序（仅适用于 UM 和 AM 数据传输）。

（6）重复检测（仅适用于 UM 和 AM 数据传输）。

（7）RLC SDU 丢弃（仅适用于 UM 和 AM 数据传输）。

（8）RLC 重建。

（9）协议错误检测（仅适用于 AM 数据传输）。

RLC PDU 可以是 RLC 数据信息，也可以是 RLC 控制信息。如果 RLC 实体从上层接收 RLC SDU，则通过 RLC 与上层之间的单个 RLC 通道接收，从接收到的 RLC SDU 形成 RLC 数据 PDU 后，RLC 实体通过单个逻辑通道将 RLC 数据 PDU 提交给下层。如果 RLC 实体从底层接收 RLC 数据 PDU，则通过单个逻辑通道接收，从接收到的 RLC 数据 PDU 形成 RLC SDU 后，RLC 实体通过 RLC 与上层之间的单个 RLC 通道将 RLC SDU 发送上层。如果一个 RLC 实体从底层提交／接收 RLC 控制 PDU，它通过提交／接收 RLC 数据 PDU 的相同逻辑通道提交／接收 PDU。

1.5.3　PDCP 协议

分组数据汇聚协议（Packet Data Convergence Protocol，PDCP）层位于 5G 空中接口协议栈的 RLC 层之上，用于对用户平面和控制平面数据提供头压缩、加密、完整性保护等操作，以及对终端提供无损切换的支持。

PDCP 的结构如图 1-14 所示。

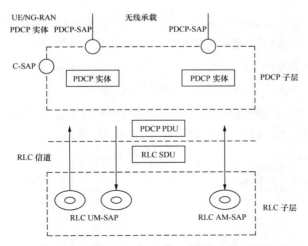

图1-14 PDCP结构

所有的数据无线承载（Data Radio Bearer，DRB）与除信令无线承载（Signaling Radio Bear，SRB）外的其他 SRB，在 PDCP 层都对应 1 个 PDCP 实体。每个 PDCP 实体根据所传输的无线承载特点与一个或两个 RLC 实体关联。单向无线承载的 PDCP 实体对应两个 RLC 实体，双向无线承载的 PDCP 实体对应一个 RLC 实体。一个终端可以包含多个 PDCP 实体，PDCP 实体的数目由无线承载的数目决定。

PDCP 的功能有如下 10 个。

（1）IP 数据的头压缩与解压缩，只支持一种压缩算法，即鲁棒性头压缩（Robust Header Compression，ROHC）算法。

（2）数据传输（用户平面或控制平面）。

（3）对 PDCP SN 值的维护。

（4）下层重建时，对上层 PDU 的顺序递交。

（5）下层重建时，为映射到 RLC AM 的无线承载重复丢弃下层底层 SDU。

（6）对用户平面数据及控制平面数据的加密及解密。

（7）控制平面数据的完整性保护及验证。

（8）RN 用户平面数据的完整性保护及验证。

（9）定时丢弃。

（10）重复丢弃。

1.5.4 RRC 协议

RRC 是 NR 中高层协议的核心规范，其中包括了 UE 和 NR 之间传递的几乎所有的控制信令，以及 UE 在各种状态下无线资源使用情况、测量任务和执行的操作。

RRC 对无线资源进行分配并发送相关信令。UE 和 NR 之间控制信令的主要部分是 RRC 消息。RRC 消息承载了建立、修改和释放数据链路层和物理层协议实体所需的全部参数，同时也携带了 NAS（非接入层）的一些信令，如移动管理（Mobile Management，MM）、配置管理（Configuration Management，CM）等。

在 5G 系统中仅设定了 RRC 的两种状态：空闲状态 RRC_IDLE 和连接状态 RRC_CONNECTED。UE 状态在 NR/5GC、E-UTRA/EPC 和 E-UTRA/5GC 间的移动性过程如图 1-15 所示。

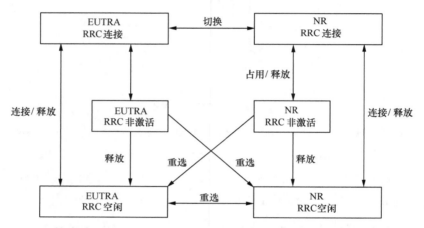

图1-15 UE状态在NR/5GC、E-UTRA/EPC和E-UTRA/5GC间的移动性过程

RRC 层提供的服务与功能主要有以下 8 种。

1.广播系统消息

（1）NAS 公共信息。

（2）适用于 RRC_IDLE 状态 UE 的信息，例如，小区选择 / 重选参数、邻区信息。

（3）适用于 RRC_CONNECTED 状态 UE 的信息，例如，公共信道配置信息。

（4）ETWS 通知和 CMAS 通知。

2.RRC 连接控制

（1）寻呼。

（2）RRC 连接的建立 / 修改 / 释放，例如，UE 标识（C-RNTI）的分配 / 修改、SRB1 和 SRB2 的建立 / 修改 / 释放、禁止接入类型等。

（3）初始安全激活，即 AS 完整性保护（SRB）和 AS 加密的初始配置（SRB，DRB）。

（4）对于 RN、AS 完整性保护（DRB）。

（5）RRC 连接移动性，包括同频和异频切换、相关的安全处理、密钥 / 算法改变、网络节点间传输的 RRC 上下文信息规范。

（6）承载用户数据（DRB）的 RB 的建立 / 修改 / 释放。

（7）无线配置控制，包括 ARQ 配置、HARQ 配置、DRX 配置的分配 / 修改。

（8）QoS 控制，包括上下行半持续调度配置信息、UE 侧上行速率控制参数的配置和修改。

（9）无线链路失败时进行恢复。

3. RAT 间移动性

4. 测量配置与报告

（1）测量的建立 / 修改 / 释放，例如，同频、异频以及不同 RAT 的测量。

（2）建立和释放测量间隔。

（3）测量报告。

5. 通用协议错误处理

6. 支持自配置和自优化

7. 支持网络性能优化的测量记录和报告

例如，小区搜索、随机接入、同步控制和功率控制等物理过程见附录（七）。

8. 其他功能

例如，专用 NAS 信息和非 3GPP 专用信息的传输、UE 无线接入性能信息的传输。

1.6　Massive MIMO 天线技术

1.6.1　Massive MIMO 特性

由于未来 5G 移动通信系统对传输速率的要求要远高于现有 4G 移动通信系统，这就意味着使用传统的 MIMO 技术达不到 5G 移动通信系统所要求的频谱效率和功率效率。2010年，贝尔实验室 Thomas L.Marzetta 发表了关于 Massive MIMO（又称大规模天线阵列）技术的理论研究成果，开辟了技术的一个新的领域，在收发两端装备超大数目的天线，从而使通信系统可以在相同的时频资源块上，同时服务几十个用户。它在传统的技术基础上，利用天线数目的优势，获得更高空间的复用增益、更高的频谱效率以及系统稳健性。Massive MIMO 系统框图如图 1-16 所示。

Massive MIMO 已受到日益广泛的关注。**通过增加发送端和接收端的天线数，既可以增加系统内可利用自由度的数目，又可以使信道状态矩阵呈现出统计学上的确定性，从而采用更为简单的收发算法以及价格低廉的硬件设备提升系统性能**。自该技术提出以来，国内外学者在理论概述、传输方案、频谱效率、信道容量等方面展开了大量的研究。Massive MIMO 无线传输技术通过在基站侧配置 Massive MIMO 天线阵列，能够同时满足多个用户的通信需求，具有充分挖掘空间维度无线资源的潜力，从而**利用更多的空间无线资源来大**

幅度提升无线通信系统的频谱效率和功率效率，所以 Massive MIMO 无线传输技术已成为 5G 移动通信的关键技术。表 1-18 给出了 Massive MIMO 技术与传统 MIMO 技术对比。

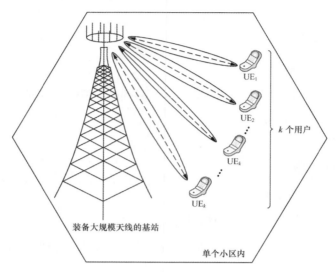

图1-16　Massive MIMO系统框图

表1-18　Massive MIMO 技术与传统 MIMO 技术对比

指标	传统 MIMO	Massive MIMO
基站天线数	$\leqslant 8$	$\geqslant 100$
信道容量	低	高
复用增益	低	高
链路自适应	低	高
抗噪声能力	低	高
阵列分辨率	低	高
天线相关性	低	高
误符号率	高	低

　　Massive MIMO 技术的基本特征是，在基站布置数十根甚至上百根收发天线，相较于传统 MIMO 系统中布置 4 根或 8 根天线增加了一个数量级以上，这些天线以 Massive MIMO 阵列的方式集中放置，分布在同一小区内的多个用户，在同一时频资源上利用基站配置 Massive MIMO 天线阵列所提供的空间自由度与基站同时进行通信，提升频谱资源。在多个用户之间的复用能力、各用户链路的频谱效率以及抵抗小区间干扰的能力。因此，Massive MIMO 系统频谱资源的整体利用率得到大幅提升。同时，由于基站配置 Massive MIMO 天线阵列提供了分集增益和阵列增益，每个用户与基站间通信的功率效率也可以得到显著提升。

　　与传统 MIMO 相比，Massive MIMO 系统每根发射天线功率明显降低。**在基站已知信道状态信息 (Channel State Information，CSI) 的情况下，若基站部署 N_t 根天线，则用户端**

的天线发送功率为单天线系统的 $1/N_t$，基站天线发送功率也可减少为 $1/N_t^2$；若基站未知信道状态信息，则用户发送功率为单天线系统的 $1/\sqrt{N_t}$。由于每根天线的发射功率都是毫瓦级别，比传统 MIMO 系统小两个数量级，此时更容易控制发射器件工作在线性工作区，从而使系统收发信号峰值均比更小，因此基站端的硬件更容易实现。

1.6.2　Massive MIMO 的优势和挑战

1. 优势

结合目前国内外学者对 Massive MIMO 的研究成果，Massive MIMO 的优势特点主要包括以下 4 个方面。

（1）Massive MIMO 能够提升系统容量及能量效率

Massive MIMO 在基站侧装配了大量的天线，因此可以在基站与用户之间形成多条独立传输的数据链路，因此可以获得更大的空间复用增益。Massive MIMO 系统的空间分辨率与现有 MIMO 系统相比能够显著提高，它能**深度挖掘空间维度资源，使基站覆盖范围内的多个用户可以在同一时频资源内，利用 Massive MIMO 提供的空间自由度与基站同时进行通信，提升频谱资源在多个用户之间的复用能力**，从而在不需要增加基站密度和带宽的条件下大幅度提高频谱效率。此外，基站侧采用分集发送，即利用多根天线向同一用户发送相同的数据，目标用户端接收到的不同数据流的信号进行相干叠加增加了期望信号的强度，其余用户端接收到的不同数据流的干扰信号可以相互抵消降低了干扰影响。

在系统传输功率一定的情况下，分配到每根天线的功率更小，而利用天线之间的相互作用可以通过波束赋形将传输数据发送到指定的用户区域，从而降低能量损耗。能耗减少体现在 Massive MIMO 能够将信号集中在非常狭小的波束上，从而提高接收端信号的质量，避免对其他用户终端造成干扰。换句话说，在保证同样的用户接收信号干噪比的情况下，降低了天线阵子所需的功率。Massive MIMO 系统可形成更窄的波束，在更小的空间区域内集中辐射，从而使基站与用户 UE 之间的射频传输链路上的能量效率更高，减少基站发射功率损耗。Massive MIMO 系统在多用户小区中，保证一定的服务质量（Quality of Service，QoS）情况下，具有理想 CSI 时，UE 的发射功率与基站天线数目成反比，而当 CSI 不理想时，UE 的发射功率与基站天线数目的平方根成反比。因此，Massive MIMO 系统能大幅提高能量效率（Energy Efficiency，EE）。另外，在基站端可以使用如迫零波束赋形的线性预编码技术，但预编码技术会消耗额外的功率。除了迫零波束赋形之外，最大比合并也是一个很好的选择，相对于迫零波束赋形来说，最大比合并预编码只需将信号乘上信道响应的共轭即可，计算复杂度更小，而且能适应于分布式的场景。**相比于传统天线 Massive MIMO 系统在容量提升 10 倍以上，同时在能量效率上提升 100 倍以上。**Massive MIMO 系统硬件设备成本低廉，便于推广。

Massive MIMO 技术对于现有系统带来的改变不仅限于系统容量方面，在硬件及实际部署上面也有不少突破性的改进。在 Massive MIMO 系统中，可以将高功率器件换成数百个低功率的功放器，这些功放器的功率可在毫瓦的量级之上。使用更多的低功率天线阵子的好处还在于对天线阵子在精度和性能上的要求会更低，因为只需要关注多个天线阵子合成后的性能即可。事实上，Massive MIMO 依赖多个天线阵子来保证噪声、衰落及硬件因素对系统性能的影响变得更小，这间接提高了系统的鲁棒性。天线数目的增加使系统对单根天线的精确度要求降低，从而使需求器件的造价下降。同时，当天线数目增加，单根天线上的功率远远小于传统天线，因此可以使用廉价的功率放大器代替传统的高功率放大器。由于 Massive MIMO 系统的能量效率得到极大的提高，器件总的消耗功率可以在现有系统的基础上降低一个量级，这意味着能量效率能提高几十倍甚至上百倍。在基站功耗越来越引起关注的当下，这无疑是非常令人鼓舞的特性。同时，消耗的发射功率较小，可以满足专家学者一直关注的绿色节能方案：一方面，信号发射功率较小，直接降低了基站功耗中最主要的部分；另一方面，功耗需求的降低使基站端可以采用其他方式来给基站供能，在一些特定场景的部署上，可以采用新型能源为基站供电，如直接利用自然能源（风能、太阳能等），无疑是非常适合的。同时，基站辐射的功率较小也可以减小基站对周边环境的电磁辐射和电磁干扰，降低公众对基站部署的忧虑，这一点也具有很大的现实意义，使用更加廉价且低功耗的元件在实际推广中也有较大的优势。

（2）Massive MIMO 能够降低空中接口的时延

无线通信系统的性能通常受限于无线传播环境中的信道衰落，无线信道的衰落特性使接收端接收到的信号功率有时会很微弱，发生这种现象的原因是当信号从基站端经过多个不同的路径抵达用户终端时，不同路径的信号有可能会发生抵消现象。无线信道的衰落特性使建立一个低处理时延的通信链路变得很困难，如果一个用户终端刚好处于信道衰落的区间，用户的数据可能迟迟无法发送或接收，用户可能需要消耗更多的资源和使用更多的时间来传递用户信息，这造成了极差的用户体验。**Massive MIMO 可以依赖多个天线来抵消衰落对系统的影响，因为当基站天线数目较大时，信道衰落将在多个天线的叠加下趋于稳定，从而实现一个低时延的通信链路。**

（3）Massive MIMO 简化了多址接入的过程

由于 Massive MIMO 的天线数目较多，信号在频域上的波动相比传统 MIMO 不明显，每个载波收到的信道增益将变得趋于一致，这使传统中的频域调度不再成为必要，调度的增益将主要来自多用户增益，而不是频域选择性增益。**在系统设计上，每个用户终端都可以占据所有的带宽来传输信号，这就极大地简化了物理层的控制信令设计，从而使多址接入的控制更加简单便捷。**

（4）提高系统鲁棒性

采用 Massive MIMO 天线阵列，通常可以利用多根天线为同一用户进行服务，因此可以利用多径效应，在接收端利用信号合并对噪声、干扰、硬件噪声等进行合并抵消，从而消除传输过程中各种不确定性的影响，也可以避免人为干扰，整体上提升了信息传输的可靠性和有效性。同时，传统系统对于射频链路的线性特征及放大器精度的要求极高，往往系统某一部分的故障将导致系统整体崩溃。**而 Massive MIMO 天线单元众多，部分天线单元出现故障不影响整体性能，增强了系统的鲁棒性。**由于天线数目远大于 UE 数目，系统具有很高的空间自由度，信道矩阵形成一个很大的零空间，很多干扰均可置于零空间内，使系统具有很强的抗干扰能力。当基站天线数目趋于无穷时，加性高斯白噪声和瑞利衰落等负面影响都可以忽略不计。此外，更多的基站天线数目提供了更多的选择性和灵活性，系统具有更高的应对突发问题的能力。在民用无线通信领域，信号干扰器正逐渐成为一个严重的公共安全问题，这些信号干扰器造价便宜，某些时候会对正常的通信系统造成严重的干扰。由于频谱资源的稀缺，通过扩展信号的频率来处理这类问题不太可行，要想提高系统的鲁棒性，Massive MIMO 是一个可行的办法，其原因在于 Massive MIMO 有足够的天线自由度能够用来抵消干扰信号。如果 Massive MIMO 利用上行导频来估计信道信息的话，对导频信号本身的干扰将会是一个重大的问题，此时可使用一些联合信道估计算法及优异的编解码策略处理这种问题。

2. 挑战

综上所述，Massive MIMO 的优势都是显而易见的，Massive MIMO 具有众多非常突出的特性，尤其是在提高系统容量、降低功耗及提高系统可靠性方面。然而，以上这些优点不能兼而有之，Massive MIMO 也存在一些比较突出的问题，如对信道信息有效的测量及估计依赖较多等。具体来说，Massive MIMO 面临的挑战可以分为以下 3 个方面。

（1）信道的互易性问题

Massive MIMO 通信系统对于信道互易性的依赖很强。信道互易性指的是基站和用户终端之间信道的测量结果符合可逆的原则。一般而言，这种设定在于基站那端具有优良的数据处理能力，而终端则一般不具备这种能力。在基站侧进行信道估计的时候，基站和用户会提前约定发射的符号，这便是导频符号，基站端通过导频符号采用一定准则估计出信道状态信息。上下行信道的互易性粗看起来似乎是一个合乎情理的设定，然而，在基站侧和用户端，天线阵子的工作情况不同会导致上行性链路不能完全保证一致。在某些情况下，信道的互易性可能会遭到很严重的破坏。当信道的互易性不能完全保证的时候，对信道进行上下行的校准就变得尤为重要了。

（2）导频污染问题

Massive MIMO 系统中信道估计往往依赖对导频信号的估计，每个用户终端都需要一组特定的导频序列，用户之间的导频序列最好正交以保证用户之间不会造成干扰，这样基站在接收来自服务用户的导频信号时，即使同时接收到了来自其他小区用户的导频序列，由于所有用户都采用不同的导频序列，所以依然可以很好地解析出期望的用户信息。然而，这种情况很难在实际系统中出现，一般来说，信道时延扩展决定了相干时间长度，导频序列的个数不能超过相干时间长度。在实际的多小区多用户系统中，每个小区都有大量的用户终端，但是正交性的导频序列个数有限，不能保证本小区及邻小区用户都采用不同的导频序列。在基站端天线数目很大的时候，基站端能够服务的用户数更多，需要估计的信道信息更多，这意味着需要更多的导频序列来进行信道估计，这无疑加重了导频污染的情况。在导频序列不足的情况下，不可避免的一种情况是本小区的某个用户和邻小区的某个用户会采用同一导频序列，在基站段进行信道估计时将会经受额外的邻小区导频干扰，这种问题为导频污染问题。具体地说，接收端试图解调出某个用户终端发出的导频信号时，同时也接收到了其他小区某用户终端采用同一导频序列的导频信号，信道估计的误差将会增大。导频污染的示意如图 1-17 所示。

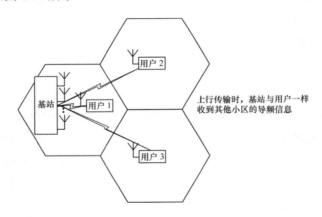

图1-17　导频污染示意

从图 1-17 可以看出，基站端进行导频估计的时候，基站端期望接收的信号是来自用户的导频信号，但是不可避免地接收到了邻小区其他用户的导频信息，而由于导频序列有限，邻小区用户很可能使用了与该用户一样的导频序列。采用导频的信道估计质量受到严重影响。信道估计由于有导频污染问题，使用估计出的信道进行下行波束赋形信号传输时，将会对使用同一导频序列的用户终端产生直接的干扰，由于信道的互易性，上行的信号传输也会有类似的干扰问题。需要特别指出的是，这种导频污染产生的干扰会随着基站端天线的增加而增加。另外，即使采用了不同的导频序列，如果导频序列之间的相关性较高的话，干扰问题仍然存在。

（3）无线传播及信道响应正交性问题

Massive MIMO 系统在很大程度上依赖良好的无线传播环境，基站天线与多个用户终端之间的信道响应要有足够的区分度以保证信道响应之间近似具有正交性。在研究一个实际的 Massive MIMO 系统的性能时，信道测量是一个不可缺失的过程，且信道测量必须基于天线阵子，这点与常规 MIMO 系统有几点不同。首先，**Massive MIMO 系统的天线足够多，其最大的可能间距也会较大，这会导致不同的天线阵子对应的大尺度衰落会有所不同**。再者，不同天线阵子对应的小尺度衰落统计特性也可能不同。常规 MIMO 系统当然也有这些问题，然而在 Massive MIMO 系统中，这种问题更加突出。

Massive MIMO 天线阵列及部署参见附录（八）。

●●1.7 NOMA 技术

1.7.1 概述

对于蜂窝移动通信系统，多址接入技术具有重要作用，是一个系统信号的基础性传输方式。传统的正交多址方案，如用户在频率上分开的频分多址（FDMA），用户在时间上分开的时分多址（TDMA），用户通过正交的码道分开的码分多址（CDMA）和用户通过正交的子载波的正交频分多址接入（OFDMA），在 3G 系统中采用了非正交技术——直接序列码分多址（Direct Sequence CDMA，DS-CDMA）技术。由于直接序列码分多址技术的非正交特性，系统需要采用快速功率控制（Fast Transmission Power Control，FTPC）来解决手机和小区之间的远近问题。在 4G 系统中采用正交频分多址（OFDM）这一正交技术，OFDM 不但可以克服多径干扰问题，而且和 MIMO 技术结合应用，可以极大地提高系统速率。由于多用户正交，手机和小区之间就不存在远近问题，系统将不再需要快速功率控制，转而采用 AMC（自适应编码）的方法来实现链路自适应。正交多址接入有很多优势，如用户间因保持正交，多用户干扰相对较小，线性接收机实现也较为简单。但是，传统的正交多路接入技术由于较低的频谱利用率，不能满足 5G 的性能。5G 不仅要大幅度提升系统的频谱效率，而且还要具备支持海量设备连接的能力，此外，在简化系统设计及信令流程方面也提出了很高的要求，这些都将对现有的正交多址技术形成严峻挑战。在最新的 5G 新型多址技术研究中，非正交多址技术（Non-Orthogonal Multiple Access，NOMA）被正式提出。非正交多址技术 NOMA 最初由 DoCoMo 提出，它改变了原来在功率域由单一用户独占资源的策略，提出功率也可以由多个用户共享的思路，在接收端系统可以采用干扰消除技术将不同用户区分开来。

NOMA 实现的是重新应用 3G 时代的非正交多用户复用原理，并使其融合到现在的 OFDM 技术之中。从 2G、3G 到 4G，多用户复用多址技术主要集中于对时域、频域、码域 的研究，而 NOMA 在 OFDM 的基础上增加了一个维度——功率域。**新增的功率域可以利用每个用户不同的路径损耗来实现多用户复用。实现多用户在功率域的复用，**需要在接收端加装一个串行干扰抵消（Successive Interference Cancellation，SIC）模块，通过这一干扰消除器，加上信道编码，如低密度奇偶校验码（LDPC）等，就可以在接收端区分出不同用户的信号。

NOMA 可以利用不同的路径损耗的差异来对多路发射信号进行叠加，从而提高信号增益。同时，NOMA 能够让同一小区覆盖范围的所有移动设备都能获得最大的可接入带宽，解决由于 Massive MIMO 连接带来的网络挑战。NOMA 的另一个优点是，无须知道每个信道的 CSI，从而有望在高速移动场景下获得更好的性能。各种非正交多址接入技术均对频谱利用率及系统容量的提升有一定的增益，显示了 NOMA 相应的研究价值。对于单小区情况，由于远近效应的存在，小区边缘用户信道条件差，而距离基站较近的用户信道条件较好。若不采取任何措施，边缘小区的可达速率和整个系统的可达速率都将受到限制。在传统的多址接入技术中，为了获得足够高的系统用户吞吐量，必须限制信道状况差的用户所分得的带宽。在实际通信系统中，系统总用户吞吐量和边缘用户吞吐量同样重要。因此，将以功率分配与星座旋转相结合的功分多址为系统原型，以用户之间的公平性为准则，通过将功率分配与非正交多址技术相结合，提高用户之间的公平性。

1.7.2　NOMA 原理

非正交多址技术 NOMA 是一种功分多址的方案，与正交多址技术通过频域或码域上的调度实现分集增益不同，**非正交多址技术 NOMA 则通过将不同信道增益情况下多个用户在功率域上的叠加获得复用增益。**非正交多址技术 NOMA 的基本原理如图 1-18 所示。在发送端，不同发送功率的信号在频率完全复用，仅通过功率来区分；在接收端，基于不同的信道增益，通过串行干扰抵消算法依次解出所有用户的信号。

在 NOMA 系统中，发送信号可以叠加为：

$$x = \sqrt{P_1}\, x_1 + \sqrt{P_2}\, x_2 \qquad\qquad 式（1-15）$$

在用户端，通过串行干扰抵消算法依次解出所有用户的发送信号。最优的解码顺序应该为用户接收信号的信干噪比的降序。在没有差错传播的理想情况下，每个用户都可以准确地解出已经发送的信号，则此时两个用户的速率分别为：

$$R_1 = \log_2\left(1 + \frac{P_1\left|h_1\right|^2}{N_{0,1}}\right) \qquad\qquad 式（1-16）$$

$$R_2 = \log_2\left(1 + \frac{P_2\left|h_2\right|^2}{N_{0,2} + P_1\left|h_1\right|^2}\right) \qquad \text{式（1-17）}$$

可以看出，每个用户的功率分配会对其他用户的吞吐量产生很大影响，系统整体的平均吞吐量和用户之间的公平性也很大程度上依赖于用户的功率分配方案。

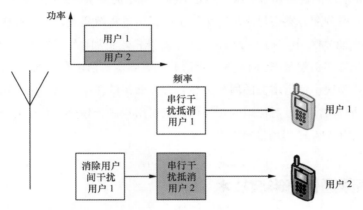

图1-18　NOMA系统原理

以接收信噪比相差较大的两个用户为例，用户 1 的接收信噪比为 20dB，而用户 2 经历了较差的信道情况，信道衰落明显，接收信噪比仅为 0dB，比较采用等带宽分布的 OFDM 系统和进行非等功率分配的 NOMA 系统来看，NOMA 与 OFDM 比较如图 1-19 所示，对于前者，两个用户的频谱效率分别为 R_1=3.33bit/s/Hz，R_2=0.5bit/s/Hz；对于后者，假设对两个用户的功率分配比为 1:4，即 P_1=P/5，P_2=4P/5，两个用户的频谱效率分别为 R_1=4.39bit/s/Hz，R_2=0.74bit/s/Hz，两个用户相较于系统的频谱效率分别获得了 32% 和 48% 的显著提升。

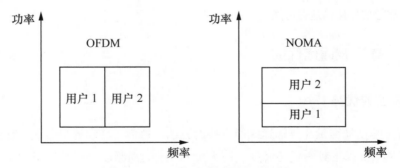

图1-19　NOMA与OFDM比较

此外，与传统正交多址技术（如 OFDM）相比，NOMA 的用户复用将不再强依赖于衰落信道下瞬时频选发射机的相关信息，如信道质量指标（Channel Quality Indicator，CQI）或 CSI，而这些信息都需要用户端对基站进行反馈。因此，在实际应用中，NOMA 相较于

OFDM，可以对用户端进行的信道相关信息反馈的延迟或误差具有更低的敏感度，系统也因此具有更稳健的性能。

在 NOMA 中，一个用户的功率分配不仅对自身有影响，同时也影响着其他用户的吞吐量，因此需要寻求全局最优解。最优的 NOMA 功率分配方案显然可以通过穷搜法对用户进行动态的分组和动态的传输功率分配，但是穷搜法算法的复杂度过高，不具有实际应用性。同时，动态的功率分配方案会显著增加串行干扰抵消过程解码及功率分配因子的相关信令开销。为了减小 NOMA 中与功率分配相关的信令开销，更加详细且简便地对用户进行配对分组及功率分配方案仍然是 NOMA 进一步研究的重点。目前，在对 NOMA 的研究中，具有较大信道增益和较小信道增益的用户被配对分为一组的概率较高，因此可以在实际应用中采用预分组的方法，通过对信道的预知信息来对用户进行划分，并提前分配一个固定的功率分配参数。NOMA 应用场景参见附录（九）。

●●1.8 高频通信毫米波技术

为了更好地应对容量的大幅增长，除了使用高阶调制方式，超密集网络等技术之外，占用更宽的连续频谱资源可以成倍提升系统容量。然而目前在 3GHz 以下的低频范围内，频谱资源分配已经十分缺乏，很难找到用来支撑系统的连续宽带频谱。而在 3GHz 以上的高频段范围内，目前还有着丰富的连续宽带频谱资源。当前高频通信在军用通信、无线局域网等领域已经获得应用，但是在蜂窝通信领域尚处于初步研究阶段。之前，人们普遍认为高频段电波不适合用于蜂窝通信，因为与低频信号相比，高频信号在传播过程中，自由空间衰减和穿透损耗均比较大，基于该频谱的网络也并不可行。然而，美国纽约大学（New York University，NYU）T.S.RAppaport 博士的研究从根本上挑战了这种想法，他已证明利用这些频率进行可靠的信号传输是有可能的。

1.8.1 毫米波通信优劣

1.毫米波的优势

增加带宽是增加容量和传输速率最直接的方法，然而，移动通信传统工作频段十分拥挤，尤其是 6GHz 以下频谱资源稀缺，而大于 6GHz 的高频段可用频谱资源丰富，能够有效缓解频谱资源紧张的现状，可以支持极高速短距离通信，**尤其是 30GHz~300GHz 毫米波频段上丰富的高频频谱资源还并未得到充分的开发利用，高达 1GHz 带宽的频率资源，将有效地支持 10Gbit/s 峰值速率和 1Gbit/s 用户体验速率，是实现 5G 通信愿景和要求的最有效的解决方案之一。**毫米波可用于蜂窝接入、基站与基站之间的回传、D2D 的通信、车载通信等。相比已经饱和的 3GHz 以下频段，毫米波（Millimeter-Wave，mmW）频段具有如下优势。

（1）可以分配更大的带宽，意味着可以达到更高的数据速率。

（2）信道容量随带宽增大而提高，从而极大地降低数据流量的延迟。

（3）毫米波段上不同频段的相对距离更近，使不同的频段更具有同质化。

（4）波长更短，可以利用极化和新的空间处理技术，例如，Massive MIMO 技术和自适应波束赋形技术。

由于毫米波信号的波长较短，天线阵列占用空间小、集成度高、增益大，这使毫米波系统非常适合采用 Massive MIMO 阵列天线技术。其中，Massive MIMO 技术能够同时在几个数据通路上实现数据的传输，具有能够提高频谱效率、增加信道容量、提高通信可靠性等众多优点。基于阵列天线的波束成形技术的原理是通过控制阵列天线中每个阵元的相位，从而形成固定指向的波束，波束成形技术可以同时用于发送端和接收端，其提供的阵列增益能够有效地提高信噪比（Signal to Noise Ratio，SNR），抑制网络间的干扰；由于毫米波通信中阵列天线集成度较高，且波束辐射模式也较多，可以充分地利用电磁波的散射和反射特性。因此，对于毫米波通信系统来说，波束成形技术有着很好的发展前景，是毫米波无线通信的关键技术之一。

2. 毫米波的劣势

毫米波通信具有传统无线信道的特性，但由于高频波段的物理特性的不同，相比于传统无线通信，毫米波通信在提供超高速率服务的同时，衰减和损耗也急剧增加，例如，28GHz 毫米波频段的路径损耗比 1.8GHz 传统频段高 20dB 左右，对此可利用 Massive MIMO 阵列天线，并结合 Massive MIMO 波束赋形（Beam Forming，BF）技术来对抗毫米波通信的高损耗。MIMO 系统在传统无线通信领域中应用广泛，与传统无线通信系统相比，毫米波系统的阵列天线数量更多、规模更大。

由于毫米波信号较大的自由路径损耗和穿透衰减，使通信双方的高速可靠通信受到巨大挑战，相关协议标准多采用定向天线等技术来提高通信链路的质量，通过集中能量的强方向特性提高点对点的传输能力，定向天线结合波束成形技术可以有效地减小网络间干扰，并改善链路质量。

1.8.2　毫米波大气损耗衰减率

频谱资源是无线通信稀缺的资源，中低频段比高频段可以传播更远的距离，当前国内、国外移动通信系统采用的频段是在 3GHz 以下的中低频段，但是，随着通信技术的不断发展和业务速率的不断提升，中低频段可以用的频谱越来越稀缺。为了满足不断发展的业务速率需求，在提升频谱利用率的同时，也需要开拓空闲的更高频段的频谱资源，如 6GHz 及以上的频谱来满足未来移动通信系统（5G）的业务需求，利用高频段进行通信也是满足 5G 高速业务需求的重要手段。毫米波通信技术目前已经实现 10Gbit/s 的传输速率，据预测，未来毫米波通信速率可快于光纤速率。但是，这些毫米波候选频段频率差别较大，传播特性也不尽相同。目前，学术界比较认同的未来 5G 部署观点是用较低的频段实现 1km 级别范围的无线覆盖，而用较高的频段实现 100m 级别范围的无线覆盖，主要包括室内、密集住宅、露天集会等场景。毫米波可用于室内短距离通信，也可为 5G 移动通信系统提供 Backhaul 链路，其优势是可用频带宽，可提供几十 GHz 带宽，波束集中，能够提高能效，方向性好，受干扰影响小。各频段无线电波对于不同环境、天气的衰减率也不尽相同，如空气干燥、空气湿度、降雨以及沙尘天气等对视距衰减率都有影响。网络规划中需要对各场景下毫米波强度衰减率进行分析，从而指导站点规划。

1. 空气强度衰减率

无线电波在空气中传播时，受到空气压力、水汽压力等影响，同时也受温度的影响。无线电波在干燥空气中的衰减率和在水汽中的衰减率的近似计算衰减率公式见附录（十）。根据附录（十）附表 12 中各参数值，温度取常温 20℃，水汽密度取 7.5g/m^2，取 1013hPa，通过 Matlab 仿真得到图 1-20 所示的空气造成的不同频率特征衰减，其中，**无线电波在干燥空气中随频率的增加波动较大，并出现多个峰值；无线电波在水汽中的衰减率在低频段比在干燥空气中衰减率小，在高频段衰减率比在干燥空气中衰减率大，随频率变化波动较大，出现多个峰值；在空气中的总衰减率为干燥空气导致的衰减率和水汽导致的衰减率相加，出现波动多峰值情况。**

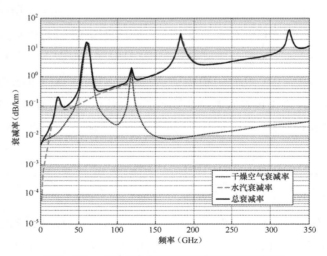

图1-20 空气造成的不同频率特征衰减

无线电波在空气中的总衰减率随着水汽密度的不同，其衰减率也不同，水汽密度和频率的变化关系如图 1-21 所示，从图 1-21 可以看出，随着其密度的增加衰减率增加较为明显。

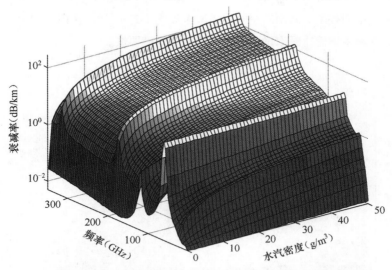

图1-21　衰减率随不同频率和水汽密度变化

2. 雨水衰减率

雨水衰减率公式见附录（十），并取频率 6GHz（未来 5G 可采用频率），通过 Matlab 仿真得到衰减率随着降雨量的变化关系，如图 1-22 所示，从图 1-22 中可以看出**衰减率随着降雨量的增加而增加，且增速较快**。

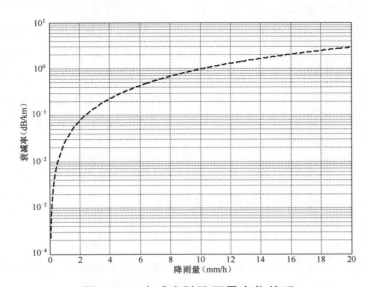

图1-22　衰减率随降雨量变化关系

3. 视距衰减率

无线电波空气衰减率、雨水衰减率、视距衰减率关系见附录（十），通过 Matlab 仿真得到无线电波在不同频率、降雨的空气中衰减率如图 1-23 所示，从图 1-23 中可以看出，**降雨量增加导致衰减率增速比频率增大导致的衰减率增速要快**。

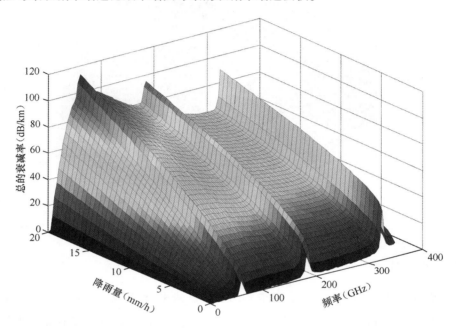

图1-23 无线电波在不同频率、降雨的空气中衰减率

随着通信技术的快速发展，业务速率的提升和低频频谱资源的稀缺，5G 采用的频率比 2G、3G、4G 都要高，而且采用的频谱更宽、更高，覆盖站点越来越密，密集组网很多时候都为视距传输，所以对视距传输的衰减率的分析很有必要。通过对不同频率在干燥空气、水汽和降雨气候的衰减率分析，以及仿真得到的结果，从而可直观地看到各频率的视距衰减率与频率、干燥空气、水汽密度和降雨量的关系；同时，高频段传输穿墙损耗非常大，不适合用于室外到室内的通信覆盖场景。但其频率损耗可作为后续 5G 频率选取以及站点规划的参考。高频段视距（LOS）的传播损耗模型如下式所示：

$$PL_{LOS}(d) = 20\log_{10}(\frac{4\pi}{\lambda}) + 10n_{LOS}\log_{10}(d) + \sigma_{LOS} \qquad 式（1-18）$$

高频段视距（NLOS）传播损耗模型如下式所示：

$$PL_{NLOS}(d) = 20\log_{10}(\frac{4\pi}{\lambda}) + 10n_{NLOS}\log_{10}(d) + \sigma_{NLOS} \qquad 式（1-19）$$

当前高频段用于 5G 覆盖的有 28GHz 和 73GHz，两个频段的传播损耗参数值，见表 1-19。

表1-19 LOS和NLOS无线传播损耗模型参数值

频率	类型	参数值
28GHz	n_{NLOS}	2.1
	σ_{NLOS}	3.6
	n_{NLOS}	3.4
	σ_{NLOS}	9.7
73GHz	n_{NLOS}	2.0
	σ_{NLOS}	4.8
	n_{NLOS}	3.4
	σ_{NLOS}	7.9

对于热点高业务容量区域，覆盖主要是采用高频段密集组网的微基站来完成，规划站点可直接根据高频段指标要求；根据传播损耗模型及参数值，对 28GHz 和 73GHz 两个频段进行了 LOS 和 NLOS 仿真，仿真结果如图 1-24 和图 1-25 所示，从仿真的结果来看，高频段的损耗较大，NLOS 和 LOS 在距离较近时，损耗差距较小，随着覆盖距离的增大，损耗差距也增大；同时，73GHz 传播损耗与 28GHz 传播损耗差距也随距离的增大而增大。从图 1-25 中可以看出对于高业务量的热点区域，超密集组网站间距在 20~50m，这就需要部署至少 10 倍以上的现网站点，站点数量增多、有线回传成本大幅提高，从网络建设和维护成本的角度考虑，不适宜为所有的 UDN 微基站铺设光纤来提供有线回传；同时，即插即用的组网要求，使有线回传不能覆盖所有 UDN 组网场景，利用和接入链路相同频谱的无线回传技术，由于高频段可以提供足够大的带宽做无线回传，优选高频段无线回传，且需采用点对点 LOS 回传。

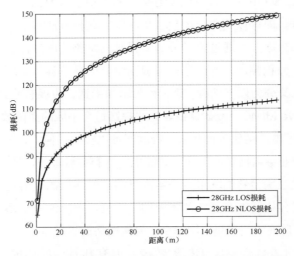

图1-24 频率28GHz无线传播损耗损耗情况

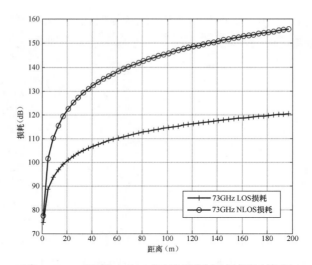

图1-25　频率73GHz无线传播损耗损耗情况

●●1.9　超密集组网技术

伴随着科技的发展，时代的进步，通信改善了人们的生活，提高了人们的生产效率。展望未来，人们对信息的需求进一步提高，更快的传输速率、接入速率、移动速率，更高的网络密度、链接密度、流量密度，这都需要全新的通信技术做支撑。5G 相较于现有的 4G 技术，拥有更高的传输速率，更低的传输时延，更完善的安全机制和更好的用户体验。实现上述通信性能，必须在环境各异的场景中布置大量的无线收发节点，如宏基站、微基站、家庭基站、中继节点等，形成密集度很高的网络，即 5G 中的超密集组网（Ultra-Dense Networks，UDN）。在 5G 中，具有较低发射功率的小型接入节点，不需要精确的规划，仅作高密度的区域部署，即可以构成一个超密集网络。这种方法减小了发射机和接收机之间的距离，提高了频谱效率，并通过流量分流来提升网络整体的性能。总而言之，超密集组网就是通过提高单位面积频谱效率的方式来提高整体的系统容量。**超密集网络中单个小区提升系统容量的方式又分为以下两种：第一种为增加带宽，为现有网络提供新的频谱资源；第二种为使用 Massive MIMO、高阶调制等方式提高每个小区的频谱效率。**

5G 的一个重要思想是实现万物互联，物联网可以实现任何人、任何机器在任何时间的通信，典型的物联网业务包括智能医疗、智能电网、智慧城市等，场景多样、业务量巨大，传统的单层蜂窝网无法满足新的需求。分层次异构组网通信的优势逐渐显示出来，相较于单层同构网络，多层异构网络在网络部署中的灵活度、信息速率、系统容量等方面都有着极大的优势。现阶段研究的超密集组网融合了异构网络的思想。

UDN 的网络部署方式仍然处于探索阶段，但有几点已经达成共识。第一，单一层

46

次的蜂窝网部署无法满足 5G 的通信需求，多层次、多种接入方式并存的无线接入网络（Heterogeneous and Small Cell Network，Het SNets）是蜂窝网发展的必然趋势。多层次是指传统宏小区（Macrocell）和包括微小区（Picocell）、家庭小区（Femtocell）、中继（Relay Nodes）在内的低功耗小区共存的体系结构，超密集组网场景如图 1-26 所示。除了传统蜂窝网接入的方式以外，也包括无线局域网、无线个域网等多种接入技术。第二，办公区域、居住区域、旅店商场等室内热点区域以及机场等室外热点区域需要高密度的小区部署，从而满足用户的 QoS 需求。第三，除了手机等用户设备（UE）以外，还需要支持机器间通信（Machine-to-Machine，M2M），这种通信业务也要与核心网络相连。同时，对于大量的微小基站的接入，光纤和无线都应该被认为是合适的传输资源。

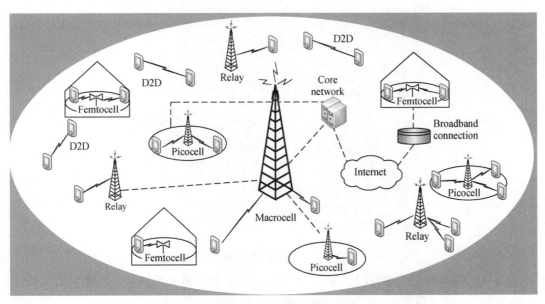

图1-26　超密集组网场景

超密集组网将是一个多元融合的异构网络，区域频谱效率得到成倍的提升，但同时也产生较强的同频干扰，影响用户通信的质量。如何减少同频干扰，提高频谱利用率成为热点问题。不同的网络拓扑结构，分析的结果是不同的。通过减小小区半径，采用 UDN 网络部署，增加单位面积内小基站的密度，通过在异构网络中引入超大规模低功率节点实现热点增强、消除盲点、改善网络覆盖、提高系统容量，**打破了传统的扁平单层宏网络覆盖，使多层立体异构网络（Het Net）应运而生，可显著提高频谱效率，改善网络覆盖，大幅度提升系统容量**，系统容量提升如式（1-20）所示，通过增加小区数和信道数，容量成倍提升，同时，UDN 具有更灵活的网络部署和更高效的频率复用。

$$C_{\text{sum}} \Leftrightarrow \sum_{\text{Cells}} \sum_{\text{Channels}} B_i \log_2(1 + \frac{P_i}{I_i + N_i})$$
　　　　　　式（1-20）

UDN 采用虚拟层技术，即单层实体网络构建虚拟多层网络，虚拟层技术原理图如图 1-27 所示。单层实体微基站小区搭建两层网络（虚拟层和实体层），宏基站小区作为虚拟层，虚拟宏小区承载控制信令，负责移动性管理；实体微基站小区作为实体层，微小区承载数据传输。该技术可通过单载波或者多载波实现；单载波方案通过不同的信号或者信道构建虚拟多层网络；多载波方案通过不同的载波构建虚拟多层网络，**将多个物理小区（或多个物理小区上的一部分资源）虚拟成一个逻辑小区。虚拟小区的资源构成和设置可以根据用户的移动、业务需求等动态配置和更改。虚拟层和以用户为中心的虚拟小区可以解决超密集组网中的移动性问题。**

图1-27　虚拟层技术原理

5G 中的网络规划主要针对广覆盖、热点高容量、低时延高可靠和大规模 MTC 等业务网络形态，各形态特点如下：对于移动广覆盖业务场景的网络形态，以宏蜂窝基站簇覆盖为主，支持高移动性，核心网控制功能集中部署，无线资源管理功能下沉到宏蜂窝和基站簇，在基站簇的场景下，结合干扰协调需求，实现基于独立模块的集中式增强资源协同管理；对于热点高容量业务场景的网络形态，微蜂窝进行热点容量补充，同时结合大规模天线、高频通信等无线技术；核心网控制面集中部署，在干扰严重受限的宏微和微蜂窝簇场景下，资源协同管理和小范围移动性管理下沉至无线侧，用户面网关、业务使能和边缘计算下沉到接入网侧，实现本地业务分流和内容快速分发；对于低时延高可靠业务场景的网络形态，通用控制功能和大范围移动性相关功能集中，小范围移动性管理功能、特定业务特定控制功能下沉至无线侧，用户面网关、内容缓存、边缘计算下沉至无线侧，实现快速业务的终结和分发，支持网络控制的设备间直接通信；对于大规模 MTC 业务场景的网络形态，网络控制功能依据 MTC 业务进行定制和裁剪，增加 MTC 信息管理、策略控制、MTC 安全等，简化移动性管理等通用控制模块，用户面网关下沉，增加汇聚网关，实现海量终端的网络接入和数据汇聚服务，在覆盖弱区和盲区，基于覆盖增强技术，提供网络连接服务。

5G 的规划覆盖、重要发展方向是精细化超密集组网。根据不同的场景需求，采用多系统、多分层、多小区、多载波方式进行组网，以满足不同的业务类型需求。需要采用 UDN 部署的应用场景见表 1-20。

表1-20　UDN主要应用场景

应用场景	室内外属性	
	站点位置	覆盖用户位置
办公室	室内	室内
密集住宅	室外	室内、室外
密集街区	室内、室外	室内、室外
购物中心	室内、室外	室内、室外
校园	室内、室外	室内、室外
大型集会	室外	室外
体育场	室内、室外	室内、室外
地铁	室内	室内

未来 5G 站点规划可在现有 4G 站点上增加 5G 站点，由于 5G 频段比 4G 高，需要增加弱覆盖区域的站点规划，在业务热点区域采用密集组网的方式解决覆盖和容量问题，UDN 组网示意如图 1-28 所示。

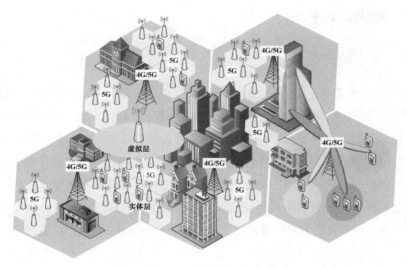

图1-28　UDN组网示意

UDN 需要以非常灵活的方式使用各类传输资源，如有线传输、无线传输或混合传输，这样才能从时域、频域、空域等各个维度全面地利用传输，以达到对资源的最大使用效率。

UDN 的网络拓扑结构应该是灵活的，以便动态地适应各种热点地区的部署，适应大量网络节点的接入，并适应多种无线技术。因此，先进的自配置算法将被大量地使用在 UDN 网络中，以获得自动的小区参数配置、自动容量优化、自动负载平衡、自动资源分区以及自主协调等能力。

5G 网络采用 Het Net 部署，5G 同时也支持全频段接入，低频段提供广覆盖能力，密集组网采用高频段，从而提供高速无线数据接入能力。根据工业和信息化部现有频谱划分 2.515GHz~2.675 GHz、3.3GHz~3.6GHz 和 4.8GHz~5GHz 的低频为 5G 的优选频段，解决覆盖的问题，高频段如 28GHz 和 73GHz 邻近频段主要用于提升流量密集区域的网络系统容量。

在无线回传方式中，相同的无线网络资源被共享，同时提供终端接入和节点回传，需要接入和回传相统一的高频段移动通信系统，需要相应对无线回传组网方式、无线资源管理以及高频段无线接入与移动回传等构建统一的空口、分级 / 分层调度机制的设计。UDN 网络中节点之间的距离减少，导致存在同频干扰、共享频谱干扰、不同覆盖层次之间的干扰，同时，邻近节点传输损耗差别小，导致多个干扰源强度相近，网络性能恶化，需要通过采用多点协同（Coordinated Multipoint，CoMP）等多个小区间集中协调处理，实现小区间干扰的减弱、消除，甚至使 UDN 网络干扰系统转化为近似无干扰系统。超密集网络的干扰控制参见附录（十一）。

●● 1.10 网络切片技术

1.10.1 网络切片概述

5G 的场景和需求多样，不同的场景对网络的功能、性能有不同的需求，对传统以人为中心的单一网络进行融合和优化已经不能满足 5G 的需求。同时，不同场景网络的优化和需求差异可能较大。如果每种场景都建设专网，会增加运营商建网和运营的成本，造成资源浪费，因此 5G 切片的概念应运而生。网络切片可以让运营商在同一套硬件基础设施上切分出多个虚拟的逻辑的端到端网络，每个网络切片从接入网到传输网再到核心网存在逻辑隔离，可以适配各种类型服务的不同特征需求，从而满足大容量、低时延、超大连接以及多业务支持的需求。由于目前的网络架构属于一刀切的网络架构，而在 5G 系统中，将满足新兴市场的需求，并且可以根据运营商及其用户终端的需求附属相应的功能及特点。一些常用的有增强移动宽带（eMBB）和 Massive MIMO 机器类型通信（mMTC）以及高可靠低时延通信（uRLLC）。

网络切片可以分为以下两种。

1. 独立切片

拥有独立功能的切片，包括控制面、用户面及各种业务功能模块，为特定用户群提供独立的端到端专网服务或者部分特定功能服务。

2. 共享切片

其资源可供各种独立切片共同使用，共享切片提供的功能可以是端到端的，也可以是提供部分共享功能。

两种网络切片的部署场景有以下 3 种。

（1）共享切片与独立切片纵向分离

端到端的控制面切片作为共享切片，在用户面形成不同的端到端的独立切片。控制面共享切片为所有用户服务，对不同的个性化独立切片进行统一的管理，包括鉴权、移动性管理、数据存储等，网络切片部署场景 1 如图 1-29 所示。

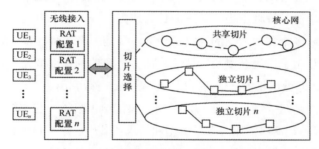

图1-29　网络切片部署场景1

（2）独立部署各种端到端切片，每个独立切片包含完整的控制面和用户面功能，形成服务于不同用户群的专有网络，如 CIoT、eMBB、企业网等，网络切片部署场景 2 如图 1-30 所示。

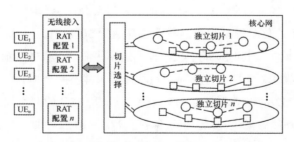

图1-30　网络切片部署场景2

（3）共享切片与独立切片横向分离，共享切片实现一部分非端到端功能，后接各种不同的个性化的独立切片。典型应用场景包括共享的 vEPC+GiLAN 业务链网络，网络切片部署场景 3 如图 1-31 所示。

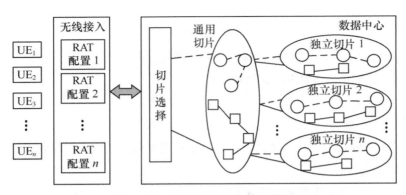

图1-31　网络切片部署场景3

在 5G 中，网络切片作为一种新的概念将用于下一代架构上的多个独立逻辑网络。运营商和服务提供商被允许创建专门的网络切片接入管理方案满足多样化用户需求。网络切片理论上可使多个切片共享相同物理资源，以动态的方式进行必要的调整，使资源利用更加有效，较之传统架构可减少更多的实施成本。在传统架构中，通常数据传输仅共同使用一个切片，一旦共享资源管理不当，如资源过载或拥塞，可能会对另一种正常的资源传输产生不利影响，所以多个切片之间的隔离是极其重要的。专用分区多个切片可能是一个简单的解决方案，但是由于很难预测实际情况，部分资源的利用率低是不可避免的，因此需要在两个隔离切片之间做出权衡，使跨片段的资源得到有效利用。

目前，4G 移动网络主要是服务于移动手机，只能给手机做一些比较局限的优化。但是到了 5G 时代，无线移动网络能服务各种类型和需求。其中应用场景如移动宽带、物联网等需要不同的网络类型，在移动性、计费、安全、策略控制、延时、可靠性等方面有各不相同的要求。预计在 2020 年，将有数千亿级的物联网终端接入网络。到那时，宽带将无处不在，并可满足人与人、物与物、人与物之间的通信需求。MGMN 联盟早在 2015 年 3 月初就已经发布了 NGMN 5G 白皮书，其中定义了 5G 八大类 24 种典型场景，覆盖了现今业务的所有 5G 场景。例如，连接宽带从 50kbit/s～1Gbit/s，时延从 1ms 到秒级，每平方千米的连接数从 200 个到 15 万个，移动性从静止到缓慢及高速的 500km/h。对于自动驾驶、自动手术的要求是很高的，必须实现其时延最小化，传输速率极高，这样才能确保工作运行无障碍，事故率低。但像视频娱乐之类的传输，对于可靠性要求并不完全那么严格。

最新的有关于网络功能虚拟技术的研究表明，在未来 5G 的网络架构下，在同样的物理基础设备上利用网络功能虚拟化技术，通过编排和管理，使每种业务都分配到相匹配的虚拟专用资源。对于这些业务本身来说，分配的资源将是独有无竞争的且与其他业务之间是相互隔离状态的。这将充分地提高网络规模效应和物理资源使用率，降低网络配置的成本。其主要分为以下几种切片：智能手机切片，以部署和分布在整个网络成熟的网络功能，即可实现典型的智能手机使用的 5G 切片；车辆自动驾驶切片，以安全可靠的时延作为基准；IoT 型切片主要是运用在大型设备中。当然，网络切片技术绝不仅限于这几类切片，它的实现是非常灵活的，运营商可以随心所欲地根据应用场景定制自己的虚拟网络。

1.10.2 网络切片按需定制的实现

网络切片技术不仅带来业务部署方面的改变，还会带来网络结构方面的变化。未来低时延应用要求本地化部署，相互之间直接交互信息，在这种情况下核心网有些功能就要下沉，甚至会非常靠近基站，这样才能真正保证业务直接下发到用户，保证较短的时延。低时延、高可靠业务是未来 5G 的重要业务，要求网络端到端的延迟仅有几毫秒，如果按传统的方式部署网络，从无线网络到核心网络经历的网元太多，时延就会增大，这会造成时延很难满足业务的需求。因此将核心网络的功能下沉到边缘以减少传输经过的网元数量从而降低时延，将是未来网络发展的重要趋势。

网络切片技术可能会导致核心网络和无线网络的边界变得模糊。切片技术可以灵活地根据用户需求来调动网络资源，从而构成虚拟网络。这些切片之间逻辑上是独立的，但物理上是共享的。4G 网络采用核心网络集中式部署、无线网边界部署的方式，而在未来的 5G 网络中，无线网络和核心网络的边界将会变得模糊。不仅核心网络下沉到边缘，无线网络将来也会有集中部署的趋势，如果将协议中非实时的处理从基站里分解出来，基站就可以更好地进行协作，同时，MEC 的部署也可以更加深入。核心网络功能的下沉会带来很多问题，如计费问题。传统核心网络采用集中式的经营方式计费，未来核心网功能下沉则计费方式也要改变，如计费的代理可能下放到基站，基站在数据传输过程中把计费信息收集起来上传给集中式的单元。

4G 网络是目前主要的终端设备（包括数字单元和一个射频单元），蜂窝电话网络、核心网络设备供应商是无线电接入网络的一部分，使用一个特殊的装置。在网络经过功能虚拟化后，无线接入网部分叫边缘云（Edge Cloud），而核心网络部分叫核心云（Core Cloud）。边缘云中的 VMs 和核心云中的 VMs，通过 SDN（软件定义网络）互联互通。根据以上分析，执行切片就像切面包一样把虚拟子网络切成片，即网络切片，网络切片可以按照如下 4 种方式划分。

1. 高清视频切片

将原始网络中局部核心网功能和 DU 被虚拟化后，再加上存储服务器后一并放入边缘云，核心云再取代其他功能。

2. 手机切片

边缘云将原来被虚拟化的无线接入数字单元收纳，其中也包括了 IMS。

3.海量物联网切片

因为很大一部分的传感器是静止的，所以并不需要迁移性管理，这项切片相对其他简单些。

4.任务关键性物联网切片

因为其对时延要求高，所以为了缩短时延，原网络的其他的相关服务器和核心网功能都下降到了边缘云。与前面提到的资源分类一样，实际分类中的这些切片技术并不局限于此，而是来自人们的需求，从而为实现更方便地使用。

在网络切片的具体实现方面，最重要的特性是按需定制，并实现端到端的隔离和安全。单用户可以接入一个网络切片，也可以同时接入多个网络切片。网络切片实现切片间的物理隔离（如 eMBB、uRLLC、mMTC 切片），从而使一个切片出现故障或形成拥塞，却不会影响另一个网络切片的工作。网络切片架构有两种部署方式：一种是控制面共享网络切片，如 AMF、NSSF、UDM 共享部署，SMF、UDM 专用部署，PCF 可以共享部署，也可以专用部署；另一种是独立切片部署，如 AMF、NSSF、UDM、PCF、SMF、UPF 可部署为独立网络切片。

UE 网络切片的选择有以下 4 种方式：一是默认切片选择，UE 未携带切片标识，AN 选择默认核心网络切片；二是基于切片标识选择，UE 携带切片标识，AN 通过切片标识选择切片；三是基于用户签约选择，UDM 存储切片签约，NSSF 通过 UE 签约选择切片；四是基于重定向选择，AMF&NSSF 发现 UE 不属于该切片，向另一个 AMF 发送重定向消息，进行网络切片的选择。

漫游场景下支持的网络切片有 3 种方式：一是只能使用标准 S-NSSAI 的 UE，在 VPLMN 和 HPLMN 均使用相同的网络切片选择辅助信息（Network Slice Selection Assistance Information，S-NSSAI）；二是可在 VPLMN 内使用非标准 S-NSSAI 的 UE，VPLMN 将 HPLMN Subscribed S-NSSAI 映射为可在 VPLMN 内使用的 S-NSSAI；三是网络切片由特定的 NF 选择，VPLMN 内的 NF 选择使用 VPLMN 的 S-NSSAI，HPLMN 内的 NF 选择使用 HPLMN 的 S-NSSAI。网络切片实现问题和挑战参见附录（十二）。

●●1.11 同时同频全双工技术

1.11.1 概述

同时同频全双工技术是指同时、同频进行双向通信的技术。具体而言，该项技术是指系统中的发射机和接收机使用相同的时间和频率资源，使通信双方可以在相同的时间使用相同的频率来接收和发送信号，突破了现有的频分双工和时分双工模式，被认为是一项有效提高频谱效率的技术，是 5G 移动通信的关键技术之一。

1.11.2　同时同频全双工技术优劣

1. 同时同频全双工技术优势

传统的双工模式主要有 FDD 和 TDD 模式，可以有效避免发射机信号对接收机信号在频域或时域上的干扰，但是浪费了频带资源，而新兴的同时同频全双工技术采用自干扰和互干扰消除的方法后，相比传统的双工模式，可以节约频率或时隙资源，从而提高频谱效率。全双工系统与传统的无线通信系统的不同之处在于全双工系统可以在相同频段同时进行信号收发，与现行的 4G 移动通信系统采用的时分双工与频分双工模式有本质的区别，**全双工系统可以节省一半的系统资源，使频谱效率或者系统吞吐量得到提升，也称作同时同频全双工系统。**

2. 同时同频全双工技术劣势

同时同频全双工系统的信号接收和发送在同一频段内同时进行，**发射天线与接收天线相隔较近，发射信号的一部分会经接收天线泄露到接收链路，从而对全双工系统产生严重干扰，这个干扰信号称作自干扰信号（Self Interference，SI）。**一方面，自干扰信号从发射天线发出，到达接收天线的距离比远端的期望信号的传播距离近得多，因此自干扰信号强度要远大于期望信号强度，对于数字化的接收机来说，如果接收端直接对其利用模数转换器（ADC）进行数字化处理，则肯定会造成 ADC 饱和，以致接收机无法正常工作，所以必须在数字化之前先把自干扰信号降低到合理的范围内，后端的数字化运算才能有效进行；另一方面，自干扰信号是系统本身发出的信号，其特性对于系统是可知的，可利用它进行处理，无线全双工系统模型如图 1-32 所示。

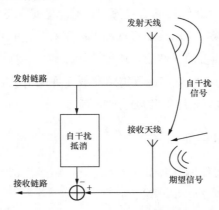

图1-32　无线全双工系统模型

图 1-32 说明了收发天线是分立的两根天线时，收发信机因为尺寸限制，收发天线不可能分得很开，发射信号传播到接收天线的信号就是自干扰信号，虽然干扰信号会因为路径

损耗或者天线放置等因素强度有一定的衰减，但是仍然远大于远端的期望信号。目前，已有的利用环行器实现单天线的收发信号隔离方案，但是由于器件的端口隔离度并不是理想的完全隔离，发射信号会有一部分泄露到接收链路，同样造成了自干扰问题。同时同频全双工技术自干扰抑制抵消参见附录（十三）。

●● 1.12   MEC 技术

1.12.1   特征

大带宽的业务不断增加，势必将对网络的传输带宽造成很大压力，所以运营商寻找一套合理解决方案使其能够降低对传输带宽的需求越发强烈。移动边缘计算（Mobile Edge Computing，MEC）最初于 2013 年在 IBM 和诺基亚、西门子共同推出的一款计算平台上出现。移动边缘计算侧重在移动网边缘提供 IT 服务、云计算能力和智能服务，强调靠近移动用户以减少网络操作和服务交付的时延。移动边缘计算技术使边缘网络具备业务处理的能力，同时下沉内容及应用，是降低时延的有效解决方案。**移动边缘计算改变了移动通信系统中网络与业务分离的状态，将业务平台下沉到网络边缘，为移动用户就近提供业务计算和数据缓存能力，实现网络从接入管道向信息化服务使能平台的关键跨越，是 5G 的代表性能力。移动边缘计算将内容与计算能力下沉，提供智能化的流量调度，将业务本地化，内容本地缓存，业务的理想时延降到毫秒级，典型时延小于 10ms。**

边缘计算作为一种新的部署方案，一方面，通过把小型数据中心或带有缓存、计算处理能力的节点部署在网络边缘，与移动设备、传感器和用户紧密相连，减少核心网络负载，降低数据传输时延。例如，在车联网中，业务控制和数据传输的实时性要求高，如果数据分析和控制逻辑全部集中在较远的云端完成，难以满足业务的实时性需求。另一方面，边缘计算可以提供流量卸载，移动终端可以根据应用对时延的容忍程度、自身的处理能力以及能耗等因素判断是否需要流量卸载。通过流量卸载，计算密集型和时延敏感型应用可以在边缘计算平台上处理；在时延和回程链路负载允许的情况下，计算密集型应用可以进一步卸载到核心网络以获得更充足和强大的计算资源。

1. 移动边缘计算技术特征

移动边缘计算使传统无线网具备了业务本地化和近距离部署的条件，其技术特征主要体现为邻近性、低时延、高带宽和位置认知。

（1）邻近性

由于移动边缘计算服务器的部署非常靠近信息源，因此特别适用于捕获和分析大数据中的关键信息。

（2）低时延

由于移动边缘计算服务靠近终端设备或者直接在终端设备上运行，因此大大降低了时间延迟。这使网络的反馈更加迅速，同时也改善了用户体验，降低了网络在其他部分中可能发生的拥塞。

（3）高带宽

由于移动边缘计算服务器靠近信息源，可以在本地进行简单的数据处理，不必将所有数据都上传至云端，这将使核心网传输压力下降，减少网络堵塞，网络速率也会因此大大增加。

（4）位置认知

当网络边缘是无线网络的一部分时，本地服务可以利用相对较少的信息来确定每个连接设备的具体位置。

2. 网络架构

根据 ETSI 定义，MEC 技术主要指通过在无线接入侧部署通用服务器，MEC 架构示意如图 1-33 所示，从而为无线接入网提供 IT 和云计算的能力。换句话说，MEC 技术使传统无线接入网具备了业务本地化、近距离部署的条件，无线接入网由此具备了低时延、高带宽的传输能力，有效缓解了未来移动网络对于传输带宽以及时延的要求。同时，业务面下沉即本地化部署可有效降低网络负荷以及对网络回传带宽的需求，从而实现缩减网络运营成本的目的。除此之外，业务应用的本地化部署使业务应用更靠近无线网络及用户本身，更易于实现对网络上下文信息（位置、网络负荷、无线资源利用率等）的感知和利用，从而可以有效提升用户的业务体验；运营商还可以通过 MEC 平台将无线网络能力开放给第三方业务应用以及软件开发商，为创新型业务的研发部署提供平台。因此，基于 MEC 技术，无线接入网可以具备低时延、高带宽的传输，无线网络上下文信息的感知以及向第三方业务应用的开放等诸多能力，从而可应用于具有低时延、高带宽传输、位置感知、网络状态上下文信息感知等需求的移动互联网和物联网业务，有效缓解了业务应用快速发展给 LTE 网络带来的高网络负荷、高带宽以及低时延等要求。

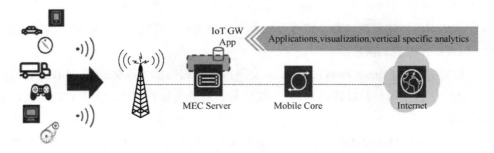

图1-33　MEC架构示意

MEC 系统位于无线接入点及有线网络之间。在电信蜂窝网络中，MEC 系统可部署于无线接入网与移动核心网之间。MEC 系统的核心设备是基于 IT 通用硬件平台构建的 MEC 服务器。通过部署于无线基站内部或无线接入网边缘的云计算设施（即边缘云）提供本地化的公有云服务，并可连接其他网络（如企业网）内部的私有云实现混合云服务。MEC 系统提供基于云平台的虚拟化环境（如 Open Stack）支持第三方应用在边缘云内的虚拟机上运行。相关的无线网络能力可通过 MEC 服务器上的平台中间件向第三方应用开放。MEC 系统的基本组件包括路由子系统、能力开放子系统、平台管理子系统及边缘云基础设施。前 3 个子系统部署在 MEC 服务器内，而边缘云基础设施由部署在网络边缘的小型或微型数据中心构成。

3. 基本功能组件

（1）边缘云基础设施

边缘云基础设施特指为第三方应用提供的包括计算、内存、存储及网络等资源在内的基于小型化的硬件平台构建的 IT 资源池，使其能够实现本地化业务部署，且方便接近基于传统数据中心的业务部署。

（2）路由子系统

路由子系统为 MEC 系统内部的各个组件提供基本的数据转发及网络连接能力，并为边缘云内的第三方虚拟业务主机提供网络虚拟化支持。

（3）能力开放子系统

能力开放子系统支持第三方以调用应用程序接口（API）的形式，通过平台中间件驱动移动网络实现网络能力调用。

（4）平台管理子系统

平台管理子系统的主要功能包括：对移动网络数据平面进行控制，对来自能力开放子系统的能力调用请求进行管控，对边缘云内的 IT 基础设施进行规划编排，对相关计费信息进行统计上报。

为实现前面提到的业务需求，MEC 需要具备以下 4 个主要功能。

① 用户面的终结包括计费、策略等核心网络功能的运营能力，同时满足计费、监听、移动性以及操作维护的需求。

② 业务的 Local Break Out（LBO）：为实现内容和应用的本地化处理，MEC 必须实现 LBO 功能，从而使用户可以通过 MEC 直接访问本地的内容和应用，而不必迂回到集中的核心网网关。

③ 为了实现网络功能的扩展和第三方业务定制，MEC 需要支持第三方应用的集成，包括了应用的注册和被发现，以及统一管理，如资源调度、健康检查等第三方应用的注册和

管理。

④ 为了实现垂直行业的业务定制和第三方应用的灵活上线，MEC 需要提供开放的平台，以使网络内部的能力开放出去，便于第三方业务实现无缝结合的网络能力。

4.MEC 平台

MEC 技术通过对传统无线网络增加 MEC 平台功能 / 网元，使其具备了提供业务本地化以及近距离部署的能力，然而 MEC 功能 / 平台的部署方式与具体应用场景相关，主要包括宏基站场景与微基站场景。

（1）宏基站

由于宏基站具备一定的计算和存储能力，此时可以考虑将 MEC 平台功能直接嵌入宏基站中，从而更有利于降低网络时延、提高网络设施利用率、获取无线网络上下文信息以及支持各类垂直行业的业务应用（如低时延要求的车联网等）。

（2）微基站

考虑到微基站的覆盖范围与服务用户数，此时 MEC 平台应该是以本地汇聚网关的形式出现。通过在 MEC 平台上部署多个业务应用，实现本区域内多种业务的运营支持。例如，物联网应用场景的网关汇聚功能、企业 / 学校本地网络的本地网关功能以及用户 / 网络大数据分析功能等。

因此，为了让 MEC 更加有效地支持各种各样的移动互联网和物联网业务，需要 MEC 平台的功能根据业务应用需求逐步补充完善并开放给第三方业务应用，从而在增强网络能力的同时改善用户的业务体验并促进创新型业务的研发部署。综上所述，MEC 技术的应用场景适用范围取决于 MEC 平台具有的能力。MEC 平台主要包括 MEC 平台物理设施层、MEC 应用平台层以及 MEC 应用层，MEC 平台示意如图 1-34 所示。

1）MEC 平台基础设施层

基于通用服务器，采用网络功能虚拟化的方式，为 MEC 应用平台层提供底层硬件的计算、存储等物理资源。

2）MEC 应用平台层

由 MEC 的虚拟化管理和应用平台功能组件组成。其中，MEC 虚拟化管理采用以基础设施作为服务（Infrastructure as a Service，IaaS）的思想，为应用层提供一个灵活高效、多个应用独立运行的平台环境。MEC 应用平台功能组件主要包括数据分流、无线网络信息管理、网络自组织（Self-Organizing Network，SON）管理、用户 / 网络大数据分析、网络加速以及业务注册等功能，并通过开放的 API 向上层应用开放。

3）MEC 应用层

基于网络功能虚拟化 VM 应用架构，将 MEC 应用平台功能组件进一步组合封装成虚拟的应用（本地分流、无线缓存、增强现实、业务优化、定位等应用），并通过标准的接口开放给第三方业务应用或软件开发商，实现无线网络能力的开放与调用。除此之外，MEC 平台物理资源管理系统、MEC 应用平台管理系统以及 MEC 应用管理系统则分别实现 IT 物理资源、MEC 应用平台功能组件 /API 以及 MEC 应用的管理和向上开放。可以看出，无线网络基于 MEC 平台可以提供如本地分流、无线缓存、增强现实、业务优化、定位等能力，并通过向第三方业务应用 / 软件开发商开放无线网络能力，促进创新型业务的研发部署。需要注意的是，本地分流是业务应用的本地化、近距离部署的先决条件，也因此成为 MEC 平台最基础的功能之一，从而使无线网络具备低时延、高带宽传输的能力。因此，本书将在下面内容中重点针对基于 MEC 的本地分流方案进行详细描述，并与 3GPP 中 LIPA/SIPTO 方案进行对比分析。

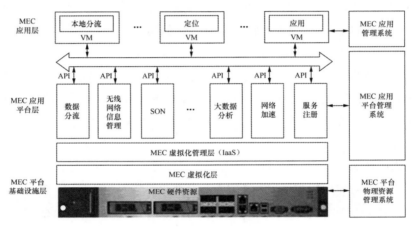

图1-34　MEC平台示意

为实现业务应用在无线网络中的本地化、近距离部署以及低时延、高带宽的传输能力，无线网络具备本地分流的能力。基于 MEC 应用平台数据分流功能组件实现的本地分流方案示意，其主要设计目标如下所述。

① 本地业务

用户可以通过 MEC 平台直接访问本地网络，本地业务数据流无须经过核心网，直接由 MEC 平台分流至本地网络。因此，本地业务分流不仅降低回传带宽消耗，同时，也降低了业务访问时延，提升了用户的业务体验。换句话说，基于 MEC 的本地分流目标是实现类似 Wi-Fi 的 5G 本地局域网。

② 公网业务

用户可以正常访问公网业务，主要包括两种方式：一是 MEC 平台对所有公网业务数据流采用透明传输的方式直接发送至核心网；二是 MEC 平台对于特定 IP 业务 / 用户通过本地分流的方式从本地代理服务器接入 Internet（由于此类业务是经过本地分流的方式进行，后面描述的本地业务包含这部分本地分流的公网业务）。

③ 终端 / 网络

本地分流方案需要在 MEC 平台对终端以及网络透明部署的前提下，完成本地数据分流。也就是说，基于 MEC 的本地分流方案无须对终端用户与核心网络进行改造，降低 MEC 本地分流方案现网应用部署的难度。为了实现上述目标，基于 MEC 的本地分流详细技术方案如下所述。

（a）本地分流规则

MEC 平台需要具备 DNS 查询以及根据指定 IP 地址进行数据分流的功能。例如，终端通过 URL（www.Local Intranet.com）访问本地网络时，会触发 MEC 平台进行域名系统（Domain Name System，DNS）查询，查询 www.Local Intranet.com 对应服务器的 IP 地址，并将相应 IP 地址反馈给终端用户。因此，首先，需要 MEC 平台配置 DNS 查询规则，将需要配置的本地 IP 地址与其本地域名对应起来。其次，MEC 平台收到终端的上行报文，如果是指定本地子网的报文，则转发给本地网络，否则直接透明传输给核心网络。最后，MEC 平台将收到的本地网络报文返回给终端用户。可以看出，在本地分流规则中，DNS 查询功能不是必需的，当没有 DNS 查询功能时，终端用户可以直接采用本地 IP 地址访问的形式进行，MEC 平台根据相应的 IP 分流规则处理相应的报文即可。除此之外，也可以配置相应的公网 IP 分流规则，实现对于特定 IP 业务 / 用户通过本地分流的方式从本地代理服务器接入分组域网络，实现对于公网业务的选择性 IP 数据分流。

（b）控制面数据

MEC 平台对于终端用户的控制面数据即 S1-C，采用直接透明传输的方式发给核心网，完成终端正常的鉴权、注册、业务发起、切换等流程，与传统的 LTE 网络没有区别。即无论是本地业务还是公网业务，终端用户的控制依然在核心网进行，保证了基于 MEC 的本地分流方案对现有网络是透明的。

（c）上行用户面数据处理

公网上行业务数据经过 MEC 平台透明传输给运营商核心网 SGW 设备，而对于符合本地分流规则的上行数据分组，则通过 MEC 平台路由转发至本地网络。

（d）下行用户面数据处理

公网下行业务数据经过 MEC 平台透明传输给基站，而对于来自本地网络的下行数据分组，MEC 平台需要将其重新封装成 GTP-U 的数据分组发送给基站，完成本地网络下行用户面数据分组的处理。可以看出，基于 MEC 的本地分流方案通过在传统的 LTE 基站和核心网之间部署 MEC 平台（串接），根据 IP 分流规则的设定，从而实现本地分流的功能。综上所述，MEC 平台对控制面数据（S1-C）直接透明传输给核心网，仅对用户面数据根据相关规则进行分流处理，因此保障了基于 MEC 的本地分流方案对现有 LTE 网络的终端以及网络是透明的，即无须对现有终端及网络进行改造。所以，基于 MEC 的本地分流方案可以在对终端及网络透明的前提下，实现终端用户的本地业务访问，为业务应用的本地化、近距离部署提供可能，实现了低时延、高带宽的 LTE 的本地局域网。同时，由于 MEC 对终端公网业务采用了透明传输的方式，因此不影响终端公网业务的正常访问，使基于 MEC 的本地分流方案更容易部署。总而言之，基于 MEC 的本地分流方案可广泛应用在企业、学校、商场以及景区等需要本地连接以及本地大流量业务传输（高清视频）等需求的应用场景。以企业 / 学校为例，基于 MEC 的本地分流可以实现企业 / 学校内部高效办公、本地资源访问、内部通信等，实现免费 / 低资费、高体验的本地业务访问，使大量本地发生的业务数据能够终结在本地，避免通过核心网传输，降低回传带宽和传输时延。对于商场 / 景区等场景，可以通过部署在商场 / 景区的本地内容，实现用户免费访问，促进用户最新资讯（商家促销信息等）的获取以及高质量音频 / 视频介绍等，同时企业 / 校园 / 商场 / 景区的视频监控也可以通过本地分流技术直接上传给部署在本地的视频监控中心，在提升视频监控部署便利性的同时降低了无线网络回传带宽的消耗。除此之外，基于 MEC 的本地分流也可以与 MEC 定位等功能结合，实现基于位置感知的本地业务应用和访问，改善用户业务体验。

（e）LIPA/SIPTO 本地分流方案

关于无线网络本地分流的需求已经由来已久，早在 2009 年 3GPP 的 SA#44 会议上，沃达丰等的运营商联合提出 LIPA/SIPTO，其应用场景与本地分流目标相同。同时，经过 R10 至 R14 等版本持续研究推进至当前的 R15 版本，LIPA/SIPTO 目前存在多种实现方案，下面仅就确定采用的且适用于 LTE 网络的方案进行介绍，以便与基于 MEC 的本地分流方案进行对比分析。

（f）家庭 / 企业 LIPA/SIPTO 方案

经过讨论，确定采用 L-S5 的本地方案实现 LIPA 本地分流，它适用于 HeNB LIPA 的业务分流，如图 1-35 所示。

可以看出，该方案在 HeNB 处增设了本地网关（LGW）网元，LGW 与 HeNB 可以合设也可以分设，LGW 与 SGW 之间通过新增 L-S5 接口连接，HeNB 与 MME、SGW 之间通过原有 S1 接口连接。此时，对于终端用户访问本地业务的数据流，在 LGW 处分流至本地网络中，并采用专用的 APN 来标识需要进行业务分流的 PDN。同时，终端用户原有公网业务则采用与该 PDN 不同的原有 PDN 连接进行数据传输，即终端用户需要采用原有 APN 标识其原有公网业务的 PDN。除此之外，需要注意的是，当 LGW 与 HeNB 分设时，需要在 LGW 与 HeNB 间增加新的接口 Sxx。如果 Sxx 接口同时支持用户面和控制面协议，则和 LGW 与 HeNB 合设时类似，对现有核心网网元以及接口改动较小。如果 Sxx 仅支持用户面协议，则 LIPA 的实现类似于直接隧道的建立方式，对现有核心网网元影响较大。除此之外，当 LGW 支持 SIPTO 时，LIPA 和 SIPTO 可以采用同样的 APN，而且 HeNB SIPTO 不占用运营商网络设备和传输资源，但 LGW 需要对 LIPA 以及 SIPTO 进行路由控制。可以看出，终端用户的本地访问需要得到网络侧授权，同时还需要提供专用的 APN 来请求 LIPA/SIPTO 连接。

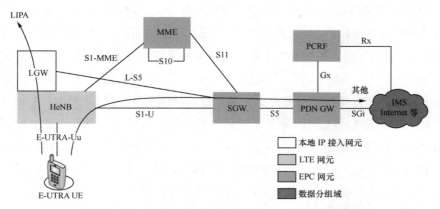

图1-35　3GPP家庭/企业LIPA/SIPTO方案

（g）宏网络 SIPTO 方案

对于 LTE 宏网络 SIPTO 方案，3GPP 最终确定采用 PDN 连接的方案（本地网关）进行，通过将 SGW 以及 L-PGW 部署在无线网络附近，SGW 与 L-PGW 间通过 S5 接口连接（L-PGW 与 SGW 也可以合设），SIPTO 数据与核心网数据流先经过同一个 SGW，然后采用不同的 PDN 连接进行传输，实现宏网络的 SIPTO。其中，用户是否建立 SIPTO 连接由 MME 进行控制，通过用户的签约信息（基于 APN 的签约）来判断是否允许数据本地分流。如果 HSS 签约信息不允许，则 MME 不会执行 SIPTO，否则，SIPTO 网关选择为终端用户选择地理/逻辑上靠近其接入点的网关，包括 SGW 以及 L-PGW。其中，SGW 的选择在终端初始附着和移动性管理过程中建立的第一个 PDN 连接时进行，L-PGW 的选择则是在建立 PDN 连接时进行。为了能够选择靠近终端用户的 L-PGW，其 L-PGW 的选择通过使用 TAI、eNode B ID 或者 TAI+eNode B ID 来进行 DNS 查询。可以看出，宏网络的 SIPTO 依然由网络侧进行控制，并且基于专用 APN 进行。

（h）方案对比

经过上述讨论可以得出，基于 MEC 的本地分流方案以及 3GPP 中 LIPA/SIPTO 方案，均可以满足无线网络本地分流的应用场景需求，即本地业务访问、本地网络 SIPTO 以及宏网络的 SIPTO。需要注意的是，3GPP LIPA/SIPTO 方案需要终端支持多个 APN 的连接，同时，需要增加新的接口以实现基于 APN 的 PDN 传输建立。而在基于 MEC 的本地分流方案中，MEC 平台对于终端与网络是透明的，可以通过 IP 分流规则的配置实现终端用户数据流按照指定 IP 分流规则执行，而且无须区分基站类型。除此之外，由于 MEC 的本地分流方案对终端与网络是透明的，因此更适合于 LTE 现网本地分流业务的部署。

MEC 技术可以使无线网络和互联网有效地融合在一起，并在无线网络侧增加计算、存储、处理等功能，通过业务本地化和 API 接口，开放无线网络与业务服务器之间的信息交互，有效降低传输网络的压力，让运营商可以在基站侧更快地处理信息、实现差异化服务，真正改变用户的业务体验。MEC 将是 5G 网络发展不可或缺的技术，设备厂家与运营商还新增了 MEC 与 NB-IoT、车联网 V2X 结合的方案，并且考虑到 5G 带来的网络重构问题，形成了 4G/5G 融合的 MEC 方案，加强对网络切片技术的支持，为用户提供更好的体验。MEC 在五大场景中非常具有潜力：一是基于室内精准定位的互联网 LBS 服务，打造边缘移动生态；二是视频业务的优化和加速，MEC 可以将视频加速引擎部署在靠近用户的位置，提升视频体验；三是本地流量卸载业务，可应用于各种企业、校园的网络小区，运营商可针对园区设置特定的收费策略，产生在本地的业务通过流量卸载的方式，既可节省运营商的传输资源，又可激发用户的流量消费；四是满足 NB-IoT 的需求，对海量物联网终端所产生的数据及时处理；五是车联网对超低时延需求很高，也是 MEC 部署的主要场景。

1.12.2　资源的联合管理

在传统的蜂窝网络中，资源管理的出发点是在网络负载不均衡、无线网络环境变化的情况下，灵活分配和动态调度可用资源，在保证网络 QoS 的前提下，最大化地实现资源利用率和系统性能。由于 MEC 的引入，蜂窝网络资源管理方法将面临新的挑战，管理资源维度不仅包括无线资源，还包括边缘计算涉及的缓存资源和计算资源。同时，考虑到各网络切片间的隔离需求，切片对资源管理的粒度需求，因此资源管理的目标不仅是网络 QoS 的保证和资源利用率的最大化，还需要兼顾网络切片间的隔离和定制化。边缘计算引入接入网络后，边缘设备具备缓存与计算能力，可为 UE 提供快捷内容访问与检索功能，有效缓解云服务器的负担，降低内容传递时延和网络传输负载，通过面向对象与内容认知技术提高性能增益和用户体验。在引入雾（F-RAN）计算后，接入网络的资源分配中，对频谱效率、能耗效率和时延的影响和优化性能，都是需要考虑的影响因素。在优化频谱效率时，UE 对接入节点的选择，不仅需要考虑接收信号强度，还需要将接入节点中缓存内容对 UE 的影响纳入考核指标中。类似地，在能效优化时，除了考虑发送功耗外，还需要考虑本地缓存带来的功耗和回程链路功耗的节省；传输时延的优化问题则由于 F-RAN 中多种传输模式的共存而变得更为复杂，BBU 池中虽然能够提供大容量存储，但传输时延受到去程链路的影响，只能提供时延可容忍的服务，而边缘设备虽然离 UE 距离近，通信状况好，但受限于缓存容量和计算能力，不能满足所有的低时延业务需求。同缓存和计算资源的管理不同，无线资源管理对网络切片的影响包括切片间的隔离水平高低、切片时、空、频域的管理粒度。MEC 技术面临的问题和应用参见附录（十四）。

参考文献

[1] 肖清华、汪丁鼎、许光斌、丁巍．TD-LTE 网络规划设计与优化．人民邮电出版社，2013．7．

[2] 许光斌、赵大威、何旭初．5G 帧结构分析．信息通信．2018．9．

[3] 3GPP TS 38.211 V15.1.0 Release 15.Physical channels and modulation. 2018.3.

[4] 3GPP TS 38.212 V15.1.1 Release 15.Multiplexing and channel coding. 2018.4.

[5] 3GPP TS 38.213 V15.3.0 Release 15. Physical layer procedures for control.2018.3.

[6] 3GPP TS 38.214 V15.3.0 Release 15.Physical layer procedures for data. 2018.3.

[7] 3GPP TS 38.215 V15.1.0 Release 15. Physical layer measurements. 2018.3.

[8] 3GPP TS 38.321 V15.3.0 Release 15. Medium Access Control (MAC) protocol specification.2018.3.

[9] 3GPP TS 38.322 V15.3.0 Release 15.Radio Link Control (RLC) protocol specification.2018.3.

[10] 赵忠晓．MassiveMIMO-FBMC 系统容量及能源效率的研究 [D]．2016．4．

[11] 郑志探．MassiveMIMO 无线通信系统统计信道信息获取方法研究 [D]．2016．3．

[12] 魏浩．MassiveMIMO 系统互易性校准理论与方法研究 [D]．2016．9．

[13] 赵洋．MassiveMIMO 系统信道估计关键技术研究 [D]．2016．5．

[14] 熊鑫．MassiveMIMO 与 OFDM 无线通信信道信息获取理论方法研究 [D]．2017．2．

[15] 尹东明．MEC 构建面向 5G 网络构架的边缘云 [J]．电信网技术．2016．11．

[16] 张建敏，谢伟良，杨峰义等．移动边缘计算技术及其本地分流方案 [J]．电信科学．2016．7．

[17] 李佐昭，刘金旭．移动边缘计算在车联网中的应用．现代电信科技 [J]．2017．6．

[18] 邓聪．移动边缘计算是 5G 关键技术之一．中国电子报 [N]．2017．5．

[19] 朱丹．移动网络边缘计算与缓存技术研究．计算机应用 [J]．2017．8．

[20] 李冰．基于 PDMA 技术的 5G 异构网络融合技术研究 [D]．2016．3．

[21] 张洪．超密集组网中区域频谱效率及区域能量效率的研究 [D]．2016．6．

[22] 陈正．多天线超密集网络统计性能分析与优化 [D]．2017．5．

[23] 许光斌．不同频率的降雨气候视距衰减率分析．移动通信 [J]．2017．8．

[24] 蓝骧．宽带毫米波通信接收前端的研究 [D]．2015．11．

[25] 赵俊波．存在 I_Q 不平衡的全双工系统关键技术研究 [D]．2016．4．

[26] 刘晓婷．全双工 MIMO 中继系统的空域自干扰消除方案研究 [D]．2016．3．

[27] 房龄江．同时同频全双工 RLS 数字自干扰抑制关键技术与验证 [D]．2016．6．

[28] 项弘禹．5G 边缘计算和网络切片技术．电信科学 [J]．2017．6．

[29] 邢燕霞．5G 核心网络关键技术和对业务的支撑．电信技术 [J]．2017．7．

[30] 陈兴海．弹性网络的网络切片技术研究．通信技术 [J]．2016．12．

[31] 肖健．基于未来 5G 网络架构下网络切片概念的研究．电子世界 [J]．2017．11．

[32] 侯建星，李少盈，祝宁．网络切片在 5G 中应用分析．中国通信学会信息通信网络技术委员会 2015 年年会论文集 [C]．2015．

5G 业务与场景

Chapter 2

第二章

导读

如何通过对各类 5G 典型业务特性与用户体验的分析推导各类 5G 典型业务模型,如何根据各应用场景的特性,应用 5G 典型业务模型推导不同场景下的场景业务模型,是本章讨论的主要内容。作为一个规划者不应该仅遵照"××建设指导意见"就进行编写规划,而是需要在源头分析梳理最终用户和业务的需求,以此作为规划的输入条件和输出结果的验证条件。首先,需要了解移动通信业务的发展历程,便于理解业务的发展趋势以及 5G 业务的延伸特性。然后,需要掌握两点:业务解析是对业务进行分类,通过关键性指标理解业务模型中时延和体验速率两个指标的重要性;场景解析是介绍业内两大标准化组织对场景的分类以及定义,通过对比阐述场景的分类。最后,结合业务模型推导出各场景下的时延、流量密度以及体验速率等关键性指标,作为规划的输入。

移动通信深刻地改变人们的生活，但人们对高性能移动通信的要求从未停止

	1980	1990	2000	2010	2020
	1G	2G	3G	4G	5G
	--	100kbit/s	100Mbit/s	1Gbit/s	10Gbit/s
	模拟	数字	数据业务	数据业务	万物互联、万物智联
	语音	语音	移动互联网	社交网络、高速宽带	移动互联网、移动物联网

场景	1980	1990	2000	2010	2020
地铁		+++	+	+++	+
快速路		+	+	+++	+++
高铁		+++	+	+++	++
广域覆盖		++	++	+++	+++

场景
业务
模型
计算

流量密度：场景A流量密度 = ∑ 激活终端密度 × 业务i发生概率 × 业务i体验速率

其中，5G激活终端密度 = 人口密度 × 5G终端渗透率 × 5G终端激活率

时延：场景A时延 = MIN {业务时延}

用户体验速率：场景A用户体验速率 = MAX {业务体验速率}

第二章 内容概要一览图

●●2.1　移动通信业务发展历程

以 1987 年"大哥大"在我国商用开启移动通信为标志，移动通信系统以大约每 10 年迭代一次的速度快速发展，早期 5W（Whoever、Wherever、Whenever、Whomever、Whatever）即任何人可在任何时候、任何地方与任何人进行任何形式的通信目标已经实现，现在正向更快速率、更多接入数、更短时延、更高可靠性以及"万物互联、万物智联"的目标迈进。

我国移动通信业务发展历程如图 2-1 所示。1G 诞生于 20 世纪 80 年代，使用模拟语音调制技术和频分多址，其唯一的业务是语音，通信终端主要为"大哥大"，其价格高昂，通信资费昂贵，是奢侈品的代名词。1987 年，我国从瑞典引入 TACS 标准的第一代模拟蜂窝移动通信系统（1G），在广东省建成并投入商用。

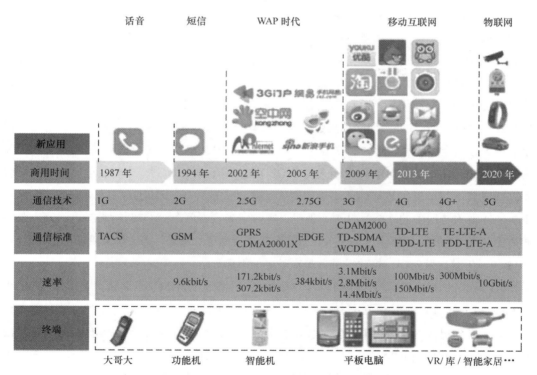

图2-1　我国移动通信业务发展历程

2G 源于 20 世纪 90 年代初期，使用数字无线电技术代替了模拟调制技术，主要采用窄带码分多址技术制式和时分多址技术制式，2G 支持短信业务和高质量的数字语音业务。1995 年，第一款 GSM 手机爱立信 GH337 登陆我国，但不支持中文操作。直到 1999 年，我国首款真正意义上的全中文手机摩托罗拉 CD928+ 上市，支持电话簿和短信的中文输入，短信开始爆发。2000 年，我国移动短信发送量突破 10 亿条，2001 年则达到 189 亿条，短短一年时间增长近 20 倍，成为移动通信历史上真正的"杀手"级业务。2G 时代末期出现了 WAP（Wireless Application Protocol），旨在实现移动终端接入互联网的开放网络协议标准，主要应用是新闻浏览、小说阅读、彩信、电子邮件等，由于网速慢、资费高，这些新业务都没有得到很好的发展，处于"移动互联网"的萌芽阶段。

3G 诞生于 21 世纪初，采用基于扩频通信的码分多址技术（CDMA），使数据传输速率大幅度提升，开始支持多媒体数据通信。2009 年 1 月，工业和信息化部分别向中国联通（WCDMA——欧洲标准）、中国电信（CDMA2000——美国标准）和中国移动（TD-SCDMA——中国标准）发放了 3G 牌照，其理论下行速率分别达到 14.4Mbit/s、3.1Mbit/s、2.8Mbit/s，标志着我国进入移动宽带时代。2007 年发布的 iPhone，2008 年第一款搭载 Android 操作系统的手机 HTCG1 上市，这是智能手机时代真正开启的标志性事件。之后智能手机迅速迭代，CPU 主频由 MHz 到 GHz，由单核到八核，内存由数十 M 到 128G，屏幕分辨率到达高清，相机达数千万像素，导航等各种传感器嵌入，性能媲美 PC。移动宽带和智能手机共同促进移动互联网时代的到来，社交、电商、O2O、手游等各类 App 大行其道，也宣告 WAP 时代的终结。2013 年，移动互联网用户超过 PC 互联网，App Store 应用数目已达百万。在社交方面，在 WAP 时代，主要应用是连接人与信息，步入移动互联网时代，连接人与人的社交应用微博、微信兴起，社交媒体内容媒介由文字向图片、语音、表情包转变。在电商方面，PC 互联网应用也纷纷向移动端移植，其中包括连接人与商品的淘宝和京东等，移动电商快速崛起，2013 年"双 11"，淘宝 21% 的交易来自移动端，而 2012 年仅为 5%。在 O2O 方面，2010 年千团大战是 O2O 的始作俑者，而到"随时随地"连接的移动互联网时代，移动支付等基础环境日渐完备，O2O 大放异彩，移动互联网开始向传统行业下沉，实现人与服务的连接，打车、外卖、家政、美妆、停车等 O2O 模式层出不穷。在手游方面，网络宽带化缓解了卡顿现象，终端智能化页面更加精美，操作体验更加优良、流畅，2013 年成手游爆发元年，爆款手游月流水可逼近 1 亿元。

4G 系统改进并增强了 3G 的空中接入技术，基于 OFDM（正交频分复用技术）和 MIMO（多天线输入输出）等技术，采用全 IP 的核心网，使数据传输速率、频谱利用率和网络容量得到提升，具备更高的安全性、智能性和灵活性，并且时延得到降低。2013 年 12 月 4 日，工业和信息化部正式向三大移动运营商发放 TD-LTE 制式的 4G 牌照，标志着我国移动通信迈入 4G 时代。2015 年 2 月 27 日，工业和信息化部向中国电信和中国联通发放 FDD-LTE 制式的 4G 牌照，4G 网络建设全面铺开。3G 网络在线视频播放存在加载时间长、卡顿严重和丢包率高等问题；4G 与 3G 相比，最显著的特征是数据传输速率大幅提升，上下行速率提升了 10 倍以上，打破了视频传输瓶颈。TD-LTE 上行速率为 50Mbit/s，下行速率为 100Mbit/s，FDD-LTE 上行速率达 40Mbit/s，下行速率达 150Mbit/s，4G 网络足以满足视频上传和播放的需要。在终端侧,更大的屏幕、更高的分辨率、上千万像素的摄像头等作为手机厂家的最大卖点,在激烈的竞争中以高性价比打动了众多的消费者。随着网络传输瓶颈的打破和移动端性能的提升,移动视频用户数快速增长,由 2015 年一季度的 4.78 亿人迅速增至 2017 年 6 月底的 11 亿人,增长近 130.13%(据工业和信息化部统计数据)。2015 年,76.7% 的视频用户选择手机收看网络视频,而 PC 使用率为 54.2%(据 CNNIC 统计数据),手机取代 PC 成为收看网络视频的第一终端;移动视频月度时长增长 40%,而 PC 视频仅增长 10%(据艾瑞咨询统计数据)。综合在线视频、短视频、移动直播等视频类业务是 4G 的新业务增长点。

移动通信已经深刻地改变了人们的生活,但人们对高性能移动通信的要求从未停止。为了应对未来爆炸式的移动数据流量增长、海量的设备连接、不断涌现的各类新业务和应用场景,第五代移动通信(5G)系统应运而生。5G 时代会实现"万物互联、万物智联",如图 2-2 所示。

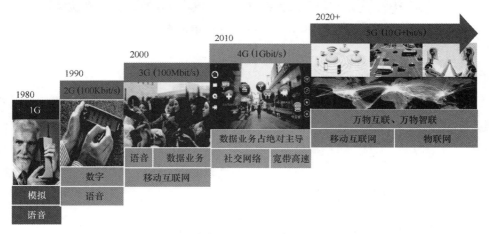

图2-2　5G时代"万物互联、万物智联"

●●2.2　5G 业务解析

预计到 2020 年及未来,超高清、3D 和浸入式视频逐步流行,增强现实、云桌面、在线游戏等更趋完善,大量的个人和办公数据将会存储在云端,海量实时的数据交互可媲美光纤的传输速率,社交网络等 OTT(Over The Top)业务将会成为未来的主导应用之一。智能家居、智能电网、环境监测、智能农业、智能抄表等全面铺开,视频监控和移动医疗无处不在,车联网和工业控制驱动着新一轮工业革命的车轮。5G 时代是一个丰富多彩的时代,5G 网络就像人体遍布全身的神经网络,连接一切、感知一切,5G 新业务新应用在强大网络的支撑下会带给人们更多的惊喜。5G 新业务畅想示意如图 2-3 所示。

图2-3　5G新业务畅想示意

2.2.1　5G 业务分类

5G 业务种类繁多，由于服务对象不同，主要业务可分为移动互联网类业务及移动物联网类业务两大类。根据业务特点以及对时延的敏感程度的不同，移动互联网业务进一步划分为流类、会话类、交互类、传输类及消息类业务，移动物联网业务可进一步划分为控制类与采集类业务。

移动互联网业务包括以下 5 类。

1. 会话类业务

会话类业务是时延敏感的实时性业务，其业务特性为上下行业务量基本相等。会话类业务最关键的 QoS 指标是传输时延，时延抖动也是影响会话类业务的重要指标，可容忍一定的丢包率，一般会话类业务具有最高的 QoS 保障等级。会话类业务主要包括语音会话、视频会话、虚拟现实等业务。

2. 流类业务

流类业务即以流媒体方式进行的音频、视频播放等的实时性业务。流媒体是指采用流式传输的媒体格式，在播放前并不下载整个文件，通过边下载、边缓存、边播放的方式使媒体数据正确地输出。流类业务对时延没有会话类业务敏感，时延抖动也是影响流类 QoS 的一项重要指标，允许一定的丢包率。

3. 交互类业务

交互类业务指的是终端用户和远程设备进行在线数据交互的业务，其特点是请求响应模式，传送的数据包内容必须透明传送。交互类业务的时延取决于人们对于等待时间的容忍度，比会话类业务要长，比流类业务要短。交互类业务对时延抖动没有要求，可以有较低的误比特率，但是对丢包率的要求很高。交互类业务主要包括浏览类、位置类、交易类、搜索类、游戏类、云桌面、增强现实及虚拟现实等业务。

4. 传输类业务

传输类业务是完成大数据包的上传及下载的业务，对传输时间无特殊要求，对时延和时延抖动要求较低，对丢包率的要求很高。传输类业务主要包括邮件类、上传下载文件类、云存储等业务。

5. 消息类业务

消息类业务是完成小数据包的发送与接收的业务，对传输时间无特殊要求，对时延和时延抖动要求较低，对丢包率的要求很高。消息类业务主要包括短信（Short Messaging Service，SMS）类、多媒体短信（Multimedia Messaging Service，MMS）类及社交网络消息（Over The Top，OTT）类业务。

移动物联网业务包括以下两类。

1. 采集类业务

采集类业务根据采集速率要求分为低速采集类及高速采集类业务，采集类业务对时延无特殊要求。低速采集类典型业务主要有智能家居、智能农业、环境监测等，高速采集类典型业务主要是高清视频监控等。

2. 控制类业务

控制类业务根据时延要求分为时延敏感类业务及非时延敏感类业务，时延敏感类典型业务主要有智能交通、智能电网、工业控制等，非时延敏感类典型业务主要是智能路灯等。

从时延维度看，以上分类可归纳为不同业务的时延敏感度，如图 2-4 所示。

从图 2-4 的划分可以看到，同一类业务的不同应用在时延上产生了不同的要求，此外同一类业务的不同应用在速率要求上也不尽相同，使用这种分类方法不能很好地归纳 5G 网络性能的需求，因此需要将 5G 业务分类细分到应用，并增加速率（带宽）的维度，如图 2-5 所示。

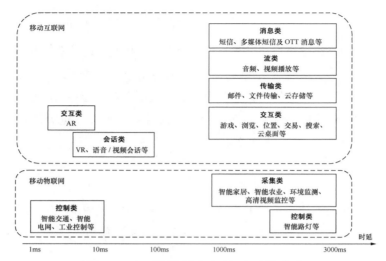

图2-4　不同类型业务的时延敏感度

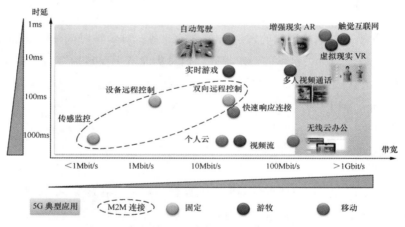

图2-5　5G新业务对时延与带宽的需求

　　从移动通信业务发展的历程中可以总结出一个定律，一个业务要得到广泛的应用是必须充分满足用户需求并提供良好的使用体验的，对于移动互联网而言，良好的使用体验就是时延。我们通过仔细分析可以发现移动互联网时延实际上可以分为两种：一种是数据传输时延；另一种是达到人体无感知的时延要求。数据传输时延可以通过大带宽即超高传输速率解决，而人体无感知时延是几十毫秒甚至几毫秒级的，这需要在网络架构设计时予以满足。

　　图2-5清晰地显示了不同类型5G业务的各类应用在时延及带宽二维面上的分布，这仅是一种概念的展示，进行网络规划需要的是有具体技术指标的业务模型，下面我们就一些5G典型业务进行详细的解析，确定其时延与传输速率技术指标并完成5G典型的业务模型。本书主要是介绍移动互联网的网络规划，因此业务模型以分析移动互联网业务为主，暂不涉及移动物联网5G业务模型的建模。

2.2.2　5G 典型业务解析

1. 高清视频

　　高清视频按分辨率可分为 1080P 高清、4K 高清、8K 高清以及 8K（3D）高清，5G 时代高清视频播放会成为主流业务。事实上，高清视频除了视频播放业务外，视频会话、AR/VR、实施视频分享等业务的本质也是高清视频传送，只是这些业务的时延需求不同。不同分辨率的高清视频传输速率需求是该类业务的关键技术指标。

　　高清视频传输速率的计算由以下公式给出：

$$视频传输速率 = \frac{每帧画面像素点数 \times 每像素点 bit 数 \times 每秒传输帧数}{视频压缩率}$$

式（2-1）

　　高清视频传输速率需求的分类计算表，见表 2-1。

表2-1　高清视频传输速率需求计算

高清视频格式	每帧画面像素点数	每像素点 bit 数	每秒传输帧数	视频压缩率	传输速率
1080P	1920 × 1080 像素	12bits	60fps	100	15Mbit/s
4K	4096 × 2160 像素	12bits	60fps	100	60Mbit/s
8K	7680 × 4320 像素	12bits	60fps	100	240Mbit/s
8K（3D）	7680 × 4320 像素	24bits	120fps	100	960Mbit/s

　　1080P 高清视频播放的下行体验速率应达到 15Mbit/s，4K 高清视频播放的下行体验速率应达到 60Mbit/s，8K 高清视频播放的下行体验速率应达到 240Mbit/s，8K（3D）高清视频播放的下行体验速率应达到 960Mbit/s。高清视频播放业务需要 50~100ms 的时延才能提供非常良好的业务体验。

2. 视频会话

　　视频会话从参与会话人数上可以分为两方视频会话及多方视频会话。5G 时代高清视频会话业务有可能会替代语音会话业务成为沟通交流的主流业务。

　　为提供良好的视频会话体验，5G 视频会话业务一般要求达到 1080P 高清视频的分辨率。根据 1080P 高清视频传送的速率要求，两方视频会话上行体验速率应达到 15Mbit/s，下行体验速率应达到 15Mbit/s；三方视频会话时，上行一路，下行为两路，因此上行体验速率应达到 15Mbit/s，下行体验速率应达到 30Mbit/s，多方视频会话依此类推。视频会话业务需要 50~100ms 的时延才能提供非常良好的业务体验。

3. 增强现实

增强现实技术（Augmented Reality，AR），是一种实时计算摄影机影像的位置及角度并加上相应图像、视频、3D 模型的技术，这种技术的目标是在屏幕上把虚拟世界套在现实世界并进行互动。

增强现实属于时延敏感的交互类业务，为提供好的视频会话体验，增强现实业务一般要求达到 1080P 或 4K 高清视频的分辨率，并且要求用户对时延无感知。根据 1080P 高清视频传送速率要求，增强现实业务（1080P）上行体验速率应达到 15Mbit/s，下行体验速率应达到 15Mbit/s；根据 4K 高清视频传送速率要求，增强现实业务（4K）上行体验速率应达到 60Mbit/s，下行体验速率应达到 60Mbit/s。人眼视神经的最快反应时间去除摄像头的图像采集和终端设备的投影处理时间，达到用户对图像时延无感知时网络需要保障的单向端到端时延约为 5~10ms。

4. 虚拟现实

虚拟现实技术（Virtual Reality，VR）是一种可以创建和体验虚拟世界的计算机仿真系统，它可以利用计算机生成一种模拟环境，是一种多源信息融合的、交互式的三维动态视景和实体行为的仿真系统，使用户沉浸到该环境中。

虚拟现实是属于时延敏感的交互类/会话类业务，一般都是 3D 场景，因此虚拟现实业务一般要求达到 4K（3D）或 8K（3D）高清视频的分辨率。根据 4K（3D）高清视频传送速率要求，虚拟现实业务 4K（3D）的下行体验速率应达到 2400Mbit/s。根据 8K（3D）高清视频传送速率要求，虚拟现实业务 8K（3D）的下行体验速率应达到 960Mbit/s；交互类虚拟现实业务对上行体验速率暂无具体要求。虚拟现实业务需要 50~100ms 的时延才能提供非常良好的业务体验。

5. 实时视频分享

实时视频分享（视频直播）属于时延敏感的交互类/会话类业务，目前，实时视频分享已成为最火爆的 4G 主流业务，5G 时代提供清晰度更高、更流畅的体验是必然的要求，一般要求达到 1080P 或 4K 高清视频的分辨率。

根据 1080P 高清视频传送速率要求，实时视频分享业务（1080P）的上行体验速率应达到 15Mbit/s。根据 4K 高清视频传送速率要求，实时视频分享业务（4K）的上行体验速率应达到 60Mbit/s；交互类实时视频分享业务对下行体验速率暂无具体要求。实时视频分享业务需要 50~100ms 的时延才能提供非常良好的业务体验。

6. 云桌面

云桌面可以把数据空间、管理服务以提供桌面化的方式发布给操作者，适合作为平板、手机等手持化移动应用的网络操作系统，也可以将传统 PC 升级为网络操作。基于数据空间的云桌面，主要通过虚拟化应用将云端资源发布给各操作终端，仍属于数据平台云操作系统。基于管理服务的云桌面，主要是通过面向服务的体系结构（Service-Oriented Architecture，SOA）理念，将企业服务总线（Enterprise Service Bus，ESB）和企业业务总线（Enterprise Business Bus，EBB）的内容，发布给各操作终端，属于业务平台云操作系统。

云桌面属于时延敏感的交互类业务，当前主流电脑终端的屏幕分辨率为 1080P 高清，因此云桌面的可类比 1080P 高清视频传输速率要求并考虑一定的余量，云桌面业务的上行体验速率应达到 20Mbit/s，云桌面业务的下行体验速率应达到 20Mbit/s。人眼视神经的最快反应时间去除 I/O 信息处理、操作系统处理及显示器处理时延，云桌面业务的时延要求为单向端到端的 10ms。

7. 云存储

云存储是在云计算概念上延伸和发展出来的一个新的概念，是一种新兴的网络存储技术。云存储是指通过集群应用、网络技术或分布式文件系统等功能，将网络中大量各种不同类型的存储设备通过应用软件集合起来协同工作，共同对外提供数据存储和业务访问功能的系统。

云存储属于非时延敏感的传输类业务，云存储业务的传输速率应媲美光纤传输，因此云存储业务的上行体验速率应达到 0.5Gbit/s，云存储业务的下行体验速率应达到 1Gbit/s。云存储等传输类业务一般都没有特殊的时延要求。

通过上面的分析，我们已经清楚地了解了各类 5G 典型业务的特性及其技术指标的推导过程，将这些技术指标整理成一张表，即为 5G 典型业务模型，见表 2-2。5G 典型业务模型是从用户需求与用户体验出发，对 5G 网络性能提出的一个个分类要求，将这些业务需求与场景结合即为 5G 场景业务模型。5G 业务场景模型提供的各类场景下的流量密度、时延、体验速率技术指标就是 5G 无线网络规划的输入数据之一。

表2-2　5G典型业务模型

典型业务	基本假设	时延要求	上行体验速率	下行体验速率
视频会话	移动状态下，1080P 视频传输	50~100ms	15Mbit/s	15Mbit/s
视频会话	静止状态下，4K 视频传输	50~100ms	60Mbit/s	60Mbit/s
4K 高清视频播放	移动状态下，4K 视频传输	50~100ms	无具体要求	60Mbit/s
8K 高清视频播放	静止状态下，8K 视频传输	50~100ms	无具体要求	240Mbit/s
增强现实（AR）	移动状态下，1080P 视频传输	5~10ms	15Mbit/s	15Mbit/s

（续表）

典型业务	基本假设	时延要求	上行体验速率	下行体验速率
增强现实（AR）	静止状态下，4K 视频传输	5~10ms	60Mbit/s	60Mbit/s
虚拟现实（VR）	移动状态下，4K（3D）视频传输	50~100ms	无具体要求	240Mbit/s
虚拟现实（VR）	静止状态下，8K（3D）视频传输	50~100ms	无具体要求	960Mbit/s
实时视频共享	移动状态下，1080P 频传输	50~100ms	15Mbit/s	无具体要求
实时视频共享	静止状态下，4K 视频传输	50~100ms	60Mbit/s	无具体要求
云桌面	无感知时延	10ms	20Mbit/s	20Mbit/s
云存储	媲美光纤传输	无具体要求	500Mbit/s	1Gbit/s

●● 2.3 5G 场景解析

Scenario 即场景,《牛津英语词典》解释为"设想、方案、预测、(电影或戏剧的)剧情梗概",3GPP TR38.913 中出现了 Usage Scenarios（使用场景）以及 Deployment Scenarios（部署方案 / 场景），中国 IMT-2020（5G）推进组发布的 5G 愿景与需求白皮书和 5G 概念白皮书中提出了"应用场景"以及"技术场景"，如何理解这些有关 Scenarios（场景）的定义，这些"场景"说的是一回事吗？

2.3.1 3GPP 场景划分

先看 Usage Scenarios（使用场景），ITU-R 的 IMT for 2020 and beyond 工作组对 Usage Scenarios（使用场景）的定义包含了增强移动宽带（enhanced Mobile Broad Band，eMBB）、海量机器类通信（massive Machine Type Communications，mMTC）、超高可靠低时延通信（Ultra-Reliable and Low Latency Communications，URLLC）三大类使用场景，如图 2-6 所示。

再看 Deployment Scenarios（部署方案 / 场景），3GPP TR38.913 中定义了 12 类部署场景，同时也给出了这 12 类部署场景的特性、用户业务模型、覆盖要求等技术指标参数建议。以下内容为 3GPP TR38.913 中 12 类部署场景的摘要。

1. 室内热点（Indoor Hotspot）

室内热点属于热点高容量技术场景，具有超高用户密度、超高流量密度，所有用户在楼宇内低速移动的特性。3GPP 建议采用 4GHz、30GHz 或 70GHz 频段，用建设室分系统的方式进行覆盖，并建议平均 20m 部署一个收发点（Transmission Reception Point，TRxP），每个 TRxP 建议容量为覆盖 10 个用户。

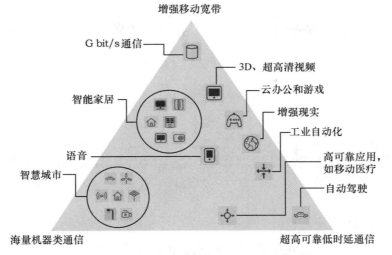

图2-6　ITU-R定义的5G三大使用场景

2. 密集城区（Dense Urban）

密集城区属于热点高容量技术场景，具有高用户密度、超高流量密度，80%用户在室内低速移动、20%用户在室外中速移动的特性。3GPP建议采用4GHz频段宏站构建蜂窝网络，30GHz频段室外微站按需要进行部署，并建议宏站平均站间距200m，每个宏站TRxP内可建设3个微站TRxP，每个TRxP建议容量为覆盖10个用户。

3. 农村（Rural）

农村属于连续广域覆盖技术场景，具有50%的用户在室内低速移动、50%的用户在室外高速移动的特性。3GPP建议采用700MHz或4GHz频段宏站构建蜂窝网络，建议700MHz宏站平均站间距5000m，4GHz宏站平均站间距1732m，每个宏站TRxP建议容量为覆盖10个用户。

4. 城区宏站（Urban Macro）

城区属于连续广域覆盖技术场景，具有20%的用户在室内低速移动、80%用户在室外高速移动的特性。3GPP建议采用2GHz、4GHz或30GHz频段宏站构建蜂窝网络，建议宏站平均站间距500m，每个宏站TRxP建议容量为覆盖10个用户。

5. 高铁（High Speed）

高铁属于连续广域覆盖技术场景，具有100%的用户在高铁上车厢内，每列高铁上1000个用户以及10%的业务激活率，最大速度可达到每小时500km的特性，3GPP建议每个覆盖高铁的宏站支持 300 个用户。对于高铁场景 3GPP 给出了两个建议：采用 4GHz 宏站构建蜂窝专网的方案；采用 40GHz 宏站拉远 RRH 构建蜂窝专网的方案，分别如图 2-7 和图 2-8 所示。

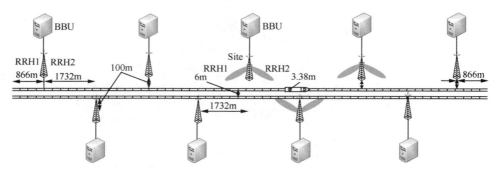

图2-7　4 GHz宏站覆盖部署方案

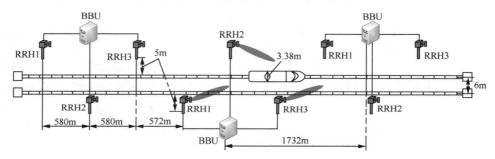

图2-8　30GHz宏站拉远RRH覆盖部署方案

6. 地广人稀区域广覆盖（Extreme long Distance Coverage In Low Density Areas）

地广人稀区域属于连续广域覆盖技术场景，具有超远距离覆盖的特性。3GPP 建议采用 700MHz 宏站进行覆盖，覆盖半径要求达到 100km。

7. 城区海量连接（Urban Coverage For Massive Connection）

城区大规模连接属于低功耗大连接技术场景，具有超高连接数及 80% 室内 20% 室外的特性。3GPP 建议采用 700MHz 或 2.1GHz 频段宏站构建蜂窝网络，建议 700MHz 宏站平均站间距 1732m，2.1GHz 宏站平均站间距 500m。

8. 高速公路车联网（Highway Scenario）

高速公路属于低时延高可靠技术场景，需要极高的可靠性/可用性及极低的时延，具有高速移动的特性。3GPP 给出了两个建议：一是采用 6GHz 以下频段宏站构建蜂窝网络；二是采用"宏站+RSU"方式构建蜂窝网络。RSU 是 3GPP 针对 V2X 定义的一个逻辑实体，宏站站间距建议为 1732m 或 500m，RSU 间的距离建议为 50m 或 100m。

9. 城区网格车联网（Urban Grid For Connected Car）

城区网格属于低时延高可靠技术场景，需要极高的可靠性 / 可用性与极低的时延，具有超高连接数的特性。3GPP 给出了两个建议：一是采用 6GHz 以下频段宏站构建蜂窝网络；二是采用"宏站 +RSU"方式构建蜂窝网络。RSU 是 3GPP 针对 V2X 定义的一个逻辑实体，宏站站间距建议为 500m，RSU 间的距离建议为 50m 或 100m。

城区网格道路定义模型如图 2-9 所示。

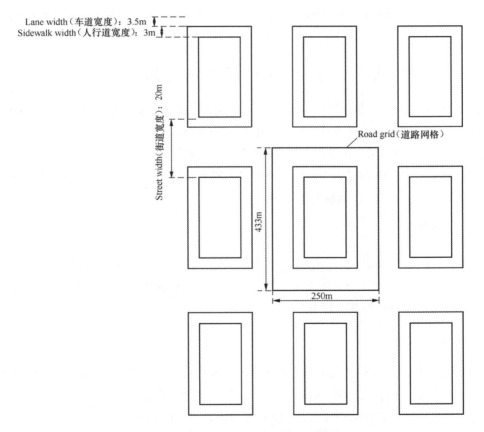

图2-9　城区网格道路定义模型

10. 商业航班空地通信（Commercial Air to Ground Scenario）

商业航班空地通信属于连续广域覆盖技术场景，具有 15 千米飞行高度及每小时 1000 千米超高速移动的特性。3GPP 建议采用 4GHz 以下频段宏站构建蜂窝网络，覆盖半径要求达到 100 千米。

11. 小型飞机（Light Aircraft Scenario）

商业航班空地通信属于连续广域覆盖技术场景，每架小型飞机按 6 个用户估算，具有 3 千米飞行高度及每小时 370 千米超高速移动的特性。3GPP 建议采用 4GHz 以下频段宏站构建蜂窝网络，覆盖半径要求达到 100 千米。

12. 卫星补充覆盖（Satellite Extension To Terrestrial）

卫星补充覆盖属于连续广域覆盖技术场景，是通过卫星对地面网络无覆盖区域进行补充覆盖的部署方式，具有超远距离覆盖的特性。3GPP 给出了三种部署方案：采用 1.5GHz 或 2GHz 的接入网方案；下行 20GHz/ 上行 30GHz 的回传网方案；40GHz 或 50GHz 的回传网方案。

2.3.2　中国 IMT-2020（5G）推进组场景划分

中国 IMT-2020（5G）推进组发布的 5G 愿景与需求白皮书中认为 5G 典型应用场景中涉及人们居住、工作、休闲、交通等各种区域，特别是密集住宅区、办公室、体育场、露天集会、地铁、快速路、高铁、广域覆盖等场景，图 2-10 呈现了这些应用场景。

IMT-2020（5G）推进组认为以上八类场景具有超高流量密度、超高连接密度、超高移动性等特征，可能会对 5G 系统形成挑战。

1. 办公室

办公区域内的典型业务包括视频会话（双方或多方）、云桌面、数据下载、云存储、OTT 消息等。办公区域内 5G 用户密度超高，典型业务体验速率极高，在此应用场景下将产生数十 T bit/s/km² 的超高流量密度。

2. 密集住宅区

密集住宅区内人口密度极大，典型业务包括视频会话、视频播放（IPTV）、虚拟现实、在线游戏、数据下载、云存储、OTT 消息、智能家居等。密集住宅区内 5G 用户密度超高，要求达到 Gbit/s 典型业务体验速率，因此在此应用场景下将产生超高流量密度。

3. 体育场

在体育场举办比赛时，很小的区域内汇集大量人群，人口密度极高。体育场内的典型业务包括视频播放、增强现实、视频直播、高清图片上传、OTT 消息等。体育场内 5G 用户密度超高，典型业务体验速率高，此应用场景下将产生 100 万 /km² 连接数以及超高流量密度。

图2-10　5G愿景与需求白皮书定义的应用场景

4. 露天集会

类似于体育场，露天集会在很小的区域内汇集大量人群，人口密度极高，其典型业务包括视频播放、增强现实、视频直播、高清图片上传、OTT 消息等。露天集会时 5G 用户密度超高，典型业务体验速率高，此应用场景下将产生 100 万 /km² 连接数以及超高流量密度。

5. 地铁

地铁内汇集大量人群，人口密度极高，其典型业务包括视频播放、在线游戏、OTT 消息等。地铁内 5G 用户密度达到 6 人 /m²，此应用场景下将产生超高的连接密度。

6. 快速路

快速路上车辆行驶速度约每小时 80 千米，移动速度快，其典型业务包括视频会话、视频播放、增强现实、OTT 消息、车联网等，此应用场景要求达到毫秒级的端到端时延。

7. 高铁

高铁的行驶速度将达到每小时 500 千米，移动速度极快，其典型业务包括视频会话、视频播放、在线游戏、云桌面、OTT 消息等，此应用场景的主要挑战是高速移动。

8. 广域覆盖

广域覆盖区域内的典型业务包括视频播放、增强现实、视频直播、OTT 消息、视频监控等，此应用场景的主要挑战是保障广域覆盖区内用户体验速率达到 100Mbit/s。

5G 需要解决多样化"应用场景"下差异化的各种挑战，不同的应用场景面临的性能挑战各有不同，用户体验速率、流量密度、时延、能效和连接数都有可能成为不同应用场景的挑战性指标。从移动互联网和移动物联网主要的应用场景、业务需求和性能挑战出发，IMT 2020（5G）推进组发布的 5G 概念白皮书将其归纳总结为连续广域覆盖、热点高容量、低功耗大连接和低时延高可靠四大"技术场景"，如图 2-11 所示。

图2-11　5G概念白皮书定义的"技术场景"

连续广域覆盖和热点高容量技术场景主要的满足移动互联网的业务需求，也是传统的 4G 业务技术场景。低功耗大连接和低时延高可靠场景主要面向物联网业务，是 5G 新拓展的技术场景，重点解决传统移动通信无法很好地支持物联网及垂直行业的应用的问题。以上四大技术场景具体描述如下。

（1）连续广域覆盖

连续广域覆盖技术场景是移动通信最基本的覆盖方式，以保证用户的移动性和业务连续性为目标，为用户提供无缝的高速业务体验。该技术场景的主要挑战在于随时随地（包括小区边缘、高速移动等恶劣环境）为用户提供 100Mbit/s 以上的用户体验速率。

（2）热点高容量

热点高容量技术场景主要面向局部热点区域，为用户提供极高的数据传输速率，满足网络极高的流量密度需求。1Gbit/s 用户体验速率、数十 Gbit/s 峰值速率和数十 T bit/s/km^2 的流量密度需求是该技术场景面临的主要挑战。

（3）低功耗大连接

低功耗大连接技术场景主要面向智慧城市、环境监测、智能农业、森林防火等以传感和数据采集为目标的应用场景，具有小数据包、低功耗、海量连接等特点。这类终端分布范围广、数量众多，不仅要求网络具备超千亿连接的支持能力，满足 100 万 /km^2 连接数密度指标要求，而且还要保证终端的超低功耗和超低成本。

（4）低时延高可靠

低时延高可靠技术场景主要面向车联网、工业控制等垂直行业的特殊应用需求，这类应用对时延和可靠性具有极高的指标要求，需要为用户提供毫秒级的端到端时延和接近100% 的业务可靠性保证。

2.3.3　5G 场景划分对比分析

我们现在可以总结一下"场景"，ITU-R 的"Usage Scenarios（使用场景）"和 IMT-2020（5G）推进组的"技术场景"是一个层级并有对应关系，"技术场景"将"Usage Scenarios（使用场景）"中的 eMBB 场景扩展为"连续广域覆盖"和"热点高容量"两个场景，这与中国国内"连续深度覆盖"的移动通信网建设思路相关。表 2-3 是"技术场景"与"Usage Scenarios（使用场景）"的对比说明。

表2-3　"技术场景"与"Usage Scenarios（使用场景）"对比

IMT-2020（5G）推进组的"技术场景"	ITU-R 的"Usage Scenarios（使用场景）"
连续广域覆盖	eMBB（增强移动宽带）
热点高容量	eMBB（增强移动宽带）
低功耗大连接	mMTC（海量机器类通信）
低时延高可靠	uRLLC（超高可靠低时延通信）

IMT-2020（5G）推进组的"应用场景"（如图 2-12 所示）及 ITU-R 的 Deployment Scenarios（部署场景）（如图 2-13 所示）是一个层级，都是对"技术场景"与"Usage Scenarios（使用场景）"的细分场景。

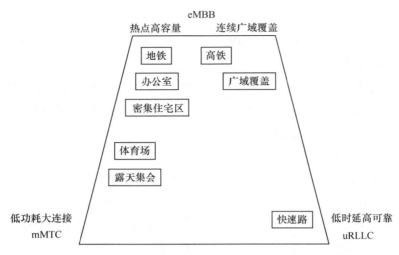

图2-12 IMT-2020（5G）推进组的"应用场景"

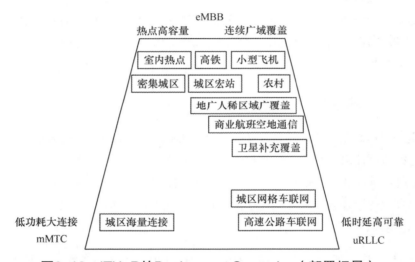

图2-13 ITU-R的Deployment Scenarios（部署场景）

移动通信1G业务只有语音，承载在一个模拟调制的无线信道上，从2G开始使用数字调制的无线信道、开始出现数据业务，到4G取消了承载语音的信道，所有业务都承载在同一个信道上。由于5G业务的极大扩展，不同业务间的要求存在巨大差别甚至无法兼容，于是"技术场景"或"Usage Scenarios（使用场景）"的概念出现，以带宽、时延、连接数为基础技术指标对业务进行分类，不同场景类型的业务将承载在不同技术制式的信道上，以适应不同业务的技术指标要求，进而实现5G"信息随心至、万物触手及"的总体愿景。

"应用场景"及"Deployment Scenarios（部署场景）"继续将"技术场景"或"Usage Scenarios（使用场景）"以地理功能区进行细化分类，其目的是核算这些功能区域的性能指标需求，从而获得5G的建设需求。IMT-2020（5G）推进组的"应用场景"结合中国国内实际情况进行了分类并给出了一个总的技术指标要求，ITU-R 的"Usage Scenarios（使用场景）"除了进行分类并给出技术指标要求外，还给出了 5G 部署建议。但这些还不足以进行无线网络规划，还需要结合当地的实际情况进一步完成网络规划级的技术指标核算。如果现有"场景"不符合现场情况而需要新建一种"场景"并测算新场景下的技术指标，下一小节将会介绍如何完成这个工作。

●●2.4　5G 场景业务模型

2.4.1　业务模型关键指标

IMT-2020（5G）推进组将"技术场景"的技术指标需求整理成一张关键性能挑战表，描述了 5G 需要解决的各类关键性能挑战指标，见表 2-4，这实际上就是一个"技术场景"业务模型，在这个模型中包括流量密度、时延、用户体验速率、连接数密度、可靠性等几项关键性技术参数。确定这些技术指标参数的过程就是场景业务模型的建立方法，不仅仅是"技术场景"业务模型适用，"应用场景"业务模型也同样适用。

表2-4　IMT-2020（5G）推进组发布的5G技术场景与关键性能挑战

技术场景	关键性能挑战
连续广域覆盖	100Mbit/s 用户体验速率
热点高容量	用户体验速率：1Gbit/s 峰值速率：数十 Gbit/s 流量密度：数十 Tbit/s/km²
低功耗大连接	连接数密度：百万 /km² 超低功耗，超低成本
低时延高可靠	空口时延：1ms 端到端时延：ms 量级 可靠性：接近 100%

我们首先以场景 A 为例来分析一下流量密度、时延、用户体验速率这三个技术指标参数。可靠性参数属于精准控制类业务一般要求接近 100%，可靠性以及连接数密度属于移动物联网业务性能指标，这里不做分析。

1. 流量密度

在场景 A 中有发生多个业务的可能性，场景 A 流量密度指场景 A 区域内所有可能发生业务的总的数据流量。为计算简便，下面的计算都假设所有用户的所有业务都能达到业务的体验速率，因此将用户的业务数据流量设为等于业务体验速率，但我们应该清楚，一般网络很难达到这个要求。基于以上假设，场景 A 流量密度计算公式如下：

$$场景 A 流量密度 = \sum 激活终端密度 \times 业务\,i\,发生概率 \times 业务\,i\,体验速率$$

式（2-2）

显然在不同场景下，5G 终端被使用的概率是不同的，例如，地铁上的终端激活率一般都是大于其他场景的，激活终端密度指场景 A 下有多少 5G 终端是处于激活使用的状态，其计算公式如下：

$$5G 激活终端密度 = 人口密度 \times 5G 终端渗透率 \times 5G 终端激活率$$

式（2-3）

业务 i 发生概率是指在场景 A 中激活的 5G 终端使用业务 i 的概率，其值可以通过 DPI（深度包解析）解析各类业务的占比情况得到一个统计值，也可以根据经验或预测设定一个经验值。例如，可以假定在地铁上，有 30% 的可能使用高清视频播放业务，那么地铁场景中高清视频播放业务的发生概率就是 30%。

2. 时延

在场景 A 中有可能发生的每个业务都有其时延指标要求，对于场景 A 来说，其业务时延要求显然是要满足那个时延要求最高的业务的需求，场景 A 的时延计算公式如下：

$$场景 A 时延 = MIN\{业务时延\} \qquad 式（2-4）$$

3. 用户体验速率

在场景 A 中有可能发生的每个业务都有其业务体验速率指标要求，对于场景 A 来说，其业务时延要求显然是要满足那个业务体验速率要求最高的业务的需求，场景 A 业务体验速率计算公式如下：

$$场景 A 用户体验速率 = MAX\{业务体验速率\} \qquad 式（2-5）$$

2.4.2 场景业务模型建模

前面小节已经分析过 5G 典型业务的时延以及体验速率，在本小节中将直接使用这张 5G 典型业务模型表中的技术参数。5G 场景业务模型需要做的就是预测不同场景中可能发生的业务以及这些业务的发生概率，选用相关业务的技术参数要求，再根据场景的流量密度、时延以及用户体验速率计算公式，就能推导出 5G 场景的业务模型了。

1. 密集住宅区

密集住宅区 5G 典型业务预计包括视频会话、视频播放（IPTV）、虚拟现实、在线游戏、数据下载、云存储、OTT 消息、智能家居等，根据密集住宅区的特点设定了这些业务的发生概率，密集住宅区场景的业务，见表 2-5。

表2-5 密集住宅区场景业务

典型业务	业务发生概率	时延要求 （ms）	上行体验速率 （Mbit/s）	下行体验速率 （Mbit/s）
视频会话（两方）	5%	50~100	15	15
4K 高清视频播放（IPTV）	5%	50~100	无具体要求	60
8K 高清视频播放（IPTV）	5%	50~100	无具体要求	240
在线游戏	10%	50~100	无具体要求	无具体要求
虚拟现实（4K 3D）	5%	50~100	无具体要求	240
虚拟现实（8K 3D）	5%	50~100	无具体要求	960
云存储	2%	无具体要求	500	1000
OTT 消息	50%	无具体要求	无具体要求	无具体要求

按现行城市规划法规体系下编制的各类居住用地的控制性详细规划规定，密集住宅区的容积率不大于 5，假定人均面积为 50 平方米，密集住宅区人口密度计算公式如下：

人口密度 = 区域人口总数 ÷ 区域面积

= （建筑面积 ÷ 人均面积）÷ 区域面积

= （区域面积 × 区域容积率）÷ 人均面积 ÷ 区域面积   式（2-6）

密集住宅区人口密度 = 1 平方千米 ×5÷50 平方米 / 人 ÷1 平方千米 = 10 万人 / 平方千米

假定密集住宅区 5G 终端渗透率为 1.2，5G 终端激活率为 30%，

密集住宅区 5G 激活终端密度 = 10 万人 / 平方千米 ×1.2 个 / 人 ×0.3 = 3.6 万个 / 平方千米

按场景业务模型技术参数的计算公式，得到密集住宅区场景业务模型，见表 2-6。

表2-6 密集住宅区场景业务模型

5G 激活终端密度	3.6 万个 / 平方千米
上行流量密度	0.38 Tbit/s / 平方千米
下行流量密度	3.37 Tbit/s / 平方千米
上行体验速率	500 Mbit/s
下行体验速率	1 Gbit/s
时延	50~100ms

2. 办公室

办公区域内的 5G 典型业务预计包括视频会话（双方或多方）、云桌面、数据下载、云存储、OTT 消息等，根据办公室的特点设定了这些业务的发生概率，办公室场景业务，见表 2-7。

表2-7 办公室场景业务

典型业务	业务发生概率	时延要求（ms）	上行体验速率（Mbit/s）	下行体验速率（Mbit/s）
视频会话（两方）	5%	50~100	15	15
视频会话（三方）	5%	50~100	15	30
视频会话（四方）	5%	50~100	15	45
视频会话（五方）	5%	50~100	15	60
云桌面	30%	10	20	20
云存储（上传）	5%	无具体要求	512	/
云存储（下载）	20%	无具体要求	/	1024
OTT 消息	20%	无具体要求	无具体要求	无具体要求

按现行城市规划法规体系下编制的各类居住用地的控制性详细规划规定，CBD 容积率一般为 4，假定办公室人均面积 20 平方米，CBD 人口密度计算公式如下：

人口密度 = CBD 区域人口总数 ÷CBD 区域面积

　　　　 =（CBD 建筑面积 ÷ 人均面积）÷CBD 区域面积

　　　　 =（CBD 区域面积 ×CBD 容积率）÷ 人均面积 ÷CBD 区域面积

（公式 2-7）

办公室人口密度 = 1 平方千米 ×4÷20 平方米 / 人 ÷1 平方千米 = 20 万人 / 平方千米

假定办公室 5G 终端渗透率为 1.2，5G 终端激活率为 30%，

办公室 5G 激活终端密度 = 20 万人 / 平方千米 ×1.2 个 / 人 ×0.3 = 7.2 万个 / 平方千米

按场景业务模型技术参数的计算公式，得到办公室场景业务模型，见表 2-8。

表2-8 办公室场景业务模型

5G 激活终端密度	7.2 万个 / 平方千米
上行流量密度	2.39 T bit/s / 平方千米
下行流量密度	15.01 T bit/s / 平方千米
上行体验速率	500 Mbit/s
下行体验速率	1 Gbit/s
时延	10ms

3. 体育场

体育场的 5G 典型业务预计包括视频播放、增强现实、实时视频分享、高清图片上传、OTT 消息等，根据体育场的特点设定了这些业务的发生概率，体育场的场景业务，见表 2-9。

表2-9 体育场的场景业务

典型业务	业务发生概率	时延要求（ms）	上行体验速率（Mbit/s）	下行体验速率（Mbit/s）
视频播放（4K）	5%	50~100	无具体要求	60
增强现实（1080P）	10%	5~10	15	15
增强现实（4K）	10%	5~10	60	60
实时视频分享（1080P）	10%	50~100	15	无具体要求
实时视频分享（4K 高清）	10%	50~100	60	无具体要求
高清图片上传（4000 万像素）	30%	无具体要求	无具体要求	无具体要求
OTT 消息	20%	无具体要求	无具体要求	无具体要求

假定体育场面积为 5 万平方米，比赛时体育场内人数为 5 万人，5G 终端渗透率为 1.2，5G 终端激活率为 30%，体育场：

人口密度 = 5 万人 ÷ 5 万平方米 = 100 万人 / 平方千米

5G 激活终端密度 = 100 万个 × 1.2 个 / 人 × 0.3 = 36 万个 / 平方千米

按场景业务模型技术参数的计算公式，得到体育场的场景业务模型，见表 2-10。

表2-10 体育场的场景业务模型

5G 激活终端密度	36 万个 / 平方千米
上行流量密度	5.27 T bit/s / 平方千米
下行流量密度	3.69 T bit/s / 平方千米
上行体验速率	60 Mbit/s
下行体验速率	60 Mbit/s
时延	5~10ms

4. 露天集会

类似体育场，露天集会在很小的区域内汇集大量人群，人口密度极高，其典型业务包括视频播放、增强现实、实时视频分享、高清图片上传、OTT 消息等，根据露天集会的特点设定了这些业务的发生概率，露天集会的场景业务，见表 2-11。

表2-11 露天集会的场景业务

典型业务	业务发生概率	时延要求（ms）	上行体验速率（Mbit/s）	下行体验速率（Mbit/s）
视频播放（4K）	5%	50~100	无具体要求	60
增强现实（1080P）	10%	5~10	15	15
增强现实（4K）	10%	5~10	60	60
实时视频分享（1080P）	10%	50~100	15	无具体要求
实时视频分享（4K 高清）	10%	50~100	60	无具体要求
高清图片上传（4000 万像素）	20%	无具体要求	无具体要求	无具体要求

（续表）

典型业务	业务发生概率	时延要求（ms）	上行体验速率（Mbit/s）	下行体验速率（Mbit/s）
OTT 消息	20%	无具体要求	无具体要求	无具体要求

假定露天集会场所面积为 1 万平方米，参与人数为 1 万人，5G 终端渗透率为 1.2，5G 终端激活率为 30%，露天集会：

人口密度 = 1 万人 ÷ 1 万平方米 = 100 万人 / 平方千米

5G 激活终端密度 = 100 万人 × 1.2 个 / 人 × 0.3 = 36 万个 / 平方千米

按场景业务模型技术参数的计算公式，得到露天集会的场景业务模型，见表 2-12。

表2-12　露天集会的场景业务模型

5G 激活终端密度	36 万个 / 平方千米
上行流量密度	5.27 T bit/s / 平方千米
下行流量密度	3.69 T bit/s / 平方千米
上行体验速率	60 Mbit/s
下行体验速率	60 Mbit/s
时延	5~10ms

5. 地铁

地铁内汇集大量人群，人口密度极高，其典型业务包括视频播放、在线游戏、OTT 消息等，根据地铁的特点设定了这些业务的发生概率，地铁的场景业务，见表 2-13。

表2-13　地铁的场景业务

典型业务	业务发生概率	时延要求（ms）	上行体验速率（Mbit/s）	下行体验速率（Mbit/s）
视频播放（1080P）	40%	50~100	无具体要求	15
视频播放（4K）	20%	50~100	无具体要求	60
实时视频分享（1080P）	5%	50~100	15	无具体要求
在线游戏	5%	50~100	无具体要求	无具体要求
OTT 消息	30%	无具体要求	无具体要求	无具体要求

地铁站间距离一般为 1~2 千米，地铁列车跑完一站需要 1~3 分钟，采用移动闭塞分区地铁列车间隔可以控制在 60~90 秒，因此在两个地铁站间，双向线路上最多可能有 4 辆地铁列车在运行。

按国家对地铁核载的标准，每平方米 6 人算是满员，到达每平方米 9 人算是超员，假定高峰期每平方米 8 人，地铁车厢每节面积约 45 平方米，按常规 6 节编组计算，总面积约 270 平方米。因此，交通高峰期每列地铁车厢人数为 2200 人左右。

依据《地铁设计规范》GB50157-2013，大站台容纳乘客数为2150人左右。

地铁每站人口密度计算公式如下：

地铁人口密度 = 车辆数 × 每辆车容纳乘客数 + 站台容纳乘客数

（公式2-8）

地铁人口密度 =（4×2200 人 + 2150 人）÷1 站≈ 1.1 万人 / 站

假定地铁5G终端渗透率为1.2，5G终端激活率为70%，

地铁 5G 激活终端密度 = 1.1 万人 ×1.2 个 / 人 ×0.7 = 9240 个 / 站

按场景业务模型技术参数的计算公式，得到地铁的应用场景业务模型，见表2-14。

表2-14　地铁的应用场景业务模型

5G 激活终端密度	9240 个 / 站
上行流量密度	6.77 Gbit/s / 站
下行流量密度	162.42 Gbit/s / 站
上行体验速率	15 Mbit/s
下行体验速率	60 Mbit/s
时延	50~100ms

6. 快速路

快速路上车辆行驶速度约每小时 80 千米，移动速度快，其典型业务包括视频会话、视频播放、增强现实、OTT 消息、车联网等，此应用场景的主要挑战是高速移动，根据快速路的特点设定了这些业务的发生概率，快速路的场景业务，见表2-15。

表2-15　快速路的场景业务

典型业务	业务发生概率	时延要求（ms）	上行体验速率（Mbit/s）	下行体验速率（Mbit/s）
视频会话	10%	50~100	15	15
视频播放（1080P）	10%	50~100	无具体要求	15
视频播放（4K）	10%	50~100	无具体要求	60
增强现实（1080P）	10%	50~100	15	15
增强现实（4K）	10%	50~100	60	60
车联网	30%	5	无具体要求	无具体要求
OTT 消息	40%	无具体要求	无具体要求	无具体要求

高峰期快速路车辆间距假定为 10m，平均每车 2 人，双向 6 车道，快速路：

人口密度 = 1000 米 ÷10 米 ×2 人 ×6÷1 千米 = 1200 人 / 千米

假定 5G 终端渗透率为1.2，快速路场景下 5G 终端激活率为 30%，快速路：

5G 激活终端密度 = 1200 人 / 千米 ×1.2 个 / 人 ×0.3 = 432 个 / 千米

按场景业务模型技术参数计算公式，得到快速的路场景业务模型，见表 2-16。

表2-16　快速路的场景业务模型

5G 激活终端密度	432 个 /KM
上行流量密度	3.80 Gbit/s /KM
下行流量密度	6.96 Gbit/s /KM
上行体验速率	60 Mbit/s
下行体验速率	60 Mbit/s
时延	5ms

7. 高铁

高铁行驶速度大于每小时 250 千米，移动速度极快，其典型业务包括视频会话、视频播放、在线游戏、云桌面、OTT 消息等，此应用场景的主要挑战是高速移动，根据高铁的特点设定了这些业务的发生概率，高铁的场景业务，见表 2-17。

表2-17　高铁的场景业务

典型业务	业务发生概率	时延要求（ms）	上行体验速率（Mbit/s）	下行体验速率（Mbit/s）
视频播放（1080P）	30%	50~100	无具体要求	15
视频播放（4K）	20%	50~100	无具体要求	60
实时视频分享（1080P）	5%	50~100	15	无具体要求
在线游戏	5%	50~100	无具体要求	无具体要求
云桌面	10%	10	20	20
OTT 消息	30%	无具体要求	无具体要求	无具体要求

高铁列车 8 节编组载客数为 600 人左右，16 节编组载客数为 1200 人。高铁：

人口密度 = 1200 人 / 车

假定高铁 5G 终端渗透率为 1.2，5G 终端激活率为 70%，高铁：

5G 激活终端密度 = 1200 人 / 车 ×1.2 个 / 人 ×0.7 ≈ 1000 个 / 车

按场景业务模型技术参数计算公式，得到高铁场景业务模型，见表 2-18。

表2-18　高铁场景业务模型

5G 激活终端密度	1000 个 / 车
上行流量密度	2.69 Gbit/s / 车
下行流量密度	18.07 Gbit/s / 车
上行体验速率	20 Mbit/s
下行体验速率	60 Mbit/s
时延	10ms

8. 广域覆盖

广域覆盖区域内的典型业务包括视频播放、增强现实、视频直播、OTT 消息、视频监控等，此应用场景的主要挑战是广域覆盖区内用户体验速率的保障，根据广域覆盖的特点设定了这些业务的发生概率，广域覆盖的场景业务，见表 2-19。

表2-19　广域覆盖的场景业务

典型业务	业务发生概率	时延要求（ms）	上行体验速率（Mbit/s）	下行体验速率（Mbit/s）
视频会话	10%	50~100	15	15
视频播放（1080P）	10%	50~100	无具体要求	15
视频播放（4K）	10%	50~100	无具体要求	60
增强现实（1080P）	10%	5~10	15	15
增强现实（4K）	10%	5~10	60	60
实时视频分享（1080P）	5%	50~100	15	无具体要求
实时视频分享（4K）	5%	50~100	60	无具体要求
OTT 消息	40%	无具体要求	无具体要求	无具体要求

假定广域覆盖场景人口密度 1 万人 / 平方千米，5G 终端渗透率为 1.2，5G 终端激活率为 30%，则广域覆盖：

5G 激活终端密度 = 1 万人 ×1.2 个 / 人 ×0.3 =3600 个 / 平方千米

按场景业务模型技术参数计算公式，得到广域覆盖的场景业务模型，见表 2-20。

表2-20　广域覆盖的场景业务模型

5G 激活终端密度	3600 个 / 平方千米
上行流量密度	44.82 Gbit/s / 平方千米
下行流量密度	58.01 Gbit/s / 平方千米
上行体验速率	60Mbit/s
下行体验速率	60 Mbit/s
时延	5~10ms

以上为各类应用场景业务模型的测算过程，已详细解释了各技术指标参数的计算方法，为便于参考使用，我们将以上场景业务模型整理成一张场景业务模型的技术参数表，见表 2-21。

表2-21　场景业务模型的技术参数

应用场景	上行流量密度	下行流量密度	时延要求	上行体验速率	下行体验速率
密集住宅区	0.38Tbit/s / 平方千米	3.37Tbit/s / 平方千米	50ms	500Mbit/s	1000Mbit/s
办公室	2.39Tbit/s / 平方千米	15.01Tbit/s / 平方千米	10ms	500Mbit/s	1000Mbit/s
体育场	5.27Tbit/s / 平方千米	3.69Tbit/s / 平方千米	10ms	60Mbit/s	60Mbit/s

（续表）

应用场景	上行流量密度	下行流量密度	时延要求	上行体验速率	下行体验速率
露天集会	5.27Tbit/s / 平方千米	3.69Tbit/s / 平方千米	10ms	60Mbit/s	60Mbit/s
地铁	6.77Gbit/s / 站	162.42Gbit/s / 站	50ms	15Mbit/s	60Mbit/s
快速路	3.80Gbit/s / 千米	6.96Gbit/s / 千米	5ms	60Mbit/s	60Mbit/s
高铁	2.69Gbit/s / 车	18.07 Gbit/s / 车	10ms	20Mbit/s	60Mbit/s
广域覆盖	44.82Gbit/s/ 平方千米	58.01Gbit/s / 平方千米	10ms	60Mbit/s	60Mbit/s

需要特别指明的是，本节以介绍场景业务模型测算方法为主要目的，不少参数如业务发生概率和终端密度等均为假定值，各应用场景下可能发生的业务也均为预测，因此最后的场景业务模型的准确性是存在疑问的，在此仅供参考。此外，由于各地的实际情况多有不同，应用场景的设定也可以扩展或者重新定义，不一定要按照 3GPP TR38.913 或 IMT-2020（5G）推进组建议的分类方法。

参考文献

[1] 3GPP TR 38.913 V14.3.0 (2017-06), Study on Scenarios and Requirements for Next Generation Access Technologies (Release 14).

[2] 3GPP TS 22.261 V16.3.0 (2018-03), Service requirements for the 5G system, Stage 1 (Release 16).

[3] IMT-2020（5G）推进组《5G 愿景与需求》白皮书（2014-5）.

[4] IMT-2020（5G）推进组《5G 概念白皮书》（2015-2）.

[5] 马宏建，梁沫，《物联网的投资逻辑》.

基站覆盖能力分析

Chapter 3

第三章

导读

　　分析基站覆盖能力需要从链路预算入手，链路预算是计算基站和终端之间允许的最大空中电波传播损耗。根据链路预算得到最大允许的电波传播损耗和电波在空中的传播损耗计算模型，可以得出对应的覆盖半径。5G 链路预算的影响因素包括业务速率要求、可靠性要求、RB 资源、发射机功率、收发天线增益等。链路预算表是一个从信号发射到接收的计算表，其中的主要参数包括工作带宽、覆盖场景和模型、小区边缘业务速率、发射功率、接收灵敏度、解调门限、天线参数、衰落余量、穿透损耗、干扰余量等。在这些参数中，5G 特有的大规模 MIMO 天线对链路预算的影响主要是天线参数，包括在发射端和接收端的天线参数。接收机灵敏度、解调门限是链路预算参数中的难点，需要从原理和物理含义去理解。覆盖和容量是相互影响、相互制约的，理解解调门限参数的由来和影响因素，就能理解覆盖和容量之间的相互关系。

频率

FR1: 450MHz～6000MHz; FR2: 24.25GHz～52.6GHz

试验频率
移动: 2515MHz～2675MHz、4800MHz～4900MHz
电信: 3400MHz～3500MHz
联通: 3500MHz～3600MHz

子载波带宽: 15、30、60、120、240kHz
12个子载波组成一个RB, 不同频宽RB数:

SCS (kHz)	20 MHz	40 MHz	60 MHz	100 MHz	200 MHz	400 MHz

接收灵敏度

接收灵敏度 = 背景噪声密度 + $10 \times \log_{10}$ (子载波带宽) + $10 \times \log_{10}$ (需要的子载波数) + 噪声系数 + 解调门限

● 子载波数: 满足业务速率要求所需的RB数×12, 与频谱效率、信号质量等相关
● 背景噪声密度: -174dBm/Hz
● 噪声系数: 基站2.3dB, 终端7dB
● 解调门限: 设备性能核心参数, 跟业务速率和可靠性要求相关联, BER-SINR曲线:

BER↑

MCS Index	调制阶	目标码率×	频谱效
I_{MCS}	Q_m	1024	率
		R	R

毫米波绕射能力差, LOS和NLOS传播损耗差异大
对传播模型进行校正, 可提高准确率

电波传播模型:
1. Okumura-Hata模型, 适用于150MHz～1500MHz
2. COST231-Hata模型, 适用于1500MHz～2000MHz
3. SUI模型, 常用于理论和试验分析
4. UMa和UMi模型, 3GPP分析模型

覆盖半径:
根据链路预算得到MAPL和电波传播模型, 计算基站半径R和站间距D的关系:
基站覆盖半径R和站间距D的关系: 三叶草模型, $D=1.5R$
站间距取值在工程中应考虑一定的冗余量

覆盖和容量是相互影响、相互制约的, 系统RB资源是固定有限的, 同一个基站如需求更大的覆盖, 小区边缘接入信号质量更差, 频谱效率更低, 要达到同样的业务速率, 需要耗用更多的RB资源, 小区整体容量降低

第三章 内容概要一览图

●● 3.1 概述

　　无线网络覆盖能力分析是网络覆盖规划的基础，在移动通信网络的整体规划中，覆盖规划是排在首位的。无线网络覆盖能力分析是分析单个基站的覆盖能力，其覆盖能力分析也是针对某些典型业务的覆盖能力，而不是覆盖所有的业务。不同的业务覆盖能力再根据不同的条件在前文的基础上进行变化，以得到对应的覆盖能力。一个基站的覆盖能力是众多因素合力的结果，因此确定基站的覆盖能力，需要首选梳理众多的影响因素。这些因素包括基站设备本身的特性、基站所连接的天线的特性、电波在空中的传播特性以及接收终端的接收特性等。

　　覆盖能力分析的方法主要有两种。一种是根据不同因素，逐一分析，最终形成链路预算表。这个方法侧重于理论分析，是一个自下而上的分析方法，对于研究各种因素对基站覆盖能力的影响有着重要的意义。另一种是根据试验网测试，测试各种典型场景的基站覆盖，从实际设备的覆盖能力来分析得到基站的覆盖能力。这种方法侧重于实际网络，得到的结果就是直接的覆盖能力，但是带来的问题是试验网络不能对所有场景进行试验测试，另外测试结果受基站设备、天线、终端以及模拟环境、模拟负荷跟实际商用网络环境差异的影响。

　　在网络覆盖能力分析中，通常把两种方法结合起来，先用理论分析方法分析各种场景、各种类型的覆盖能力，然后再用试验测试法来验证几个试验测试对应场景下覆盖能力理论分析的合理性。

●● 3.2 5G 频率

3.2.1 ITU 和国内移动通信频率资源划分

1.ITUT 移动通信频段

ITUT 关于移动通信的频段分配建议，见表 3-1。

表3-1　ITUT 关于移动通信的频段分配

E-UTRA 频段	频段名	上行频段，基站收，UE 发 FUL_low~FUL_high	下行频段，基站发，UE 收 FDL_low~FDL_high	双工模式
1	2100 IMT	1920 MHz~1980 MHz	2110 MHz~2170 MHz	FDD
2	PCS-1900	1850 MHz~1910 MHz	1930 MHz~1990 MHz	FDD

（续表）

E-UTRA 频段	频段名	上行频段，基站收，UE 发 FUL_low~FUL_high	下行频段，基站发，UE 收 FDL_low~FDL_high	双工模式
3	DCS-1800	1710 MHz~1785 MHz	1805 MHz~1880 MHz	FDD
4	AWS	1710 MHz~1755 MHz	2110 MHz~2155 MHz	FDD
5	850MHz	824 MHz~849 MHz	869 MHz~894MHz	FDD
6		830 MHz~840 MHz	875 MHz~885 MHz	FDD
7	2.6GHz IMT-E	2500 MHz~2570 MHz	2620 MHz~2690 MHz	FDD
8	E-GSM 900	880 MHz~915 MHz	925 MHz~960 MHz	FDD
9	1800 Japan	1749.9 MHz~1784.9 MHz	1844.9 MHz~1879.9 MHz	FDD
10	WCDMA USA	1710 MHz~1770 MHz	2110 MHz~2170 MHz	FDD
11	1500 Japan	1427.9 MHz~1447.9 MHz	1475.9 MHz~1495.9 MHz	FDD
12	Lower ABC700USA	699 MHz~716 MHz	729 MHz~746 MHz	FDD
13	Upper C 700 USA	777 MHz~787 MHz	746 MHz~756 MHz	FDD
14	Public Safety 700 USA	788 MHz~798 MHz	758 MHz~768 MHz	FDD
15		保留	保留	FDD
16		保留	保留	FDD
17	Lower BC USA	704 MHz~716 MHz	734 MHz~746 MHz	FDD
18	850 Japan	815 MHz~830 MHz	860 MHz~875 MHz	FDD
19	850 Japan	830 MHz~845 MHz	875 MHz~890 MHz	FDD
20	800 Euorpe DD	832 MHz~862 MHz	791 MHz~821 MHz	FDD
21	Ext1500 Japan	1447.9 MHz~1462.9 MHz	1495.9 MHz~1510.9 MHz	FDD
22		3410 MHz~3490 MHz	3510 MHz~3590 MHz	FDD
23		2000 MHz~2020 MHz	2180 MHz~2200 MHz	FDD
24	US L-band ATC	1626.5 MHz~1660.5 MHz	1525 MHz~1559 MHz	FDD
25		1850 MHz~1915 MHz	1930 MHz~1995 MHz	FDD
26		814 MHz~849 MHz	859 MHz~894 MHz	FDD
27		807 MHz~824 MHz	852 MHz~869 MHz	FDD
28		703 MHz~748 MHz	758 MHz~803 MHz	FDD
		...		
33	2GHz TDD	1900 MHz~1920 MHz	1900 MHz~1920 MHz	TDD
34	A 频段	2010 MHz~2025 MHz	2010 MHz~2025 MHz	TDD
35		1850 MHz~1910 MHz	1850 MHz~1910 MHz	TDD
36		1930 MHz~1990 MHz	1930 MHz~1990 MHz	TDD
37	PCS Centre Gap	1910 MHz~1930 MHz	1910 MHz~1930 MHz	TDD
38		2570 MHz~2620 MHz	2570 MHz~2620 MHz	TDD
39	F 频段	1880 MHz~1920 MHz	1880 MHz~1920 MHz	TDD

（续表）

E-UTRA 频段	频段名	上行频段，基站收，UE 发 FUL_low~FUL_high	下行频段，基站发，UE 收 FDL_low~FDL_high	双工模式
40	E 频段	2300 MHz~2400 MHz	2300 MHz~2400 MHz	TDD
41	D 频段	2496 MHz~ 2690 MHz	2496 MHz~2690 MHz	TDD
42	3.5GHz TDD	3400 MHz~3600 MHz	3400 MHz~3600 MHz	TDD
43	3.6GHz TDD	3600 MHz~3800 MHz	3600 MHz~3800 MHz	TDD
44		703 MHz~803 MHz	703 MHz~803 MHz	TDD

2. 国内的移动通信频段

国内现有移动通信的频段分配如图 3-1 所示。

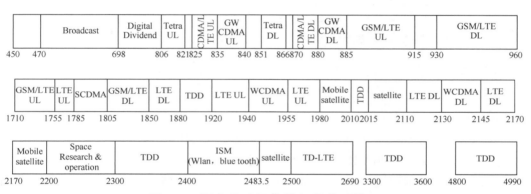

图3-1 国内移动通信的频段分配情况

国内三大运营商的现有频率分配，见表 3-2。

表3-2 国内三大运营商的频率分配

运营商	频段名	双工方式	上行频率	下行频率	现有网络制式	频段带宽
电信	Band5	FDD	825MHz~835MHz	870MHz~880MHz	CDMA/LTE	2×10MHz
	Band3	FDD	1765MHz~1785MHz	1860MHz~1880MHz	LTE	2×20MHz
	Band1	FDD	1920MHz~1940MHz	2110MHz~2130MHz	LTE	2×20MHz
	Band40	TDD	2370MHz~2390MHz			20MHz
	Band41	TDD	2635MHz~2655MHz		TD-LTE	20MHz
移动	Band8	FDD	885MHz~909MHz	930MHz~954MHz	GSM/LTE	2×24MHz
	Band3	FDD	1710MHz~1725MHz	1805MHz~1820MHz	GSM/LTE	2×15MHz
	Band39	TDD	1880MHz~1900MHz		TD-LTE	20MHz
	Band39	TDD	1900MHz~1920MHz		TD-LTE	20MHz
	Band34	TDD	2010MHz~2025MHz		TD-SCDMA	15MHz
	Band40	TDD	2320MHz~2370MHz		TD-LTE/TD-SCDMA	50MHz
	Band41	TDD	2575MHz~2635MHz		TD-LTE	60MHz

（续表）

运营商	频段名	双工方式	上行频率	下行频率	现有网络制式	频段带宽
联通	Band8	FDD	909MHz~915MHz	954MHz~960MHz	GSM/UMTS	2×6MHz
	Band3	FDD	1745MHz~1765MHz	1840MHz~1860MHz	LTE	2×20MHz
	Band1	FDD	1940MHz~1955MHz	2130MHz~2145MHz	UMTS	2×15MHz
	Band40	TDD	2300MHz~2320MHz			20MHz
	Band41	TDD	2555MHz~2575MHz		TD–LTE	20MHz

3.2.2 5G 频率资源及分配

1. 国际 5G 频率资源及分配情况

全球 5G 频率规划主要是在 ITU 等国际标准化组织的框架下进行的。在 5G 时代，频谱协调依然对全球移动网络是很重要的。全球统一的频谱可以更好地支持规模经济，促进跨境协调，并为终端用户漫游。

3GPP 5G NR 规范从一开始就支持 3300 MHz~3800 MHz，使用 TDD 方式。与许多国家的发布计划一致，3300 MHz~3800 MHz 频段将是主要的 5G 波段之一。随着时间的推移，该波段全球协调的潜力最大。在全球范围内，C-band（3300 MHz~4200 MHz 和 4400 MHz~5000 MHz）的 IMT 频谱利用正在快速增长。大部分国家将 3400 MHz~3600 MHz 频带分配给移动服务。另外，还有国家将在不同时间提供 3300 MHz~ 4200 MHz 和 4400 MHz~5000 MHz 范围内的部分频段用于移动网，以增加 C 波段内大的连续频段块。

中频段相对于高频段有较好的传播特性，相对于低频段有更宽的连续带宽，可以实现覆盖和容量的平衡，满足 5G 某些特定场景的需求，同时，也可作为部分物联网场景（ 如 uRLLC 等）。ITU 将 3400 MHz~3600 MHz 标识用于 IMT，并逐渐成为全球协调统一的频段，同时，2015 年世界无线电通信大会（WRC-15）新增了 3300 MHz~3400 MHz、4400 MHz~4500 MHz、4800 MHz~4990 MHz 等频段。在 2017 年年底发布的 3GPP 标准中对 5G 频段进行了定义，分为低频段 FR1 和高频段 FR2。5G 频率范围定义，见表 3-3。

表3–3 5G频率范围定义

频段定义	对应频率范围
FR1	450 MHz~6000 MHz
FR2	24250 MHz~52600 MHz

对于具体的 FR1 频段，定义 5G NR FR1 中的频段，见表 3-4。

表3-4　5G NR FR1中的频段

NR 频段	上行频段 BS 收 / UE 发 F_{UL_low}~F_{UL_high}	下行频段 BS 发 / UE 收 F_{DL_low}~F_{DL_high}	双工模式
n1	1920 MHz~1980 MHz	2110 MHz~2170 MHz	FDD
n2	1850 MHz~1910 MHz	1930 MHz~1990 MHz	FDD
n3	1710 MHz~1785 MHz	1805 MHz~1880 MHz	FDD
n5	824 MHz~849 MHz	869 MHz~894 MHz	FDD
n7	2500 MHz~2570 MHz	2620 MHz~2690 MHz	FDD
n8	880 MHz~915 MHz	925 MHz~960 MHz	FDD
n20	832 MHz~862 MHz	791 MHz~821 MHz	FDD
n28	703 MHz~748 MHz	758 MHz~803 MHz	FDD
n38	2570 MHz~2620 MHz	2570 MHz~2620 MHz	TDD
n41	2496 MHz~2690 MHz	2496 MHz~2690 MHz	TDD
n50	1432 MHz~1517 MHz	1432 MHz~1517 MHz	TDD
n51	1427 MHz~1432 MHz	1427 MHz~1432 MHz	TDD
n66	1710 MHz~1780 MHz	2110 MHz~2200 MHz	FDD
n70	1695 MHz~1710 MHz	1995 MHz~2020 MHz	FDD
n71	663 MHz~698 MHz	617 MHz~652 MHz	FDD
n74	1427 MHz~1470 MHz	1475 MHz~1518 MHz	FDD
n75	N/A	1432 MHz~1517 MHz	SDL
n76	N/A	1427 MHz~1432 MHz	SDL
n77	3300 MHz~4200 MHz	3300 MHz~4200 MHz	TDD
n78	3300 MHz~3800 MHz	3300 MHz~3800 MHz	TDD
n79	4400 MHz~5000 MHz	4400 MHz~5000 MHz	TDD
n80	1710 MHz~1785 MHz	N/A	SUL
n81	880 MHz~915 MHz	N/A	SUL
n82	832 MHz~862 MHz	N/A	SUL
n83	703 MHz~748 MHz	N/A	SUL
n84	1920 MHz~1980 MHz	N/A	SUL
n86	1710 MHz~1780 MHz	N/A	SUL

在双工模式中，SDL 为下行辅助接入频段，SUL 为上行辅助接入频段。

在高于 6GHz 频段，WRC-15 为未来发展高频段 IMT 铺平了道路，在 24.25 GHz~86 GHz 内中识别出若干频段，这些高频段分组，见表 3-5。

表3-5　高频段分组

Group 30 GHz	Group 40 GHz	Group 50 GHz	Group 70/80 GHz
24.25 GHz~27.5 GHz	37 GHz~40.5 GHz	45.5 GHz~47 GHz	66 GHz~71 GHz

（续表）

Group 30 GHz	Group 40 GHz	Group 50 GHz	Group 70/80 GHz
31.8 GHz~33.4 GHz	40.5GHz~42.5 GHz	47 GHz~47.2 GHz	71 GHz~76 GHz
	42.5 GHz~43.5 GHz	47.2 GHz~50.2 GHz	81 GHz~86 GHz
		50.4 GHz~52.6 GHz	

根据 3GPP 对 5G NR 第一阶段的频率范围定义，对于具体的 FR2 频段，定义 5G NR FR2 中的频段，见表 3-6。

表3-6　5G NR FR2中的频段

NR 频段	上行和下行频段 BS 发 / 收　UE 发 / 收 $F_{UL\_low} - F_{UL\_high}$ $F_{DL\_low} - F_{DL\_high}$	双工模式
n257	26500 MHz~29500 MHz	TDD
n258	24250 MHz~27500 MHz	TDD
n260	37000 MHz~40000 MHz	TDD
n261	27500 MHz~28350 MHz	TDD

部分国家高频段候选频段如图 3-2 所示。

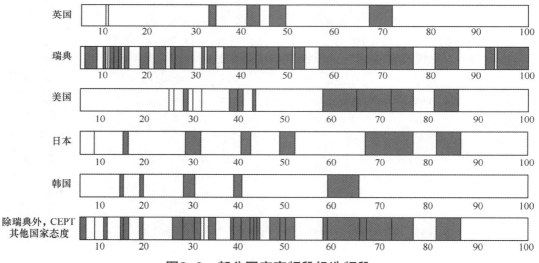

图3-2　部分国家高频段候选频段

24.25 GHz~29.5 GHz 和 37 GHz~43.5 GHz 频率范围是早期最可能部署 5G 毫米波系统的频段。

目前，2GHz~3GHz 频段已有部分资源规划用于 IMT，大部分用于 3G、4G 网络，未来可重耕用于 5G 系统。对于 1GHz 以下频段，由于其良好的传播特性，可以支持 5G 广域覆盖和高速移动下的 mMTC 和 uRLLC 业务场景。在 ITU 层面，已标注给 IMT 的 450

MHz~470 MHz 和 698 MHz~960 MHz 频段。同时，WRC-15 大会还新增了 470 MHz~698 MHz 频段。这些频段将构成 5G 系统的 1 GHz 以下的潜在频率资源。

1GHz 以下的 5G 频谱主要来源于数字红利释放的频谱和现有系统部署的重耕频谱两部分：对于数字红利频段，特别是在广播电视业务现状、模数转换、移动通信发展等方面世界各国千差万别，可释放数字红利频段的数量、具体频段都不尽相同；1GHz 以下频段作为传统移动通信的重要频段，已经部署和运营了 2G、3G、4G 等多种系统，这些频段何时能用于 5G，取决于用户和业务发展需求、网络运营周期、5G 与现有网络的衔接等多种因素。

2. 国内 5G 频率资源及分配情况

2017 年 11 月 15 日，工业和信息化部官网发布《关于第五代移动通信系统使用 3300 MHz~3600 MHz 和 4800 MHz~5000 MHz 频段相关事宜的通知》（工信部无〔2017〕276 号）。正式宣布规划 3300 MHz~3600 MHz、4800 MHz~5000 MHz 频段作为 5G 系统的工作频段，其中，3300 MHz~3400 MHz 频段原则上限室内使用。工业和信息化部本次发布的中频段 5G 系统频率使用规划，能够兼顾系统覆盖和大容量的基本需求，是我国 5G 系统先期部署的主要频段。

2018 年 12 月，工业和信息化部发布三大运营商的全国范围 5G 中低频段试验频率，其频段分配如下：

· 中国电信获得 3400MHz~3500MHz 共 100 MHz 带宽的 5G 试验频率资源；

· 中国移动获得 2515MHz~2675MHz、4800 MHz~4900 MHz 频段的 5G 试验频率资源，其中 2515 MHz~2575 MHz、2635 MHz~2675 MHz 和 4800MHz~4900MHz 频段为新增频段，2575 MHz~2635 MHz 频段为重耕中国移动现有的 TD–LTE(4G) 频段；

· 中国联通获得 3500MHz~3600MHz 共 100MHz 带宽的 5G 试验频率资源。

●●3.3 5G 网络覆盖影响因素

3.3.1 覆盖影响因素

5G 采用了 OFDMA、NOMA、SC-FDMA、大规模 MIMO 无线接入技术，支持时域和频域的调度，提供点到点和点到多点传输的简单信道结构。与 4G 系统不同，影响 5G 系统链路预算的因素主要有以下 7 个方面。

1. 小区边缘用户业务速率

在 5G 网络中，存在三大类业务类型，不同类型对速率的要求不同，而且差异巨大。

不同数据速率的覆盖能力不同，在覆盖规划时，要首先确定边缘用户的数据速率目标，如 1.2kbit/s、1Mbit/s、10Mbit/s、50Mbit/s、100Mbit/s 等，不同的目标数据速率的解调门限不同，导致覆盖半径也不同，因此确定合理的目标速率是覆盖规划的基础。

在 5G 系统中，由于使用了 OFDM/NOMA 调制，用户的数据速率是由为其分配的 PRB 个数及选择的调制编码方式（Modulation and Coding Scheme，MCS）联合作用得到的，因此在链路预算中对于边缘速率的调整主要是对 PRB 个数及 MCS 选择的平衡以得到更好的覆盖性能。但上行时，由于用户的总发射功率固定为 23dBm（class3）或 26dBm（class2），PRB 个数越多，分到单个 PRB 上的功率越少，而下行对于分配在每个 RB 上的功率是均匀的，因此做法不完全相同。

2. 业务的可靠性要求

5G 网络的三大场景，对业务的可靠性指标有不同的要求：对于 eMBB 业务，基本延续了 4G 网络业务的特点，业务可靠性指标在 $10^{-2} \sim 10^{-6}$；对于 MTC 业务，由于物联网业态的多样性，业务可靠性指标一般在 $10^{-2} \sim 10^{-6}$，也有更高一些的可靠性业务需求；对于 uRLLC 业务，其不仅对时延要求高，对可靠性要求也高，其业务可靠性指标一般在 $10^{-3} \sim 10^{-6}$ 之间。业务的可靠性指标对系统的差错检测提出了不同的要求，对小区边缘业务的开展也提出了不同的要求，必然也影响了业务的覆盖范围。

3.RB 配置

不同的 RB 配置对上下行链路的覆盖能力均有影响。

对于上行链路，包括公共信道和业务信道，在同等条件下，RB 配置的增多会提升上行信道底噪，影响上行链路的损耗。此外，由于终端的发射功率是有限的，如果已达到终端的最大发射功率，再增加 RB 数量同样会减小上行覆盖半径。在 5G 网络中，随着载波带宽的增加，RB 数也急剧增加，对于一定的发射总功率，RB 数增加，那么单个 RB 的功率在下降。

对于下行公共信道和业务信道，在同等条件下，RB 配置增多会引起两个方面的变化，其一是提升下行信道底躁，其二是增大 EIRP。EIRP 的增大可以增加下行覆盖能力，而底躁的提升会削弱覆盖能力，两个方面的作用抵消后，使 RB 配置总体对 5G 的下行覆盖能力的影响是非常有限的。

4. 资源调度算法

5G 网络可以灵活地选择用户使用的 RB 资源和调制编码方式进行组合，以满足不同的覆盖环境和规划需求。在实际网络中，用户速率与 MCS 及占用的 RB 数量相关，而 MCS 取决于 SINR 值，RB 占用数量会影响 SINR 值，所以 MCS、占用 RB 数量、SINR 值和用户速率四者之间会相互影响，导致 LTE 网络调度算法比较复杂。在 5G 网络中，不仅在同类业务中有不同的调度算法，而三大类不同的业务通过切片进行了逻辑分割，空口切片资源的调度也是影响 5G 资源调度的重要因素之一。在进行覆盖测算时，很难模拟实际网络这种复杂的调度算法，因此如何合理确定 RB 资源、调制编码方式，使其选择更符合实际网络状况是覆盖规划的一个难点。很多时候，我们只能通过试验网测试获得综合 SINR 值。

5. 发射功率

在 5G 无线网络的链路预算中，上下行信道分别是依据终端和基站的最大发射功率，且按照每 PRB 均分的原则来评估系统覆盖能力的。如果不考虑小区间干扰的影响，那么发射功率越大，系统越具备补偿路径损耗和信号衰落等负面影响，其覆盖性能越好。但在实际组网中，考虑到干扰、终端耗电、系统互操作、越区覆盖等各方面的因素，并不能随意设置上下行链路的发射功率。

6. 传输模式和天线类型

大规模 MIMO 天线技术是 5G 最重要的关键技术之一，引入 MIMO 天线技术后，5G 网络存在多种传输模式和多种天线类型（基站侧存在 2×64 天线和 4×128 天线等多种类型/终端侧也有几种天线类型），选择不同种类传输模式和天线类型对覆盖性能影响较大。

多天线发射和多天线接收，带来系统链路上的巨大增益。不同规模的天线阵列数有着不同的增益。毫无疑问，相对于 4G，5G 的大规模天线阵列带来了巨大的增益，对覆盖的改善有着巨大的影响。

7. 小区用户数

小区用户数可以认为是系统负荷的体现。系统负荷高，则系统干扰水平上升，链路预算中所需的干扰余量越大，5G 基站的覆盖半径就越小。就控制面和用户面而言，小区用户数一般受限于前者。因此，对于上行链路的 PUCCH 信道，如果需要支持多用户，则需要配置更多的时频资源。类似地，RB 资源配置增大引起底噪抬升，使其覆盖性能下降。对于下行的 PDCCH，不同格式的配置对应不同的聚合等级，不同的聚合等级反过来影响 PDCCH 的解调门限，从而影响其覆盖性能。

3.3.2 链路预算参数

1. 工作频段

5G 协议支持多频段，包括从 700 MHz 到 86 GHz 的频段。频率按照高低进行分段。

中频段：3.3 GHz~3.6 GHz、4.4 GHz~4.5 GHz、4.8 GHz~4.99 GHz。

高频段：24.25 GHz~86 GHz，尤其是其中的 24.25 GHz~27.5 GHz、31.8 GHz~33.4 GHz、37 GHz~43.5 GHz。

低频段：低于 3 GHz。

2. 工作带宽

5G 支持 5 MHz、10 MHz、15 MHz、20 MHz、25 MHz、40 MHz、50 MHz、60 MHz、80 MHz、100 MHz、200 MHz、400 MHz 共 12 种带宽。其**子载波带宽可选为 15 kHz、30 kHz、60 kHz、120 kHz、240 kHz，每 11 个连续的子载波组成一个资源块 RB**。

表 3-7 和表 3-8 给出了 5G 各种带宽下对应的 RB 数量和子载波数量。

表3-7　5G系统带宽、RB数量（FR1）

SCS (kHz)	5MHz	10MHz	15MHz	20 MHz	25 MHz	40 MHz	50MHz	60 MHz	80 MHz	100 MHz
	N_{RB}	N_{RB}	N_{RB}	N_{RB}	N_{RB}	N_{RB}	N_{RB}	N_{RB}	N_{RB}	N_{RB}
15	25	52	79	106	133	216	270	N/A	N/A	N/A
30	11	24	38	51	65	106	133	162	217	273
60	N/A	11	18	24	31	51	65	79	107	135

表3-8　5G系统带宽、RB数量（FR2）

SCS （kHz）	50MHz	100MHz	200MHz	400 MHz
	N_{RB}	N_{RB}	N_{RB}	N_{RB}
60	66	132	264	N.A
120	32	66	132	264

3. 覆盖场景和信道模型

5G 网络规划中常考虑几种典型的覆盖场景，分别对应**典型的信道模型，这些场景包括密集市区、一般市区、郊区、农村、高铁等**。场景的设置将影响计算小区半径时使用的传播模型公式，同时也影响如基站天线高度及穿透损耗等参数的取值。不同的信道模型将采用不同的解调门限，从而得到不同的小区半径。

对于高于 6GHz 频段的网络，信道模型需要分别考虑 LOS 和 NLOS 信道模型下的覆盖。

4. 小区边缘用户速率

小区边缘用户速率是网络覆盖目标的重要参数。根据 5G 网络的三大场景需求，不同区域的边缘速率可以有不同的要求。对于其中的 eMBB 场景有如下需求。

高话务密度地区的边缘速率需求：小区边缘用户达到 300 Mbit/s / 50 Mbit/s（下行 / 上行）。

中话务密度地区的边缘速率需求：小区边缘用户达到 50 Mbit/s / 25 Mbit/s（下行 / 上行）。

低话务密度地区的边缘速率需求：小区边缘用户达到 50 Mbit/s / 25 Mbit/s（下行 / 上行）。

在高速移动的车辆上，边缘速率的要求降低为 20 Mbit/s / 1 Mbit/s（下行 / 上行）。

在上行和下行边缘用户速率的匹配上，要综合考虑上下行覆盖的均衡性。对于 mMTC 业务场景和 uRLLC 业务场景，其小区边缘速率远小于 eMBB 场景。

根据 3GPP TS22.261，高密度和高速度业务场景的性能要求，见表 3-9。

表3-9 高密度和高速度业务场景的性能要求

场景	典型速率（DL）	典型速率（UL）	UE 移动速度	覆盖
城市宏蜂窝	50 Mbit/s	25 Mbit/s	步行或车载（不超过 120 km/h）	全网
农村宏蜂窝	50 Mbit/s	25 Mbit/s	步行或车载（不超过 120 km/h）	全网
室内热点	1 Gbit/s	500 Mbit/s	步行	办公室、居民区
密集区宽带接入	25 Mbit/s	50 Mbit/s	步行	指定区域
密集市区	300 Mbit/s	50 Mbit/s	步行或车载（不超过 60 km/h）	密集市区
市区高速铁路	50 Mbit/s	25 Mbit/s	不超过 500 km/h	高铁沿线
高速公路	50 Mbit/s	25 Mbit/s	不超过 250 km/h	高速沿线

5. 业务的可靠性要求

根据业务的可靠性要求，对于 eMBB 业务，可参考 4G 网络对数据业务的要求和不同业务 QoS 对误包率的要求，数据业务丢包率要求在 $10^{-2} \sim 10^{-6}$。不同业务 QoS 对丢包率的要求，见表 3-10。

表3-10 不同业务QoS对丢包率要求

5QI 值	资源	优先级	时延门限	误包率	典型业务
1		20	100ms	0.01	语音会话
2		40	150ms	0.001	视频会话
3	GBR	30	50ms	0.001	实时游戏，V2X
4		50	300ms	10^{-6}	视频（缓冲视频流）
75		25	50ms	0.01	V2X 信息
5	Non-GBR	10	100ms	10^{-6}	IMS 信令
6		60	300ms	10^{-6}	视频（视频流） TCP 类业务
7	Non-GBR	70	100ms	0.001	语音 直播视频流 互动游戏

（续表）

5QI 值	资源	优先级	时延门限	误包率	典型业务
8	Non-GBR	80	300ms	10^{-6}	缓冲视频流
					基于 TCP 业务
79		65	50ms	0.01	V2X
80		68	10ms	10^{-4}	低时延 eMBB，AR
82	时延敏感 GBR	19	10ms	10^{-4}	离散自动化
83		22	10ms	10^{-4}	智能交通系统
84		24	30ms	10^{-4}	智能交通系统
85		21	5ms	10^{-4}	高压电力配网

对于 uRLLC 场景业务，根据 3GPP TS22.261，业务的可靠性要求一般在 99.9%~99.999% 以上，URLLC 场景业务和最低要求，见表 3-11。

表3-11　uRLLC场景业务的最低要求

Scenario	通信业务可用性	可靠性	用户典型速率
离散自动化——运动控制	99.9999%	99.9999%	1-10Mbit/s
离散自动化	99.99%	99.99%	10 Mbit/s
过程自动化——远程控制	99.9999%	99.9999%	1-100 Mbit/s
过程自动化——监控	99.9%	99.9%	1 Mbit/s
中压配电	99.9%	99.9%	10 Mbit/s
高压配电	99.9999%	99.9999%	10 Mbit/s
智能运输系统——基础设施回程	99.9999%	99.9999%	10 Mbit/s
触觉交互	99.999%	99.999%	低
远程控制	99.999%	99.999%	不超过 10Mbit/s

6. 发射功率

对于 5G 系统，基站 gNB 发射功率一般取最大 200W，即 53dBm。对于多流系统，每一流的功率按照均匀分配考虑，如 16 流系统单流功率为 12.5W，41dBm。

终端 UE 在 FR1 频段默认的单流最大发射功率定义为 200mW，即 23dBm。双流发射的最大功率为 400mW，即 26dBm。FR2 频段 UE 最大发射总功率为 23dBm ~ 35dBm。

7. 接收灵敏度

接收灵敏度为在输入端无外界噪声或干扰的条件下，在所分配的资源带宽内，满足业务质量要求的最小接收信号功率。在 5G 系统中，接收灵敏度为所需的子载波的复合接收灵敏度，其计算方法为：

复合接收灵敏度 = 每子载波接收灵敏度 $+10 \times \lg_{10}$（需要的子载波数）

= 背景噪声密度 +10×lg₁₀(子载波间隔)+10×lg₁₀(需要的子载波数)+ 噪声系数 + 解调门限

其中，背景噪声密度即热噪声功率谱密度，等于波尔兹曼常数 k 与绝对温度 T 的乘积，为－174dBm/Hz。子载波间隔为 15 kHz，接收机噪声系数取值，见表 3-12。

表3-12　噪声系数取值参考

分类	取值（dB）
eNodeB 噪声系数	2.3
UE 噪声系数	7

8. 解调门限

指信号与干扰加噪声比（Signal to Interference plus Noise Ratio，SINR）门限，是有用信号相对于噪声的比值，是计算接收机灵敏度的关键参数，是设备性能和功能算法的综合体现，在链路预算中具有极其重要的地位。

在 5G 系统中，解调门限与频段、多址方式、信道类型、移动速度、MIMO 方式、MCS、误块率（BLER）等因素相关。系统的 MIMO 增益、时隙绑定增益等体现在设备的解调门限参数中。在确定相关的系统条件和配置时，可通过链路仿真获取该信道的 SINR。

5G NR 物理层的下行链路的多用户接入方式是基于正交频分复用（OFDM）和循环前缀（CP）。对于上行链路，采用带 CP 的离散傅里叶变换扩展—OFDM（DFT－S－OFDM），为了支持成对和未成对频谱的传输，系统支持频分双工（FDD）和时分双工（TDD）。

在物理信道中，下行调制方式有 QPSK、16QAM、64QAM 和 256QAM。上行调制方式有对于采用带 CP 的 PFDM，调制方式有 QPSK、16QAM、64QAM 和 256QAM；对于采用带 CP 的 DFT-S-OFDM，调制方式有 QPSK、16QAM、64QAM 和 256QAM。

5G 的业务信道编码采用两个基本图的准循环 LDPC 码，每个基本图包含 8 组奇偶校验矩阵。一个基本图用于代码块大于一定的大小或初始传输码率高于阈值；否则，将使用另一个基本图。在 LDPC 编码之前，对于大型传输块，将传输块分割为具有大小相等的多个代码块。PBCH 和控制信息的信道编码方案是基于嵌套序列的极化码。

接收机的灵敏度与多个因素相关，其中，最主要的是编码方式、调制方式和编码效率。LDPC 是一种特殊的先行分组码，其奇偶校验矩阵的非 0 元素远远小于 0 元素的个数。LDPC 是由 1969 年 Gallager 提出的，性能接近于香农极限，并提出了构建 H 矩阵的一种方法以及两种解码方法。由于当时科技水平及硬件条件的限制，LDPC 并没有得到重视和推广。1996 年，D.Mac Kay 和 R.Neal 证明了 LDPC 的性能和成本都优于 Turbo 码，被优化了的非规则 LDPC 采用可信传播（Belief Propagation）译码算法时，能得到比 Turbo 码更好的性能（0.3dB~0.6dB）。

极化码（Polar Codes）是 2008 年由土耳其毕尔肯大学 Erdal Arikan 教授首次提出的，是一种新型编码方式，其可以实现对称二进制输入离散无记忆信道和二进制擦除信道容量的代码构造方法，是目前唯一可理论证明达到香农极限，并且具有可实用的线性复杂度编译码能力的信道编码技术。

图 3-3 是长度为 1008 的（3，6）正则 LDPC 的 *BLER* 性能，在不同的 *SNR* 值下，接收的 *BLER* 也不同。

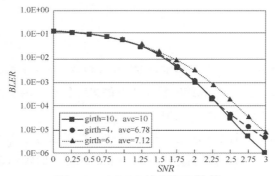

图3-3　LDPC的*BLER*性能

对于不同的调制模式，在同样的 *BLER* 目标下，所需要的 *SNR* 也不同，高阶调制方式对 *SNR* 值要求更高，如图 3-4 所示。对于极化码和 Turbo 码，MSC22（64QAM）、MCS11（16QAM）、MCS1（QPSK）在同样的 *BLER* 要求下，*SNR* 值相差很多。

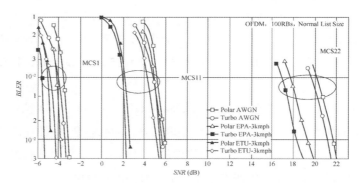

图3-4　不同编码对比

从图 3-4 中看以看出，不同编码方式的不同码率，在同样 *BLER* 要求下，接收机的 *SNR* 不同，差异明显。这个图的含义可以解读为**在一定的 RB 下，在同样的业务 *BLER* 要求下，如果信道 *SNR* 较高，系统可以选择高阶和高码率的调制模式，从而可以提供较高的业务带宽；如果信道质量不高，*SNR* 值较低，系统只能选择低阶的调制和低码率编码，系统能提供的速率较低。**

基于 QPSK、16QAM、64QAM 和 256QAM 的 CQI 指数及其解释，见表 3-13。

表3–13　CQI表（256QAM）

CQI index	modulation	code rate x 1024	efficiency	最小 AWAG SINR（dB）（*BER*=10%）
0		out of range		
1	QPSK	78	0.1523	−8.51
2	QPSK	193	0.377	−4.13
3	QPSK	449	0.877	0.56
4	16QAM	378	1.4766	4.14
5	16QAM	490	1.9141	6.29
6	16QAM	616	2.4063	8.48
7	64QAM	466	2.7305	9.85
8	64QAM	567	3.3223	12.25
9	64QAM	666	3.9023	14.53
10	64QAM	772	4.5234	16.93
11	64QAM	873	5.1152	19.20
12	256QAM	711	5.5547	20.87
13	256QAM	797	6.2266	23.41
14	256QAM	885	6.9141	26.01
15	256QAM	948	7.4063	27.86

图 3-5 为 LTE 系统不同，MCS Index 对于的 *BLER*——*SNR* 要求对应的示意。MCS1 最靠近左边，MCS26 在最右边。在信道环境很差时，选用 MCS1 进行调试；在信道环境很好时，可以选用 MCS26 进行调制。5G 系统的 MCS Index 与 *BLER* 的关系同 LTE 系统类似。

在 5G 中，对于不同的信道环境，系统选择对应的 MCS Index，其对应调制阶和频谱效率，见表 3–14。对于系统是否支持 256QAM，各有不同的 MCS index 定义。

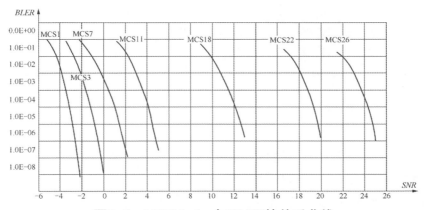

图3–5　MCS Index与*BLER*的关系曲线

111

表3-14　5G的MCS index

支持 256QAM 调制方式				不支持 256QAM 调制方式			
MCS Index	调制阶	目标码率 x [1024]	频谱效率	MCS Index	调制阶	目标码率 x [1024]	频谱效率
I_{MCS}	Q_m	R		I_{MCS}	Q_m	R	
0	2	120	0.2344	0	2	120	0.2344
1	2	193	0.377	1	2	157	0.3066
2	2	308	0.6016	2	2	193	0.3770
3	2	449	0.877	3	2	251	0.4902
4	2	602	1.1758	4	2	308	0.6016
5	4	378	1.4766	5	2	379	0.7402
6	4	434	1.6953	6	2	449	0.8770
7	4	490	1.9141	7	2	526	1.0273
8	4	553	2.1602	8	2	602	1.1758
9	4	616	2.4063	9	2	679	1.3262
10	4	658	2.5703	10	4	340	1.3281
11	6	466	2.7305	11	4	378	1.4766
12	6	517	3.0293	12	4	434	1.6953
13	6	567	3.3223	13	4	490	1.9141
14	6	616	3.6094	14	4	553	2.1602
15	6	666	3.9023	15	4	616	2.4063
16	6	719	4.2129	16	4	658	2.5703
17	6	772	4.5234	17	6	438	2.5664
18	6	822	4.8164	18	6	466	2.7305
19	6	873	5.1152	19	6	517	3.0293
20	8	682.5	5.332	20	6	567	3.3223
21	8	711	5.5547	21	6	616	3.6094
22	8	754	5.8906	22	6	666	3.9023
23	8	797	6.2266	23	6	719	4.2129
24	8	841	6.5703	24	6	772	4.5234
25	8	885	6.9141	25	6	822	4.8164
26	8	916.5	7.1602	26	6	873	5.1152
27	8	948	7.4063	27	6	910	5.3320
28	2	reserved		28	6	948	5.5547
29	4	reserved		29	2	reserved	
30	6	reserved		30	4	reserved	
31	8	reserved		31	6	reserved	

现实中的网络 *SINR* 值的分布如图 3-6 所示，从−6dB 到 +20 dB 以上，具有一定的分布特征。

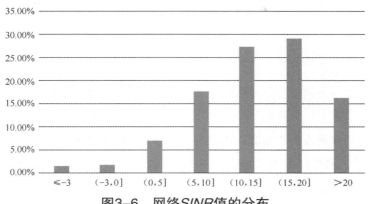

图3-6　网络*SINR*值的分布

对于三大类 5G 场景：

· eMBB 场景为提供大的业务带宽，需要较高的频谱效率，需要高阶信道模型，对 *SINR* 的要求较高；

· mMTC 场景对带宽要求不高，对可靠性要求一般，对 *SINR* 的要求较低；

· URLLC 场景对可靠性要求很高，*BLER* 要求高达 10^{-4}~10^{-6}，对 *SINR* 要求最高。

因此，对于三大类场景，可以整理出典型速率要求和 *BLER* 要求。不同业务速率对应不同的 RB 分配，进而需要不同的 MAC 速率承载，通过速率匹配，查询所需要的调制编码方式，则可以获取 *SINR* 数值。

9. 天线参数

天线参数分为基站天线参数和终端天线参数。

基站天线参数主要包括波瓣宽度、增益、挂高等，需要针对特定的频段、覆盖场景和要求选择合适的天线增益和高度。与传统的 8 通道天线和 2 通道天线相比，5G 基站大规模 MIMO 天线由于使用频段高，阵元天线体积小，在同样的体积下，阵元数量更多，天线的综合增益更高。常见频段 5G 大规模 MIMO 天线的增益，见表 3-15。

表3-15　MIMO天线的增益

频段	天线	通道数	每通道阵子数	阵元增益（dBi）	单通道增益(dBi)	3D 波束赋形增益（dB）	总增益（dB）
700MHz	MIMO-8	8	1	7	7	9.0	16.0
2.6GHz	MIMO-64	64	2	7	10	18.1	28.1
3.5GHz	MIMO-64	64	3	7	12	18.1	30.1

（续表）

频段	天线	通道数	每通道阵子数	阵元增益（dBi）	单通道增益(dBi）	3D 波束赋形增益（dB）	总增益(dB）
3.5GHz	MIMO-128	128	2	7	10	21.1	31.1
5GHz	MIMO-128	128	2	7	10	21.1	31.1
5GHz	MIMO-128	128	3	7	12	21.1	33.1
28GHz 以上	MIMO-128	128	2	7	10	21.1	31.1
28GHz 以上	MIMO-128	128	4	7	13	21.1	34.1

对于系统支持多流发射的情况，在发射端，由于天线通道被均匀分给几个发射流，发射增益相应减少，如2流发射，增益减少3dB；4流发射，增益减少6dB；8流发射，增益减少9dB；16流发射，增益减少12dB。在接收端，由于各个天线均独立接收，接收增益不变。

在5G高频通信频段的路径损耗大，需要在终端天线的设计上进行一定的增益补偿。在28GHz频段及更高频段，波长到厘米级、毫米级，手机的长度和宽度数倍于其波长，在技术上可以实现多天线增益。

对于28GHz、40GHz、70GHz等高频频段，手机的大小已经数倍于波长，在体积上给予了多天线技术实现的可能。根据远距离通信天线设计的原理，天线的长度理论上是1/4波长或者1/2波长，可以使效率最大化。

不同频段的波长，见表3-16。

表3-16 不同频段的波长

频段	波长（cm）	1/2 波长（cm）	1/4 波长（cm）
3.5GHz	8.6	4.3	2.2
5GHz	6.0	3	1.5
28GHz	1.1	0.55	0.28
40GHz	0.75	0.38	0.19
70GHz	0.43	0.22	0.11

对于通信天线，随着2G/3G/4G的发展，频率越高，波长越短，天线越来越短，设计也从以前的外置式到目前主流的内置式或者用金属中框当作天线。

终端的天线主要有 PIFA 天线和 Monopole 天线两种。

● PIFA 天线电性能优越，特殊吸收比率（Specific Absorption Rate，SAR）指标好，适用于有一定厚度的终端产品，如折叠、直板机等，缺点是带宽窄。

● Monopole（单极子）天线电性能可达到较高的水平，但SAR稍高，在直板机和超薄直板机上有优势。Monopole 天线满足多模手机对多频段的要求。

5G 采用的高频段，波长的降低使终端上实现多天线 MIMO 成为可能。**目前，主要的方案是计划采用 2×2、4×4 或者 8×8 的阵列天线。**此外，为降低衰减还需要减少走线长度，天线和芯片紧靠在一起，每个天线配一个小芯片，甚至不排除未来天线会集成到芯片内部。

手机毫米波天线阵列一般是基于相控阵（Phased Antenna Array）的方式，实现方式主要可分为三种：

① 天线阵列位于系统主板上（Antenna on Board，AoB）；

② 天线阵列位于芯片的封装内（Antenna in Package，AiP）；

③ 天线阵列与 RFIC 形成一模组（Antenna in Module，AiM）。

终端天线的增益，单天线一般为 0dBi。终端天线的通道数通常有 1、2、4、8 通道。终端天线的发射流数通常为 1、2、4 流。

10. 阴影衰落余量

发射机和接收机之间的传播路径非常复杂，有简单的视距传播 LOS，也有各种复杂的地物阻挡形成的 NLOS 等，因此无线信道具有极度的随机性。从大量实际统计数据来看，在一定距离内，本地的平均接收场强在中值附近上下波动。这种平均接收场强因为一些建筑物或自然界的阻隔而发生的衰落现象称为阴影衰落（或慢衰落）。一般情况下，阴影衰落服从对数正态分布，阴影衰落示意如图 3-7 所示。

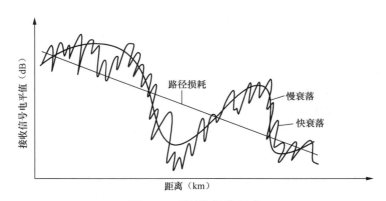

图3-7 阴影衰落示意

由于无线信道的随机性，在固定距离上的路径损耗可在一定范围内变化，我们无法使覆盖区域内的信号一定大于某个门限，但是必须保证接收信号能以一定概率大于接收门限。为了保证基站以一定的概率覆盖小区边缘，基站必须预留一定的发射功率以克服阴影衰落，这些预留的功率就是阴影衰落余量。为了对抗这种衰落带来的影响，在链路预算中通常采用预留余量的方法，称为阴影衰落余量。

阴影衰落标准差的取值和阴影衰落概率密度函数的标准方差的取值呈线性关系。通常认为信号电平服从对数正态分布，如图 3-8 所示。

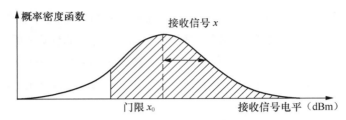

图3-8　信号电平对数正态分布示意

阴影衰落余量取决于覆盖概率和阴影衰落标准差，按以下公式计算。

（1）边缘覆盖概率

达到指定边缘覆盖概率所需的阴影衰落余量为：

$$P_{x_0} = \int_{x_0}^{\infty} \frac{1}{\sigma\sqrt{2\pi}} \exp\left[\frac{-\left(x-\bar{x}\right)^2}{2\sigma^2}\right] dx = \frac{1}{2} + \frac{1}{2}\mathrm{erf}\left(\frac{M}{\sigma\sqrt{2}}\right) \qquad \text{式（3-1）}$$

其中，

$$\mathrm{erf}(x) = \frac{2}{\sqrt{\pi}} \int_0^x \mathrm{e}^{-t^2} dt \qquad \text{式（3-2）}$$

x 为接收信号功率；

x_0 为接收机灵敏度；

P_{x_0} 为接收信号 x 大于门限 x_0 的概率；

σ 为阴影衰落的对数标准差；

$\bar{x}$ 为接收信号功率的中值；

M 为衰落余量，$M = \bar{x} - x_0$。

对数正态衰落余量和边缘覆盖效率的关系如图 3-9 所示。

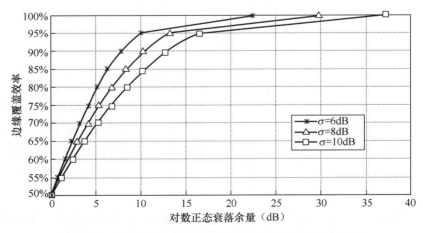

图3-9　对数正态衰落余量与边缘覆盖效率的关系

（2）面积覆盖概率

$$P_a = \frac{1}{2} \times \left[1 - \mathrm{erf}(a) + \exp\left(\frac{1-2ab}{b^2}\right)\left(1-\mathrm{erf}\left(\frac{1-a\times b}{b}\right)\right) \right]$$

式（3-3）

$$a = \frac{M}{\sigma \cdot \sqrt{2}} \; ; \quad b = \frac{10 \cdot \mu \cdot \lg e}{\sigma \cdot \sqrt{2}}$$

其中，P_a 为面积覆盖概率，M 为阴影衰落余量，μ 为路径损耗指数，σ 为阴影衰落标准差。边缘覆盖率与面积覆盖率的关系如图 3-10 所示。

部分边缘覆盖率及其对应的阴影衰落余量对比，见表 3-17。

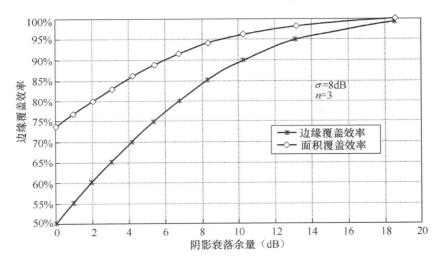

图3-10 边缘覆盖率与面积覆盖率的关系

表3-17 边缘覆盖率与阴影衰落余量对比

面积覆盖率	μ=3				μ=4			
	σ=8dB		σ=10dB		σ=8dB		σ=10dB	
	边缘覆盖率	阴影衰落余量（dB）	边缘覆盖率	阴影衰落余量（dB）	边缘覆盖率	阴影衰落余量（dB）	边缘覆盖率	阴影衰落余量（dB）
98%	95%	13.2	96%	17.6	93%	11.8	94%	15.6
95%	87%	9	89%	12.3	85%	8.3	87%	11.7
90%	77%	6	80%	8.5	73%	5	76%	7.1
75%	52%	0.5	56%	1.6	47%	0	51%	0.3

对于 5G 系统，高于 6GHz 的频段，如 28GHz、40GHz、70GHz 等，电波信号传播的绕射能力非常弱，在通信中以考虑 LOS 和准 LOS 传播为主，对于 NLOS 场景需要考虑的阴影衰落，一般考虑少量的余量。

11. 穿透损耗

当人在建筑物或车内通信时，信号需要穿过建筑物或车体，造成一定的损耗。**穿透损耗与具体的建筑物结构和材料、电波入射角度和通信频率等因素有关**，应根据目标覆盖区的实际情况确定。对于 5G 各种大跨度的频段，其穿透损耗情况复杂，需要分段说明。在低频段，无线传播环境下的穿透损耗参考值，见表 3-18。

表3-18 不同区域穿透损耗值（dB）

区 域 类 型	700MHz	2.6GHz	3.5GHz	5GHz
密集市区	15~20	20~25	22~27	25~30
一般市区	15	20	20	23
郊区	12	15	18	20
农村开阔地（房子）	8	10	15	15
农村开阔地（汽车）	6	8	12	12

在毫米波频段，不同材质对宽频带的穿透损耗呈现出不同程度的波动，同时，随着频率的增加，穿透损耗具有升高的趋势。这种随着频段递增的同时又具有波动的穿透损耗特征，可以用电磁屏蔽领域的理论来解释。

在电磁领域，可以将信道测试领域的穿透损耗解释为方形物体的屏蔽作用，称之为电磁屏蔽体。电磁屏蔽作用可以分为两个部分，即吸收屏蔽和反射屏蔽。其屏蔽效应公式如下：

$$S=S_n \times S_o \qquad\qquad 式（3-4）$$

其中，吸收屏蔽 S_n 来源于电磁屏蔽体内涡流的热损耗，屏蔽效果随着频率和屏蔽体厚度的增加越来越好；反射屏蔽 S_o 是屏蔽体金属材质与屏蔽体外介质波特性不一致的程度决定的，介质和金属材质波导阻抗相差越大，反射屏蔽效果越强。总的穿透损耗是两个屏蔽的乘积。吸收屏蔽和发射屏蔽随频率的变化如图 3-11 所示。

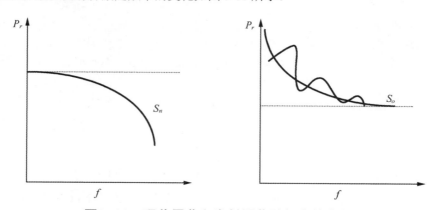

图3-11 吸收屏蔽和发射屏蔽随频率的变化

70mm 厚度木门和 10mm 厚度单层磨砂玻璃在 50GHz~67GHz 频段的穿透测试如图 3-12 所示。

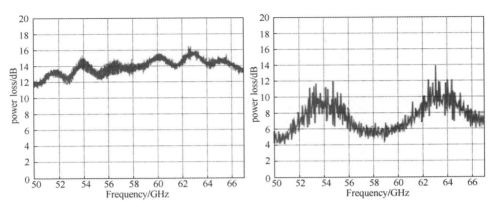

图3-12　70mm厚度木门和10mm厚度单层磨砂玻璃穿透测试

60GHz 归一化的穿透损耗，见表 3-19。

表3-19　60GHz穿透损耗

	厚度	60GHz 穿透损耗（dB）
木门	1cm	1.55
墙面	1cm	2.4
光滑玻璃	1cm	11.3

在毫米波频段，某机构测试的穿透损耗，见表 3-20。

表3-20　28GHz和39GHz穿透损耗

障碍物	28GHz 穿透损耗（dB）	39GHz 穿透损耗（dB）
玻璃门（0.8cm）	3.5	4.5
标准多层玻璃（1.8cm）	14.6	20.9
1 棵茂密树或 2 棵稀疏树	17.3	18.4
IRR 混合玻璃墙	36.2	41
空心金属墙（5cm）	63	68.5
均匀混凝土墙（28cm）	64.9	78.8

从测试结果来看，毫米波频段穿透损耗大，特别是对混凝土墙等面积大、厚度也较大的障碍物，信号穿透的损失大。

在毫米波频段，人体对信号的阻挡也有较大的影响。从实验数据来看，人体的穿透损耗是比较可观的，人体的遮挡面积远小于墙面，也小于木门，却有相差不多的穿透损耗。在实际测试中，在 6GHz 频段，测得的人体穿透损耗达到 19.5dB。就宏基站的覆盖而言，在很多情况下，电波的直射路径并不是最关键的，但是对于高频段的短距离无线通信设备，主要依赖直射路径进行无线传输，直射路径很容易受到人体的遮挡，在这种情况下，就需要考虑人体对电波传播遮挡的影响。

12. 干扰余量

5G 下行还是采用 OFDMA 技术，各个子载波正交，上行采用 SC-FDMA 和 NOMA 技术，小区内的用户也相互正交，因此，理论上 5G 网络的小区内干扰为零，但是不能忽视小区间的干扰。**在实际网络中，邻近小区对本小区的干扰随着邻小区负荷的增大而增加，系统的噪声水平也在提升，接收机灵敏度降低，基站覆盖范围也缩小。所以，在链路预算中需要考虑干扰余量。**

由于 5G 的每个业务是由多个 RB 上承载的，实际占用带宽是变化的，所以非常难以给出一个定值。通常情况下，由于 5G 的上行是快速功率控制，可以有效地控制干扰攀升，而下行是功率分配，不存在快速功控，干扰相对会大些。

干扰余量的计算通过采用仿真得到不同条件下的单小区（无小区间干扰）、多小区边缘吞吐率，然后得到给定边缘吞吐率所对应的单小区半径和多小区半径，最后通过空口路损模型得到单小区半径、多小区半径所对应的路损，两者之差即为干扰余量。

对于 5G 高频段，在网络建设中，为了实现较为全面的覆盖，基站建设中交叉覆盖必然占据一定的比例。此外，对于毫米波，LOS 和 NLOS 的覆盖距离相差较大，信号越区覆盖的情况更是常见，因此，需要考虑干扰余量的取值。

●● 3.4 5G 链路预算

3.4.1 链路预算

链路预算区分上下行，分别计算不同方向的最大可允许路径损耗（Maximum Allow Path Loss，MAPL）。

上行链路预算公式：

$$PL_{UL}=P_{out\_UE}+Ga_{BS}+Ga_{UE}-LF_{BS}-M_f-M_I-L_p-L_b-S_{BS} \qquad 式（3-5）$$

其中，

PL_{UL} 为上行链路最大传播损耗（dB），P_{out_UE} 为终端最大发射功率（dBm）；

Ga_{BS} 为基站天线增益（dBi），Ga_{UE} 为终端天线增益（dBi）、Lf_{BS} 为馈线损耗（dB）；

M_f 为阴影衰落余量（dB），M_I 为干扰余量（dB），L_p 为建筑物穿透损耗（dB）；

L_b 为人体损耗（dB），S_{BS} 为终端接收灵敏度（dBm）。

下行链路预算公式：

$$PL_{DL}=P_{out\_BS}+Ga_{BS}+Ga_{UE}-Lf_{BS}-M_f-M_I-L_p-L_b-S_{UE} \qquad 式（3-6）$$

其中，

PL_{DL} 为下行链路最大传播损耗（dB），P_{out_BS} 为终端最大发射功率（dBm）；

Ga_{BS} 为基站天线增益（dBi），Ga_{UE} 为终端天线增益（dBi）、Lf_{BS} 为馈线损耗（dB）；

M_f 为阴影衰落余量（dB），M_I 为干扰余量（dB），L_p 为建筑物穿透损耗（dB）；

L_b 为人体损耗（dB），S_{UE} 为终端接收灵敏度（dBm）。

以 3.5GHz 频段为例，一般市区链路预算，见表 3-21。以 eMBB 业务，上下行业务速率为 25Mbit/s 和 50Mbit/s，数据业务的可靠性要求为 1.0×10^{-3}。

表3-21　一般市区链路预算

序号	系统参数	一般市区 3.5GHz		标记	备注
1	链路方向	上行	下行		
2	业务速率要求（Mbit/s）	25	100	A	
3	载频带宽（MHz）	100	100		
4	子载波带宽（kHz）	30	30	B	$\mu=1$
5	使用带宽（MHz）	14.4	7.2	C	$B \times D \times 12/1000$
6	RB 数	40	20	D	满足业务速率所需的 RB 数
7	MCS index	MCS4	MCS4		小区边缘，MCS4
8	频谱效率	1.176	1.176	E	支持 256QAM
9	公共开销	25%	25%	F	公共开销
10	MIMO 类型	2×256	256×4		天线，发 × 收
11	MIMO 天线发射流数	2	16		上行 2 流，下行 16 流
12	最大发射功率（dBm）	23	41.0	G	单流发射功率，基站 12.5W，终端 200mW
13	发射天线增益（dBi）	0	7	H	阵元增益
14	发射 MIMO 增益（dB）	0	12	I	单流 MIMO 增益
15	天线口发射功率（dBm）	23	60.0	J	$J=I+G+H$
16	热噪声（dBm）	−102.31	−105.32	K	$K=-174+10\log(1024 \times C)$
17	噪声系数（dB）	2.3	7	L	
18	接收基底噪声（dBm）	−100.01	−98.32	M	$M=K+L$
19	SINR（dB）	2.5	3	N	远点接收 SINR，MCS index 对应的要求
20	接收机灵敏度（dBm）	−97.51	−95.32	O	$O=M+N$
21	接收天线增益（dBi）	7	0	P	阵元增益
22	接收 MIMO 增益（dB）	24	5	Q	
23	增益合计	31	5	R	
24	馈线移相器接头损耗（dB）	0.5	0.5	S	
25	建筑穿透损耗（dB）	27	27	T	
26	人体损耗（dB）	1	1	U	

（续表）

序号	系统参数	一般市区 3.5GHz		标记	备注
27	损耗合计（dB）	28.5	28.5	V	
28	阴影衰落余量（dB）	8.3	8.3	W	
29	干扰余量（dB）	3	3	X	
30	余量合计（dB）	11.3	11.3	Y	
31	最大路径损耗（dB）	111.71	120.52	Z	$Z=J+R-O-V-Y$

表 3-21 只是一种比较典型的预算表，链路预算受众多因素的影响。在 5G 网络的实际规划中，由于 5G 涉及的业务类型跨度大、支持频段多，天线技术参数的差异大，还有不同的无线环境、不同的信道模型都对规划有很大的影响，因此，需要以专题的形式分析这些大的影响因素。

3.4.2 链路预算分析

1. 三类业务场景的链路预算比较

5G 有三大类业务场景，分别是 eMBB、mMTC、uRLLC。这三类场景对业务的要求不同，自然，5G 系统满足不同场景要求所配置的资源也是不同的。

业务速率不同的要求，对于典型的业务，eMBB 的速率最高，mMTC 的速率最低。 需要 5G 系统提供的 RB 资源不同。

业务的可靠性要求，uRLLC 的可靠性最高，mMTC 的可靠性最低。 业务的可靠性要求直接影响系统解码的 $SINR$ 值要求，对于 uRLLC 业务，要求可靠性高达 10^{-6} 以上，必然在同样的速率要求下，需要有更好的信号质量，即更高的 $SINR$ 值。

对于不同的业务速率要求和可靠性要求，5G 系统在选择 MCS index 时会根据相对经济高效的调制方式， 因此在 MCS 选择上，三类业务在资源调度上有所不同，MCS index 上也会不同。在小区边缘，mMTC 会选择较低阶的调制方式。

mMTC 业务为了提高通信抗干扰能力和信号覆盖穿透能力，设计了重复发射和跳频机制： 重复发射通过多次发送，提高信号的纠错能力，带来可观的增益；跳频机制通过选择信道较好的链路来传送信号，可以克服块衰落，由此带来一定的增益。

在建筑穿透损耗方面，mMTC 由于不少终端位于底楼甚至地下室等环境，信号的穿透损耗较大。在人体损耗方面，eMBB 终端基本用于人的通信，而 mMTC 和 uRLLC 大部分用于物的通信，因此没有人体损耗。

三大类场景的链路预算对比，见表 3-22。

表3-22　三大类场景的链路预算对比

场景	eMBB		mMTC		uRLLC	
系统参数	一般市区 3.5GHz		一般市区 3.5GHz		一般市区 3.5GHz	
链路方向	上行	下行	上行	下行	上行	下行
业务速率要求（Mbit/s）	25	100	0.256	0.256	5	10
MCS index	MCS4	MCS4	MCS1	MCS1	MCS4	MCS4
$SINR$（dB）	2.5	3	−3.5	−3	6.5	7
其他增益（dB）	0	0	8	8	0	0
建筑穿透损耗（dB）	30	30	40	40	30	30
人体损耗（dB）	1	1	0	0	0	0

2. 不同环境类型的链路预算比较

在不同的无线环境下，链路预算的方法是一致的，只是部分链路预算参数会有一定的差异。5G 主要覆盖市区以及县城，因此，这里以密集市区、一般市区、郊区等区域类型为例进行不同环境链路预算差异的说明。**不同无线环境的区域，在链路预算上的差异主要体现在穿透损耗及阴影衰落余量的取值上。**

3.5GHz 频段在不同的环境下链路预算参数差异，见表 3-23。

表3-23　不同环境链路预算差异

区域类型	密集市区	一般市区	郊区
穿透损耗典型取值(dB)	30	27	22
面积覆盖概率	95%	95%	90%
阴影衰落余量（dB）	8.3	8.3	5

不同环境的链路预算结果，见表 3-24。

表3-24　不同环境链路预算结果

	上行 MAPL（dB）	下行 MAPL（dB）
密集市区	108.71	117.52
一般市区	111.71	120.52
郊区	120.01	131.83

因此，从表 3-24 中可以看出无线环境对链路预算的影响。其他频段不同的无线环境对链路预算的影响分析类似。

3. 不同频段的链路预算比较

不同频段的链路预算比较，主要关注由于频率不同带来的采用不同技术的影响。在同样的业务速率要求下，对于 3.5GHz、5GHz、28GHz 不同频段的链路预算比较，见表 3-25。

表3-25　不同频段的链路预算比较

系统参数	一般市区 3.5GHz		一般市区 5GHz		一般市区 28GHz	
链路方向	上行	下行	上行	下行	上行	下行
子载波带宽（kHz）	30	30	30	30	120	120
MCS index	MCS4	MCS4	MCS4	MCS4	MCS5	MCS5
MIMO 类型	2 × 256	4 × 256	2 × 256	4 × 256	4 × 256	8 × 256
MIMO 天线流数	2	16	2	16	4	24
建筑穿透损耗（dB）	27	27	30	30	30	30
人体损耗（dB）	1	1	1	1	10	10
阴影衰落余量（dB）	8.3	8.3	8.3	8.3	2	2

在 28GHz 频段，一般有更宽的载频带宽，虽然这个参数不影响链路预算的结果，但是在这里可以看出该频段可提供带宽的潜力。

关于 MCS index，由于不同频段系统设备是否支持 256QAM 是不同的，在一般情况下，高频段系统为了提供更大的容量能力，支持高阶的 QAM。对于某个 5G 系统是否支持 256QAM 调制，3GPP 标准 TS38.214 给出了两个不同的 MCS 定义列表。在网络规划中，需要先看基站和终端设备是否支持 256QAM，再来确定 MCS index。

对于 MIMO 类型和 MIMO 增益，主要是看基站和终端的天线。两者的 MIMO 天线数量与频段紧密相关，波长较短的系统在同样的物理空间设备内可以实现更高的 MIMO，因此，可以达到的增益也更高。

对于建筑穿透损耗，一般来说，频率越高穿透损耗越大，具体见前文分析。**对于 28GHz 等高频毫米波系统，建筑的穿透损耗是非常大的，一般在规划中不把这类信号作为室外覆盖室内来用。**如果采用也仅仅考虑沿街道窗户和门的浅层穿透，因此在链路预算中也会考虑一定的穿透损耗，但不是建筑的全部穿透损耗。

人体损耗是在手机语音通信的链路预算中曾经用到的，在 3G 和 4G 的数据业务链路预算中一般不取人体损耗。但是在 5G 系统中，由于载波频率较高，在使用手机业务时，手机离人体较近，在 28GHz 等高频的毫米波系统中，不能不考虑人体阻挡的损耗。

关于阴影衰落余量的考虑，6GHz 以下的低频 5G 系统，参照 4G 系统的阴影衰落余量。但是对于高频段的毫米波系统，信号的绕射能力很弱，信号以视距传送为主，对于非视距传送，需要单独在传播模型分析中单独分析 NLOS 情况下的覆盖能力，而在链路预算中不考虑或仅考虑少量的阴影衰落余量。

4. 不同信道模型的链路预算比较

在进行链路预算时，要基于一定的信道模型条件。在 3GPP 中，定义的常见信道模型，见表 3-26。

表3-26　3GPP定义的典型信道模型

信道模型	含义	最大多普勒频移（Hz）	备注
EPA 5	扩展步行模型5	5	
EVA 5	扩展车载模型5	5	
EVA 70	扩展车载模型70	70	
ETU 30	扩展城市模型30	30	
ETU 70	扩展城市模型70	70	
ETU 300	扩展城市模型300	300	
HST S1	高铁模型场景1	1340	车速350km/h
HST S3	高铁模型场景3	1150	车速300km/h

这些**不同的信道模型，在链路预算上的差异主要在 MCS 模式和 *SINR* 的差异上。**

对于几个特殊的信道模型，如高铁和高速等重要交通干道上，考虑到基站的覆盖能力，由于频段的关系，高速和高铁不是 5G 覆盖的主要场景，一旦城郊的高速和高铁也需要进行 5G 覆盖，我们也可以有办法分析其覆盖能力。

在高速和高铁上，UE 的高速移动使电波产生多普勒频移，对子载波的相位也产生了影响，从而影响各个载波的正交性，进而形成干扰，抬升了底噪，降低了接收机灵敏度。两种场景的接收灵敏度恶化量，见表 3-27。

表3-27　两种场景的接收灵敏度恶化量

信道模型	UE 移动速度（km/h）	多普勒频移（Hz）	Excess tap delay（ns）	灵敏度恶化（dB）
HST S2	300	1150	550	3GPP 单独要求
EVA 460	120	460	220	2.3

注：EVA 460 场景为根据高速公路一般最高限速 120km/h 反推多普勒频移和信道模型。

不同信道模型在链路预算中的主要变化是接收机的 *SINR* 值、穿透损耗、衰落余量以及所需要的 RB 数量。根据 3GPP 的协议，高铁信道模型建议采用 MCS 的 I_{TBS} 等于 2 的 QPSK 模型，因此，编码效率较低。要达到同等的小区边缘速率需占用的 RB 数量较多。因此，高铁覆盖以牺牲网络的容量换取信号正确解码，克服高速移动的解调性能下降，提高解码成功率，从而保障覆盖的性能。

5. 上行辅助接入（SUL）的链路预算

对于上下行解耦，即采用上行辅助接入（Supplementary Upload，SUL）的情形，需要分别考虑上行和下行的情况。我们以 SUL 频段 n80 上行 1.8GHz，下行 3.5GHz 的解耦为例。

由于上下行解耦一般会有频带宽度不对称的情形，如上行 20MHz、下行 100MHz 等，在每个方向上的容量大小不同，差异较大。

在符号配比上，不同于前文链路预算中的符号配置，按照上行频率全部配置上行业务，下行频率全部配置下行业务，因此就成了上行 14:0 和下行 0:14 配置。这种情形可以看作是一种频带宽度不同的 FDD 制式网络，只是每个频段都有上下行的公共信道在传送。

在 MIMO 类型上，由于上下行频率的不同，MIMO 也不同：在上行 1.8GHz 接收通道，基站是 64 通道天线；在下行的 3.5GHz 发送通道，基站是 256 通道天线。在终端侧，上行是 2 天线，下行是 4 天线。上行辅助接入（SUL）链路预算，见表 3-28。

表3-28　上行辅助接入（SUL）链路预算

系统参数	一般市区	
链路方向	上行	下行
业务速率要求 （Mbit/s）	10	50
载频频段（GHz）	1.8	5.0
子载波带宽（kHz）	15	30
使用带宽（MHz）	14.94	18.72
RB 数	83	52
MIMO 类型	2×64	4×256
MIMO 天线发射流数	1	16
发射天线增益（dBi）	0	7
发射 MIMO 增益（dB）	0	12
接收天线增益（dBi）	7	0
接收 MIMO 增益（dB）	18	5

●●3.5　5G 频段电波传播模型

无线电波传播模型的分类众多，从建模的方法来看，目前，常用的传播模型主要是经验模型和确定性模型两大类。此外，也有一些介于上述两类模型之间的半确定性模型。经验模型是通过大量的测量数据进行统计分析后归纳导出的公式，其参数少，计算量少，但模型本身难以揭示电波传播的内在特征，应用于不同的场合时需要对模型进行校正；确定性模型则是对具体现场环境直接应用电磁理论计算的方法得到的公式，其参数多，计算量大，从而得到比经验模型更精确的预测结果。

一个有效的传播模型应该能很好地预测传播损耗，该损耗是距离、工作频率和环境参数的函数。由于在实际环境中地形和建筑物的影响，传播损耗也会有所变化，因此预测结果必须在实地测量过程中进一步验证。以往的研究人员和工程师通过对传播环境的大量分析和研究，已经提出了许多传播模型，用于预测接收信号的中值场强。

3.5.1　常用传播模型

目前，得到广泛使用的传播模型有 Okumura-Hata 模型、COST231 Hata 模型、SUI 模型等几种。

1.Okumura–Hata 模型

Okumura-Hata 模型在 700MHz~900MHz 等中得到广泛应用，适用于宏蜂窝的路径损耗预测。Okumura-Hata 模型是根据测试数据统计分析得出的经验公式，应用频率在 150MHz~1500MHz，适用于小区半径大于 1km 的宏蜂窝系统，基站有效天线高度在 30m~200m，终端有效天线高度在 1m~10m。

Okumura-Hata 模型路径损耗计算的经验公式为：

$$L_{50}(dB) = 69.55 + 26.16 \lg f_c - 13.82 \lg h_{te} - \alpha(h_{re}) + (44.9 - 6.55 \lg h_{te}) \lg d + C_{cell} + C_{terrain}$$

式（3-7）

其中，

① f_c（MHz）：工作频率。

② h_{te}（m）：基站天线有效高度，定义为基站天线实际海拔高度与天线传播范围内的平均地面海拔高度之差。

③ h_{te}（m）：终端有效天线高度，定义为终端天线高出地表的高度。

④ d（km）：基站天线和终端天线之间的水平距离。

⑤ $\alpha(h_{re})$：有效天线修正因子，是覆盖区大小的函数，其数值与所处的无线环境相关，参见以下公式：

$$\alpha(h_{re}) = \begin{cases} 中小城市 & (1.11 \lg f_c - 0.7) h_{re} - (1.56 \lg f_c - 0.8) \\ 大城市、郊区、乡村 & \begin{cases} 8.29(\lg 1.54 h_{re})^2 - 1.1 & (f_c \leqslant 300\text{MHz}) \\ 3.2(\lg 11.75 h_{re})^2 - 4.97 & (f_c > 300\text{MHz}) \end{cases} \end{cases}$$ 式（3-8）

⑥ C_{cell}：小区类型校正因子，

$$C_{cell} = \begin{cases} 0 & 城市 \\ -2\left[\lg\left(\dfrac{f_c}{28}\right)\right]^2 - 5.4 & 郊区 \\ -4.78(\lg f_c)^2 + 18.33 \lg f_c - 40.98 & 乡村 \end{cases}$$ 式（3-9）

⑦ $C_{terrain}$：地形校正因子，地形校正因子反映一些重要的地形环境因素对路径损耗的影响，如水域、树木、建筑等。合理的地形校正因子可以通过传播模型的测试和校正得到，也可以由用户指定。

2.COST231–Hata 模型

COST231-Hata 模型是 EURO-COST（EUR Opean Co-Operation in the field of Scientific and Technical research）组成的 COST 工作委员会开发的 Hata 模型的扩展版本，应用频率在 1500MHz~2000MHz，适用于小区半径大于 1km 的宏蜂窝系统，发射有效天线高度在

30m~200m，接收有效天线高度在 1m~10m。

COST231-Hata 模型路径损耗计算的经验公式为：

$$L(\text{dB}) = 46.3 + 33.9\lg f_c - 13.82\lg h_{te} - \alpha(h_{re}) + (44.9 - 6.55\lg h_{te})\lg d + C_{cell} + C_{terrain} + C_M$$

式（3-10）

其中，C_M 为大城市中心校正因子。

$$C_M = \begin{cases} 0 \ \text{dB} & \text{中等城市和郊区} \\ 3 \ \text{dB} & \text{大城市中心} \end{cases}$$

式（3-11）

COST231-Hata 模型和 Okumura-Hata 模型主要的区别在频率衰减的系数不同，COST231- Hata 模型的频率衰减因子为 33.9，Okumura-Hata 模型的频率衰减因子为 26.16。另外，COST23-1 Hata 模型还增加了一个大城市中心衰减 C_M。

3. SUI（Standfrod University Interim）模型

5G 系统的载波频率都在 3GHz 以上，超出了 Okumura-Hata 模型和 COST231-Hata 模型的适用范围。宏蜂窝传播模型可以采用 SUI 模型进行分析。

基于 SUI 模型，无线电波在自由空间的传播模型为：

$$PL_0(d_0) = 20 \times \lg\left(\frac{4\pi d_0}{\lambda}\right)$$

式（3-12）

取参考距离 d_0=1m，那么无线电波的信号衰落可以用以下公式表示：

$$PL = PL_0 + 10 \times PLE \times \lg\left(\frac{d}{d_0}\right)$$

式（3-13）

其中，PLE 为路径损耗因子，表征无线信号的衰减程度。

4. UMa 和 UMi 模型

UMa 和 UMi 模型是 3GPP TR38.803 文件提供的模型，主要是在传统蜂窝传播模型的基础上针对不同的环境和信号传播视通情况总结出的传播模型，每个大类再分为 LOS 和 NLOS。3GPP UMat 和 UMi 模型，见表 3-29。

表3-29　3GPP UMa和UMi模型

场景	损耗（dB），f_c（GHz），d（m）	阴影衰落标准差（dB）	使用范围，天线高度默认值
UMa LOS	$PL_1 = 32.4 + 20\log_{10}(d_{3D}) + 20\log_{10}(f_c)$	$\sigma_{SF}=4.0$	$10\text{m} < d_{2D} < d'_{BP}{}^{1)}$
	$PL_2 = 32.4 + 40\log_{10}(d_{3D}) + 20\log_{10}(f_c) - 10\log_{10}[(d_{BP})^2 + (h_{BS}-h_{UT})^2]$	$\sigma_{SF}=4.0$	$d'_{BP} < d_{2D} < 5000\text{m}$ $1.5\text{m} \leqslant h_{UT} \leqslant 22.5\text{m}$ $h_{BS}=25\text{m}$

（续表）

场景	损耗（dB），f_c（GHz），d（m）	阴影衰落标准差（dB）	使用范围，天线高度默认值
UMa NLOS	$PL = \max(PL_{\text{UMa-LOS}}, PL_{\text{UMa-MLOS}})$ $PL_{\text{UMa-LOS}} = 13.54 + 39.08\log_{10}(d_{3D}) +$ $20\log_{10}(f_c) - 0.6(h_{UT}-1.5)$	$\sigma_{SF}=6$	$10\text{m} < d_{2D} < 5\,000\text{m}$ $1.5\text{m} \leqslant h_U \leqslant 22.5\text{m}$ $h_{BS}=25\text{m}$
UMi-Street Canyon LOS	$PL = 32.4 + 21\log_{10}(d_{3D}) + 20\log_{10}(f_c)$ $PL = 32.4 + 40\log_{10}(d_{3D}) + 20\log_{10}(f_c)$ $\quad - 9.5\log_{10}\left[(d_{BP})^2 + (h_{BS}-h_{UT})^2\right]$	$\sigma_{SF}=4.0$ $\sigma_{SF}=4.0$	$10\text{m} < d_{2D} < d'_{BP}{}^{1)}$ $d'_{BP} < d_{2D} < 5000\text{m}$ $1.5\text{m} \leqslant h_{UT} \leqslant 22.5\text{m}$ $h_{BS}=10\text{m}$
UMi-Street Canyon NLOS	$PL = \max\left[(PL_{\text{UMa-LOS}}(d_{3D}), PL_{\text{UMi-NLOS}}(d_{3D}))\right]$ $PL_{\text{UMi-NLOS}} = 35.3\log_{10}(d_{3D}) + 22.4$ $\quad + 21.3\log_{10}(f_c) - 0.3(h_{UT}-1.5)$	$\sigma_{SF}=7.82$	$10\text{m} < d_{2D} < 5000\text{m}$ $1.5\text{m} \leqslant h_{UT} \leqslant 22.5\text{m}$ $h_{BS}=10\text{m}$

注1：$d'_{BP}=4h'_{BS}h'_{UT}f_c/c$，其中 f_c 为频率（Hz），$c=3.0\times10^8\text{m/s}$，$h'_{BS}$ 和 h'_{UT} 为基站和终端的有效天线高度。在 UMi 场景，h'_{BS} 和 h'_{UT} 分别计算如下：$h'_{BS}=h_{BS}-1.0\text{m}$，$h'_{UT}=h_{UT}-1.0\text{m}$，其中 h'_{BS} 和 h'_{UT} 是实际天线高度。在 UMa 场景，h'_{BS} 和 h'_{UT} 计算如下：$h'_{BS}=h'_{BS}-h_E$，$h'_{UT}=h_{UT}-h_E$，其中 h_{BS} 和 h_{UT} 为实际天线高度。

注2：PL 适用范围为 $0.8<f_c<f_H\text{GHz}$，其中 RMa 场景 $f_H=30\text{GHz}$，其他场景 $f_H=100\text{GHz}$。

注3：$d_{BP}=2\pi h_{BS}h_{UT}f_c/c$，其中 f_c 为频率（Hz），$c=3.0\times10^8\text{m/s}$，$h_{BS}$ 和 h_{UT} 为基站和终端的天线高度。

注4：公式中 f_c 为频率（GHz），距离单位为 m。

3.5.2 校正后的传播模型

1. 3.5 GHz 频段

以 SUI 模型为基础，进行了 3.5 GHz 频段在广州城区的模型校正。根据实际的测试环境，比对常见的城市环境，归类为密集市区和一般市区，结果如下：

$$\text{密集市区 NLOS：} L=27.2+38.7\lg(d) \qquad\qquad \text{式（3-14）}$$

$$\text{一般市区 NLOS：} L=7.4+43.7\lg(d) \qquad\qquad \text{式（3-15）}$$

其中，

基站天线高度 30m；

终端天线高度 1.5m；

d 代表距离（m）。

在 3.5GHz 频段对浦东机场附近片区进行了模型校正，比对实际测试环境，归类为郊区模型，结果如下：

$$\text{郊区：} L=30+33\lg(d) \qquad\qquad \text{式（3-16）}$$

2. 5.0 GHz 频段

以 SUI 模型为基础，在 5.0GHz 对普通市区的模型进行了校正，模型结果如下。

LOS 环境： $PL=53.6+20.4\lg(d)$ 式（3-17）

NLOS 环境： $PL=30.9+32.7\lg(d)$ 式（3-18）

在 5.0GHz 对郊区的模型进行了校正，模型结果如下。

LOS 环境： $PL=47.6+22.2\lg(d)$ 式（3-19）

NLOS 环境： $PL=21.9+35.5\lg(d)$ 式（3-20）

在高频段的网络传播模型中，LOS 和 NLOS 对信号传播的影响大，路径损耗有较大的差异，因此，在网络覆盖分析中，需要根据不同的场景和覆盖特性选择合适的模型。高频段折射绕射能力弱，在 NLOS 环境下，信号衰落较快。当传播信号第一菲涅耳区被遮挡时，信号衰减速度大幅增加。

3. 6 GHz 以上频段

对于 6GHz 以上的毫米波段，国内外已经有不少研究机构基于 SUI 模型开展了针对高频段候选频段的信道测量工作，取得了一些测试结果，如 28GHz、38GHz、73GHz 频段的测试结果。

无线电波在自由空间的传播模型可表达为：

$$PL_0（d_0）=20\times\lg\left(\frac{4\pi d_0}{\lambda}\right)$$ 式（3-21）

取参考距离 d_0=1m，那么无线电波的信号衰落可以由公式表示：

$$PL=PL_0+10\times PLE\times\lg\left(\frac{d}{d_0}\right)$$ 式（3-22）

测试得到几个典型场景的 PLE 参数，见表3-30。

表3-30　典型场景的PLE参数

频段	PLE		测试无线环境	对应环境类型
	LOS	NLOS		
28 GHz	2.55	5.76	纽约曼哈顿密集城区	密集市区
38 GHz	2.3	3.86	得克萨斯大学奥斯汀分校	郊区
73 GHz	2.58	4.44	纽约曼哈顿密集城区	密集市区

根据上述的 SUI 传播模型参数，6GHz 以下频段的 3.5GHz 和 5.0GHz 的路径损耗如图 3-13 所示。

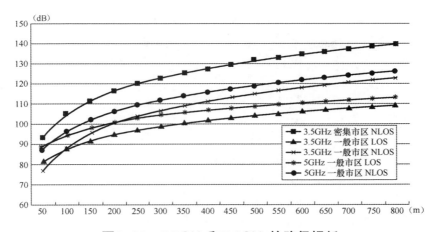

图3-13　3.5GHz和5.0GHz的路径损耗

6GHz 以上频段的 28GHz 和 73GHz 频段的路径损耗如图 3-14 所示。

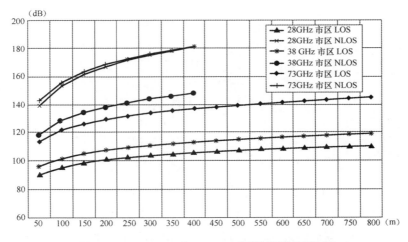

图3-14　28GHz和73GHz频段的路径损耗

传播模型有很多种，并且不同的传播模型适用于不同的传播环境。在实际工程中，还需要根据不同地区的实测结果对传播模型进行修正。

●● 3.6　5G 基站覆盖能力

链路预算获得基站最大允许路径损耗，而传播模型是计算两点之间的路径损耗。因此，有了不同频段和不同业务的 MALP 和不同频段的传播模型，可以计算不同业务的最大小区覆盖半径。针对不同的无线传播模型，根据不同的基站高度和周围具体的建筑物情况，得到不同环境下的 5G 三大类业务的室外覆盖典型半径见表 3-31 和表 3-32，结果仅供参考。

表3-31　5G eMBB室外覆盖典型半径

区域类型				密集市区	一般市区	郊区
小区配置				三扇区	三扇区	三扇区
覆盖率				98%	95%	95%
MIMO 方式				SUI（LNOS）		
业务信道 MAPL（dB）	700MHz	eMBB	MIMO 2×8	105.8	108.8	119.0
	2.6GHz	eMBB	MIMO 2×192	110.7	115.7	124.0
	3.5GHz	eMBB	MIMO 4×256	108.7	111.7	120.0
	5.0GHz	eMBB	MIMO 4×256	105.7	108.7	117.0
覆盖半径（m）	700MHz	eMBB	Hata 模型	179.6	415.9	1018.4
	2.6GHz	eMBB	Cost231 模型	137.7	224.2	846.8
	3.5GHz	eMBB	SUI 模型	127.7	243.8	534.2
	5.0GHz	eMBB	SUI 模型	100.2（Uma-NLOS）	239.7	477.8

表3-32　28GHz eMBB室外微蜂窝覆盖典型半径

环境类型			市区
覆盖率			95%
MIMO 方式			8×256
电波传播模型			Umi
业务信道 MAPL（dB）	28GHz	eMBB	110.9
覆盖半径（m）	28GHz（NLOS）	eMBB	43.1
	28GHz（LOS）	eMBB	300.8

对于 mMTC 和 URLLC 业务，可以根据各自的链路预算结果和传播模型一一计算就可以得到小区的最大覆盖半径。在一般情况下，同一频段中，eMBB 场景的覆盖半径比 mMTC 和 URLLC 小。所以在规划中，通常用 eMBB 场景的覆盖半径作为参考依据进行网络规划。

●● 3.7　5G 覆盖的上下行平衡和优化

3.7.1　上下行链路平衡

对于任何一种无线移动通信系统来说，覆盖平衡都是一个非常重要的问题，任何一种覆盖失衡现象都会给系统的覆盖性能带来负面影响。当下行链路太强而上行链路太弱时，对于处于切换状态的终端而言，终端的上行发射功率不足以维持上行链路的功率要求，很容易掉话。另外，若下行链路太弱而上行链路太强，在小区交界处，虽然终端有足够的发射功率与两个基站同时通信，但是下行链路的信号太弱，终端很容易失去与任一基站的联系，因此要求上下行链路达到均衡。均衡的系统可以使切换平滑并且降低干扰。

上下行链路的平衡也是我们在做规划中需要重点分析的问题。另外，**通信网络上下行平衡的覆盖也有利于最大化地利用系统资源**。5G 的下行链路的部分参数与小区内终端的位置、移动速度、多径环境有关，因此下行链路的分析十分复杂，其预算结果仅有参考作用。由于上下行的业务需求不对称，加上 MCS 控制和无线资源管理等原因，5G 网络的上下行链路不平衡是一种常态，反映在网络中是上下行网络负载率的不平衡。

在 5G 网络中，基站支持多流传输，流数可以达到 4 流、8 流甚至更高；而在终端侧，手机多流发送能力有限，一般为 2 流或 4 流传输。在同样的业务带宽要求下，上下行链路极不平衡，即使在上下行 1:4 这样的常见业务速率配置，上下行链路仍然很不平衡。因此，**在 5G 网络中，对于 TDD 系统，符号资源会向上行业务信道倾斜。但是无论怎么倾斜，这种不平衡仍将存在，需要在上行链路中考虑引入更多的技术手段。**

3.7.2　覆盖和容量的相互影响和制约

在移动通信中，网络的覆盖和容量是一对相互影响、相互制约的存在。当一个基站需要追求更广泛的覆盖范围，必然要牺牲容量。从原理上可以理解成连上小区边缘的用户，该地点基站信号较弱，信号质量较差，为了达到业务速率和误码率要求，需要系统调度更多的 RB 资源块来承载这些业务，调度的 MCS 等级也较低。因为系统总的 RB 资源块是固定有限的，该业务资源消耗多意味着其他用户可用的资源减少，在同样情况下，小区容量下降。

在同样的覆盖距离下，小区边缘的信号越弱，信号质量越差，要达到同样的业务速率，需要耗用的资源更多。在表 3-33 的链路预算对比中，同样的下行 50Mbit/s 业务速率要求，信号较强的占用 17 个 RB，而信号较弱的需要占用 41 个 RB。

表3-33　不同信号下资源消耗对比

序号	系统参数	一般市区 3.5GHz	
		强信号	弱信号
1	链路方向	下行	下行
2	业务速率要求（Mbit/s）	50	50
3	使用带宽（MHz）	3.06	7.38
4	RB 数	17	41
5	MCS index	MCS11	MCS4
6	频谱效率	1.4776	0.6016
7	接收基底噪声（dBm）	−102.04	−98.22
8	$SINR$（dB）	2	−2
9	最大路径损耗（dB）	148.49	148.67

从这个简单的例子中可以看出覆盖和容量的相互关系。从边缘覆盖来看，信号质量越好，边缘可提供的业务带宽更大。从这个方面来看，覆盖和容量两者是正相关的关系。

另外，在同样的网络覆盖质量，用户分布不同，网络可提供的容量也不同。用户分布在基站附近比例高的小区，其提供的总容量相对大，反之则小。如果为了照顾更多的小区边缘用户，或者为了更多地覆盖边缘的终端，小区的 RB 资源更多地被调度到低效率的小区边缘用户，那么必然降低小区的整体容量。因此，从这方面来看，两者又是相互制约的关系。

3.7.3　链路预算的平衡与优化

在 5G 无线网络的链路预算中，影响的因素众多。在链路预算表中，各项参数看起来是加加减减，可以相互等效的。其实每个参数背后代表的含义和改变的代价是不同的，因此要认真分析链路预算中每个参数的性质和作用，优化组合各项参数：首先，各项参数所发挥作用在对象是不同的，有些作用在发射机，有些作用在接收机，还有一些作用在空中信道；其次，各项参数所发挥作用的性质是不同的，一些参数是对抗慢衰落的，另一些参数是对抗快衰落的；最后，调整各项参数的实施成本和难度是不同的，基站侧提高发射功率比手机侧提高发射功率更加容易些。

根据前文的链路预算和分析，再结合网络的建设实际，进行有选择的匹配和优化链路预算，优化网络的覆盖。

从 eMBB 链路预算来看，上下行链路预算相差较大。对于 3GPP TS22.261 要求的上行 25Mbit/s，下行 50Mbit/s 业务带宽，最大路径损耗相差达 9dB 之多。**在网络规划中一般可以考虑以下几种处理措施。**

（1）从实际业务使用情况出发，根据实际情况来选择，调整 TDD 系统上下行的符号配比。

（2）多流传输是一个有效的提升上行链路的途径。基站的下行可以支持 16 流甚至更高，而在终端侧也需要支持多流传送，如 2 流、4 流等。多流传输在满足同样业务带宽的情况下，可以成倍降低业务的占用 RB 数，同时降低了占用的载频带宽，从而降低了接收机的底噪，提高了系统的接收灵敏度，增强了覆盖能力。

（3）为了改善上行链路的路径损耗，根据频段的情况，终端选择更高 MIMO 天线数，如采用 4 天线或 8 天线，增加天线的 MIMO 增益。

对于交通干道，链路预算优化的方向，首先是提升上下行的 MAPL，其次再来平衡上下行的覆盖。对于同步提升上下行的 MAPL 的方式有以下两种。

（1）基站侧选用更高 MIMO 通道的天线，同时改善上下行覆盖。MIMO 通道数增加，天线的 MIMO 增益增加，上下行覆盖能力均增加。

（2）优化网络，提升网络的 *SINR* 值水平。*SINR* 对系统覆盖和容量影响深远，优化网络、改善 *SINR* 值，在小区容量不变的情况下可以提高小区的覆盖距离。

交通干道的上下行链路也不平衡，常见的情形也是上行覆盖不足，因此，需要采取尽量平衡上下行的覆盖。

总之，链路预算中各项参数的应用场景、作用性质、实施成本和获得的收益是不同的。链路预算参数组合优化是选择合适的技术手段组合来调整链路预算参数，在满足覆盖要求的同时降低网络的建设成本。

参考文献

[1] 3GPP TS 23.501 V15.3.0 Release 15. Technical Specification Group Services and System Aspects; System Architecture for the 5G System; Stage 2,2018.9.

[2] 3GPP TS 38.211 V15.1.0 Release 15. Technical Specification Group Radio Access Network; NR; Physical channels and modulation, 2018.3.

[3] 3GPP TS 38.213 V15.3.0 Release 15. Technical Specification Group Radio Access Network; NR; Physical layer procedures for control, 2018.9.

[4] 3GPP TS 38.214 V15.3.0 Release 15. Technical Specification Group Radio Access Network; NR; Physical layer procedures for data, 2018.9.

[5] 3GPP TS 38.300 V15.3.1 Release 15. Technical Specification Group Radio Access Network; NR; NR and NG-RAN Overall Description; Stage 2, 2018.10.

[6] A 5G Trial of Polar Code，Bijun Zhang, Hui Shen,etc，Communications Technology Laboratory, Huawei, China ，DOCOMO Beijing Communications Laboratories Co. Ltd.

[7] 周峰，张小雨，等．无线通信频段上人体的穿透损耗测量．现代电信科技 [J]．2012（8）：20-22．

[8] 岳光荣，陈雷，徐廷生，等．60GHz 高速率短距离通信系统综述．无线电通信技术 [J]．2015，41（5）．

[9] 李川．用于 5G 多模终端的多天线系统．电子科技大学硕士学位论文．2016.

[10] 王庆扬，陈晓冬．2.5GHz 和 3.5GHz 频段的 WiMAX 传播模型研究与校正．电信科学 [J]．2008．52-54．

[11] 王志彬，李国辉，张娟．3.5GHz 频段城市环境路径损耗特性研究．重庆邮电大学学报（自然科学版)[J]-2010．

[12] 李伟，郑航，等．基于信道测量的 3 ～ 6GHz 城市环境传播特性研究．南京邮电大学学报（自然科学版)[J]．2016，36（4）．

[13] 程龙．60GHz 频段的室内与室外互传的传播特性测量与研究．电子科技大学硕士论文．2016.

[14] 严曦,刘芫健．基于 UTD 的室外毫米波蜂窝网络传播特性研究．南京师大学报（自然科学版）[J]．2015，38（4）．

基站容量能力分析

Chapter 4

第四章

导读

　　分析基站容量能力从基站空口时频资源入手。时频资源以 RB 和 RE 为单位。基站的频宽和子载波参数 μ 决定了基站的 RB 和 RE 资源总数。上下行时隙和符号的配置确定上下行各自的 RB 和 RE 资源总数，需要分析计算上下行公共信道和信号的开销占用比例，余下的资源才是作为业务信道可用的资源。MCS 映射表和瀑布曲线是表示在一定的业务质量要求（BER）和不同信号质量（SINR）下，5G 无线系统能选择的最高调制模式，进而确定其最高可达到的频谱效率。TBS 计算是计算在一个时隙内能传送的业务数据块大小，其由 RE 资源数和 MCS 映射确定。TBS 由对应时隙内所能提供的带宽确定。多天线发射流数对基站容量影响大，是倍数关系。小区峰值容量是在最佳信号质量、最高调制模式、最高频谱效率情况下的理论容量，仅作为小区极限容量能力参考值。小区平均容量是在一个典型 SINR 分布模式下计算各 SINR 占比对应容量的总和，其结果贴近实际的网络情况。场景容量分析是各类场景占用的时频资源在各自业务质量要求和信号环境下的容量计算，可以视为一种切片容量分析。基站容量优化的有效途径是基站信号质量的优化。

●● 4.1 概述

5G 系统是一个纯分组数据网络，是难以凭借给定的几个参数就准确估算整体容量的系统，既不能简单通过用户数来评估，也不能按照过去的等效爱尔兰、坎贝尔、SK 等算法进行话务模型测算。因此，5G NR 容量的评估，只能依据一些关键指标，如小区吞吐量、激活用户数等以及试验网和商用网络的测试情况进行评估。

1. 以小区为统计单位的吞吐量

小区吞吐量是指数据经由物理层的编码和交织处理后，由空中接口实际承载并传送的数据速率。小区吞吐量取决于小区的整体信道环境，包括小区峰值吞吐量和小区平均吞吐量。

2. 以用户为统计单位的吞吐量

用户的吞吐量概念与小区吞吐量类似，不同的是，用户吞吐量只取决于该用户所处环境的无线信道质量，影响因素不同。

3. 激活用户数

激活用户数指保持上行同步，可以在上下行共享信道进行数据传输的用户数。

4. 非激活用户数

非激活用户数指处于上行失步状态的用户。如果需要进行数据传输，必须重新发起随机接入过程，以建立上行同步。该类用户可以在基站保存终端用户上下文，并不需要占用空口资源。因此，决定最大非激活用户数的主要因素是基站的内存大小。

5. 最大在线用户数

最大在线用户数 = 激活用户数 + 非激活用户数，它指的是保持 RRC 连接的用户数总和。

6. 最大并发用户数

最大并发用户数指在同一 TTI 时间内可以同时调度的用户数，即可同时调度的最大用户数。

从指标性质来看，激活用户数、非激活用户数、最大在线用户数属于统计口径上的分类，小区吞吐量、用户吞吐量、最大并发用户数则属于容量能力上的分类。从用户和控制平面来看，用户数、吞吐量等均属于用户平面的系统容量，而最大并发用户数则属于控制平面的系统容量。

4.2　5G 基站容量影响因素

4.2.1　载频带宽

载频带宽是影响容量的基本因素，根据香农公式，信息系统提供的容量跟载频带宽直接相关。

$$C=B\log_2(1+\frac{S}{N})\qquad\text{式（4-1）}$$

5G 基站系统支持 5MHz~400MHz 等多种载频带宽，运营商可使用的带宽也不尽相同，因此需要根据各自拥有的带宽来计算基站系统的可用容量。

4.2.2　业务类型和质量要求

用户业务的类型和质量要求对于容量层面的影响，主要考虑速率要求和丢包率 / 可靠性要求。 5G 典型业务速率要求，见表 4-1。

表4-1　5G典型业务速率要求

典型业务	基本假设	上行体验速率	下行体验速率
视频会话	移动状态下，1080P 视频传输	15Mbit/s	15Mbit/s
视频会话	静止状态下，4K 视频传输	60Mbit/s	60Mbit/s
4K 高清视频播放	移动状态下，4K 视频传输	N/A	60Mbit/s
8K 高清视频播放	静止状态下，8K 视频传输	N/A	240Mbit/s
增强现实（AR）	移动状态下，1080P 视频传输	15Mbit/s	15Mbit/s
增强现实（AR）	静止状态下，4K 视频传输	60Mbit/s	60Mbit/s
虚拟现实（VR）	移动状态下，4K（3D）视频传输	N/A	240Mbit/s
虚拟现实（VR）	静止状态下，8K（3D）视频传输	N/A	960Mbit/s
实时视频共享	移动状态下，1080P 频传输	15Mbit/s	N/A
实时视频共享	静止状态下，4K 视频传输	60Mbit/s	N/A
云桌面	无感知时延	20Mbit/s	20Mbit/s
云存储	媲美光纤传输	500Mbit/s	1Gbit/s

速率要求高的业务，基站所能承载的用户数必然要比速率低的用户数少。

5QI（5G QoS Identifier）是 5G 系统用于标识业务数据包传输特性的参数，3GPP 协议

TS23.501 定义了不同的承载业务对应的 5QI 值。不同的 5QI 值分别对应不同的资源类型、不同的优先级、不同的时延和不同的丢包率。

根据 5QI 值的不同，承载资源可以划分为 GBR（Guranteed Bit Rate）和 Non-GBR 两大类。GBR 是指承载要求的比特速率被网络恒定地分配，即使在网络资源紧张的情况下，相应的比特速率也能够保持。相反，Non-GBR 指的是在网络拥挤的情况下，业务（或者承载）需要承受降低速率的要求。由于 Non-GBR 承载不需要占用固定的网络资源，因而可以长时间地建立，而 GBR 承载一般只是在需要时才建立。

3GPP 对具体各分类业务的 5QI 见第三章的表 3-10。在丢包率和可靠性方面，对于 eMBB 业务场景而言，不同业务 QoS 对丢包率的要求不一样，典型数据业务丢包率一般要求在 10^{-6}~10^{-2}。对于 uRLLC 场景业务而言，典型业务的可靠性和速率要求根据 3GPP 协议 TS22.261，大部分在 10^{-6}~10^{-3}，uRLLC 场景业务可靠性和速率要求见表 4-2。

表4-2 uRLLC场景业务可靠性和速率要求

场景	可靠性	用户典型速率
离散自动化—运动控制	99.9999%	1 Mbit/s~10 Mbit/s
离散自动化	99.99%	10 Mbit/s
过程自动化—远程控制	99.9999%	1 Mbit/s~100 Mbit/s
过程自动化—监控	99.9%	1 Mbit/s
触觉交互	99.999%	低
远程控制	99.999%	不超过 10 Mbit/s

在丢包率和可靠性方面，基站为了确保高可靠性和低丢包率，需要提供更多的编码纠错比特，从而占用更多的 RE 资源保障给定速率下的可靠性要求。对于基站小区，在给定的载波带宽下，可以提供的 RB 资源是固定的。如果高可靠性业务占比高，就必然会降低小区整体业务的总速率。

4.2.3 网络覆盖质量

网络覆盖质量主要通过 SINR 值体现出来，SINR 值直接影响系统的 MCS Index 选择，进而影响所能承载的数据带宽。对于一个覆盖型网络而言，网络整体的 SINR 值水平能够对网络的容量能力产生很大影响。根据一个小区的 SINR 值分布，可以粗略地估算这个小区所能承载的大致容量。小区的容量受 SINR 值影响，推而广之，整个网络的容量受网络整体的 SINR 值影响。

●● 4.3 从资源到容量

基站的容量大小本质是 RB、RE 资源的利用程度。基站业务流量的载体是基站的 RB 资源。RB 资源的可利用程度与业务的质量要求、网络信号质量等因素相关。

4.3.1 资源

1. 资源块

5G NR 资源块的表现形式有帧、子帧、时帧、RB、RE、符号等。

5G NR 采用多类物理层配置（如子帧间隔的种类），而且无线帧结构的定义也根据这些不同而有了多种不同类型。需要强调的是，5G NR 所采用的无线帧的子帧长度和 LTE 都是相同的，无线帧长度还是 10ms，子帧长度仍然被定义为 1ms。5G 在每个时隙上配置 14 个符号（symbol）。

下面我们列举两个 5G NR 采用无线帧结构的例子。

在图 4-1 所示的配置中，每个子帧有 2 个时隙，也就意味着每个无线帧包含 20 个时隙，一个时隙的 OFDM 符号数是 14。

在图 4-2 所示的配置中，每个子帧有 8 个时隙，也就意味着每个无线帧包含 80 个时隙，一个时隙的 OFDM 符号数是 14。

μ	N_{symb}^{slot}	$N_{slot}^{frame,\mu}$	$N_{slot}^{subframe,\mu}$
0	14	10	1
1	14	20	2
2	14	40	4
3	14	80	8
4	14	160	16
5	14	320	32

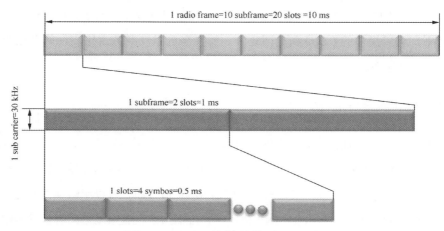

图4-1　5G无线帧结构（μ=1）

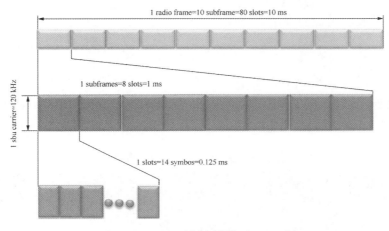

μ	$N_{\text{symb}}^{\text{slot}}$	$N_{\text{slot}}^{\text{frame},\mu}$	$N_{\text{slot}}^{\text{subframe},\mu}$
0	14	10	1
1	14	20	2
2	14	40	4
3	14	80	8
4	14	160	16
5	14	320	32

图4-2　5G无线帧结构（$\mu=3$）

5G NR 的资源栅格如图 4-3 所示，单从图上看，它与 LTE 的资源栅格非常相似。但是，NR 的物理维度根据 numerology 的不同有很大的变化，例如，这些维度可以是子载波间隔、每个时隙所包含的 OFDM 符号数量等。

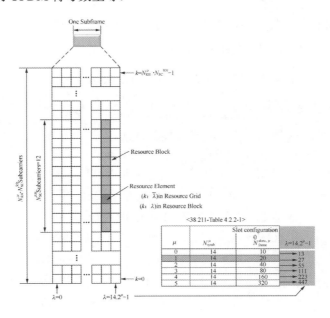

图4-3　5G NR的资源栅格

NR 上下行的最大和最小 RB 数，见表 4-3。

表4-3　NR上下行最大和最小RB数

μ	$N_{RB,DL}^{min,\mu}$	$N_{RB,DL}^{max,\mu}$	$N_{RB,UL}^{min,\mu}$	$N_{RB,UL}^{max,\mu}$
0	24	275	24	275
1	24	275	24	275
2	24	275	24	275
3	24	275	24	275
4	24	138	24	138
5	24	69	24	69

表 4-4 将表 4-3 转换成了频带带宽，从这个表中可以看到支持单载波情况下的 UE 和 gNB 所需的最小和最大的 RF 带宽。

表4-4　最小和最大的RF带宽

μ	Min RB	Max RB	子载波宽度（kHz）	最小频段宽度（MHz）	最大频段宽度（MHz）
0	24	275	15	4.32	49.5
1	24	275	30	8.64	99
2	24	275	60	17.28	198
3	24	275	120	34.56	396
4	24	138	240	69.12	397.44
5	24	69	480	138.24	397.44

考虑到频段边带保护的需要，3GPP 协议 TS38.101-1 中对 FR1 和 FR2 频段最大传输带宽的 N_{RB} 配置进行了定义，详见表 4-5 和表 4-6。

表4-5　不同带宽下的最大RB数量（FR1）

SCS（kHz）	5MHz	10MHz	15MHz	20 MHz	25 MHz	40 MHz	50MHz	60 MHz	80 MHz	100 MHz
	N_{RB}	N_{RB}	N_{RB}	N_{RB}	N_{RB}	N_{RB}	N_{RB}	N_{RB}	N_{RB}	N_{RB}
15	25	52	79	106	133	216	270	N/A	N/A	N/A
30	11	24	38	51	65	106	133	162	217	273
60	N/A	11	18	24	31	51	65	79	107	135

表4-6　不同带宽下的最大RB数量（FR2）

SCS (kHz)	50MHz	100MHz	200MHz	400 MHz
	N_{RB}	N_{RB}	N_{RB}	N_{RB}
60	66	132	264	N/A
120	32	66	132	264

在 NR 中 RE 是最小的资源单元，一个 RB 等于 168 个 RE，即 12 个子载波 14 个

OFDMA 符号。

在基站的容量上下行配置中，用 OFDMA 符号来区分上下行的配置。在 3GPP_TS 38.211 中确定了 56 种上下行的符号配置，具体见第一章表 1-4 常规 CP 时隙格式。

基站的上下行配置具体参见本书的第一章。3GPP 协议中制定了灵活的上下行符号配置方式，满足 TDD 和 FDD 系统的 5G 网络需求。在每个 5G 网络中，可以统一灵活调整上下行的时隙、符号，以满足不同上下行业务配比的需求。

2. 天线端口

5G NR 中的天线端口同 LTE 类似，同一天线端口传输的不同信号所经历的信道环境是一样的，每个天线端口都对应了一个资源栅格。天线端口（逻辑端口）与物理信道或者信号有着严格的对应关系。

天线逻辑端口是物理信道或物理信号的一种基于空口环境的标识，相同的天线逻辑端口信道环境变化一样，接收机可以据此进行信道估计，从而对传输信号进行解调。接收机对于不同逻辑端口的并发接收解码需要有不同的并发解码机制。

天线逻辑端口虽然是逻辑上不同传输信号的一种划分机制，但是与物理层面的天线通道概念却有着对应关系，例如，要想对天线进行逻辑端口的划分，一定需有对应的物理通道划分作为基础能力支持。

例如，2 个天线逻辑端口就至少对应了 2 个天线物理通道，当然也可以对应以 2 为整数倍数的通道，如 4 通道、8 通道、16 通道等。在容量分析中，天线的逻辑端口对应天线的发射流数。

4.3.2 CQI

信道质量指示（Channel Quality Indicator，CQI）是无线信道通信质量的高低。CQI 代表当前信道质量的好坏，与信道的信噪比大小相对应。CQI 取值为"0"时，信道质量最差；CQI 取值为"15"时，信道质量最好。CQI 常见的取值为 6~12。基站根据 CQI 的大小确定传输数据块的大小、PDSCH 信道码数的多少、编码方式和调制方式。

由于 CQI 和 PDSCH 的信道质量密切相关，且体现的是全部在网用户的信道质量，所以运营商都将 CQI 的优良比作为网络的一项重要考核指标。这个指标有多种表现形式，例如，CQI 大于等于 4 的占比、CQI 大于等于 6 的占比、CQI 小于等于 3 的占比等。虽然表现形式不同，但是其本质是相同的，即衡量高阶 CQI 所占的比重，比重越高，信道的性能越好。

CQI 上报模式：周期 CQI 上报和非周期 CQI 上报。

（1）周期 CQI：如果是固定 CQI 周期，则 CQI 周期采用固定值，默认为 40ms。如果打开 CQI 自适应或自适应优化，则 CQI 周期有 5ms、20ms、40ms。

（2）非周期 CQI：非周期 CQI 的上报需要 eNB 主动触发。进入频选的用户会触发非周期 CQI 上报，周期为 2ms。

CQI 上报密集度分类：宽带 CQI 和子带 CQI。

（1） 宽带 CQI：UE 在所有需要 CQI 测量的子带（PRB 组）内统一测量并上报一个 CQI 值。

（2） 子带 CQI：UE 对 eNB 配置的各 CQI 测量子带进行 CQI 测量后，只将其中 M 个 CQI 最好的子带位置上报给 eNB。

CQI 传输信道：PUSCH 传输和 PUCCH 传输。

对于没有 PUSCH 分配的子帧，周期 CQI/PMI/RI 上报在 PUCCH 上发送；对于有 PUSCH 分配的子帧，周期上报以随路信令的方式在 PUSCH 上发送。如果周期上报和非周期上报将在同一个子帧上发生，那么 UE 在该子帧上只能发送非周期上报。

CQI 上报机制如图 4-4 所示，终端上报的 CQI 根据测量 SINR 值来上报。

图4-4　CQI上报机制

基于最高 64QAM 和最高 256QAM 的 CQI 指数及其解释见表 4-7 和表 4-8。

表4-7　4-bit CQI 1

CQI	调制	码率 ×1024	效率	最小 AWAGSINR（dB）（BER=10%）
0		out of range		
1	QPSK	78	0.1523	−8.51
2	QPSK	120	0.2344	−6.47
3	QPSK	193	0.377	−4.13
4	QPSK	308	0.6016	−1.65
5	QPSK	449	0.877	0.56
6	QPSK	602	1.1758	2.48
7	16QAM	378	1.4766	4.14
8	16QAM	490	1.9141	6.29
9	16QAM	616	2.4063	8.48
10	64QAM	466	2.7305	9.85
11	64QAM	567	3.3223	12.25
12	64QAM	666	3.9023	14.53
13	64QAM	772	4.5234	16.93
14	64QAM	873	5.1152	19.20
15	64QAM	948	5.5547	20.87

表4-8　4-bit CQI　2

CQI	调制	码率 ×1024	效率	最小 AWAG SINR（dB）（*BER*=10%）
0			out of range	
1	QPSK	78	0.1523	−8.51
2	QPSK	193	0.377	−4.13
3	QPSK	449	0.877	0.56
4	16QAM	378	1.4766	4.14
5	16QAM	490	1.9141	6.29
6	16QAM	616	2.4063	8.48
7	64QAM	466	2.7305	9.85
8	64QAM	567	3.3223	12.25
9	64QAM	666	3.9023	14.53
10	64QAM	772	4.5234	16.93
11	64QAM	873	5.1152	19.20
12	256QAM	711	5.5547	20.87
13	256QAM	797	6.2266	23.41
14	256QAM	885	6.9141	26.01
15	256QAM	948	7.4063	27.86

在表 4-8 和表 4-9 中，码率是信息比特与总比特数的比值，效率是信息比特数与符号数的比值，总比特数是总符号数和调制阶数的乘积。因此，效率＝码率 × 调制阶数。

码率是乘以 1024 之后的结果。因此，对于 CQI 索引，目标码率是表中的码率取值除以 1024。例如，在表 4-8 中，对于 CQI 索引 8，目标码率 =490/1024=0.4785，由于 CQI-8 调制阶数为 4，因此其效率为 0.4785×4=1.9141。

4.3.3　MCS 映射

5G 中资源块的配置通过调制与编码策略（Modulation and Coding Scheme，MCS）索引值实现。MCS 将所关注的影响通信速率的因素作为表的列，将 MCS 索引作为行，形成一张速率表。每个 MCS 索引其实对应了一组参数下的物理传输速率。Modulation Order 就是调制阶数，2 是 QPSK，4 是 16QAM，6 是 64QAM，8 是 256QAM。同一种调制方式还有不同的打孔方式，对应了不同的传输速率。在 5G 系统中，256QAM 是可选项，设备根据不同的性能情况选择是否支持 256QAM。

MCS Index 的选择根据 UE 所测量到的信号与噪声与干扰和的比值，即 *SINR* 值来确定。每种 MCS Index 设定一个 *SINR* 值的门限范围。如果 *SNIR* 值高，则可以选择高阶 MCS Index，如 64QAM，吞吐量高；如果 *SINR* 值低，则只能选择低阶的 MCS Index，如

QPSK，吞吐量低。

5G NR 上下行规定了 28/29 种 MCS 阶数。表 4-9 中频谱效率为每种 MCS 的调制码率和编码增益的乘积，表示每个资源单元 RE 的频谱效率。

表4-9　MCS Index和频谱效率（最高支持256QAM）

MCS Index I_{MCS}	调制	调制阶数 Q_m	目标码率 ×1024 R	频谱效率
0	QPSK	2	120	0.2344
1	QPSK	2	193	0.377
2	QPSK	2	308	0.6016
3	QPSK	2	449	0.877
4	QPSK	2	602	1.1758
5	16QAM	4	378	1.4766
6	16QAM	4	434	1.6953
7	16QAM	4	490	1.9141
8	16QAM	4	553	2.1602
9	16QAM	4	616	2.4063
10	16QAM	4	658	2.5703
11	64QAM	6	466	2.7305
12	64QAM	6	517	3.0293
13	64QAM	6	567	3.3223
14	64QAM	6	616	3.6094
15	64QAM	6	666	3.9023
16	64QAM	6	719	4.2129
17	64QAM	6	772	4.5234
18	64QAM	6	822	4.8164
19	64QAM	6	873	5.1152
20	256QAM	8	682.5	5.332
21	256QAM	8	711	5.5547
22	256QAM	8	754	5.8906
23	256QAM	8	797	6.2266
24	256QAM	8	841	6.5703
25	256QAM	8	885	6.9141
26	256QAM	8	916.5	7.1602
27	256QAM	8	948	7.4063
28	QPSK	2	reserved	
29	16QAM	4	reserved	
30	64QAM	6	reserved	
31	256QAM	8	reserved	

CQI 同 MCS Index 的对应关系，见表 4-10，以系统支持 256QAM 场景为例。表 4-10 中给出了 MCS Index 与 CQI 的一一对应关系，包括数据的来源。MCS Index 其中一部分取自两个 CQI 表，另外的部分则由两个相邻的值共同产生，取均值。

表4-10　CQI同MCS Index的对应关系

MCS Index I_{MCS}	调制阶数 Q_m	目标码率 ×1024 R	频谱效率	数据说明	码率
0	2	120	0.2344	来自 CQI 表 1，CQI-2	0.1172
1	2	193	0.377	来自 CQI 表 2，CQI-2	0.1885
2	2	308	0.6016	来自 CQI 表 1，CQI-4	0.3008
3	2	449	0.877	来自 CQI 表 2，CQI-3	0.4385
4	2	602	1.1758	来自 CQI 表 1，CQI-6	0.5879
5	4	378	1.4766	来自 CQI 表 2，CQI-4	0.3692
6	4	434	1.6953	取自相邻平均值	0.4238
7	4	490	1.9141	来自 CQI 表 2，CQI-5	0.4785
8	4	553	2.1602	取自相邻平均值	0.5401
9	4	616	2.4063	来自 CQI 表 2，CQI-6	0.6016
10	4	658	2.5703	取自相邻平均值	0.6426
11	6	466	2.7305	来自 CQI 表 2，CQI-7	0.4551
12	6	517	3.0293	取自相邻平均值	0.5049
13	6	567	3.3223	来自 CQI 表 2，CQI-8	0.5537
14	6	616	3.6094	取自相邻平均值	0.6016
15	6	666	3.9023	来自 CQI 表 2，CQI-9	0.6504
16	6	719	4.2129	取自相邻平均值	0.7022
17	6	772	4.5234	来自 CQI 表 2，CQI-10	0.7539
18	6	822	4.8164	取自相邻平均值	0.8027
19	6	873	5.1152	来自 CQI 表 2，CQI-11	0.8525
20	8	682.5	5.332	取自相邻平均值	0.6665
21	8	711	5.5547	来自 CQI 表 2，CQI-12	0.6943
22	8	754	5.8906	取自相邻平均值	0.7363
23	8	797	6.2266	来自 CQI 表 2，CQI-13	0.7783
24	8	841	6.5703	取自相邻平均值	0.8213
25	8	885	6.9141	来自 CQI 表 2，CQI-14	0.8643
26	8	916.5	7.1602	取自相邻平均值	0.8950
27	8	948	7.4063	来自 CQI 表 2，CQI-15	0.9258
28	2			reserved	
29	4			reserved	

（续表）

MCS Index	调制阶数	目标码率 ×1024	频谱效率	数据说明	码率
I_{MCS}	Q_m	R			
30	6	reserved			
31	8	reserved			

CQI 同 MCS 实测的趋势关系如图 4-5 所示，图中 CQI 用 SINR 模拟。

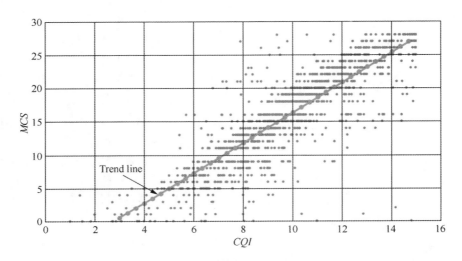

图4-5　CQI同MCS实测的趋势关系

4.3.4　瀑布曲线

瀑布曲线即 BER-SNR 曲线，是反映在某种调制和编码模式下的数据可靠性指标（BER）跟信道质量（SNR）的关系的曲线，该曲线呈瀑布状，因此又称瀑布曲线。

常见调制模式的瀑布曲线如图 4-6 所示。在同样的数据可靠性要求下，如 10^{-6}，QPSK 需要 13dB，16QAM 需要 21dB，而 64QAM 需要 26dB，256QAM 需要 32dB。同样，在一定的信道环境条件下，如果 SNR=22dB，若采用 64QAM，则数据的可靠性指标为 10^{-3}；若采用 16QAM，则数据的可靠性指标提升为 10^{-8}。

在 5G 系统中，15 个 CQI 代表了几种调制编码模式下的瀑布曲线。不同的调制编码模式和不同的打孔率组合，形成 15 条不同的瀑布曲线，部分 CQI 对应的瀑布曲线如图 4-7 所示。再从 CQI 到 MCS，在对应的 MCS Index 下，根据不同的数据可靠性要求可以得到相应信号 SINR 值的要求。不管是 5G 系统的覆盖还是容量，系统皆在瀑布曲线图的基础上进行模式选择，其决定着系统的关键特性。因此，5G 无线通信系统性能的核心即瀑布曲线。

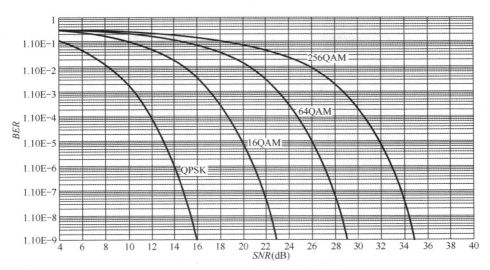

图4-6 常见调制模式的瀑布曲线

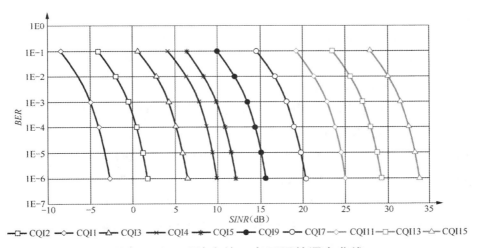

图4-7 5G系统中的15条不同的瀑布曲线

4.3.5 链路开销

1. 上行链路开销

5G上行的链路开销主要包括上行公共控制信道 PUCCH、上行随机接入信道 PRACH 和解调参考信号 DMRS、相位跟踪参考信号 PTRS、探测参考信号 SRS 的开销。

（1）PUCCH

PUCCH 携带上行控制信息（Uplink Control Link，UCI）从 UE 发送给 gNB。根据 PUCCH 的持续时间和 UCI 的大小，一共有 5 种格式的 PUCCH 格式，见表 4-11。

149

表4-11　5种格式的PUCCH格式

PUCCH 格式	OFDM 符号长度 N_{symb}^{PUCCH}	比特数
0	1~2	≤ 2
1	4~14	≤ 2
2	1~2	>2
3	4~14	>2
4	4~14	>2

格式 0：1~2 个 OFDM，携带最多 2bit 信息，复用在同一个 PRB 上。

格式 1：4~14 个 OFDM，携带最多 2bit 信息，复用在同一个 PRB 上。

格式 2：1~2 个 OFDM，携带超过 3bit 信息，复用在同一个 PRB 上。

格式 3：4~14 个 OFDM，携带中等大小信息，可能复用在同一个 PRB 上。

格式 4：4~14 个 OFDM，携带大量信息，无法复用在同一个 PRB 上。

不同格式的 PUCCH 携带不同的信息，UCI 携带的信息如下：

● CSI（Channel State Information）；

● ACK/NACK；

● 调度请求（Scheduling Request）。

PUCCH 在大部分情况下都采用 QPSK 调制方式，当 PUCCH 占用 4~14 个 OFDM 且只包含 1bit 信息时，采用 BPSK 调制方式。PUCCH 的编码方式也比较丰富，当只携带 1bit 信息时，采用 Repetition code（重复码）；当携带 2bit 信息时，采用 Simplex code；当携带 3bit~11bit 信息时，采用 Reed Muller code；当携带信息大于 11bit 时，采用 Polar 编码方式。

在 PUCCH 占用资源上，不同带宽和网络负荷、用户数以及复用系数情况下，需要配置的 PUCCH 数目有区别。不同的 PUCCH 承载信息的符号需求数量不同，不同的业务类型，PUCCH 所需的 RE 资源数也有所不同。以格式 4 最多配置 16 个 RB 为例，5G NR 的 PUCCH 开销计算如下：

在 $\mu=1$、子载波宽度为 30kHz 的情况下，100MHz 带宽的 PUCCH 的开销为 16/273=5.86%。

在 $\mu=3$、子载波宽度为 120kHz 的情况下，400MHz 带宽的 PUCCH 的开销为 16/264=6.06%。

（2）PRACH

PRACH 承载随机接入前导，用于非同步终端的初始接入、切换、上行同步和上行 SCH 资源请求。5G 每个 PRACH 占用 3/6/12/24 个 RB，具体见 TS38.211 Table 6.3.3.2-1。在 PRACH 的 Δf^{RA} 与 PUSCH 的 Δf 相同的情况下，PRACH 占用 12 个 RB。

PRACH 的开销为（以 12 个 RB 为例）：

（12 个 RB）×（RACH 密度）/[（每个 TTI 中的 RB 数）×10（每个帧中的 TTI 数量）]

RACH 的密度为 10ms 帧中保留 RACH 资源的频率。每个 TTI 中的 RB 数，需要根据不同的带宽和子载波宽度决定：如带宽为 100MHz，子载波带宽为 30kHz（$\mu=1$），RB 数为 273，则开销为 0.44%；如采用子载波带宽为 120kHz（$\mu=3$），400MHz 带宽 RB 数为 264，则开销为 0.45%。

（3）上行参考信号

5G 新空口的参考信号仅在需要时才传输，上行参考信号主要有解调参考信号（DMRS）、相位追踪参考信号（PTRS）、测量参考信号（SRS）这 3 种 5G 新空口参考信号。

上行 DMRS 参考信号用于 gNB 中数据和控制信令的信道估算，包括 PUSCH DMRS 和 PUCCH DMRS。DMRS 是用户终端特定的参考信号（即每个终端的 DMRS 信号不同），可被波束赋型，可被纳入受调度的资源，并仅在需要时才发射。DMRS 信号要考虑早期的解码需求以支持各种低时延应用。面向低速移动的应用场景，DMRS 在时域采取低密度。在高速移动的应用场景，DMRS 的时间密度要增大，以便及时跟踪无线信道的快速变化。DMRS 的配置跟天线端口和流数也相关，端口数配置高，DMRS 配置多。

PTRS 参考信号是为了对相位噪声进行补偿。随着振荡器载波频率的上升，相位噪声也会增大，而对于工作于高频段（如毫米波频段）的 5G 无线网络，利用 PTRS 信号来消除相位噪声，PTRS 信号就被设计为在频域具有低密度而在时域则具有高密度。PTRS 是用户终端特定的参考信号（即每个终端的 PTRS 信号不同），可被波束赋型，可被纳入受调度的资源。PTRS 端口的数量可以小于总的端口数，而且 PTRS 端口之间的正交可通过 FDM 来实现。此外，PTRS 信号的配置是根据振荡器的质量、载波频率、OFDM 子载波间隔、用于信号传输的调制及编码格式来进行的。

SRS 参考信号主要面向调度以及链路适配进行信道状态信息（CSI）测量。对于 5G 的新空口，SRS 被用于面向大规模天线阵列的基于互易性的预编码器设计，也被用于上行波束管理。

5G 上行 RS 的开销受多种参数的影响，如参考信号类型、天线端口数、频段，其中，DMRS 是参考信号开销中占比最大的 5G 上行 RS 的开销。它在一般情况下的取值范围为 8%~15%。

（4）上行开销合计

上行链路的总开销是 3 个部分开销的合计。由于 5G NR 的开销受参数影响，这里很难给出准确的总开销。5G NR 适用多种场景、多种载频频段、多种载频带宽、多种天线端口数，因而准确计算开销也需要在一系列组合的配置参数情况下进行。在典型的 100MHz 和 400MHz 频段中，我们可以估计一个典型开销值，见表 4-12。

表4-12　上行开销

链路方向	载频带宽	子载波参数 μ	子载波带宽	PUCCH	PRACH	RS	合计
上行	100	1	30	5.86%	0.44%	15%	21.30%
	400	3	120	6.06%	0.45%	15%	21.51%

2. 下行链路开销

5G 下行的链路开销主要包括下行公共控制信道 PDCCH、广播信道 PBCH、同步信号和解调参考信号（DMRS）、相位追踪参考信号（PTRS）、信道状态信息参考信号（CSI-RS）的开销。

（1）PDCCH

PDCCH 用于调度下行的 PDSCH 传输和上行的 PUSCH 传输。PDCCH 上传输的信息称为 DCI（Downlink Control Information），包含 Format 0_0、Format 0_1、Format 1_0、Format 1_1、Format 2_0、Format 2_1、Format 2_2 和 Format 2_3 共 8 种 DCI 格式。PDCCH 信道采用 Polar 码信道编码方式，调制方式为 QPSK。

在一个 TTI 中，PDCCH 占用的资源 RE 数为 $12×P-Q$。其中，P 为 PDCCH 在时域的符号数，由高层次的参数 coreset-time dur 给出，符号数为 1/2/3。当更高层的参数 DL-DMRS-TypeA-pos 等于 3 时，PDCCH 占用 3 个符号数，其他情况下占用 1 个或 2 个符号数；Q 为参考信号 DMRS 占用的 RE 数为 3。

以 $μ=1$、子载波宽度为 30kHz 的 5G NR 为例，每毫秒共有 $2×12×14=336$ 个 RE，不同符号数下的 PDCCH 开销，见表4-13。

表4-13　PDCCH开销

PDCCH 符号数	1	2	3
PDCCH 占用 RE 数	9	21	33
下行总 RE 数	336	336	336
开销	2.68%	6.26%	9.82%

（2）PBCH、PSS、SSS

在时域上，5G NR 的 PSS/SSS/PBCH 占用 4 个符号，位于子帧的 0、1、2、3 符号。其中，PSS 在第 0 符号，SSS 在第 2 符号，PBCH 和与 PBCH 关联的 DMRS 在第 1、第 2 和第 3 符号。具体资源映射见 3GPP TS38.211 Table 7.4.3.1-1。PBCH、PSS、SSS 的 OFM 符号数和子载波数的位置见表4-14。PBCH、PSS、SSS 占用的资源位置如图 4-8 所示。

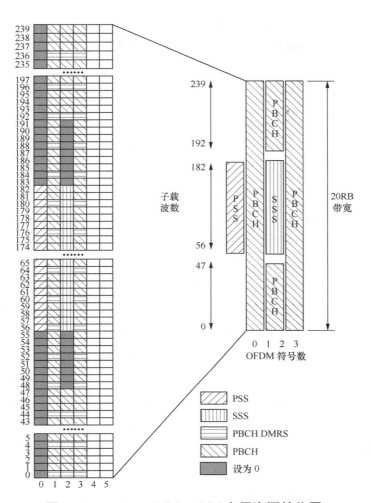

图4-8 PBCH、PSS、SSS占用资源的位置

表4-14 PBCH、PSS、SSS的OFDM符号数和子载波数的位置

信道或信号	OFDM 符号数 l 相对于 SS/PBCH 块的位置	子载波数 k 相对于 SS/PBCH 块的位置
PSS	0	56，57，…，182
SSS	2	56，57，…，182
Set to 0	0	0，1，…，55，183，184，…，239
	2	48，49，…，55，183，184，…，191
PBCH	1，3	0，1，…，239
	2	0，1，…，47，192，193，…，239
DMRS for PBCH	1，3	$0+v$，$4+v$，$8+v$，…，$236+v$
	2	$0+v$，$4+v$，$8+v$，…，$44+v$ $192+v$，$196+v$，…，$236+v$

153

SS/PBCH 块配置的数量与频段、波束宽窄、周期等密切相关，为简化起见，假定每个时隙只有一个 SS/PBCH 块。则 SS/PBCH 的开销为：

对于 100MHz 带宽，在 $\mu=1$、RB 数为 273 的情况下，其开销为 $20\times4/(273\times14)$ =2.09%；

对于 400MHz 带宽，在 $\mu=3$、RB 数为 264 的情况下，其开销为 $20\times4/(264\times14)$ =2.16%。

3. 参考信号

5G 新空口的下行参考信号主要有解调参考信号（DMRS）、相位追踪参考信号（PTRS）、信道状态信息参考信号（CSI-RS）这 3 种 5G 新空口参考信号。

下行 DMRS 用于 gNB 中数据和控制信令的信道估算，包括 PDCCH DMRS、PDSCH DMRS 和 PBCH DMRS。DMRS 是用户终端特定的参考信号（即每个终端的 DMRS 信号不同），可被波束赋型，可被纳入受调度的资源，并仅在需要时才发射。DMRS 要考虑早期的解码需求以支持各种低时延应用。面向低速移动的应用场景，DMRS 在时域采取低密度；在高速移动的应用场景，DMRS 的时间密度要增大，以便及时跟踪无线信道的快速变化。

PTRS 是为了对相位噪声进行补偿。随着振荡器载波频率的上升，相位噪声也会增大，而对于工作于高频段（如毫米波频段）的 5G 无线网络，利用 PTRS 信号来消除相位噪声。PTRS 信号的配置是根据振荡器质量、载波频率、OFDM 子载波间隔、用于信号传输的调制及编码格式来进行的。

5G 下行参考信号与天线端口数相关，不同的天线端口数 RS 占用的 RE 数不同，其与无线信道场景也相关，配置参数由高层参数配置。

5G 系统采用大规模 MIMO，天线端口数大幅增加，参考信号占用的 RE 较多，5G NR 的参考信号开销一般在 10%~15%。

4. 下行开销合计

下行链路的总开销是 3 个部分开销的合计。同 5G NR 上行相似，开销受参数影响，这里很难给出准确的各种场景总开销。在典型的 100MHz 和 400MHz 频段中，我们可以估计一个典型开销值，下行开销见表 4-15。

表 4-15 下行开销

链路方向	载频带宽	子载波参数 μ	子载波带宽	PDCCH	PBCH/SS	RS	合计
下行	100 MHz	1	30 kHz	9.82%	2.09%	15%	26.91%
	400 MHz	3	120 kHz	9.82%	2.16%	15%	26.98%

4.3.6 传输块的大小

业务信道传输块（TBS）的大小主要取决于业务信道的 RE 数量和业务信道的频谱效率。业务信道的 RE 数量为上下行方向的总 RE 数量减去上下行链路的开销。业务信道的频谱效率与系统的 MCSIndex 相关，即信道的 SINR 值和调制阶数相关。5G NR 中的频谱效率根据系统和终端是否对 256QAM 支持分为两类，分别见 3GPPTS38.214 Table 5.1.3.1–1、Table 5.1.3.1–2 和 Table 5.1.3.1–3。

由于 5G NR 支持多种频段带宽、多种子载波带宽场景，业务信道的传输块大小不像 LTE 协议中直接给出的 27 行 110 列的查找表格（3GPPTS36.213 Table 7.1.7.2.1-1）。5G NR 的业务信道 TBS 应对的场景更多，计算更加复杂，没有表格可以查询，需要根据协议规则计算。根据输入的 N_{info} 的数量计算 TBS 的流程如图 4-9 所示。

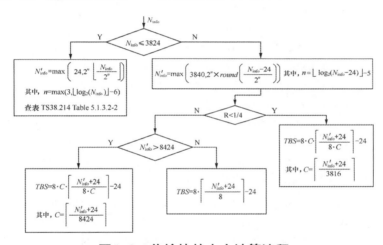

图4-9 传输块的大小计算流程

根据上述流程，可以针对不同的 5G NR 配置参数计算业务信道的 TBS。

表 4-16 是子载波为 30kHz 的场景下，全部符号配置成下行或上行，最高调制 256QAM，不同带宽的传输块大小。

表4-16 30kHz场景传输块大小

链路方向				下行			上行		
带宽（MHz）				20	60	100	20	60	100
RB				51	162	273	51	162	273
上下行符号配置				14			14		
RE				8568	27216	45864	8568	27216	45864
PDSCH / PUSCH RE				6084	19326	32568	6743	21418	36094
MCS Index	调制阶数	码率 ×1024	频谱效率	NRE					

（续表）

链路方向					下行			上行		
I_{MCS}	Q_m	$R \times 1024$	MPR	R						
0	2	120	0.2344	0.1172	1416	4608	7824	1544	4992	8448
1	2	193	0.3770	0.1885	2280	7488	12552	2472	8064	13576
2	2	308	0.6016	0.3008	3624	12040	19968	4032	12808	21504
3	2	449	0.877	0.4385	5440	17424	29192	5888	18960	31752
4	2	602	1.1758	0.5879	7296	23568	38936	7872	25104	42016
5	4	378	1.4766	0.3691	9224	29192	49176	9864	31752	53288
6	4	434	1.6953	0.4238	10504	33816	56368	11528	35856	61480
7	4	490	1.9141	0.4785	12040	37896	64552	12808	40976	69672
8	4	553	2.1602	0.5400	13576	43032	71688	14600	46104	77896
9	4	616	2.4063	0.6016	15112	48168	79896	16136	51216	86040
10	4	658	2.5703	0.6426	16136	51216	86040	17424	55304	92200
11	6	466	2.7305	0.4551	16896	54296	92200	18432	58384	98376
12	6	517	3.0293	0.5049	18960	60456	102416	20496	64552	108552
13	6	567	3.3223	0.5537	21000	65576	110632	22536	71688	120936
14	6	616	3.6094	0.6016	22536	71688	120936	24072	77896	131176
15	6	666	3.9023	0.6504	24576	77896	131176	26120	83976	139376
16	6	719	4.2129	0.7021	26120	83976	139376	28168	90176	151608
17	6	772	4.5234	0.7539	28168	90176	151608	30728	96264	163976
18	6	822	4.8164	0.8027	30216	96264	159880	32264	102416	172176
19	6	873	5.1152	0.8525	32264	102416	172176	34816	108552	184424
20	8	682.5	5.332	0.6665	33816	106576	180376	35856	114776	192624
21	8	711	5.5547	0.6943	34816	110632	184424	37896	118896	200808
22	8	754	5.8906	0.7363	36896	116792	196776	39936	127080	213176
23	8	797	6.2266	0.7783	38936	122976	208976	42016	135296	225480
24	8	841	6.5703	0.8213	40976	131176	221376	44040	139376	237776
25	8	885	6.9141	0.8643	43032	139376	233608	47112	147576	250056
26	8	916.5	7.1602	0.8950	45096	143400	241720	48168	151608	258144
27	8	948	7.4063	0.9258	46104	147576	250056	50184	159880	270576

表 4-17 是在子载波为 120kHz 的场景下，全部符号配置成下行或上行，最高调制 256QAM，不同带宽的传输块大小。

表4-17　120kHz场景传输块大小

链路方向	下行			上行		
带宽（MHz）	100	200	400	100	200	400
RB	66	132	264	66	132	264

（续表）

链路方向				下行			上行		
上下行符号配置				14			14		
RE				11088	22176	44352	11088	22176	44352
PDSCH / PUSCH RE				8104	16192	32385	8705	17405	34811
MCS Index	调制阶数	码率 ×1024	频谱效率	NRE					
I_{MCS}	Q_m	$R \times 1024$	*MPR*	*R*					
0	2	120	0.2344	0.1172	1864	3752	7560	2024	4064	8136
1	2	193	0.3770	0.1885	2976	6080	12296	3240	6528	13064
2	2	308	0.6016	0.3008	4864	9736	19464	5184	10376	21000
3	2	449	0.877	0.4385	7040	14088	28168	7616	15368	30728
4	2	602	1.1758	0.5879	9480	18960	37896	10120	20496	40976
5	4	378	1.4766	0.3691	12040	24072	48168	12808	25608	51216
6	4	434	1.6953	0.4238	13832	27656	55304	14856	29704	59432
7	4	490	1.9141	0.4785	15624	30728	62504	16392	33816	67584
8	4	553	2.1602	0.5400	17424	34816	69672	18960	37896	75792
9	4	616	2.4063	0.6016	19464	38936	77896	21000	42016	83976
10	4	658	2.5703	0.6426	21000	42016	83976	22536	45096	90176
11	6	466	2.7305	0.4551	22032	44040	88064	23568	47112	94248
12	6	517	3.0293	0.5049	24576	49176	98376	26120	52224	104496
13	6	567	3.3223	0.5537	27144	54296	108552	28680	57376	114776
14	6	616	3.6094	0.6016	29192	58384	116792	31240	62504	125016
15	6	666	3.9023	0.6504	31752	63528	127080	33816	67584	135296
16	6	719	4.2129	0.7021	33816	67584	135296	36376	73776	147576
17	6	772	4.5234	0.7539	36896	73776	147576	38936	77896	155776
18	6	822	4.8164	0.8027	38936	77896	155776	42016	83976	167976
19	6	873	5.1152	0.8525	40976	81976	163976	44040	88064	176208
20	8	682.5	5.332	0.6665	43032	86040	172176	46104	92200	184424
21	8	711	5.5547	0.6943	45096	90176	180376	48168	96264	192624
22	8	754	5.8906	0.7363	48168	96264	192624	51216	102416	204976
23	8	797	6.2266	0.7783	50184	100392	200808	54296	108552	217128
24	8	841	6.5703	0.8213	53288	106576	213176	57376	114776	229576
25	8	885	6.9141	0.8643	56368	112648	225480	60456	120936	241720
26	8	916.5	7.1602	0.8950	58384	116792	233608	62504	125016	250056
27	8	948	7.4063	0.9258	60456	120936	241720	64552	129128	258144

对于最高阶调制为 64QAM 的系统，传输块大小的计算方法类似，在此不再赘述。另外，不同上下行符号配置比例的 5G 系统，在上下行 RE 计算中，调整上下行符号参数，同理可

以计算得到传输块的大小。

4.3.7　容量计算举例

小区的容量计算，即计算在给定的时间内基站发送的 TBS 比特数。因此容量的计算为：

小区容量（bit/s）=MIMO 发射天线流数 ×2^{μ}× TBS 数 ×1000

引用上一节的传输块大小表，假设 5G NR 系统支持 256QAM，采用 MCS Index 为 27，在采用 30kHz（$\mu=1$）为子载波带宽，载频带宽 100MHz，按照全部上行时隙配置，单流天线发送，上行对应的 TBS 大小为 270576，即在 0.5ms 中传输 270576bit/s，即上行带宽为 516.1Mbit/s；同理，在单流天线、全部下行时隙的配置情况下，下行对应的 TBS 大小为 250056，即在 0.5ms 内传输 250056bit/s，即下行带宽为 476.9Mbit/s。

在实际网络中，符号的配置是根据上下行业务的占比进行配置的，不是简单地全部用于上行或下行，因此在考虑 TBS 数时要把上下行的时隙符号配置情况也考虑进去。

在图 4-10 中的上下行时隙符号配置，要计算 2.5ms 周期内的下行 TBS 总数和上行 TBS 总数，然后再分别计算上下行的小区容量。

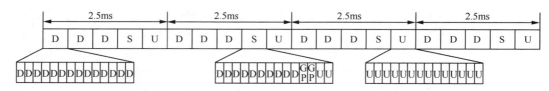

图4-10　某网络上下行时隙和符号配置

表 4-18 是在图 4-10 上下行时隙配置、天线流数等条件下，在 MCS Index 为 27 的环境下所能提供的最大上下行带宽。

表4-18　上下行容量计算

方向	时隙	时隙个数	时隙内符号配置数	每时隙TBS数	周期	天线流数	带宽（Mbit/s）	带宽合计（Mbit/s）
下行	D	3	14	250056	2.5ms	16	4578.7	5654.2
	S:D	1	10	176208	2.5ms	16	1075.5	
上行	S:U	1	2	37896	2.5ms	2	28.9	235.3
	U	1	14	270576	2.5ms	2	206.4	

●● 4.4　基站容量能力分析

基站的容量能力分析一般要考察控制层面和用户层面。对于控制层面，其容量主要考虑同时在线用户数和激活用户数。

1. 单小区同时在线用户数

在 5G 系统中，由于 eMBB/mMTC 数据业务对时延相对不敏感，并且基于 IP 的数据业务在突发特性上并不是持续性的分布，只要 gNB 在程序上保持用户状态，不需要每帧调度用户就可以保证用户的永远在线，因此最大同时在线并发用户数与 5G 系统协议字段的设计以及设备能力有更大的相关性，只要协议设计支持，并且达到了系统设备的能力，就可以保证尽可能多的用户同时在线。

2. 单小区同时激活用户数

5G 控制面容量主要指同时激活用户数，即最大同时可调度的用户数。单小区同时激活用户数指的是在一定的时间间隔内，在调度队列中有数据的用户。激活用户属于有 RRC 的连接，并且保持上行同步，可以在上下行共享信道进行数据传输的用户。

5G 同时能够得到调度的用户数受限于控制信道的可用资源数，即 PDCCH 信道可用的 CCE 数。因为 5G 系统的 PDCCH 的容量可以根据高层参数控制，可以调整增加，因此，在网络中控制层面的容量不做受限考虑。本节我们重点考虑用户面的容量分析。

4.4.1 单小区理论峰值容量

峰值吞吐率是评估系统技术先进性的最重要指标。峰值吞吐率被定义为把整个带宽和 OFDM 符号都分配给一个或几个用户，并采用最高阶调制和编码方案以及最多天线数前提下所能达到的最大吞吐量。如 400MHz 频宽，支持 256QAM，子载波为 120kHz 的系统，全部 14 个符号都分配给下行，其最高阶 MSC27 支持的 TBS 数为 241720。同理，全部 14 个符号都分配给上行，其最高阶 MSC27 支持的 TBS 数为 258144。

不同带宽系统的 5G 系统的理论峰值速率见表 4-19 和表 4-20。根据基站和终端所能支持的最高调制阶数，得到不同的最高频谱效率，再结合 MIMO 发射天线信号数，即可得到小区的理论峰值。

其中，以下行 400MHz 带宽、120kHz 子载波支持 256QAM 为例，计算如下：

峰值速率 =MIMO 发射天线流数（16）×TBS 数（241720）×2^μ×1000/1024/ 1024 =$16×241720×2^3×1000/1024/1024=29507$Mbit/s

表4-19　不同系统带宽的5G系统的下行峰值速率

系统带宽（MHz）	子载波	μ	RB数量	最高调制模式	MSC Index	MIMO发射天线	峰值速率（Mbit/s）
400	120kHz	3	264	256QAM	27	16	29507
400	120kHz	3	264	64QAM	28	16	22019
200	120kHz	3	132	256QAM	27	16	14763

（续表）

系统带宽（MHz）	子载波	μ	RB 数量	最高调制模式	MSC Index	MIMO发射天线	峰值速率（Mbit/s）
200	120kHz	3	132	64QAM	28	16	11008
100	30kHz	1	273	256QAM	27	16	7631
100	30kHz	1	273	64QAM	28	16	5628

表4-20　不同系统带宽的5G系统的上行峰值速率

系统带宽（MHz）	子载波	μ	RB 数量	最高调制模式	MSC Index	MIMO发射天线	峰值速率（Mbit/s）
400	120kHz	3	264	256QAM	27	2	3939
400	120kHz	3	264	64QAM	28	2	2939
200	120kHz	3	132	256QAM	27	2	1970
200	120kHz	3	132	64QAM	28	2	1469
100	30kHz	1	273	256QAM	27	2	1032
100	30kHz	1	273	64QAM	28	2	766

应该看到，小区峰值吞吐量是小区的理论容量，在实际的网络中，信道条件通常难以满足 256QAM/64QAM 的高质量要求，编码中也要考虑一些冗余保护，同时也不可能把所有时隙和符号都给一个传输方向。另外，在资源管理算法中，整个小区的 RB，也不会只分配给一个或几个用户。因此，理论峰值速率在网络规划中并不具有参考意义，主要作为实验室测试和基站极限能力水平的反映。

4.4.2　单小区平均吞吐量

小区平均吞吐量被定义为系统整体可达到的小区吞吐率性能，是通过对业务模型、信道模型、系统配置等参数进行详细定义并经系统性能验证评估的小区平均吞吐率。

小区平均吞吐量 C（单位 Mbit/s）的计算可以根据以下公式得到：

$$C=1000×v×2^{\mu}×\int P(x)T(x)d(x)/1024/1024 \qquad 式（4-2）$$

其中，

v 为 MIMO 天线多流发射的流数，上行一般为 1、2、4 流，下行为 8、16、24 流等；

μ 为系统子载波参数，可取值为 0、1、2、3、4、5；

$P(x)$ 为小区内 $SINR$ 为 x 的面积占小区总面积的比例；

$T(x)$ 为目标 BLER 要求下，$SINR$ 为 x 的最大可选 MSC Index 所对应的传输块 TBS 大小。频谱效率主要从 TS38.214 Table 5.1.3.1-1、Table 5.1.3.1-2、Table 5.1.3.1-3、Table 6.1.4.1-1、Table 6.1.4.1-2 中获得，传输块 TBS 的大小计算见 4.3.6。

一个网络的路测 $SINR$ 值分布如图 4-11 所示。

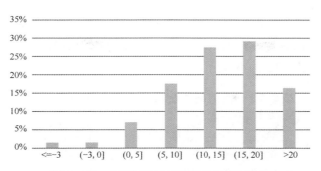

图4-11　某网络的路测SINR值分布

$SINR$ 值分布区间，见表 4-21，小区的 $SINR$ 值分布在优良区域的占比较高，$SINR$ 的平均值达到 13.5dB。

表4-21　$SINR$值分布

Order	Range	Samples	PDF	CDF
1	$\leqslant -3$	1299	1.39%	1.39%
2	$(-3, 0]$	1409	1.51%	2.90%
3	$(0, 5]$	6464	6.93%	9.83%
4	$(5, 10]$	16290	17.45%	27.28%
5	$(10, 15]$	25551	27.37%	54.65%
6	$(15, 20]$	27152	29.09%	83.74%
7	>20	15176	16.26%	100.00%
Total		93341		

根据网络配置参数计算小区平均下行吞吐量，见表 4-22。

表4-22　小区平均下行吞吐量

项目	参数
载波带宽（MHz）	100
子载波带宽（kHz）	30
子载波参数 μ	1
时隙和符号配置	下行 3，上行 1；特殊时隙 1，符号配置 10：2：2
MIMO 发射天线 v	16
BER 要求	10%
信道环境	AWAG
系统支持	256QAM
小区下行带宽（Mbit/s）	2739

在实际的网络环境中，由于小区的整体 $SINR$ 水平不同，因此小区的平均容量有所不同。另外，在实际的商用网络中，小区的吞吐量还需要考虑一个网络利用率因素。因此，在规划网络能力时，需要在小区平均吞吐量能力的基础上再乘以冗余系数。

从 4G 商用网络来看，下行容量比上行容量更容易受限。因此，在 5G 网络规划中，从容量的角度出发，我们需要更多地关注下行的容量是否满足用户需求。

表 4-23 是典型网络配置的小区上下行吞吐量，供规划中参考。

表4-23　典型网络配置的小区上下行吞吐量

带宽	子载波	256 QAM	时隙配比	特殊时隙符号配比	BER	平均 SINR	多流天线发射		小区吞吐量（Mbit/s）	
MHz	kHz					dB	上行	下行	上行	下行
100	30	支持	3:1:1	10:2:2	10%	13.5	2	16	114	2739
200	120	支持	3:1:1	10:2:2	10%	13.5	2	16	218	5302
400	120	支持	3:1:1	10:2:2	10%	13.5	2	16	436	10604

●● 4.5　场景容量能力分析

4.5.1　eMBB

eMBB 场景实质上是一类相近业务的细分子场景组合，其普遍的特征是带宽需求大，但是对业务的可靠性要求和时延要求并不苛刻。我们知道，衡量业务 QCI 的特征主要包括以下 4 个方面：

（1）资源类型（GBR 或 Non-GBR）；

（2）优先级；

（3）包延迟；

（4）丢包率。

在 eMBB 场景中，对于高优先级的业务，只有用于 IMS 业务控制信息和 Non-GBR 中的 MCPTT 业务对丢包率有较高要求（10^{-6}），但是这两个业务占用的带宽很小。而低优先级的 GBR 业务和 Non-GBR 中的业务才有 10^{-6} 的要求。因此，我们对 eMBB 场景，一般情况下可以按照 10^{-3} 的丢包率要求进行规划，并适当考虑余量。

不同的丢包率要求反映在系统上的要求就是不同的接收灵敏度。在 4.3.2 节中，表 4-8 和表 4-9 给出的是 AWAG 环境下，10% 丢包率要求下的 SINR 值要求。

丢包率从 10^{-1} 提高到 10^{-3}，SINR 值必然增加，提升约 3.5dB。SINR 值要求的提升服从瀑布曲线的规律，我们同样以 4.4.2 节中的网络 SINR 值的分布情况来计算小区的下行平均容量，其小区下行容量从 2739Mbit/s 降为 2088Mbit/s。如果以 10^{-6} 的丢包率要求进行规划，且 SINR 值要求提升 6dB 来计算，则小区下行容量降低至 853Mbit/s。

因此，从一个小区来看，有一个动态的自我弹性机制：对业务质量的要求高，小区容量就降低；对业务质量的要求低，小区容量就提升。

结合第二章中关于各个应用场景的业务模型、第三章中基站的站间距（即基站的密度）和本章中的基站容量，可以简单地计算各个应用场景的容量满足情况。

4.5.2　mMTC

mMTC 场景对网络容量的要求更多的是关注控制信道和上行业务信道的容量。在 5G 系统中，控制信道 PDCCH 和 PUCCH 可以动态扩展，增加符号数，当然，其挤占的是业务信道的容量。

mMTC 业务对带宽要求低，对丢包率的要求也不高。因此，从业务特征上来看，mMTC 业务对业务信道的容量的威胁最小。只有当极其大量的物联网终端接入网络中，才有可能遭遇容量的瓶颈。在此对这类场景的容量不再展开分析。

4.5.3　uRLLC

uRLLC 场景这类业务更多的是关注业务的可靠性和网络时延，对带宽需求并不大。网络时延不在容量中分析。业务的可靠性要求，根据 5.2.2 节中的典型 uRLLC 业务的可靠性要求，在一般情况下，99.9999% 可以满足绝大部分业务的要求。

5G 定义了一种微时隙构架，叫 Mini-Slots，其构架如图 4-12 所示。Mini-Slotss 主要用于超高可靠低时延（uRLLC）应用场景。Mini-Slots 由两个或多个符号组成，第一个符号包含控制信息。低时延的 HARQ 可配置于 Mini-Slots 上，Mini-Slots 也可用于快速灵活的服务调度。Mini-Slots 的引入增加了 5G NR 控制信道的开销，在计算相应的容量时需要考虑这部分的开销。

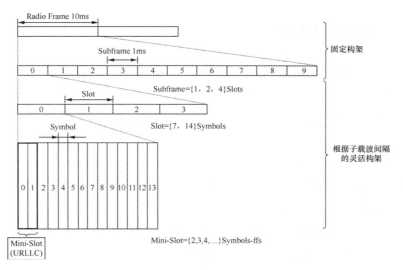

图4-12　微时隙的构架

uRLLC 场景不是 5G 最主要的场景，因此，不再单独考虑 uRLLC 部分的容量。在规划时，一般在网络切片容量中考虑。

4.5.4 网络切片容量

网络切片在空口，本质上是一种资源的切分与组合。5G 系统中资源的切分可以有多种维度，从 RE、RB 到时隙，都可能切分。

网络切片容量按照 RB 资源切分的模型如图 4-13 所示。

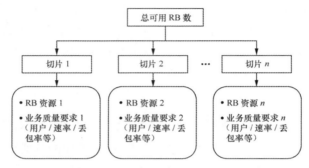

图4-13 网络切片容量分析

5G 的三大场景就是 3 个颗粒度最大的切片。

在切片中，容量的基本要素就是 RB/RE 资源。把切片中的各种要素输入 5.3 节的计算方法和流程中，得出的就是该切片的容量。因此，在空口把每个切片看成是一个个独立的小 5G 即可。

●● 4.6 小区容量的优化

5G 网络容量与覆盖的关系是相互协调的关系，容量的优化也跟覆盖相关。在决定容量的各个环节中，有些因素是客观固定或相对固定的，有些因素是可以变动调整的，而有些因素是我们在网络规划中需要重点关注的，有些因素则是我们在后期网络维护中需要不断优化的。

5G 网络的容量形成关系如图 4-14 所示。

在输入端，主要分成 4 类：

第 1 类，基础资源，包括载频频段、载频带宽；

第 2 类，业务要求，包括业务类型、可靠性要求、时延要求、业务规模（负荷）；

第 3 类，覆盖质量，包括网络覆盖、天线选型；

第 4 类，设备性能，包括瀑布曲线。

在这 4 类输入条件中：第 1 类基础资源是给定的，客观固定的，运营商拿到的频段、带宽是确定的；第 2 类业务要求是相对固定的，是输入条件，基本保持不变，终端用户对业务质量的要求相对稳定；第 3 类是覆盖质量，是我们在规划和优化中应重点考虑的内容；第 4 类是设备性能，瀑布曲线是接收机解调性能的核心，跟基站和终端设备相关。因此，从能否有效提升网络容量的因素来看，网络容量的优化就是从网络覆盖的优化、网络覆盖质量的提升着手。

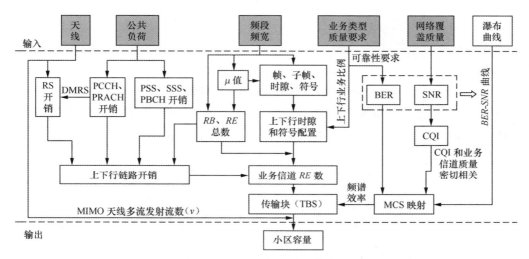

图4-14 5G网络的容量形成关系

图 4-15 所示的是把瀑布曲线和 *SINR* 值分布密度合在一起的示意。理论上，*SINR* 值的分布密度满足一个类似正交分布，其均值 E 位于某个 *SINR* 值，并且有一个方差 σ。

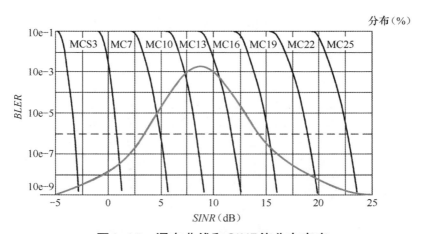

图4-15 瀑布曲线和*SINR*值分布密度

覆盖 *SINR* 值的优化就是把这条分布密度曲线从左向右移动的过程，其 *SINR* 均值 E 增加，方差 σ 减小。如图 4-16 所示，分布曲线从左向右移动，均值 E 从 8dB 增加到 12dB。

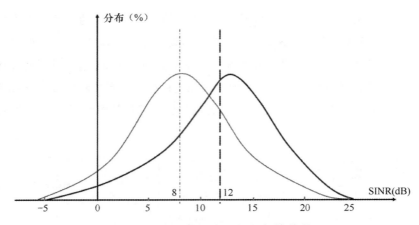

图4-16 网络*SINR*值分布的优化

我们以一个实际网络优化前后的对比来分析网络覆盖质量提升对网络容量提升的影响。

网络覆盖仿真对比如图 4-17 所示。左边是优化前的示意，右边是优化后的示意。

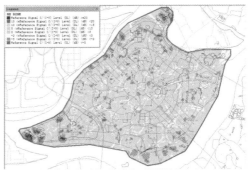

图4-17 仿真对比

图 4-18 是优化前后的 *SINR* 值分布对比。

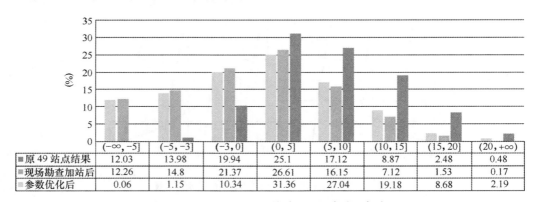

(%)	(-∞, -5]	(-5, -3]	(-3, 0]	(0, 5]	(5, 10]	(10, 15]	(15, 20]	(20, +∞)
原49站点结果	12.03	13.98	19.94	25.1	17.12	8.87	2.48	0.48
现场勘查加站后	12.26	14.8	21.37	26.61	16.15	7.12	1.53	0.17
参数优化后	0.06	1.15	10.34	31.36	27.04	19.18	8.68	2.19

图4-18 Atoll LTE仿真*SINR*数据统计

结合前面的容量计算模型，优化前后的小区平均下行吞吐量计算对比，见表 4-24。

表4-24 优化前后小区平均下行吞吐量对比

项目	参数
载波带宽（MHz）	100
子载波带宽（kHz）	30
子载波参数 μ	1
时隙和符号配置	下行 3，上行 1；特殊时隙 1，符号配置 10:2:2
发射天线数 v	4
BER 要求	1×10
信道环境	AWAG
系统支持	256QAM
优化前平均 SINR（dB）	1.45
优化前小区下行平均吞吐量（Mbit/s）	154
优化后平均 SINR（dB）	6.78
优化后小区下行平均吞吐量（Mbit/s）	268

从表 4-24 中可以看出，SINR 值优化明显从 1.45dB 提升到 6.78dB，小区的容量提升也非常明显，从 154Mbit/s 提升到 268Mbit/s。因此，网络容量的优化追根溯源就是 SINR 值的优化，即覆盖的优化。

另外，对于天线，5G NR Massive MIMO 技术按效果可以分为空间分集、波束赋形、空间复用等方式。空间分集可以提高链路传输性能，提高边缘用户的吞吐量；波束赋形可以提高链路增益，同样可以提高边缘用户的吞吐量；空间复用可以分为 SU-MIMO（单用户 MIMO）和 MU-MIMO（多用户 MIMO），其中，SU-MIMO 可以显著提高用户的峰值速率，MU-MIMO 可以显著提高 NR 小区的峰值速率。

参考文献

[1] 3GPP TS 23.203 V14.6.0 Release 14. Technical Specification Group Services and System Aspects; Policy and charging control architecture, 2018.8.
[2] 3GPP TS 23.501 V15.3.0 Release 15.Technical Specification Group Services and System Aspects; System Architecture for the 5G System; Stage 2, 2018.9.
[3] 3GPP TS 38.211 V15.1.0 Release 15. Technical Specification Group Radio Access Network; NR; Physical channels and modulation 2018.3.
[4] 3GPP TS 38.213 V15.3.0 Release 15. Technical Specification Group Radio Access Network; NR; Physical layer procedures for control, 2018.9.
[5] 3GPP TS 38.300 V15.3.1 Release 15. Technical Specification Group Radio Access Network; NR; NR and NG-RAN Overall Description; Stage 2, 2018.10.
[6] 陈书帧，张旋，王玉镇，文志成 .LTE 关键技术与无线性能 [M]. 北京：机械工业出版社，2012.
[7] 汪丁鼎，景建新，肖清华，谢懿 .LTEFDD/EPC 网络规划设计与优化 [M].北京：人民邮电出版社，2014.

5G 无线网络规划

Chapter 5

第五章

导读

　　5G 无线网络规划应遵循一定的原则和策略，在确定了业务需求和规划目标后需要对其进行细化和规划衔接。5G 无线网络规划内容的重点是覆盖规划和容量规划。覆盖规划根据各类基站覆盖能力合理布局站点位置和参数设置，以达到覆盖的目标需求的同时兼顾到建设的经济性。容量规划是在覆盖规划的基础上，对整网和片区的容量进行审视，合理配置基站容量资源，保证用户业务感知，保持合理的资源利用率水平。在实施覆盖和容量规划中，需要合理运用 5G 组网技术，包括 CU+DU+AAU 组网技术和超密集组网技术。此外，在基站参数规划方面，需要进行 PCI、TA、邻区等规划。基站传输带宽测算是无线侧提给配套传输侧的需求，确保足够的中传和回传带宽。基站干扰协调是计算 5G 基站同其他系统基站共站的条件，主要是干扰隔离要求。无线网络规划仿真是对覆盖规划和容量规划进行模拟，判断规划是否达到预期目标，可通过规划仿真优化覆盖和容量规划，以达到更优效果。

●● 5.1　概述

无线网络规划是根据网络建设的整体要求和限制条件，确定无线网络建设目标以及实现该目标确定基站规模、建设的位置和基站配置。无线网络规划的总目标是以合理的投资构建符合近期和远期业务发展需求并达到一定服务等级的移动通信网络。

5.1.1　规划原则

作为移动通信网络，5G 网络同 4G 类似，其网络建设过程与 4G 网络在流程上是相似的，都包括规划选点、站点获取、初步勘察、系统设计、工程安装、测试优化等步骤。但是 5G 系统是基于大规模 MIMO、毫米波等新技术的无线通信系统，在网络规划上必须考虑其系统特性，发挥新技术的优势，规避其劣势，以有效地发挥高速率传输、高频谱效率的技术优势。同时，在进行 5G 网络规划时，还需要考虑现有移动网实际部署的情况，因地制宜地规划建设 5G 网络。

在移动通信网络规划中，细分场景、重视重要区域的网络规划，成为当前网络规划的重点。在以往的网络规划中，主要以"一次规划、分步实施""分层规划"的概念指导网络规划。目前，4G 网络建设比较完善，在规划 5G 网络时，应该结合现有的网络条件，进行细分场景，分析现网 4G 网络 MR 大数据，确定用户的分布和密度，做出细分场景的网络规划，使网络规划更贴近实际，更容易落地实施。

无线网络规划在实现上，需要考虑覆盖、容量、质量和成本 4 个方面的目标和约束条件。

1. 覆盖

在覆盖方面，规划区域可以分为有效覆盖区和无效覆盖区。覆盖范围是指需要实现无线网覆盖的目标地区。在覆盖范围内，按照覆盖性质的不同，可以分为面覆盖、线覆盖和点覆盖。面覆盖是指室外成片区域大范围的覆盖，实现整个区域的广覆盖；线覆盖是指对道路、河流等线状目标的覆盖；点覆盖是指对重点楼宇、地下建筑物等的深度覆盖。

人口覆盖率是通信网络服务于用户、为提高网络效益而提出的概念。通信网络服务于人，最终为人服务，因此，人口覆盖率最能体现效益型网络建设的导向指标。移动通信人口覆盖率是满足通信覆盖要求的人口与该区域总人口之比。以现有 4G 网络基站扇区话务数据为基础，应用数据分析，可以获取城市和农村人口的分布情况，因此，获取网络的人口覆盖率数据成为可能。

在有效覆盖范围内，覆盖区域根据业务特征可分为话务密集区、高话务密度区、中话务密度区和低话务密度区 4 类；根据无线环境又可分为密集市区、一般市区、郊区和农村 4 类。在不同区域、不同阶段、不同竞争环境下，运营商可以选择不同的无线覆盖目标。有了覆盖范围之后，再根据各类业务的需求预测及总体发展策略，提出各类业务的无线覆盖范围和要求。

5G 无线覆盖要求可以用业务类型、覆盖区域、覆盖概率等指标来表征。业务类型包括不同速率的分组数据业务等；覆盖区域可划分为市区（可进一步细分为密集城区、一般市区、郊区）、县城、乡镇及交通干线、旅游景点等。

对于特定的业务覆盖类型，用于描述覆盖效果的主要指标是通信概率。通信概率是指用户在时间和空间上通话成功的概率，通常用面积覆盖率和边缘覆盖率来衡量。面积覆盖率描述了区域内满足覆盖要求的面积占区域总面积的百分比。边缘覆盖率是指用户位于小区边界区域的通信概率。在给定传播环境下，面积覆盖率与边缘覆盖率可以相互转化。面积覆盖率的典型值为 90%~98%，边缘覆盖率的典型值为 75%~80%。我国地域辽阔，经济发展很不平衡，应针对不同覆盖区域、不同发展阶段，合理制定覆盖目标。

2. 容量

容量目标描述系统建成后所能提供的业务总量。不同于 GSM、WCDMA、CDMA2000 等 2G/3G 系统，5G 主要面向数据业务，更多地以数据吞吐量来表示业务总量。

容量目标主要考虑用户总量预测、业务需求以及发展趋势。规划既要满足当前的网络容量、覆盖和质量要求，又必须兼顾后期的网络发展。

在 5G 网络容量的目标中，需要强调的是，网络总体上满足用户需求，在各个区域上也要分别满足，不应出现局部密集、市区的用户多、数据吞吐量不能满足需求，但是总体容量满足需求的情况。容量规划目标需要根据用户的分布，更加精细化。虽然 5G 网络的容量单位的颗粒度大，但是从网络规划角度来看，也应考虑网络利用率的因素，合理配置网络。

3. 质量

5G 的质量目标，目前通常采用数据吞吐量和时延来衡量业务质量。业务保持能力表征了用户长时间保持在线的能力，可用掉线率和切换成功率来衡量。

在业务质量中，与无线网络业务质量密切相关的指标有：接入成功率、忙时拥塞率、接入时延、误块率（BLock Error Rate，BLER）、切换成功率、掉线率等。

4. 成本

覆盖、容量、质量和成本这 4 个目标之间是相互关联、相互制约的。在 LTE 的网络规划过程中，应考虑网络的全生命周期，合理设置成本目标，优化资源配置，协调覆盖、容量和质量这 3 者之间的关系，降低网络建设投资，确保网络建设的综合效益。除了网络建设投资外，还必须权衡今后网络的运营维护成本。应当选择先进的网络技术和科学的组网方案，尽可能同时降低网络的建设投资和运维成本。就全局而言，单方面追求降低网络建设投资并不合理，成本控制既要考虑网络初期的建设成本，也要考虑后续网络发展中产生的优化、扩容、升级等方面的成本。有时降低网络建设投资会导致网络运维成本的增加，因此网络建设方案必须在网络建设投资和运维成本之间取得最佳平衡。

5. 与其他网络规划的协同

移动网络规划与其他网络的协同也是网络规划中需要重点考虑的内容。5G 网络大颗粒大容量业务，对传送网络提出了高要求。对于基站接入层、业务汇聚层和核心层的网络都产生了重大影响。因此在网络规划布局时，5G 无线网络站点布局不再是单独的网络，而需要充分考虑运营商自有传送网结构和光缆资源，因地制宜地选点建设。

5.1.2　无线网络规划内容

按照网络建设阶段，无线网络规划可以分为新建网络规划和已有网络扩容规划两种。无论是新建网络还是扩容网络，均根据网络建设要求，在目标覆盖区域范围内，布置一定数量的基站，配置基站资源和基站参数，从而实现网络建设目标。

无线网络规划作为网络规划建设的重要环节，以基础数据收集整理与需求分析为基础，确定规划目标，完成用户业务预测，制定网络发展策略。5G 网络同 LTE 网络相似，没有 BSC/RNC，网络架构扁平化，其无线网络规划内容也更简单，但是基站的形态出现了 CU 和 DU 的组合。CU 类似于一个小容量的 RNC，具有简单的业务汇聚和控制功能。因此，5G 网络规划与 4G 网络又有所不同，与 3G 网络也不一样。具体的网络规划主要涉及基站（gNB）、组网、无线网传输带宽规划等方面的内容，具体描述如下。

1. 基站规划

基站规划包括频率规划、站址规划、基站设备配置、无线参数设置和无线网络性能预测分析 5 个方面。

（1）频率规划：根据国家分配的频率资源，设置与其他无线通信系统之间的频率间隔，选择科学的频率规划方案，满足网络长远的发展需要。

（2）站址规划：根据链路预算和容量分析计算所需的基站数量，并通过站址选取确定基站的地理位置。

（3）基站设备配置：根据覆盖、容量、质量要求和设备能力，确定每个基站的硬件和软件配置，包括扇区、载波等。

（4）无线参数设置：通过站址勘察和系统仿真设置工程参数和小区参数。

工程参数包括天线类型、天线挂高、方向角、下倾角等数据。

小区参数包括频率、PCI、TA 跟踪区、邻区等。

（5）无线网络性能预测分析：通过系统仿真提供包括覆盖、切换、吞吐量、掉线、BLER 分布等在内的无线网络性能指标预测分析报告。

2. 组网规划

基站的组网规划包括组网的策略和技术，现在的移动通信网络随着无线环境和用户分布的多样变化，越来越复杂，传统的组网技术难以满足这些需求。在组网中，我们应考虑这些复杂性带来的网络变化并应用新的组网技术来应对这些变化。

3. 传输带宽需求规划

5G 基站接入传输需求包括前传、中传和回传。前传和中传是无线网内部的接口，回传是无线网同核心网之间的接口。回传包括 NG 接口和 Xn 接口。

5.1.3　无线网络规划流程

1. 规划关键步骤

5G 无线网络的具体规划流程包括网络需求分析、网络规模估算、站址规划、无线网络仿真和无线参数规划 5 个阶段。

（1）网络需求分析

本阶段需要明确 5G 网络的建设目标是展开网络规划工作的前提条件，可以从行政区域划分、人口经济状况、网络覆盖目标、容量目标、质量目标等几个方面入手。同时注意收集现网 4G 站点、数据业务流量分布（MR 数据）及地理信息数据，这些数据都是 5G 无线网络规划的重要输入信息，对 5G 网络建设具有指导意义。

（2）网络规模估算

本阶段通过覆盖和容量估算来确定网络建设的基本规模，在进行覆盖估算时，首先应该了解当地的传播模型，然后通过链路预算来确定不同区域的小区覆盖半径，从而估算满足基本覆盖需求的基站数量。再根据城镇建筑和人口分布，估算额外需要满足深度覆盖的基站数量。容量估算则是分析在一定站型配置的条件下，5G 网络可承载的系统容量，并计算出是否可以满足用户的容量需求。

（3）站址规划

通过网络规模估算，估算出规划区域内需要建设的基站数及其位置，受限于各种因素，理论位置并不一定可以布站，因而实际站点同理论站点并不一致，这就需要对备选站点进行实地勘察，并根据所得数据调整基站规划参数。其内容包括基站选址、基站勘察、基站规划参数设置等。同时应注意利用原有基站站点进行共站址建设 5G。共站址主要依据无线环境、传输资源、电源、机房条件、工程可实施性等方面综合确定是否可以建设。

（4）无线网络仿真

完成初步的站址规划后，需要进一步将站址规划方案输入 5G 规划仿真软件进行覆盖及容量仿真分析。仿真分析流程包括规划数据导入、覆盖预测、邻区规划、PCI 规划、用户和业务模型配置以及蒙特卡罗仿真，通过仿真分析输出结果，可以进一步评估目前的规划方案是否可以满足覆盖及容量目标，如果部分区域不能满足要求，则需要对规划方案进行调整修改，使规划方案最终满足规划目标。

（5）无线参数规划

在利用规划软件进行详细规划评估和优化之后，就可以输出详细的无线参数，主要包括天线高度、方向角、下倾角等小区基本参数、邻区规划参数、频率规划参数、PCI 参数等，同时根据具体情况进行 TA 规划，这些参数最终将作为规划方案输出参数提交给后续的工程设计及优化使用。

以上详细介绍的 5 个阶段并不是独立的、割裂开的，而是在每个阶段都有反馈的过程。在下一个阶段不能达到规划目标时，需要返回到上一阶段，或者返回更前的阶段，进行反馈修正。在工程建设和管理中，网络规划闭环是在规划落地操作中需要满足的要求。在各年不同的建设分期中，网络规划也存在分期规划的需求，并且分期规划跟上一个建设周期和下一个建设周期不是割裂开来的，它们之间的前后衔接和呼应、修正恰是一个良好规划的体现。

2. 规划闭环

规划形成闭环是规划不断优化和修正的必要条件，闭环规划的流程如图 5-1 所示，从规划、投资、建设、评估四大环节，对规划流程进行描述。

（1）第 n 期的建设需求从 n 期建设前的网络现状和 n-1 期的网络建设评估反馈中进行梳理获得。

（2）网络规划的输入涉及众多渠道的信息，包括现状资料和专业测评、规划建设原则、用户模型和业务模型需求、专家访谈等。

（3）规划完成后输出当期的网络规划项目池，包括建设规模和建设投资，项目池按照不同要求分拆成不同批次。

（4）网络建设按照当期的批次有序进行，批次建设前后衔接。

（5）每批次建设完成后进行评估，满足评估要求的，进行下一批次的建设。

（6）评估环节包括网络质量评估和网络建设评估。

（7）第 n 期的评估作为第 $n+1$ 期规划的输入条件，进入下一闭环规划周期。

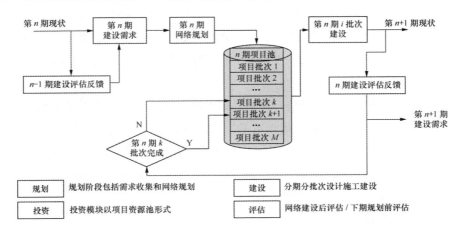

图5-1　闭环规划的流程

5.1.4　5G 无线网络规划新特性

5G 系统无线网络采用了高频段毫米波、大规模 MIMO 天线等一系列技术和系统资源管理算法以及面向三大场景的切片划分，比 4G 系统更加复杂，为网络规划带来了不少新的要求。

1. 高频段毫米波带来了覆盖能力的挑战

5G 系统对于 6GHz 频段以上的毫米波，由于其覆盖特性，决定了其覆盖规划的巨大挑战。因此在规划中需要考虑更多的因素；在网络建设策略中需要考虑高低频段搭配组网的问题。

对于 6GHz 以下的频段，由于其覆盖能力不强，在做城区全面覆盖时有不小的挑战，需要在网络覆盖规划中克服选址问题、老站利用问题等。

对于城市的深度覆盖，由于 5G 信号所处高频段信号穿透能力弱，楼宇深处的覆盖成为 5G 网络覆盖规划的最大挑战。

2. 5G 系统三大业务场景覆盖和容量质量要求不一带来的挑战

5G 系统 eMBB、mMTE、uRLLC 三大场景对网络的覆盖、容量、质量要求都不一样，但是作为基站，这些业务是需要同时满足的。因此，对于 3 种场景，需要进行 3 种网络覆盖、容量、网络质量规划分析以及相互之间的协同分析。这个内容在以往移动通信网络规划中是从来没有出现过的。

3. 网络结构云化、池化带来的挑战

5G 无线系统的基站设备为 CU+DU+AAU 模式，与 4G 中的 BBU+RRU 有区别，其中，CU 具备云化和池化的特征。结合业务需求和资源情况，合理规划、布局 CU 和 DU 对无线网络规划而言也是一个新的挑战。

4. 大规模 MIMO 天线带来的工程建设挑战

5G 系统采用大规模 MIMO 天线，RRU 和天线合为一体，组成 AAU，有源天线大规模普及，其安装空间、承重的要求也是 5G 系统带来的新问题。

●● 5.2 5G 网络规划方法

5.2.1 网络定位和建设策略

第一，在 5G 网络建设中，应充分认识 5G 网的定位和其技术特点，网络建设第一，要重点突出，明确 5G 网络的目标是市区等用户密集、价值较高的客户分布区域。对于这些高价值和高影响力区域，如高价值商务区、高密度住宅区、高校、高速公路、高速铁路、地铁等需要重点建设。

第二，5G 网络不是孤立的网络，它要与 4G 和 Wi-Fi 网络协同建设，在每个不同的区域，每个网络各司其职，发挥各自的特点，多网协同发展。

第三，在网络建设中，要充分发挥运营商现网资源，特别是基站配套资源，提高投资效益。

第四，在 5G 网络建设中，要看到 5G 网络频段较高、覆盖性能比 4G 弱，应扬长避短。因此，在 5G 的短板区域，要用其他网络来填补。在高速数据业务要求一般的区域，用 4G 已形成的广覆盖特点，提供中低速率业务。在有高带宽需求的区域、对 QoS 和移动性要求不高的区域，可以用 Wi-Fi 积极分流业务。

在建设 5G 网络时，根据各个运营商的现网情况和 5G 网络的定位，可以进行分步建设。另外，在网络建设中，也需要综合考虑运营商现网的配套情况。

5.2.2 业务需求和网络规划目标的衔接

用户对网络的感知是评价网络最直接的依据，网络需服务于市场，支持用户的发展。因此，在网络规划阶段，网络规划的目标要紧跟用户的需求。

5G 的三大类场景的业务，在业务的本质属性上，对网络的需求基本相同，但是各个业务对不同需求的满足程度相差较大。3 类业务对覆盖的要求是一致的。不同的需求满足程度，

如 eMBB 业务侧重于带宽的满足程度，mMTC 业务侧重于链接的接入满足程度，而 uRLLC 业务最关注的是业务的时延，即连接速度。因此，5G 业务需求的指标，基本还是之前的指标，但是针对不同的业务，具体指标的要求不同。

根据近几年的网络质量满意度市场调研，客户对网络的感知主要集中在以下 5 个方面。

（1）网络覆盖范围，即网络的覆盖区域是否覆盖了客户需求的区域。

（2）通话时的掉线情况，通信时发生通话中断的情况。

（3）数据业务速率，单用户手机上网的速率。

（4）上网稳定性，用户手机上网是否中断，速率是否稳定等。

（5）网络连接速度，手机用户主动发起业务，网络侧的响应时间。

从上述的 5 个方面看，这些因素与网络规划目标中的分解元素可以作以下对应，见表 5-1。

表5-1　客户感知与网络规划

客户感知维度	规划目标维度	说明
网络覆盖范围	覆盖	覆盖区的范围，直接对应覆盖目标
通话时的掉话情况	覆盖，质量	掉话跟网络覆盖空洞、网络质量及网络参数设置不完善有关
数据业务速率	容量、数据业务能力	数据业务速率跟网络的整体容量和单基站数据业务能力相关，基站保障的数据业务能力强，给用户提供的数据业务速率就高
上网稳定性	覆盖，质量	跟网络覆盖空洞、网络质量及网络参数设置不完善有关
网络连接速度	质量	网络连接速度跟网络质量相关，端到端的速率影响网络的连接时延

针对客户关心的内容，在网络规划中，分解到覆盖、容量、质量、数据业务能力等维度。因此，合理确定网络规划目标，能够有效指导后期面向客户的感知网络建设。在规划中，要重点考虑需要满足的用户业务类型，根据业务满足类型确定网络总的业务需求。

5.2.3　网络规划目标

5G 网络的规划目标，从覆盖、容量、质量、数据业务能力等多个维度进行划分。

1. 覆盖

覆盖目标首先是考虑覆盖的范围。5G 网络覆盖到什么程度与 5G 网络的发展和建设策略有关。哪些区域是优先覆盖，哪些区域是重点覆盖，哪些区域逐步递进覆盖，哪些区域不需要覆盖，这些都是网络覆盖目标首先要界定的。确定好覆盖的范围目标后，再从面、线、点 3 个方面来量化覆盖目标。

面覆盖是在面积区域上，已经覆盖的区域占目标区域的覆盖百分比。线覆盖用来形容线状覆盖目标的覆盖指标，主要用在道路覆盖上，如高速公路、高速铁路、国道、航道等区域。点覆盖指标用来表征单个点的覆盖情况，主要用于衡量单个大型建筑或者重要建筑的覆盖程度，一般用于室内分布系统建设的统计。

面覆盖率：用已经覆盖的面积平方千米数除以目标覆盖区域的平方千米数。

线覆盖率：用已经覆盖的道路千米数除以道路总千米数。

点覆盖率：用已经覆盖的点的数量除以总的数量。

在规划阶段要对每个区域类型的无线覆盖参考目标进行定义，各区域的无线覆盖目标参考，见表 5-2。

表5-2　各区域的无线覆盖目标参考

区域类型	穿透损耗要求	面覆盖概率	线覆盖率	点覆盖率
密集市区	穿透墙体，信号到室内	95%~98%	—	—
一般市区	穿透墙体，信号到室内	90%~95%	—	—
郊区	穿透墙体，信号到室内	80%~90%	—	—
重要道路	穿透汽车、火车等，车内	—	70%~95%	—
重要办公楼、交通枢纽、高校	室内分布覆盖	—	—	90%~100%
宾馆酒店、娱乐消费场所	室内分布覆盖	—	—	50%~90%

人口覆盖率是衡量覆盖用户百分比的指标，是运营商衡量网络满足用户的程度。人口覆盖率统计需要人口分布数据。目前，运营商 4G 网络的业务量分布数据可以以基站为单位获得，因此基于基站颗粒的人口分布数据可以推算获得。5G 网络的人口覆盖率数据可以根据 5G 网络的覆盖范围，进行相应的测算。

对于 5G 网络覆盖的技术定义，主要考察以下 3 个参数是否同时满足。

（1）公共参考信号接收功率（RSRP）

RSRP 是下行公共参考信号的接收功率，反映了信号的场强情况，应综合考虑终端接收机的灵敏度、穿透损耗、人体损耗、干扰余量等因素。

（2）公共参考信号信噪比（RS-SINR）

RS-SINR 表示有用信号相对干扰＋底噪的比值，在 5G 中又可分为参考信号 RS -SINR 和业务信道 SINR，通常在描述覆盖时指的是参考信号的 RS-SINR。

公共参考信号信干比反映了用户信道环境，其和用户速率存在一定相关性。因此，对于不同目标的用户速率，SINR 的要求也不同。

（3）手机终端发射功率

5G 手机的终端发射功率也是判定覆盖的约束条件。根据 3GPP 的协议，5G 手机的 FR1 频段的最大发射功率是 23dBm（class3）和 26dBm（class2）。FR2 频段 UE 的最大发射总功率为 23dBm（class2~class4）和 35dBm（class1）。

2. 容量

网络规划中的容量目标是网络建成后，形成的数据吞吐量能力。网络的容量分上下行吞吐量。在移动通信网络的容量计算中，通常将上下行的吞吐量合计。在移动互联网大发展的时代，业务种类众多，在容量规划中，需要分别考察下行和上行的容量满足情况，网络总体上满足用户需求，在各个区域上也要分别满足。

在网络容量利用率的计算中，要划定一个基本的网络容量警戒线，一般设置为网络容量的 50%~70%。对于网络容量利用率的最低界限，在网络建设初期考虑较少。待后面网络建成、用户发展较稳定后，网络利用率的下限考核将被纳入运营商的考核指标。

3. 质量

质量目标分为语音业务和数据业务。因为 5G 网络不提供电路语音业务，在开通 IP 语音业务前，主要提供数据业务。因此，对网络质量的目标的规划，主要是对数据的业务质量目标进行规划。

业务的接续质量表征用户被接续的速度和难易程度，可用接续时延和接入成功率来衡量。传输质量反映用户接收到的数据业务的准确程度，可用业务信道的误帧率、误码率来衡量。对于数据业务，目前通常采用吞吐量和时延来衡量业务质量。业务保持能力表征用户长时间保持通话的能力，可用掉线率和切换成功率来衡量。

5G 网络质量目标的参考取值，见表 5-3。

表5-3　网络质量目标的参考取值

项目	定义	建网初始参考值
接入时延，终端发起	移动用户发起 PDP 激活到激活完成时延	3s
开机附着时延	移动用户从开机到附着成功的时延	8s
接入成功率	接入尝试成功的百分比	≥ 90%
误帧率	FER	≤ 5%
误块率	BLER	≤ 10%
掉线率	—	≤ 5%
切换成功率	跨基站间切换成功的比例	≥ 95%
切换互操作成功率	系统间切换成功的比例	≥ 85%
PDP 上下文激活成功率		≥ 95%

4. 数据业务能力

5G 网络提供数据业务，数据业务能力直接影响用户的体验。在网络规划中，小区边缘用户速率是指在小区边缘范围内能保证的用户体验速率。因此这个指标直接影响用户对网络能力的评价。

5G 网络使用率在 70% 的网络负荷下，结合上下行覆盖能力的对比，在 5G 网络覆盖较完善的情况下,可以按照不同的业务场景和区域需求,定义不同的数据业务能力目标。例如,eMBB 场景数据业务能力要求,见表 5-4。对于其中的 eMBB 场景,单用户速率 3GPP 给出了明确的建议值。

表5-4　eMBB场景数据业务能力要求

场景	典型速率（DL）	典型速率（UL）	UE 移动速度	覆盖区域
城市宏蜂窝	50 Mbit/s	25 Mbit/s	步行或车载（≤ 120 km/h）	全网
农村宏蜂窝	50 Mbit/s	25 Mbit/s	步行或车载（≤ 120 km/h）	全网
室内热点	1 Gbit/s	500 Mbit/s	步行	办公室、居民区
无线宽带接入	25 Mbit/s	50 Mbit/s	步行	指定区域
密集市区	300 Mbit/s	50 Mbit/s	步行或车载（≤ 60 km/h）	密集市区
市区高速铁路	50 Mbit/s	25 Mbit/s	≤ 500 km/h	高铁沿线
高速公路	50 Mbit/s	25 Mbit/s	≤ 250 km/h	高速沿线

对于 mMTC 业务场景,3GPP 对 mMTC 业务场景的速率没有过多要求,因为在 5G 的三大场景中,mMTC 的速率要求是最低的。按照 3GPP 对 IoT 业务的目标速率,mMTC 场景的业务速率可以高至 1Mbit/s。另外,参照 3GPP,NB-IoT 规划给出的建议值为 160bit/s。因此,综合现有的 IoT 业务和未来的 IoT 业务的需求,在规划中以 1Mbit/s 的边缘速率作为初始规划的速率要求。

对于 uRLLC 场景,更多的是强调业务的可靠性要求。根据 3GPP TS22.261,uRLLC 场景数据业务能力和可靠性要求,见表 5-5。

表5-5　uRLLC场景数据业务能力要求和可靠性要求

场景	通信业务可用性	可靠性	用户典型速率	业务密度	连接密度
离散自动化 – 运动控制	99.9999%	99.9999%	1~10Mbit/s	1 Tbit/s/km²	100 000/km²
离散自动化	99.99%	99.99%	10 Mbit/s	1 Tbit/s/km²	100 000/km²
过程自动化 – 远程控制	99.9999%	99.9999%	1~100 Mbit/s	100 Gbit/s/km²	1 000/km²
过程自动化 – 监控	99.9%	99.9%	1 Mbit/s	10 Gbit/s/km²	10 000/km²
中压配电	99.9%	99.9%	10 Mbit/s	10 Gbit/s/km²	1 000/km²
高压配电	99.9999%	99.9999%	10 Mbit/s	100 Gbit/s/km²	1 000/km²
智能运输系统 – 基础设施回程	99.9999%	99.9999%	10 Mbit/s	10 Gbit/s/km²	1 000/km²
触觉交互	99.999%	99.999%	低速率		
远程控制	99.999%	99.999%	≤ 10 Mbit/s		

5.2.4　规划目标的实施

在具体落实覆盖、容量、质量、数据业务能力等网络规划目标中,我们主要通过基站布局建设、基站容量配置、基站参数合理设置、基站灵活组网等途径来实现。

在基站建设布局中，技术上需要重点考察基站的覆盖能力，从而确定基站间的距离。另外，5G基站与其他系统的干扰隔离也需要重点保证。

基站容量能力和配置是实现网络容量目标时需要重点考虑的内容。合理配置网络容量，合理规划基站接入传输需求，在整个网络通路中，应保障业务的畅通，消除各个环节影响容量的瓶颈。

基站参数设置众多，合理设置参数能改善网络的质量、数据业务能力、容量和覆盖。

此外，充分利用现有网络配套资源和运营商之间的共建共享，可以节省网络投资，经济建网。

因此，在实际规划操作中，具体规划目标的实施，见表5-6。

表5-6　规划目标的实施

规划目标	规划目标的落地实施
整体架构	基站组网策略
覆盖	基站覆盖规划，覆盖仿真
容量	基站容量规划
质量	基站参数设置，干扰协调与控制，网络优化
数据业务能力	基站覆盖规划，基站容量规划
经济性	基站组网策略，基站配套资源的共建共享

5.3　5G覆盖规划

5.3.1　频率规划

5G网络的使用频段范围大，覆盖了从2GHz~6GHz的低频段到28GHz~80GHz的高频段。不同的频段，其不同的覆盖特性和载波带宽容量能力决定了其不同的应用场景和应用环境。

1. 业务场景

在频率使用规划中，6 GHz以下的波段对于支持大多数5G使用场景是至关重要的。3300 MHz~4200 MHz和4400 MHz~5000 MHz频率范围适合在广域覆盖和良好容量之间提供最好的选项。对于5G的早期部署，每个5G网络中至少有100 MHz的连续频段带宽，以支持高速带宽业务的基本需求。

高频率（超过6 GHz）是提供大容量必不可少的频段，其提供5G eMBB应用程序所需的极高的数据速率。在5G的早期部署中，推荐至少提供200MHz的连续频段带宽。

2. 覆盖场景

在覆盖对象方面，6 GHz 以下频段基站覆盖能力较强，有一定的绕射能力和建筑穿透能力，适合作为 5G 网络的广覆盖手段，用于覆盖城市室内外以及郊区、重要景区、道路等场景。

6 GHz 以上频段基站的覆盖能力受限，并且信号绕射能力差，受阻挡后信号衰减大，信号穿透能力更弱，因此，适合小范围的热点热区覆盖。

此外，对于场馆、车站等开阔的室内场景，6 GHz 以上频段也是可以采用的覆盖手段，可利用开阔空间信号传播损耗少的特点，实现区域覆盖并提供大容量能力。

5.3.2　覆盖区域划分

区域分类的目的是根据区域特点，不同区域类型采取不同的网络结构、服务等级和设备设置原则，达到网络质量和建设成本的平衡，获得最优的资源配置。影响区域分类的因素有地理环境和业务分布。

地理环境包括地形、地物和地貌等，例如，沙漠丘陵、城市建筑物分布、建筑材料、道路情况、植被情况等引起不同的无线传播特性。业务分布特点包括人口分布、流动性大小和用户特点等。人口密度和用户数并非一定成正比，不同的用户群有不同的通信特性。繁华市区、商业区、机场、展览会、车站、码头、大会堂、影院、大商场、大超市和政府机关等为高话务量区域，郊区和农村则为低话务量区域。

区域特点是从地理环境特点和用户业务分布特性两个方面考虑。区域特点与无线网络规划的覆盖、容量与质量目标密切相关。网络覆盖主要由无线环境决定，网络容量与质量主要由用户业务分布决定，可依据无线传播环境和业务分布两个方面的特征，完成区域分类。

1. 按无线传播环境分类

无线传播特性主要受地物地貌、建筑物材料和分布、植被、车流、人流、自然和人为电磁噪声等多个因素影响。移动通信网络的大部分服务区域的无线传播环境可分为密集市区、一般市区、郊区和农村四大类。

（1）密集市区

密集市区仅存在于大中城市的中心，区域内建筑物的平均高度或平均密度明显高于城市内周围建筑物，地形相对平坦，中高层建筑较多。密集城区主要包含密集的高层建筑群、密集商住楼构成的商业中心。一般此类区域主要为商务区、商业中心区和高层住宅区。

（2）一般市区

一般市区为城市内具有建筑物平均高度和平均密度的区域，或经济较发达、有较多建筑物的县城和卫星城。该区域主要由市政道路分割的多个街区组成。此类区域一般以住宅小区、机关、企事业单位、学校等为主，典型建筑物的高度为 7~9 层，当中夹杂着少量 10~20 层的高楼。楼与楼的间距一般在 15~30m。

（3）郊区

郊区一般为城市边缘的城乡结合部、工业区以及远离中心城市的乡镇，区域内建筑物稀疏，基本无高层建筑。市郊工业园区域内主要建筑物为厂房和仓库，厂区间距较大，周围有较大面积的绿地。城乡结合部的建筑物明显比市区稀疏，无明显街区，建筑物以 7 层以下楼宇和自建民房为主，周围有面积较大的开阔地。

（4）农村

农村一般为孤立村庄或管理区，区内建筑物较少，周围有成片的农田和开阔地。此类区域常位于城区外的交通干线。

由于我国地域辽阔，各省、市的无线传播环境千差万别，除了上述 4 类基本的区域类型外，还包括山地、沙漠、草原、林区、湖泊、海面、岛屿等广阔的人烟稀少的地区，在实际规划过程中应根据当地的实际情况对分类进行适当调整。

2. 按业务分布分类

网络规划建设应首先确保语音业务，在此基础上，重视数据和多媒体业务，增加有特色的服务和竞争的差异化。业务分布与当地的经济发展、人口分布及潜在用户的消费能力和习惯等因素有关，其中，经济发展水平对业务发展具有决定性影响。业务分布可以划分为业务密集区、高业务密度区、中业务密度区和低业务密度区，区域业务分布特征总，见表5-7。

表5-7 区域业务分布特征汇总

区域类型	特征描述	业务分布特点
业务密集区	主要集中在区域经济中心的特大城市，面积较小。区域内高级商务楼密集是所在经济区内商务活动集中地，用户对移动通信的需求大，对数据业务的要求较高	1. 用户高度密集，业务热点地区 2. 数据业务速率要求高 3. 数据业务发展的重点区域 4. 服务质量要求高
高业务密度区	工商业和贸易发达。交通和基础设施完善，城市化水平较高、人口密集、经济发展快、人均收入高的地区	1. 用户密集，业务量较高 2. 提供中等速率的数据业务 3. 服务质量要求较高
中业务密度区	工商业发展和城镇建设具有相当规模，各类企业数量较多，交通便利，经济发展和人均收入处于中等水平	1. 业务量较低 2. 只提供低速数据业务
低业务密度区	主要包括两种类型的区域： 1. 交通干道 2. 农村和山区，经济发展相对落后	1. 话务稀疏 2. 建站的目的是为了覆盖

3. 按区域特征分类

在网络覆盖规划中，针对不同的覆盖区域特征类型，还可以从面、线、点 3 个维度进行划分。面、线、点 3 个词比较形象地概括了覆盖目标的主要特征。

面主要是城区、郊区、县城等成片的覆盖区域，需要覆盖的对象以面积平方千米为单位进行衡量，主要指标是面积覆盖率。

线主要是道路等呈现线状的覆盖对象，需要覆盖的对象以里程千米为单位进行衡量，主要指标是里程覆盖率。

点主要是楼宇、热点等呈现离散点的微小面积覆盖对象，需要覆盖的对象以覆盖的个数为单位进行衡量，主要指标是点个数覆盖率。

在面、线、点覆盖规划中，主要采用的覆盖手段不同，在规划中通常用这类划分方法进行第一步的划分，然后再在各大类中细分出不同的覆盖重要性等级。

此外，除了上述覆盖区域划分方法外，随着 4G 网络 MR 系统的普及和完善，网络对数据业务的感知越来越准确，基于 MR 的网络大数据，可以精准地呈现 4G 业务流量的地理化分布。因此基于 MR 数据的 4G 业务量分布成为 5G 网络业务量分布的一个重要参考，尤其是对于 eMBB 业务。

5G 网络规划的目标区域主要是城市的建成区，主要包括市区和县城城区，部分发达的乡镇也是覆盖的区域之一。常见的需要重点保障的高价值和高品牌影响力的业务区有高流量商圈、高密度住宅区、高校、高铁、高速公路、地铁等。

5.3.3　面、线、点覆盖规划

5G 网络的覆盖可以从面、线、点三大维度进行规划。

1. 面

从面覆盖的维度，主要包括城市大面上的覆盖和农村面上的覆盖。

在城市面覆盖上，低频段的网络提供广覆盖，作为覆盖的底层。高频段的网络，作为容量层的覆盖。在规划中，发挥低频段优势，保持广覆盖在一定时间内适度领先。

（1）城区：提升城区深度覆盖能力，优化城区覆盖，提升 5G 网络驻留比。

① 综合大数据平台分析、测试、投诉数据等，精准覆盖补点，进一步加强市区、县城的深度覆盖，对高价值、高流量区域做深做厚，宏微结合、室内外协同精确建设室内分布系统，保持竞争优势，保障用户感知良好。

② 低流量区域，以低频网络打底实现基本连续覆盖，兼顾浅层深度覆盖。

③ 忙时流量大于某个阈值的，叠加高频段 5G 网络覆盖。

④ 依托大数据平台、测试、投诉等数据分析，进一步加强市区、县城的深度覆盖。

为应对移动互联网数据业务的海量发展，网络架构逐步向"分层化＋集中化"的方向演进：既由传统的蜂窝覆盖向立体分层异构网络发展；减少覆盖盲区，提高网络覆盖和质量。

对于宏站和微站，站型定位如下：

- 宏站覆盖层，作为覆盖的主要载体，保证基本连续覆盖；
- 宏站突出连续覆盖，保障用户移动性要求；
- 室分完善网络深度覆盖，降低宏站压力；
- 微基站作为宏蜂窝补充，重点完善局部区域覆盖，并吸收话务。

微基站使用的基本原则：

- 在常规宏蜂窝无法建设的情况下，通过路测、MR、投诉、市场需求规划微基站覆盖，主要完善局部盲区或缓解局部话务热点，提高用户体验；
- 作为局部的容量层基站，吸收附近数据业务吞吐量；
- 微基站采用瓦级 RRU 设备，CU/DU 与宏蜂窝 CU/DU 统一规划。

（2）农村区域，目标覆盖区采用低成本建设方式扩大农村广覆盖，支撑 5G 多种业务规模发展。采用"利旧＋调优"，扩大完善农村 4G+5G 覆盖，充分利用铁塔存量站址资源，对标竞争对手网络进行建设；拆闲补盲，利旧 4G 网设备或调整现网超低流量设备，扩大覆盖。

2. 线

线覆盖主要指高铁高速公路的覆盖。

在进行线覆盖时，结合周边大网统筹考虑，线、点结合，以点带线，优化提升高铁高速的覆盖质量。用低频段 5G 网络实现基础连续覆盖。对于处于热点区域的高铁高速，依托大数据和节假日网管流量数据，针对收费站、服务区以及拥堵路段补充高频段容量型 5G 站点覆盖。

3. 点

点覆盖主要指特定的单个楼宇、单个建筑群以及周边的局部覆盖。

点覆盖规划要有所为、有所不为，以效益优先，多场景多手段建设，实现重要区域针对性覆盖领先。对于高流量、高价值区域等流量热点区域，分场景按不同建设方式满足业务发展需求。建立宏站和室分协同规划、优化机制，深度浅覆盖优先通过宏基站及微基站实现，深度覆盖主要通过建设室内分布系统解决。其中微基站需要精细精准建设，完善网络深度覆盖和缝隙覆盖，实现 5G 信号从有到优的转变。此外，结合投资和流量预测，综合制定规划方案，分布系统一次到位，信源按需分步配置，保障网络性能及投资效益。对于重点项目，结合城市建设和发展规划、重大活动保障的需求，对地铁、高铁隧道、交通枢纽、重要活动场馆的覆盖需求做到提前关注和规划，确保建设进度和质量。

对于点覆盖的典型场景，规划建议有如下 4 点。

（1）对于高校及职业学校，其特点是用户及业务密度极大，数据业务需求更显著。一般的解决手段是采用高低频段、宏微结合。在非宿舍区，采用宏站覆盖；在宿舍区，采用小型微站覆盖。

（2）对于高流量的商场超市、医院、交通枢纽等场景，其特点是人口密集、空间宽大、深度覆盖不足，主要解决手段包括采用室内分布式微站等新型室分建设。

（3）对于流量需求一般的写字楼、办公楼、宾馆酒店，其特点是人口流动量大，业务需求量大，房间及窗边深度覆盖不足，主要采用的解决手段为：加强同其他运营商的共建共享，建设光纤有源分布系统。

（4）对于居民小区，其特点是低层信号电平差，高层干扰大。一般的解决手段为：平层设备利旧，采用射灯天线、楼顶对打等低成本覆盖手段为：根据楼宇高度分别从高层、中层、低层多角度进行覆盖。

5.3.4　基于大数据的网络覆盖规划

在 5G 规划时代，应运用大数据分析手段，为网络规划"注智"，探索更为精确、高效的规划和评估办法，科学建模，提升效率，为精准投资决策提供参考。如何确保 5G 网络覆盖补点更精确、更有效？如何确保 5G 网络扩容资源分配更科学、更精确？这些问题需要通过大数据辅助规划决策来解决。基于 MR 分析的城区流量分布如图 5-2 所示。

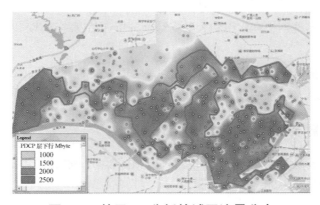

图5-2　基于MR分析的城区流量分布

利用现网海量 4G 和 5G 网络运营数据，构建评估模型，辅助网络规划，提升精准化投资水平。应用大数据辅助规划，其中数据主要包括网络数据、业务数据和投资成本数据。

网络数据：网络覆盖分析、容量分析、用户体验分析，具体包括 MR 数据、5G 下切 4G

小区信息、DT 与 CQT 数据、小区流量、小区 RRC 连接数、小区 PRB 利用率等。

业务域数据：用户与业务发展数据、计费与价值数据，具体包括 VIP 价值用户分布、ARPU 数据等。

投资域数据：投资数据、成本运营数据。包括新建站和利旧站的单站造价、铁塔租金、运维成本等。

大数据据辅助规划分析流程如图 5-3 所示。

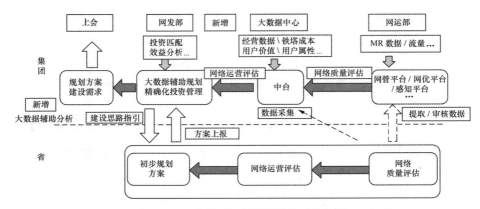

图5-3　大数据辅助网络规划流程

通过搭建中数平台，建立维优一体化管理体系，省网管通过北向接口向集团级综合网管提交网络运行数据，进行网络质量评估。集团从网管平台、网优平台、感知平台等后端管理平台提取运行数据，作为网络数据输入中台，进行网络质量评估。大数据中心提取经营数据、铁塔租金成本、用户价值、用户熟悉等信息，作为投资成本数据输入中数平台，进行网络运营评估。集团根据大数据辅助规划，精确化投资管理，为滚动规划编写当年的建设思路和指引。本地网根据指引和大数据综合分析评估网络运营和网络质量，编制初步规划方案。

通过大数据分析，进行网络覆盖补盲规划，实现 5G 覆盖达到与 4G 网同等水平，主要包括以下两个方面。

1. 室外弱覆盖补点建设

通过多维度的数据评估网络覆盖情况，包括 MR 数据、5G 时长占比、高回落 4G 小区、DT 数据和用户投诉等，确定弱覆盖区域。

选取弱覆盖评估指标，通过大数据拟合 Vo5G 与 5G 网络指标关系，以用户体验为导向，选取覆盖评估指标门限。不同的区域类型，根据体验要求，可以确定不同的门限要求。例如，市区通话质量拐点为 RSRP>－115dB；农村通话质量拐点为 RSRP>－120dB。5G 承载语音的 RSRP 与 MOS 关系城市场景与农村场景分别如图 5-4、图 5-5 所示。

MR 数据反映用户所在位置的覆盖情况，可以选取 5G 弱覆盖门限。例如，市区 RSRP ＜－115dBm；农村 RSRP ＜－120dBm。

DT 数据反映室外覆盖情况，考虑楼宇穿透损耗（15dB），选取弱覆盖门限。例如，市区 RSRP ＜－100dBm；农村 RSRP ＜－105dBm。

设置 5G 到 4G 切换门限，出现下切现象的 5G 小区存在无法满足语音覆盖需求的可能，选取下切比例较高的 TopN 小区关注弱覆盖区域。

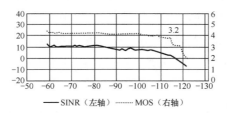

图5-4　5G承载语音的 RSRP与MOS关系（城市场景）

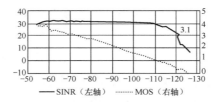

图5-5　5G承载语音的 RSRP与MOS关系（农村场景）

2. 室分弱覆盖补点建设

室分建设关键为确定目标楼宇，建议按类型划分聚类片区，然后结合市场运营数据包括价值用户分布、流量分布、基站收入分布情况，进一步定位重点覆盖目标楼宇。可以充分利用光宽带营销网格信息，较好地提取目标客户的聚类片区信息。

结合大数据综合评估室内覆盖情况，可以通过 3D 仿真数据、室内测试数据和 MR 数据建立室内覆盖 3D 模型，建立多维度评估体系，评估目标楼宇的建设优先级。结合包括室内覆盖评估、小区话务、用户 ARPU 分布等信息生成室分建设优先级，根据优先级实现精准投放室分建设资源。3D 仿真室内覆盖如图 5-6 所示。

图5-6　3D仿真室内覆盖

•• 5.4 5G 容量规划

5.4.1 容量规划概述

5G 用 RB 分组共享方式进行数据传输，并根据信道质量采取自适应的调制编码方式，使网络能够根据信道质量的实时检测反馈，动态调整用户的数据编码方式和占用的资源。在 5G 网络容量规划中，建网初期以覆盖目标为主，第一步需要的是满足覆盖要求，分步建站，逐步提高系统容量；第二步根据不同应用场景对容量的不同需求，灵活配置相应的网络参数。

容量规划追求的目标是最大的吞吐率，如小区吞吐率、单用户吞吐率及最大的接入用户数，但这些目标之间是相互制约的关系。网络接入的用户数越多，单用户的吞吐率会降低，小区的平均吞吐率也会受到影响。

在容量规划时，需要根据建网目标来综合平衡。较为简单的容量估算方法是基于用户话务模型，确定整个区域总接入用户数和总吞吐率需求的容量目标，整个区域的容量目标和单个小区的容量能力之比，就是从容量角度上计算出小区数目，从小区数目可以规划出基站数和载频配置数。

基于用户分布的容量规划是以地理化的用户分布和话务预测数据为基础，将规划网络的整个区域细分为一个个更小的区域，然后在每个更小的区域中，进行精细化的容量规划。

3GPP 协议 TS22.261 给出了 5G 网络面对的用户体验速率和业务密度的要求，高用户密度和高速率业务性能要求，见表 5-8。

表 5-8 高用户密度和高速率业务性能要求

	场景	体验速率（DL）	体验速率（UL）	容量（DL）	容量（UL）	密度	激活率	UE 移动速度
1	城市宏蜂窝	50 Mbit/s	25 Mbit/s	100 Gbit/s/km²	50 Gbit/s/km²	10000/km²	20%	步行或车上不超过 120 km/h
2	农村宏蜂窝	50 Mbit/s	25 Mbit/s	1 Gbit/s/km²	500 Mbit/s/km²	100/km²	20%	步行或车上不超过 120 km/h
3	室内热点	1 Gbit/s	500 Mbit/s	15 Tbit/s/km²	2 Tbit/s/km²	250000/km²		步行
4	宽带接入	25 Mbit/s	50 Mbit/s	3.75 Tbit/s/km²	7.5 Tbit/s/km²	5000/km²	30%	步行
5	密集市区	300 Mbit/s	50 Mbit/s	750 Gbit/s/km²	125 Gbits/km²	25000/km²	10%	步行或车上不超过 60 km/h
6	广播	最大 200 Mbit/s（每频道）	N/A	N/A	N/A	TV 频道数	N/A	步行或车上不超过 500 km/h
7	高铁	50 Mbit/s	25 Mbit/s	15 Gbit/s/车	7.5 Gbit/s/车	1000/车	30%	车上不超过 500 km/h

（续表）

	场景	体验速率 （DL）	体验速率 （UL）	容量 （DL）	容量 （UL）	密度	激活率	UE 移动速度
8	高速	50 Mbit/s	25 Mbit/s	100 Gbit/s/km²	50 Gbit/s/km²	4000/km²	50%	车上不超过 250 km/h
9	飞机	15 Mbit/s	7.5 Mbit/s	1.2 Gbit/s/ 架	600 Mbit/s/ 架	400/ 架	20%	飞机（1 000 km/h）

根据第二章内容，在国内环境下，典型应用场景性能指标测算，见表 5-9。

表5-9　典型应用场景性能指标测算

应用场景	上行流量密度	下行流量密度	时延要求	上行体验速率	下行体验速率
密集住宅区	0.38Tbit/s /km²	3.30Tbit/s /km²	50ms	512Mbit/s	1024Mbit/s
办公室	2.38Tbit/s /km²	14.99Tbit/s /km²	10ms	512Mbit/s	1024Mbit/s
体育场	2.57Tbit/s /km²	3.60Tbit/s /km²	10ms	60Mbit/s	60Mbit/s
露天集会	2.57Tbit/s /km²	3.60Tbit/s /km²	10ms	60Mbit/s	60Mbit/s
地铁	33.84Gbit/s / 站	162.42Gbit/s / 站	50ms	15Mbit/s	60Mbit/s
快速路	0.63Gbit/s /km	53.37Gbit/s /km	5ms	15Mbit/s	60Mbit/s
高铁	5.66Gbit/s / 车	18.21 Gbit/s / 车	10ms	20Mbit/s	60Mbit/s
广域覆盖	18.46Gbit/s/km²	58.01Gbit/s /km²	10ms	15Mbit/s	60Mbit/s

现在运营商都在运营 4G 网络，现网用户数据业务的使用情况和各个基站上承载的业务量均可以统计。因此，结合基站位置信息和基站业务量数据，可以在基站颗粒度层面将地理化的用户业务量分布作为参考。另外，随着这几年网络测量报告（Measure Report，MR）数据的逐渐普及，基于 MR 的网络容量规划有了实施的基础，因此，可以从更加小的颗粒度层面进行地理化的用户业务量分布。

网络容量规划是根据用户的业务需求，匹配适当的网络容量的过程。在 2G/3G 时代，基站的容量根据载频划分，颗粒度较小，网络容量规划较精细。在 4G 时代，基站载频达到 10MHz、20MHz，单基站承载的容量较大。另外，运营商的可用载频一般是 1~2 个，因此容量规划较简单，容易达到网络覆盖的基本需求，网络提供的起步容量较大，网络利用率较低。之后随着用户规模和业务量的发展，4G 网络多载波、载波聚合等开始出现，网络容量规划重心转到网络载波扩容和多载波规划上。

5G 除了具备 4G 的网络容量特征之外，能够提供的网络容量更大，颗粒度更大。5G 的大容量，引入了网络容量规划中的新课题，即网络的切片容量规划。因为 5G 的大颗粒大容量，为应对不同的场景和更加贴切地满足用户业务的需求，引入了网络切片，将 5G 的大颗粒又切分成若干个小颗粒的切片。

因此，在 5G 时代，切片容量的规划成为容量规划的关注点。在 5G 网络和基站的容量

"池"中，切片作为切分成不同大小的逻辑"资源"。这些逻辑资源能够提供的容量是否满足业务的需求，是否匹配业务的需求，是切片容量规划的核心要点。

5.4.2 容量评估和资源利用率评价

5G 网络的负载情况和扩容门限是网络容量规划中的重要问题。为了能够衡量 5G 网络的负载情况，需要制定无线利用率指标，用于有效合理地评估 5G 无线网络资源的利用情况。与现有的其他无线通信系统不同，5G 采用了更加高效、动态、复杂的网络资源调度策略和 MCS 调制模式，无论是控制信道还是业务信道，都是根据接入用户及其发起的业务、信道质量等多方面的因素动态决定的。5G 无线利用率的门限取值需要考虑的因素更加复杂。

1. 资源利用率

在 5G 协议中，定义了最小的物理层资源时频资源单位 RE。上下行业务信道都以 PRB 为单位进行调度。

在 5G 网络中，资源调度周期是一个无线子帧（1 ms），系统网络监控可采集到每个周期中的 PRB 占用数，因此可使用 PRB 占用率来评估无线网络资源的利用情况。根据 5G 的网络特点，用 PDCCH 信道利用率、PDSCH 信道利用率和上行信道利用率 3 个指标用于评估 5G 网络资源的利用情况。PDCCH 信道利用率用于评估分析下行控制信道的使用情况，PDSCH 信道利用率用于评估分析下行业务信道的使用情况，上行信道利用率用于评估分析上行信道资源的使用情况。

（1）下行业务信道资源利用率

根据网络实际占用的资源和全部可用资源的比值来标识无线网络的利用率。

PDSCH 下行业务信道资源利用率 = 下行实际使用的 PRB 数 / 下行可使用的 PRB 数 ×100%

以无线子帧（1 ms）为统计周期。下行实际使用 PRB 数：被调度用于传输 PDSCH 业务的 PRB 对个数。

（2）上行信道资源利用率

协议规定，PUCCH 和 PRACH 信道根据实际网络需求分配资源，随着 PUCCH 和 PRACH 资源的增加会减少 PUSCH 资源，因此计算上行利用率时只有综合统计 PUCCH/PRACH/PUSCH 三者的占用情况，才能客观地反映资源的占用情况。

上行利用率 =（PUCCH 占用的 PRB 数 +PRACH 占用的 PRB 数 +PUSCH 占用的 PRB 数）/ 上行总 PRB 数

其中，上下行全部可用 PRB 数与系统带宽有关。

与下行业务信道资源一样，以无线子帧（1ms）为统计周期。上行实际使用 PRB 数：被调度传输 PUCCH、PRACH、PUSCH 的 PRB 个数。

2. 网络扩容门限

在分析无线网络扩容门限时，首先需要分析网络的受限因素。无线信道分为受限和不受限两种情况。不受限信道包括以下两种。

（1）PSS/SSS，PBCH：占用固定的时频位置和资源，属于广播性质的信道，不需要考虑容量问题，也不需要考虑与其他信道的制约关系。

（2）PRACH，PUCCH，SRS：可通过信道本身的配置实现其容量的增减，因此不存在容量受限的情况，但会制约其他信道的可用时频资源。

受限信道包括以下 3 种。

（1）PDCCH：可用的时频资源来自参考信号分配后的剩余资源；随着控制信息和用户数的增加，会出现信道容量受限。

（2）PDSCH：传输下行业务信息，随着业务量的增加会出现容量受限。

（3）PUSCH：可用的时频资源来自 PUCCH 和 PRACH 分配后的剩余资源；传输上行业务信息，随着业务量的增加会出现容量受限。

根据受限信道进行分类，主要可分为公共信道和业务信道两类。

对于公共信道 PDCCH，应综合考虑资源利用和用户数的情况，在占用 3 个符号的情况下，PDCCH 的利用率建议不大于 70%。

所谓业务信道，是系统在满足接入成功率、掉线率、拥塞率等网络考核指标的情况下，可承载的最大无线利用率。该值需通过仿真、实际网络测试等手段取定。无线利用率在建网初期可暂且取定为 70%。

图 5-7 为某网络小区 PDSCH 信道的 PRB 利用率分布。

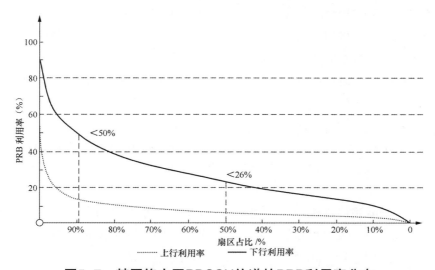

图5-7　某网络小区PDSCH信道的PRB利用率分布

从图 5-7 中可以看到，50% 的基站的 PRB 利用率在 26% 以下，90% 的基站的 PRB 利用率在 50% 以下。有 3% 的小区的 PRB 利用率超过 70%，因此需要扩容。在网络频率资源受限的情况下，难以通过增加系统带宽的方式增加容量，需要选用其他技术手段或增加基站，进行分流，降低原有小区的 PRB 利用率。

为简化 PRB 利用率和网络资源利用率的关系，可将习惯的扇区吞吐量作为扩容门限的方式，估算不同系统带宽情况下的扇区扩容门限建议，见表 5-10。

表5–10　扇区扩容门限建议

带宽	子载波	256QAM	时隙配比	特殊时隙符号配比	BER	多流天线发射		小区扩容门限（Mbit/s）	
MHz	kHz					上行	下行	上行	下行
100	30	支持	3:1:1	10:2:2	10%	2	16	79.8	1917.3
200	120	支持	3:1:1	10:2:2	10%	2	16	152.6	3711.4
400	120	支持	3:1:1	10:2:2	10%	2	16	305.2	7422.8

5.4.3　容量规划扩容

网络容量扩容是规划中经常碰到的问题。网络扩容传统的方法是按需滚动、动态扩容：容量站动态按需扩容，以确保高流量、高密度区域用户对不限量套餐的感知，以用户感知为中心提出容量的关键指标要求，然后根据关键指标判断网络容量是否达到扩容要求，实现动态按需扩容。

1. 载波扩容原则

基站载波扩容的基本原则包括：

（1）保证价值小区用户的优质体验，强化用户体验的差异化优势；

（2）多维度评估小区的忙时业务量，评估定位价值小区，确定扩容优先级；

（3）分析定位超闲小区，通过优化资源配置，盘活省内已有资源；

（4）考察小区自忙时流量与 RRC 的连接用户数，进行排序，Top N 作为高价值区域。

在此给出一个如下的排序方法，供参考：

Rank= 邻小区 RRC 用户数 /（邻小区 RRC 用户数省内最大值－邻小区 RRC 用户数省内最小值）×0.2+ 邻小区忙时流量 /（邻小区忙时流量省内最大值－邻小区忙时流量省内最小值）×0.5+ 高价值用户比例 /（高价值用户比例省内最大值－高价值用户比例省内最小值）×0.3

其中，省内 Rank 倒序排列。小区关键话务指标：忙时流量、PRB 利用率、RRC 连接数等。

一般情况下，提取近一个月某一周的自忙时小区级话统，根据业务量增长（考虑户均话务量、用户增长因子）模型，修正话统数据，进行扩容判决。

从目前运营商所采用的 4G 负荷扩容标准来看，扩容参考指标基本按每周或每天的自忙时统计，关系到容量扩容的 3 个重要指标：流量、PRB 利用率、RRC 连接用户数。这 3 个指标均为小时级指标。通过对部分未达到扩容门限的小区进行分析发现，小时级指标往往容易掩盖业务发生时段资源不足和体验差的情况。

　　某小区用户体验速率如图 5-8 所示。某小区 18:00 时平均的 PRB 利用率为 37.8%，小区中用户体验速率约为 10.5Mbit/s，平均体验良好；但其中 18:45~18:55，5 分钟级（8% 时间段）PRB 利用率超过 90%，小区中的用户体验速率从 22Mbit/s 急剧下降到 1.8Mbit/s 左右，用户体验感较差。

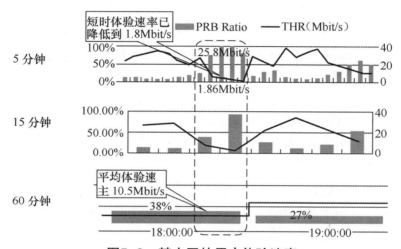

图5-8　某小区的用户体验速率

　　对上述小区的 PRB 利用率进一步进行秒级分析，发现每小时 PRB 的平均利用率为 23.4%，但在 1600~2200s 时段，瞬时 PRB 的利用率接近 100%，造成用户体验较差。

　　因此，在分析网络负荷状态时，有必要细化分析的时间颗粒度。小时级平均 PRB 利用率，往往会掩盖业务发生时段资源不足和用户体验较差的影响，无法精准匹配用户平均体验速率的表现。

2. 流量预测评估扩容

　　为了应对业务发展对网络负荷的影响，满足市场发展的需求，有必要对网络容量需求进行预先判定，预留扩容资源快速响应。建立话务量预测算法，根据单用户模型增长因子与用户增长因子，估算网络流量增长系数；用户增长因子作为 RRC 连接数的增长系数。通过模型预测关键评估指标在规划期内变化的情况，可以预估达到扩容门限的小区规模。

5.4.4　基于感知的网络容量规划

　　网络规划涉及的层面多种多样：从最终的使用方来看，则是用户；从端到端的角度来看，则是用户端到端、业务端到端。这些都是网络规划所服务的最终过程。基于用户感知的网络容量规划，可以从用户和网络维度进行规划，最终统一结合，构成基于感知的网络容量规划。

1. 用户感知

针对影响用户感知的指标体系，语音业务如用户话务量、平均通话时长、掉话率、拥塞率、寻呼失败率、起呼失败率等；对于数据业务，如用户连接成功率、上网速率等。

图 5-9 是基于现有网络的用户感知评估体系的系统架构图。通过网络的基础设施、信令监测系统，将信令监测数据、每次呼叫测量数据（Per Call Measurement Data，PCMD）原始数据、DPI 分析数据采集、核心网话务统计数据和告警信息汇集到某个平台上，再通过对数据的预处理，生成基于用户感知评估体系的报表，先于用户发现问题，针对发现的问题及时解决问题，提高工作效率，提高用户感知的满意度。

其中，用户感知评估体系通过以下 4 个部分实现。

（1）数据的预处理、用户的话务量统计、基本手机分类和综合查询功能。

（2）DPI 信息的处理。

（3）监控告警级别控制。

（4）用户感知指标评估图表统计、每个用户集、网元详细图表统计，输出统计图表以及用户集合的相关小区统计。

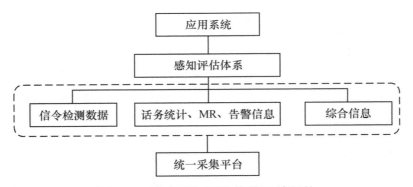

图5-9　用户感知评估体的系统架构

例如，信令监测系统、PCMD 分析系统可以针对全网用户及每个高端客户群预先设定相应的告警门限。按小区集、手机集灵活设置告警门限，建立预警机制，使网络指标告警与用户关联，比客户群更早发现问题。当用户感知网络性能指标偏差超出这个门限后，系统自动向使用者发出有关报警，帮助使用者及时知晓重点客户群的网络感知，先于客户发现问题并提出解决方案。

图 5-10 是根据图 5-9 进一步细化的 5G 用户感知评估体系的系统架构图。

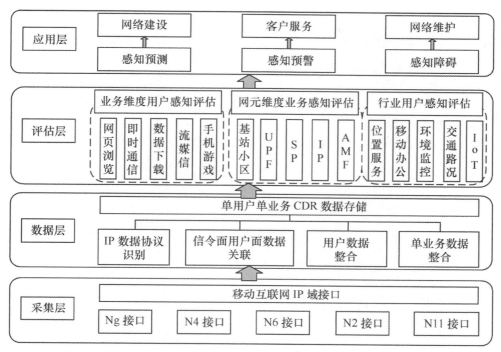

图5-10　5G用户感知评估体系的系统架构

在业务应用层面，通常我们碰到的几大类业务，如网页浏览、即时通信、流媒体的主要用户感知项目，见表5-11。

表5-11　常见的用户感知项目

分类	分项		感知项目	
浏览	文字类浏览		能否打开网页	文字浏览完成成功率
			多长时间打开网页	文字浏览时延
	图片类浏览		是否有响应	图片浏览响应成功率
			多长时间响应	图片浏览响应时延
			能否完全打开	图片打开成功率
			多长时间完全打开图片	图片打开时延
即时通信	登录性能		登录成功率	
			登录时延	
	文字/图片/视频/语音消息性能		消息发送/接收成功率	
			消息发送/接收时延	
	语音通话性能	接通性能	语音接通率	
			语音接通时延	
		通话质量	语音掉线率	
			单位时间内语音通话卡顿的次数	
			语音通话卡顿平均时长	

（续表）

分类	分项	感知项目	
即时通信	视频通话性能	接通性能	视频通话接通率
			视频通话接通时延
		通话质量	视频通话掉线率
			单位时间内视频通话卡顿次数（语音正常）
			单位时间内视频通话卡顿的次数
			视频通话卡顿持续时长
			视频通话视频卡顿持续时长
流媒体	视频接入性能	能否开始播放	服务器接入成功率
		多久开始播放	服务器接入及初始缓冲时延
	视频质量	是否出现缓冲	单位时间内缓冲出现的次数
			平均每次的缓冲时间
		是否出现马赛克	单位时间内马赛克出现的次数
			平均每次的马赛克面积比例
		是否出现音频/视频不同步	单位时间内音频/视频不同步时长比例
			平均每次的音频/视频时间差
		是否出现掉线	单位时间内的掉线次数

2. 网络感知

从网络感知的维度，判断网络的状况，可以按照表 5-12 所示的网络感知项进行粗略的划分。

表5-12　网络感知项

指标	内容
接入性能指标	RRC 连接的建立成功率
	EPS 附着成功率
	RRC 连接的平均建立时长
	EPS 平均附着时长
保持性指标	无线掉线率
完整性指标	用户面上下行 PDCP 层比特率
	用户面上下行 PDCP 层丢包率
	用户面下行 PDCP 层弃包率
	用户面下行 PDCP 层包平均时延

此外，从网优的感知也可以反映网络的质量情况。网优感知项，见表 5-13。

表5-13　网优感知项

指标	内容
覆盖	低 UE 发射功率余量小区
	UE 高发射功率小区
	RSRP 弱覆盖小区数
	TA 平均值
	……
干扰	小区重叠覆盖度
	下行平均 $SINR$ 值
	下行平均 CQI 值
	小区下行平均误块率
	上行 $SRS\text{-}SINR$ 平均值
	接收干扰功率
	上行子帧级 IoT
	……
容量	小区 RANK2 占比
	小区多流下行传输 TB 占比
	下行每个 PRB 的平均吞吐率
	下行每个时隙调度业务的 PRB 数
	……

网优感知途径包括网管分析数据、MR 数据和路测数据。在容量方面，可以从下行每个时隙调度业务的 PRB 数、下行 TB 块占比、每个 PRB 的平均吞吐率等对容量进行分析。

3. 感知评估和容量规划

用户和网络感知项目的数量众多，如果按照发生的原因进行分类，可以归为以下 4 类。

（1）**信号覆盖问题**：信号覆盖弱，终端接入不稳定，时断时续，会导致接入不成功、掉线等问题。

（2）**容量带宽问题**：带宽容量不足，数据传送时间过长。

（3）**系统设备问题**：系统设备出现故障或异常、核心网配置出现异常等。

（4）**其他配套问题**：如接入传输、干线传输带宽不足，引起数据的收发瓶颈等问题。

在网络规划层面，特别是对于无线网络，用户感知的最直接的影响就是网络的覆盖和容量。在网络规划中的网络覆盖方面，对有无覆盖、覆盖质量如何评估、需要覆盖的区域、覆盖质量都有明确的指标要求。对于容量，在规划中不可能提供冗余的网络容量配置。站在用户感知的角度，我们希望在规划中解决用户容量的瓶颈，但是网络的资源有限。因此精确评估网络的容量需求，是基于用户感知在无线网络规划中的最终落脚点。

通过实测结合理论研究的方式，得出 4G 业务的感知保障带宽标准，见表 5-14。

197

表5-14 4G业务的感知保障带宽标准

业务类型	网页	视频	即时通信	SNS	E-mail	游戏
感知保障带宽（Mbit/s）	1.4	3.3	0.256	2.5	1	0.512

5G 业务 eMBB 业务跟 4G 类似，在网络建设和扩容的过程中，大包业务带宽可以使用典型的视频业务门限；中包业务可以使用典型的 WEB 业务保障带宽；小包业务可以使用即时通信的保障带宽。

无线网络扩容规划主体是小区，每个小区都同时存在大、中、小包业务，只是各类业务的占比不同。在现有网络资源配置固定的情况下，一方面，为提升单用户业务的体验速率，需要限制同时使用的用户数；另一方面，用户的增加有利于带来网络流量的提升。因此在保障单用户感知的同时，首先需要确定有效 RRC 连接用户数的合理门限，从而发挥网络的最佳价值和效果。通常小区的吞吐能力是相对固定的，要满足用户的感知保障，所允许的最大的并发用户数为：

$$有效 RRC 连接用户数 = \frac{小区吞吐率}{用户感知保障速度}$$

确定有效的 RRC 连接数后，就可以进一步统计小区中大、中、小包的 PRB 利用率和小区的全天流量，由此可以发现，当利用率不断提升，小区的流量增长存在"拐点"效应，因此可以将对应拐点处的利用率及小区业务量作为后续扩容的参考门限。

分析 Monte-Carlo 仿真用户使用业务连接失败的成因，可以定位出用户所在服务小区的覆盖、容量及质量状况：当信号质量较差时，表现为接入失败（无服务）；当无线资源不足以支持最低接入速率时，会表现为接入失败（资源饱和）。因此可以根据不同的业务失败成因，制定不同的规划方案。

结合仿真的感知容量规划流程如图 5-11 所示。

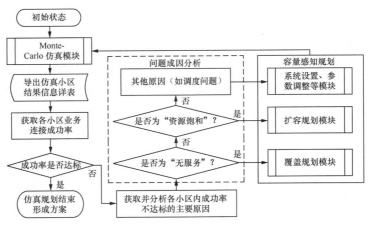

图5-11 结合仿真的感知容量规划流程

•• 5.5　5G 组网技术

5.5.1　组网技术

1. 以 CU+DU+AAU 分布式基站作为主要设备类型，进行 C–RAN 组网

5G 无线网络在基站建设形态上，不同于 4G 网络，5G 主要由 CU、DU 和 AAU 组成。另外，还有微基站形态。BBU 形态可分裂为 CU 和 DU，在 CU 和 DU 分离的架构下可以实现性能和负荷管理的协调、实时性能的优化和 NFV/SDN 功能的使用。功能分割可配置能够满足不同应用场景的需求，如传输时延的多变性可以使硬件更加灵活。

5G 的 CU 和 DU 分离，使 C-RAN 的实现更加容易。通过结合集中化的 CU 基带处理、高速的光传输网络和分布式的远端无线模块，形成集中化处理、协作化无线电、云计算化的无线接入网架构。5G C-RAN 的本质是通过减少基站机房数量，减少能耗，采用协作化、虚拟化技术，实现资源共享和动态调度，提高频谱效率，降低成本和高带宽和灵活度的运营。

C-RAN 除了其本身的系统特点外，在 5G 无线网络中，它还有助于基站间的干扰协调和控制。在网络中，覆盖和容量最大的受限因素是干扰，5G 采用 OFMDA 和 NOMA 技术，避免了小区内部的干扰，但是小区间的干扰不容忽视。5G 基站采用 CU 集中的方式，进行基站小区间的干扰协调，能够大大改善网络覆盖、提升网络容量。

2. 宏微结合、超密集组网，以应对数据业务地域分布不平衡

从 4G 网络的数据业务分布分析看，数据业务的不平衡性远大于语音业务。图 5-12 为某 4G 运营商的小区流量分布。

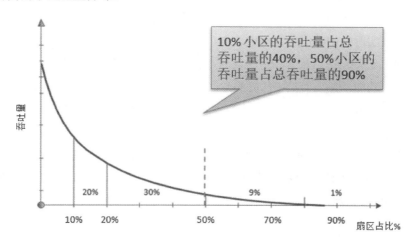

图5–12　某4G运营商的小区流量分布

可以看出，10% 的基站小区提供了全网 40% 的流量，50% 的基站提供了全网 90% 的数据流量。因此，业务分布极不均衡。对于 5G，数据业务分布类似，传统的宏蜂窝覆盖方式在数据业务大爆发的时代，已经不能满足业务需求。

相较于 5G 宏基站，小基站设备具有部署灵活、对配套要求低、建设快的优点；同时，微基站设备的发射功率较小，一般为 20~24dBm，对应的覆盖距离及容量性能等指标均有减弱。在部署初期可使用微基站设备用于弥补局部覆盖盲区；在部署中后期可以根据网络发展的需要，适当考虑微基站设备的分流流量负担。

5.5.2 CU+DU+AAU 组网

以 CU+DU+AAU 进行 C-RAN 组网，而 Cloud-RAN 又是 5G 网络切片的关键。CU 是可云化的通用设备，可处理非实时业务。DU 是难以云化的专用设备，可处理实时业务。控制功能在 CU 中以实现协作通信，而协作通信在 5G 的干扰管理和切换管理中有重要意义。在网络规划中，Cloud-RAN 可实现更加灵活的集中部署。在传输资源不足时，也可以实现 CU 的集中。

3GPP 在 TR38.801 中提到，如何对 NR 进行架构切分取决于网络部署场景、部署限制、所支持的服务等。当传送网资源充足时，可集中部署 DU 功能单元，实现物理层的协作化技术，而在传送网资源不足时，也可分布式部署 DU 处理单元。而 CU 功能的存在，实现了原属 BBU 的部分功能的集中，既兼容完全的集中化部署，也支持分布式的 DU 部署。可在最大化保证协作化能力的同时，兼容不同的传送网能力。

5G C-RAN CU/DU 部署方式的选择需要综合考虑多种因素，包括业务的传输需求（如带宽，时延等因素）、接入网设备的实现要求（如设备的复杂度、池化增益等）、协作能力和运维难度等。若前传网络为理想传输，则当前传输网络具有足够高的带宽和极低时延时，可以对协议栈高实时性的功能进行集中，CU 与 DU 可以部署在同一个集中点，以获得最大的协作化增益。若前传网络条件较好（如传输网络带宽和时延有限时），CU 则可以集中协议栈低实时性的功能，并采用集中部署的方式，DU 则可以集中协议栈高实时性的功能，并采用分布式部署的方式。另外，CU 作为集中节点，部署位置可以根据不同业务的需求进行灵活调整。基于 CU/DU 的 C-RAN 的网络架构如图 5-13 所示。

在网络规划实践中，CU 和 DU 的布局规划，需要借助运营商现有光缆网的布局和规划情况，结合运营商的本地传输网设置 CU 和 DU 的站址。以某运营商为例，本地网的传输网节点分层如图 5-14 所示。

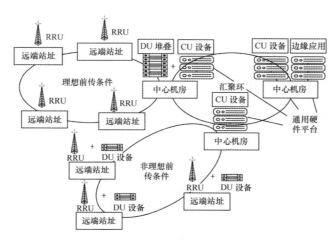

图5-13 基于CU/DU的C-RAN的网络架构

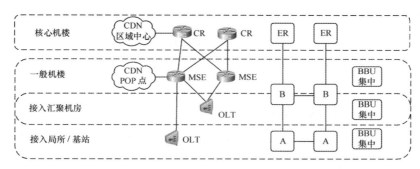

图5-14 本地网的传输网节点分层

根据本地网的机房与现有设备的设置，5G 网络的 CU 和 DU 设置，见表 5-15。

表5-15 5G网络的CU和DU设置

区域	部署位置	IP	接入	IP RAN	4G（BBU 集中）	政企（分组 OTN）	5G（CU/DU 设置）
城市	核心机楼	CR		RAN ER		OTN	
	一般机楼	MSE	OLT	B 设备	大中型 BBU 集中	OTN	大中型 CU
	接入汇聚机房		OLT	B 设备	中型 BBU 集中	OTN	中型 CU
	接入局所			A 设备	小型 BBU 集中		小型 CU，DU
	基站						DU，AAU
农村	一般机楼	MSE	OLT	B 设备 / 汇聚 ER	大中型 BBU 集中	OTN	中型 CU
	接入汇聚机房（发达乡镇）	SW	OLT	B 设备	中小型 BBU 集中	OTN	中小型 CU
	接入局所（一般乡镇）		OLT	A 设备			DU
	基站						DU，AAU

接入汇聚机房设置有大型 OLT 和 IPRAN B 设备的节点，同时是接入光缆的汇聚点，可以作为 CU 集中点的机房的主要选择。

5.5.3 宏微结合超密集组网

宏微结合超密集组网本质上是一种分层组网的形式，可以根据容量密度和覆盖的需求，至少选择两种不同的小区类型（如宏小区和微小区，有些甚至还有微微小区）相互叠加进行工作。宏小区主要保证连续覆盖；微小区和微微小区则主要用于吸纳业务量。低移动性和高容量的终端尽量使用微小区，而高移动性和低容量的终端则尽量使用宏小区工作，如此既能满足不同的容量密度要求，又能适应不同区域的覆盖需求，降低不必要的切换，提高系统的频谱效率。

1. 小区分层结构

建立超密集组网分层小区结构的根本原因在于网络覆盖补盲和增大网络的容量，提高网络对用户的服务质量。在 5G 中，超密集组网中宏小区的级别较低，而微小区和微微小区的级别较高。

超密集组网小区的结构设计通常采取以下两种方法。

（1）使不同层工作在相同的频段。不同层间的用户可以通过切换和发射信号要求的不同进行区分。5G 网络建网的频率不会仅有一个频段，而是多个频段的组合，因此，在超密集组网时，不同频段的建设形式可以不同，以宏微结合的方式进行分层密集组网，低频段基站实现宏基站功能，高频段基站实现微基站功能。

（2）使不同层工作在不同的频段。不同层间的用户通过频域来区分。借助抗干扰技术，5G 可以实现同频组网。当然，从提升网络质量的角度来说，设计异频的超密集组网网络是 5G 追求的目标。

2. 组网策略

在 5G 的建网初期，需要以保证网络的覆盖为主要目标，站址的设置首先需要考虑热点和潜在热点区域。这一阶段以覆盖为主要目标的小区可称为宏小区。

在建网的中后期，主要是以提高网络的容量为目标。此时需要在热点地区新增一些小区，以满足用户需求。如果采用不同的频段，则对原有网络干扰较小，不需要对原有网络重新进行规划。新小区可以是微小区。此外也可以通过小区分割的方式，将新小区的覆盖区域用若干个微小区进行覆盖。

3. 切换设计

超密集组网分层小区定位及覆盖能力的不同，导致超密集组网切换的要求非常高。

超密集组网小区切换的原因有如下 3 个。

（1）基于覆盖的切换

由于地形、建筑物等因素的影响，宏小区和微小区、微微小区的共同覆盖区域内的网络质量存在差异性，当终端处于某个小区的覆盖盲区时，需要及时切换到另一个小区。

（2）基于负载均衡的切换

超密集组网不同级别小区间的负荷同样存在较大的差异，出于提高系统容量、降低系统阻塞概率的考虑，需要进行负荷转移，即将一部分负荷由网络利用率高的小区转移至网络利用率低的小区。

（3）基于移动速率的切换

用户在移动过程中，有可能因为切换不及时而导致掉线，恶化客户感知。对于因为用户移动造成的切换，在设计时，建议将移动速率快的用户，尽可能地切换到宏小区中，因为其覆盖范围大，有助于降低切换频率。对于移动速率慢的用户，则尽可能地将其切换到微小区或微微小区中。

在 3 种不同的超密集组网切换中，首要，保证用户不掉线；其次，尽可能地均衡小区间的负荷，保证网络的安全，降低呼叫阻塞概率；最后，对网络进行优化，减少不必要的切换，提高网络的容量。

●● 5.6　5G 基站参数规划

5.6.1　PCI 规划

PCI（Physical Cell Index）是 5G 网络的物理小区标识，用于区分不同小区的无线信号，保证在相关小区覆盖范围内没有相同的物理小区标识。5G 的小区搜索流程确定了采用小区 ID 分组的形式，首先通过 SSCH 确定小区组 ID，再通过 PSCH 确定具体的小区 ID。

PCI 由主同步码和辅同步码组成。其中主同步码有 3 种不同的取值 $\{0，1，2\}$；辅同步码有 336 $\{0，1，\cdots，335\}$ 种不同的取值，所以共有 1008（3×336=1008）个 PCI 码。

1.PCI 规划的原则

（1）可用性原则：满足最小复用层数与最小复用距离，从而避免可能发生的冲突。

（2）扩展性原则：在初始规划时，需要为网络扩容做好准备，避免后续规划过程中频繁调整前期规划的结果。这时就可保留一些 PCI 组以及其他未保留 PCI 组保留若干个 PCI

于扩容。

（3）**不冲突原则**：保证某个小区的同频邻区的 PCI 不同，并尽量选择最优干扰，即模 3 和模 6 后的余数不等。否则会导致重叠覆盖区域内的某些小区不会被检测到，小区搜索也只能同步到其中一个小区。

（4）**不混淆原则**：混淆指一个小区的邻区具备相同的 PCI，此时 UE 请求切换至不知道哪个目标小区。

（5）**错开最优化原则**：5G 的参考 RS 符号在频域的位置与该小区分配的 PCI 相关，通过将邻小区的 RS 符号频域位置尽可能地错开，可以在一定程度上降低 RS 符号间的干扰，有利于提高网络的性能。

2. PCI 规划

（1）同一个小区的所有邻区列表中不能有相同的 PCI。

（2）使用相同 PCI 的两个小区之间的距离需要满足最小复用距离。

（3）PCI 复用至少间隔 4 层小区以上，大于 5 倍的小区覆盖半径。

（4）邻区导频位置要尽可能地错开，即相邻的两个小区 PCI 模 3 后的余数不同。

（5）对于可能导致越区覆盖的高站，需要单独设定较大的复用距离。

（6）考虑室内覆盖预留、城市边界预留。

另外，在进行小区的 PCI 规划时，主要考虑的问题是各个物理信道 / 信号对 PCI 的约束。

① **约束条件 1：主同步信号对小区 PCI 的约束要求**

相邻小区 PCI 之间模 3 的余值不同，即：

$$mocl(PCI_1/3) \neq mocl(PCI_2/3) \qquad \text{式（5-1）}$$

原理：相邻小区必须采取不同的 PSS 序列，否则将严重影响下行同步的性能。

② **约束条件 2：辅同步信号对小区 PCI 的约束要求**

相邻小区 PCI 除以 3 后的整数部分不同，即：

$$mocl(PCI_1, 3) \neq mocl(PCI_2, 3)\text{（此约束条件较弱）} \qquad \text{式（5-2）}$$

原理：相邻小区采用的 SSS 序列需要不同，否则将影响下行同步性能。由于 SSS 信号序列由两列小 m 序列共同决定。只要 $N_{ID}^{(1)}$ 和 $N_{ID}^{(2)}$ 不完全相同即可，约束条件 1 已经保证了相邻小区的 $N_{ID}^{(2)}$ 不同。所以此约束条件相对较弱。

③ **约束条件 3：PBCH 对小区 PCI 的约束要求**

相邻小区 PCI 不同，即：

$$PCI_1 \neq PCI_2 \qquad \text{式（5-3）}$$

原理：加扰广播信号的初始序列需要不同。广播信道的扰码初始序列有 $c_{init} = N_{ID}^{cell}$。

④ **约束条件 4：PCFICH 对小区 PCI 的约束要求**

相邻小区 PCI 模 2 的小区 RB 个数后的余值不同，即：

$$\mathrm{mod}(PCI_1, 2N_{\mathrm{RB}}^{\mathrm{DL}}) \neq \mathrm{mod}(PCI_2, 2N_{\mathrm{RB}}^{\mathrm{DL}})$$

式（5-4）

此条件隐含在约束条件 1 中。

原理：相邻小区的 PCFICH 映射的物理资源的位置不同。

⑤ **约束条件 5：DL–RS 对小区 PCI 的约束要求**

相邻小区 PCI 模 6 的余值不同，即：

$$\mathrm{mod}(PCI_1, 6) \neq \mathrm{mod}(PCI_2, 6)$$

式（5-5）

此条件隐含在约束条件 1 中。

原理：相邻小区的 DL-RS 映射的物理资源的位置不同。

⑥ **约束条件 6：UL–RS 对小区 PCI 的约束要求**

相邻小区 PCI 模 30 的余值不同，即：

$$\mathrm{mod}(PCI_1, 30) \neq \mathrm{mod}(PCI_2, 30)$$

式（5-6）

此条件隐含在约束条件 1 中。

原理：上行参考符号 UL-RS 采用的基序列不同，即保证相邻小区的 UL-RS 中的 q 不同，q 由 u、v 来决定，u 由 $f_{\mathrm{gh}}(ns)$ 及 $f_{\mathrm{ss}}^{\mathrm{PUCCH}}$ 或 $f_{\mathrm{ss}}^{\mathrm{PUCCH}}$ 来确定。当 $\mathrm{mod}(PCI_1, 30) \neq \mathrm{mod}(PCI_2, 30)$ 时，$f_{\mathrm{ss}}^{\mathrm{PUCCH}}$ 会不同，可以保证很大概率上的 q 值不同。

5.6.2　TA 规划

5G 的 TA（Trace Area）跟踪区与 LTE TA 相似。在 5G 系统中，引入 TA，其作用有以下 4 个方面。

（1）网络需要终端加入时，通过邻区列表进行寻呼，快速地找到终端。

（2）终端可以在邻区列表中自由地移动，以减少与网络的频繁交互。

（3）当终端制定一个不在其上注册的邻区列表时，需要发起 TA 更新，MME 为终端分配一个新的邻区列表。

（4）终端也可以发起周期性的 TA 更新，以便和网络保持紧密联系。

在进行 TA 规划时，需要遵循以下 3 点原则。

（1）与 4G 协同

由于 5G 网络覆盖受限，终端会频繁地在 5G 与 4G 系统间进行互操作，从而引发系统重选和位置更新流程，导致终端耗电。因此在网络规划时，TA 尽量与 4G 相同。

（2）覆盖范围合理

TA 的规划范围应适度，不能过大或过小。若 TA 范围过大，网络在寻呼终端时，寻呼消息会在更多小区发送，导致 PCH 信道负荷过重，同时增加空口的信令流程。若 TA 范围过小，则终端发生位置更新的机会增多，同样会增加系统负荷。

（3）地理位置区分

地理位置区分主要充分利用地理环境减少终端位置更新和系统负荷。其原则同LA/RA类似。例如，利用河流、山脉等作为位置区域的边界，尽量不要将位置区域的边界划分在话务量较高的区域，在地理上应该保持连续。

5.6.3　邻区规划

5G的邻区与4G的邻区的规划原理基本一致，需要在综合考虑各小区的覆盖范围及站间距、方位角等，并且注意5G与异系统间的邻区配置。在具体配置上，5G的每个gNB配置其他gNB的小区为邻区时，必须先增加外部小区，这一点与在BSC中配置跨BSC邻区时类似，即必须先增加对应的小区信息，再配置邻区。

1. 邻区设置原则

邻区列表的设置原则如下。

（1）互易性原则

根据各小区配置的邻区数情况及互配情况，调整邻区，尽量做到互配，邻区的数量不能超过18个。即如果小区A在小区B的邻区列表中，那么小区B也要在小区A的邻区列表中。

（2）邻近原则

如果两个小区相邻，那么它们要在彼此的邻区列表中。对于站点比较少的业务区（6个以下），可将所有扇区设置为邻区。

（3）百分比重叠覆盖原则

确定一个终端可以接入的导频门限，在大于导频门限的小区覆盖范围内，如果两个小区重叠覆盖区域的比例达到一定的程度（如20%），则将这两个小区分别置于彼此的邻区列表中。

（4）需要设置临界小区和优选小区

临界小区是泛指组网方式不一致的网络交界区域、同频网络与异频网络的交界、对称时隙与非对称时隙的过渡区域、不同本地网的区域边界、不同组网的结构边界。优选邻区是与本扇区重叠覆盖比较多的小区，切换时优先切到这些小区上。

邻区调整首先调整方向不完全正对的小区，然后调整正对方向的小区。对于网络搬迁，在现有网络邻区设置的基础上，根据路测情况进行调整，调整后的邻区列表作为网络搬迁的初始邻区。如果存在邻区列表没有配置而导致掉话，则在邻区列表中加上相应的邻区。

系统设计时初始的邻区列表可参照下面的方式进行设置，系统正式开通后，根据切换次数调整邻区列表。邻区设置步骤主要是同一个站点的不同小区必须相互设为邻区，接下来的第一层相邻小区和第二层小区基于站点的覆盖选择邻区。当前扇区正对方向的两层小区可设为邻区，小区背对方向的第一层可设为邻区。

2. 互操作邻区设置

考虑到 5G 与其他网络共存的情况，初期 5G 在覆盖方面还存在薄弱环节。因此合适的互操作邻区设置对于提高 5G 与 4G 的切换成功率、降低 5G 掉话率、提升 5G 用户的感知能起到很大的作用。

对于 5G 与其他系统的互操作邻区设置，除了遵循互易性、邻近性、百分比重叠、临界小区和优选小区之外，还需遵循以下 3 条原则。

（1）与 5G 小区正对的 4G 小区，必须设置为邻区关系。

（2）若 5G 与 4G 共站址，宜将与 5G 同方向的 4G 小区设置为邻区关系。

（3）5G 覆盖区域的 4G 应添加 LTE 邻区，以便 5G 用户及时享受更高的宽带业务。

虽然 ANR（Automatic Neighbor Relation）算法可以自动增加和维护邻区关系，但考虑到 ANR 需要基于用户的测量和整网话务量密切相关，并且测量过程会引入时延，因此初始建网不能完全依靠 ANR。初始邻区关系配好后，随着用户不断增加，此时可以采用 ANR 功能来发现一些漏配邻区，从而提升网络性能。

5.6.4　传输带宽需求测算

5G 基站的承载网传输需求包括前传、中传和回传 3 个部分。前传是 AAU 和 DU 之间的部分，中传是 DU 和 CU 之间的部分，回传是 CU 跟核心网 (NGC) 之间的部分，5G 基站承载网架构如图 5-15 所示。其中前传采用 eCPRI 接口，IQ 信号经有效采样，分组化传送，基站扇区间不可统计复用，采用光层传输技术点到点传递，即光纤直连。回传即 5G 中的 NG 接口，支持统计复用和收敛带宽。中传是 CU-DU 间传输，可统计复用，可采用与回传相同的传输技术，中传的带宽与回传相当。

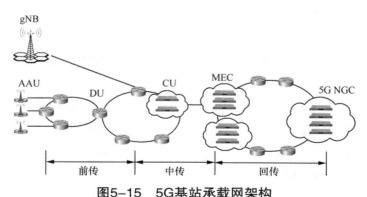

图5-15　5G基站承载网架构

5G gNB 直接和 5G 核心网（NGC）通过 NG 逻辑接口相连，相邻的 gNB 之间通过 Xn 逻辑接口直接相连。因此，接入网每个 gNB 的传输带宽需求应为 NG 接口的流量、Xn 接口的流量及网管接口的流量之和。网管接口负责管理和维护需求，涵盖配置管理、故障管理和性能管理，平均接口流量实际上只有几百 kbit/s，且其中配置管理一般安排在网络非忙时，性能管理产生其中大部分上行带宽需求，与 NG、Xn 接口流量相比可忽略不计。因此需要重点考虑的是 NG 接口和 Xn 接口的带宽计算。

1.NG 接口带宽

基于 NG 接口协议栈，NG 接口流量由用户面流量和控制面流量组成。NG-U 是指连接在 gNB 和 NGC 之间的接口。NG-U 接口提供 gNB 和 NGC 之间用户平面 PDU 的传输。GTP-U 在 gNB 和 NGC 之间传输用户平面协议数据单元。NG-C 是指连接在 gNB 和 NGC 之间的接口。NG-C 接品与用户平面类似，不同之处在于它应用 SCTP 协议来实现信令消息的可靠传输。

（1）NG 用户平面接口带宽

用户面流量需要考虑以下几个方面的因素。

① **小区的容量规划目标**：小区边缘速率规划越大，小区的容量越大。

② **站点拓扑结构**：合理的站点拓扑结构可以获得更高的容量。

③ **频率带宽**：频率带宽越大，峰值吞吐量越大。

④ **多天线配置**：多天线能提升小区容量。

⑤ **用户分布和使用特性**：城区、热点区域等用户集中区域带宽要求大。

在实际网络中，用户吞吐率的大小主要取决于无线链路的质量及可分配的 RB 资源数量。5G 通过自适应改变数据传输的编码和调制方式，以适应无线链路的变化。靠近基站的用户，其无线环境良好，接收到的无线信号功率强，信噪比高，链路质量较好，一般采用高阶调制方式（如 256QAM、16QAM），可获得较高的数据业务吞吐率，频谱效率较高；远离基站的用户，其无线环境较差，接收到的无线信号功率低，干扰信号强，信噪比低，链路质量很差，一般采用低阶调制方式（如 QPSK），可获得的数据业务吞吐率较低，频谱效率较低。综上所述，单站用户面流量主要受网络规划和用户流量模型的双重影响，因此需要使用多个维度的吞吐率指标衡量用户面流量：峰值吞吐率、小区高负载平均吞吐率、小区忙时平均吞吐率。

峰值吞吐率被定义为把整个带宽都分配给一个用户，并采用最高阶调制和编码方案以及最多天线数目前提下每个用户所能达到的最大吞吐量。峰值吞吐率是评估系统技术先进性的最重要指标，在 100MHz 带宽、16 流天线发射 MIMO 的情况下，5G 小区的上行峰值吞吐率约为 7631Mbit/s。但在典型的部署中，单个用户离基站的距离不同，单个用户的无线信号传播条件通常不理想，而且资源必须在多用户之间共享。因此，虽然在理想的条件下的确可以达到系统峰值数据速率，然而对于一个单独的用户来说，基本上很难在一段持续的时期内维持峰值的传输速率，而且所设想的用户业务体验通常也不需要达到这种高水平。

小区高负载平均吞吐率被定义为系统整体可达到的小区吞吐率性能。通过对部署方案、业务模型、信道模型、系统配置等参数进行详细定义，并经若干系统性能验证步骤评估小区的平均吞吐率，分析得出在 100MHz 带宽、16 流天线发射 MIMO 的情况下，5G 小区下行的平均吞吐率约为 2739Mbit/s，3 扇区基站下行平均吞吐率约为 8217Mbit/s。在 400MHz 带宽、16 流天线发射 MIMO 的情况下，5G 小区下行的平均吞吐率约为 10.6Gbit/s，3 扇区基站下行的平均吞吐率约为 31.8Gbit/s。

小区忙时平均吞吐率被定义为网络系统忙时单位时间内小区的平均吞吐率，与小区用户行为（包括用户数量、用户地理分布、用户业务使用习惯）以及业务特征（包括单位业务占用的上下行无线资源大小、时间、业务的 QoS 服务）要求强相关，用户话务模型越大，小区平均吞吐率越大。

单小区的带宽配置，主要应基于以下两种策略可以考虑。

策略一，基于系统性能的策略。该策略着重突出 5G RAN 的良好性能，强调提供端到端的性能保障，传输网拥有足够容量适配满足 5G RAN 峰值吞吐率的需求。在 5G 大规模部署、传输网带宽有保障的情况下，该策略适用于高价值终端用户分布区、重点覆盖区域站点等场景。

策略二，基于业务模式的策略。面向成本建设，部署低成本、高效的网络，传输网应匹配相应的业务模式，允许一定程度的传输网络拥塞和无线业务性能下降。在传输网建设成本较高的情况下，该策略适用于一般终端客户分布区、非密集站点区域等传输成本较高而业务量少的场景。

若基于策略一配置 NG 接口用户面带宽，更多地要从系统能力、市场竞争力的角度出发，配置足够容量适配满足 5G RAN 峰值吞吐率的需求，考虑到在实际网络中，峰值速率只会在只有一个信道质量足够优质的用户在线时，数据传输瞬间才能够达到峰值，而归属同一基站的各小区不可能在同一瞬间达到这一条件。因此，在基站传输带宽规划时，主要考虑策略二。

此外，在规划中，会根据基站所在区域的重要性、用户体验的影响情况，针对基站的重要性等级，选择部分重要基站在配置接入带宽时适当向策略一靠拢。对于其他大部分 5G 基站，考虑到基站接口带宽调整的灵活性，初期会按照策略二进行，待后期小区吞吐量上升后，监控小区吞吐量的状况，再适当提高接入带宽。

在传输过程中，业务数据包需经过多个协议层封装，每个协议层都会加入一个协议头，形成传输开销，IP 协议开销系数，见表 5-16。

表5-16 IP协议开销系数

协议类型	IPv4 包头开销	IPv6 包头开销
GTP-U Header	8	8
UDP Header	8	8
IP Header	20	40
Ipsec Header	n/a	n/a
全部 GTP-U/UDP/IP 开销	36	56
Ethernet Overhead （IEEE 802.1Q）	22	22
小计	58	78
平均净荷大小	700	1500
协议开销因子	1.08	1.11
传输效率	95%	95%
总的传输开销因子	1.14	1.17/1.11

对于 NG 接口，典型的传输是 IP over Ethernet，5G 以承载移动互联网业务和物联网业务为主。对于移动互联网业务，以 5G 现网典型的包大小 1500B 为例，IPv6 的开销系数为1.11[（8+8+40+22+1500）/1500/95%=1.11]。对于物联网业务，以 5G 现网典型的包大小 200B 为例，IPv6 的开销系数为 1.46[（8+8+40+22+200）/200/95%=1.46]。

对于 5G 不同的业务类型组合，由于 eMBB 业务占据绝大部分的 5G 流量，因此对于基站传输带宽的传输开销因子，主要考虑 eMBB 业务的传输开销，综合多种业务及其占比，区传输开销因子为 1.15。

（2）NG 控制平面接口带宽

NG 控制平面流量主要包含应用协议与用于传输应用协议消息的信令承载。单站控制平面峰值流量为 300kbit/s~1000kbit/s，控制平面平均流量约为峰值流量的 10%。控制平面负荷相对于用户平面来说可以忽略。

2. Xn 接口带宽

相邻的 gNB 之间通过 Xn 接口互相连接，Xn 接口也分为用户平面和控制平面，用户平面协议结构与控制平面协议结构均与 NG 接口类似。Xn 接口的用户平面提供 gNB 之间的用户数据传输功能。Xn-UP 的传输网络层基于 IP 传输，UDP/IP 协议之上采用 GTP-U 来传输 gNB 之间的用户面 PDU。

（1）Xn 控制平面带宽

在基于 Xn 接口切换的情况下，2 个 gNB 之间需交换 4 条信令消息，涉及 3 个阶段，分别是准备阶段的"切换请求"信令和"切换请求响应"信令，执行阶段的"状态转移"

信令,完成阶段的"释放资源"信令。平均信令消息长度约为120B。Xn-C上信令流量与切换速率成正比,还取决于小区激活状态的用户数。考虑到忙时高负荷的场景,控制平面负荷相对于用户平面来说可以忽略。

(2)Xn 用户平面带宽

Xn 接口用户面的流量取决于切换过程中转发的切换数据包的大小、切换的持续时间、切换次数的多少,关键参数为每个用户的平均切换次数(NHO)、平均切换时长(THO gap)、忙时平均吞吐量 m。

切换中经过 Xn 接口的用户传输数据量的计算公式为:

$$Xn\text{-}U = NHO \times THO\ gap \times m \qquad\qquad 式(5\text{-}7)$$

从切换角度分析 Xn 接口的流量需求比较复杂,且 $Xn\text{-}U$ 本身的流量相对与 NG 的流量小很多,在实际工作中一般基于仿真或者经验来估算,通常 $Xn\text{-}U$ 带宽取值为 $NG\text{-}U$ 带宽的3%~5%。

3. 接口带宽典型值

从以上分析可知,5G 接入网传输带宽需求主要为 NG 接口用户面流量及 Xn 接口用户面流量,与小区的平均吞吐量有很大关系。

以网络部署规划条件为例,表 5-17 为单基站传输配置带宽估算。

表5-17　单基站传输配置带宽估算

系统带宽	MHz	100	200	400
小区网络高负载时吞吐率	Gbit/s	4.01	7.77	15.53
gNB 3 扇区网络高负载时吞吐率	Gbit/s	12.04	23	47
传输开销因子		1.15	1.15	1.15
NG-U 带宽	Gbit/s	13.8	26.8	53.6
Xn-U 带宽	Gbit/s	0.7	1.3	2.7
单站传输带宽	Gbit/s	14.5	28.1	56.3

因此,对于规模建设的 5G 网络,建议不同载频带宽的初期基站接入传输带宽可以略低,在实际配置中,郊区和交通干道的基站接入传输带宽可以再适当减小配置。在密集市区的高话务基站,可以根据用户需求和体验因素,再考虑 10%~30% 的余量。

●● 5.7　5G 基站与其他系统的干扰协调

5.7.1　通信系统间的干扰

通信系统间的干扰主要分为 3 个部分:杂散干扰、阻塞干扰和互调干扰。

杂散干扰与 5G 基站带外发射有关。发射机的杂散辐射主要通过直接落入接收机的工作信道形成同频干扰而影响接收机，这种影响可以理解为抬高了接收机的基底噪声，使被干扰基站的上行链路变差，从而降低了接收机的灵敏度。阻塞干扰与接收方接收机的带外抑制能力有关，涉及 5G 的载波发射功率、接收机滤波器特性等，接收方接收机将因饱和而无法工作。互调干扰是干扰信号满足一定的关系时，由于接收机的非线性，会出现与接收信号同频的干扰信号，它的影响和杂散辐射一样，因此可以把互调干扰也看作杂散的影响。

当发射机的发射功率和杂散辐射作用于接收机时，带内发射功率可能导致接收机阻塞，需要考虑满足接收机阻塞指标所必需的隔离度；而杂散辐射可能导致接收机灵敏度的下降，此时需要考虑满足杂散辐射时的另一个隔离度要求。在工程分析中，对每种情况获得 2 个方面的隔离度要求，在一种应用环境中，应该选取要求最严格的一个隔离度，作为两个系统间的空间隔离要求。

5G 系统干扰的引入势必会导致接收机灵敏度的下降，所以为了保证有较好的系统性能，接收机侧的 3 种干扰必须避免或最小化。为了实现这个目标，必须保证两个同址基站的天线有较好的隔离度。

如果在接收频段内有干扰，会对接收机的灵敏度造成影响，抬高系统接收噪声的电平。通常，由外来干扰导致基站接收灵敏度恶化的计算公式为：

$$基站接收灵敏度恶化 =10\lg[(I+N)/N]=10\lg[(I/N)+1] \qquad 式（5-8）$$

上式中的 I 指外来干扰电平值，N 指系统接收噪声电平值。

对应不同的干扰噪声比要求，基站接收灵敏度有所不同。当原系统接收灵敏度下降 0.5dB 时，$I/N=-9$dB，即允许的干扰电平值必须小于原系统接收噪声电平值 9dB；当原系统接收灵敏度降低 0.1dB 时，$I/N=-16$dB，即允许的干扰电平值必须小于原系统接收噪声电平值 16dB；而当干扰电平值与原系统接收噪声电平值相等时，原系统接收灵敏度将降低 3dB。

当干扰基站落入被干扰系统时，如果被干扰系统的灵敏度的降低值在 0.5dB 以内，那么一般认为此干扰是可以忽略的。要使接收机的灵敏度的降低值在 0.5dB 以内，其所收到的干扰电平应比受干扰系统内部的噪声低 9dB 以上。在后面的干扰分析中，以 9dB 作为干扰分析的测算依据。

5.7.2 干扰分析

分析 5G 系统与其他移动通信系统的干扰时，分别从杂散、阻塞、互调干扰 3 个方面进行分析。

1. 杂散干扰

杂散干扰是由于发射机中的功放、混频器、滤波器等器件的非线性，会在工作频带以外很大的范围内产生辐射信号分量，包括热噪声、谐波、寄生辐射、频率转换产物和互调产物等，当这些发射机产生的干扰信号落在被干扰系统接收机的工作带内时，接收机的底噪会被抬高，从而降低基站接收灵敏度。

杂散干扰首先计算被干扰系统的底噪：

$$N_b = 热噪声 + 噪声系数 = -174 + 10 \times 10g(B) + N_f \qquad 式（5-9）$$

其中，B 为系统带宽，N_f 为噪声系数。

在规划中，一般情况下，宏基站噪声系数为2.3dB，微基站噪声系数为4dB。

根据杂散干扰模型：

$$I_{zs} = Z_1 - N_B - X \qquad 式（5-10）$$

式中，X 为被干扰系统低于底噪的容耐能力，如取9dB。

可以得出5G与其他各系统的杂散干扰要求，见表5-18、表5-19、表5-20。

表5-18　5G对其他各系统的杂散干扰要求

网络	共站接收机频段	杂散限制		测量带宽（kHz）
		宏站（dBm）	微站（dBm）	
GSM900	876 MHz~915 MHz	−98	−91	100
DCS1800	1710 MHz~1785 MHz	−98	−91	100
CDMA800	824 MHz~849 MHz	−98	−91	100
UMTS2100 LTE2100	1920 MHz~1980 MHz	−96	−91	100
LTE1800	1710 MHz~1785 MHz	−96	−91	100
LTE800	824 MHz~849 MHz	−96	−91	100
TD–LTE	2010 MHz~2025 MHz	−96	−91	100
TD–LTE	1880 MHz~1920MHz	−96	−91	100
TD–LTE	2496 MHz~2690 MHz	−96	−91	100
5G（FR1）	3.3 MHz~3.8 GHz	−96	−91	100
5G（FR1）	4.4 MHz~5.0 GHz	−96	−91	100
5G（FR1）	2496 MHz~2690 MHz	−96	−91	100

表5-19　其他系统对5G的杂散干扰要求

网络	共站发射机频段	杂散限制		测量带宽（kHz）
		宏站（dBm）	微站（dBm）	
GSM900	921 MHz~960 MHz	−95	—	200
DCS1800	1805 MHz~1880 MHz	−98	—	100
CDMA800	869 MHz~ 894 MHz	−86	—	1600
UMTS2100	2110 MHz~2170 MHz	−84	—	1600
LTE2100	2110 MHz~2170 MHz	−96	—	100

（续表）

网络	共站接收机频段	杂散限制		测量带宽（kHz）
		宏站（dBm）	微站(dBm)	
LTE1800	1805 MHz~1880 MHz	−96	—	100
LTE800	869 MHz~894 MHz	−96	—	100
TD-LTE	2010 MHz~2025 MHz	−96	—	100
TD-LTE	1880 MHz~1920MHz	−96	—	100
TD-LTE	2496 MHz~2690 MHz	−96	—	100
5G（FR1）	3.3 GHz~3.8 GHz	−96	−91	100
5G（FR1）	4.4 GHz~5.0 GHz	−96	−91	100
5G（FR1）	2496 MHz~2690 MHz	−96	−91	100

表5-20　其他系统与5G天线的隔离度

网络	隔离度	
	宏站（dBm）	微站（dBm）
GSM900	30.3	35.6
GSM1800	30.3	35.6
CDMA800	30.3	35.6
UMTS2100	32.3	35.6
LTE2100	32.3	35.6
LTE1800	32.3	35.6
LTE800	32.3	35.6
TD-LTE	32.3	35.6
5G（FR1）	32.3	35.6

2. 阻塞干扰

阻塞干扰分为带内阻塞和带外阻塞，形成的原因在于干扰信号过强，超出了接收机的线性范围，导致接收机饱和而无法工作。

（1）带内阻塞

根据被干扰系统的带内阻塞电平要求 Dn 及干扰系统的共址辐射电平最低要求 Z_1，可知带内阻塞干扰值：

$$Idn=Z_1-Dn \qquad 式（5-11）$$

如果 $Idn<0$，则不予考虑。

5G 和其他移动通信系统对带内阻塞的要求和控制均较好。经分析，各系统间的理论计算带内阻塞 $Idn<0$，因此不需要进行带内阻塞隔离。

（2）带外阻塞

对于带外阻塞，其模型为：

214

$$Idw = Ps - Dw \qquad 式（5-12）$$

其中，*Ps* 为干扰系统的发射电平值；*Dw* 为被干扰系统的带外阻塞要求。

为此，可以得出 5G 宏站与其他各系统的带外阻塞要求，5G 宏站带外阻塞，见表 5-21。

表5-21　5G宏站带外阻塞

网络	发射功率（dBm）	5G 阻塞电平，连续波干扰信号（dBm）	5G 对其他系统的隔离度（dB）	其他系统阻塞电平，连续波干扰信号（dBm）	其他系统对5G 的隔离度（dB）	隔离度（dB）
GSM900	47	16	31	8dBm/200kHz	28	31
DCS1800	47	16	31	8dBm/200kHz	28	31
CDMA800	46	16	30	17dBm/1.6MHz	28	30
UMTS2100	43	16	27	16	32	32
LTE2100	46	16	30	16	32	32
LTE1800	46	16	30	16	32	32
LTE800	46	16	30	16	32	32
TD–LTE	43	16	27	16	32	32
5G（FR1）	48	16	32	16	32	32

3. 互调干扰

互调干扰主要是由接收机的非线性引起的，可抬高底噪、降低接收灵敏度。对于发射信号造成的互调干扰，5G 可能应用的频段在以下两种。

3.3 GHz~3.8 GHz 频段，其三阶互调为：2.8GHz（2f1-f2）、4.3GHz（2f2-f1）。

4.4 GHz~5.0 GHz 频段，其三阶互调为：3.8GHz（2f1-f2）、5.6GHz（2f2-f1）。

在 5G 这两个频段的三阶互调中，没有落入现有移动通信系统频段的。其他移动通信系统的三阶互调中，落入 5G 频段的也没有。因此，互调干扰不做考虑。

4. 干扰汇总

根据上文分析的杂散、阻塞和互调干扰，对其中的每种取最大值，得出 5G 宏站与其他各系统中的最终干扰要求，见表 5-22。

表5-22　5G宏站与其他各系统的干扰隔离要求（单位：dB）

与 5G 共站的系统	杂散干扰	阻塞干扰	互调干扰	系统间干扰
GSM900	30.3	31	0	31
DCS1800	30.3	31	0	31
CDMA800	30.3	30	0	30.3
UMTS2100	32.3	32	0	32.3
LTE2100	32.3	32	0	32.3

（续表）

与 5G 共站的系统	杂散干扰	阻塞干扰	互调干扰	系统间干扰
LTE1800	32.3	32	0	32.3
LTE800	32.3	32	0	32.3
TD-LTE	32.3	32	0	32.3
5G（FR1）	32.3	32	0	32.3

5.7.3　5G 系统与其他系统的隔离距离

1. 空间隔离经验公式

天线距离与隔离度之间有对数线性关系。CELWAVE 和 KATHREIN 天线公司以及麦罗拉在试验的基础上，总结出了空间隔离计算的经验公式。其符合一般的计算要求，是具有高通用性和公认的特定情况下的蜂窝移动天线隔离度计算公式，是分析不同运营商基站间隔离度状况、解决隔离度计算分歧、达到统一认识的判定标准。

水平隔离度 L_h 用分贝（dB）表示的公式如下：

$$L_h = 22.0 + 20 \lg(d / \lambda) - (G_t + G_r) \qquad 式（5-13）$$

其中，d 为收发天线水平间隔（单位：m）；λ 为天线工作波长（单位：m）；G_t、G_r 分别为发射和接收天线的增益，已经综合考虑了发送和接收馈线电缆的损耗（单位：dBi）。G_t、G_r 是两天线在直线方向上的增益。当两个天线面对面时增益最大。天线水平隔离度计算如图 5-16 所示，当两个天线以一定的角度水平放置时，计算水平隔离度中代入公式的是 G_t 和 G_r，而不是 G_{tx} 和 G_{rx}。因此，天线间的水平隔离度同天线的方向和波瓣相关。

在图 5-16 中，$G_t = G_{tx} - SL_{tx}$，$G_r = G_{rx} - SL_{rx}$。

G_{tx} 为发射天线增益，G_{rx} 为接收天线增益。SL_{tx} 为发射天线在信号辐射方向上相对于最大增益的附加损失，SL_{rx} 为接收天线在信号辐射方向上的附加损失。这两个附加损失一般可以从天线的水平波瓣参数中查到。

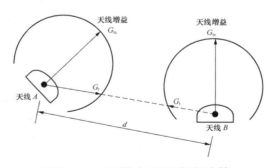

图5-16　天线水平隔离度计算

垂直隔离同天线的垂直波瓣的关系不大，垂直隔离度 L_v 用分贝表示的公式为：

$$L_{v} = 28.0 + 40\lg(d/\lambda)$$ 式（5-14）

其中，d 为收发天线垂直间隔（单位：m）；λ 为天线工作波长（单位：m）。

天线垂直隔离度计算如图 5-17 所示。

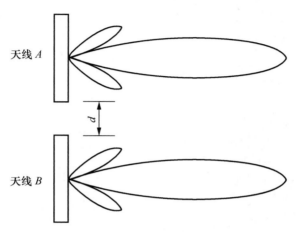

图5-17 天线垂直隔离度计算

倾斜隔离度 L_s 用分贝表示的公式如下：

$$L_{s} = (L_{v} - L_{h})(\theta/90) + L_{h}$$ 式（5-15）

其中，θ 是水平距离和垂直距离围成的直角三角形的夹角。天线倾斜隔离度计算如图 5-18 所示。

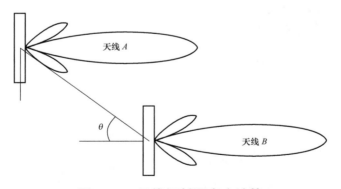

图5-18 天线倾斜隔离度计算

2.5G 系统与其他系统的隔离距离

有了计算方法和波瓣参数，就可以计算出 5G 与不同制式网络的水平和垂直隔离距离。其中，天线水平波瓣参数可以从天线的波瓣参数文件 Pattern files 中找到。

经计算，垂直隔离距离计算结果，见表 5-23。

表5-23　与5G宏站共站垂直隔离距离要求

与 5G 共站的系统	垂直隔离距离（m）
GSM900	0.41
DCS1800	0.21
CDMA800	0.42
UMTS2100	0.18
LTE2100	0.18
LTE1800	0.22
LTE800	0.47
TD-LTE2000	0.19
TD-LTE1900	0.20
TD-LTE2600	0.15
5G（3.5GHz）	0.12
5G（4.9GHz）	0.09
5G（2.6GHz）	0.15

水平隔离距离的计算比较复杂。在这里，主要对两个天线主瓣方向平行情况下的隔离距离进行计算，两个天线水平隔离距离如图 5-19 所示。

计算时，首先需要得到各种制式天线在 $90°$ 方向的 G_t 和 G_r。5G MIMO $2×128$ 天线典型的 SL_{tx} 和 SL_{rx} 都约为 36dB。GSM900、DCS1800、CDMA800、WCDMA、LTE FDD 和 TD-LTE 天线的 SL_{tx} 和 SL_{rx} 都可以从天线波瓣参数文件中读出。因此根据隔离度计算公式，分别计算 5G 基站收发两个方向上的隔离距离，取其中的较大值作为最终的隔离距离要求。与 5G 共站的系统的水平隔离距离，见表 5-24。

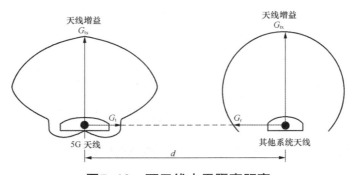

图5-19　两天线水平隔离距离

表5-24　与5G共站的系统的水平隔离距离

与 5G 共站的系统	水平隔离距离（m）
GSM900	1.53
DCS1800	0.88

（续表）

与 5G 共站的系统	水平隔离距离（m）
CDMA800	1.50
UMTS2100	0.83
LTE2100	0.83
LTE1800	1.02
LTE800	1.89
TD-LTE2000	0.77
TD-LTE1900	0.83
TD-LTE2600	0.62
5G（3.5GHz）	0.47
5G（4.9GHz）	0.35
5G（2.6GHz）	0.62

3. 典型情况的空间隔离测量

由于无线环境复杂，一般规律不一定适合所有场合，因此需要对重要疑问站点采取现场测试的办法，实地测量要在站址选定后和设备安装前进行。实地测量需要进行的主要工作有如下 4 项。

（1）在新站建立前，测量周边原有各站的载波频率、强度。

（2）测量在新站接收频带内的杂散信号强度。

（3）根据（1）的载波频率和强度测量值进行接收机过载研究。

（4）测量新站接收机天线处的电场强度。

为了精确地模拟实际环境，用于测量的天线设置尽可能和设计要求一致，主瓣对准实际所需的方向，测量的时间选在话务忙时。

工程中典型布置情况下的空间隔离度测试方法：测试信号由信号发生器产生，接到发射天线，输出端信号为 0dBm。接收信号强度由频谱分析仪测量，接收天线输出端信号强度的绝对值扣除接收机天线和接收端、发射端的馈线损耗影响之后的差值，就是实际测量到的天线隔离度。

5.7.4　系统间的干扰抑制

为避免 5G 系统与其他无线系统共存造成 5G 系统覆盖范围减小，一般情况下可通过合理设计天线的朝向、垂直和水平安装位置，确保与干扰系统达到必要的隔离度来实现该目的。合理利用楼顶建筑物的阻挡也能增大天线间的隔离。当多系统共站时，尽量以垂直隔离作为系统间的隔离方式。增加天线间的耦合损失是最经济有效的隔离方法，通过适当的布置，天线间的最小耦合损失可以从 30dB 提高到 50~60dB 而不牺牲基站位置设置的灵活性。该方法简单可行，不需额外增加成本。若天线隔离仍不能满足要求，可采取以下 4 条措施。

（1）重新选择适当站址，避免与干扰系统共址。

（2）设置适当的频率保护带。

（3）与干扰者协调，要求其降低功率、减轻干扰。

（4）在天线之间加装隔离物体，如金属板材等。

●● 5.8 无线网络规划仿真

5.8.1 5G 关键技术对仿真的影响

5G 关键技术包括 Massive MIMO、超密集组网、全频谱接入、新型多址、新型多载波、先进调制编码、全双工等，这些关键技术对无线网络仿真存在影响。由于仿真软件开发一般在 3GPP 标准冻结后开始，仿真软件公司目前尚未完成 5G 仿真模块的开发，因而无法实现全部无线网络仿真项目，但可通过 4G 仿真模块实现控制信道覆盖预测，完成 5G 部署初期的一部分规划工作。

无线网络规划仿真中的控制信道覆盖预测的涉及面较小，5G 相比 4G 的变化主要是频段、新型多载波及 Massive MIMO。频段问题主要是传播模型参数不同，新型多载波是在 4G 原来的 OFDM 基础上，通过滤波减小子带或子载波的频谱泄露，从而放松对时频同步的要求，避免了 OFDM 的主要缺点，对无线仿真覆盖预测影响最大的是 Massive MIMO。

相比 4G LTE，5G NR 取消了 CRS 信号。5G NR 业务信道均采用 Massive MIMO 的波束赋型传输模式，采用 SSB/CSI-RS 进行 RSRP/SINR 的测量，并采用 DMRS 进行公共 / 控制信道的解调。为匹配业务信道覆盖能力，5G NR 下行公共 / 控制信道采用了广播波束赋型扫描手段，即在一个扫描周期内完成水平及垂直面的时分扫描。5G NR 控制信道波束与业务信道波束示意如图 5-20 所示。

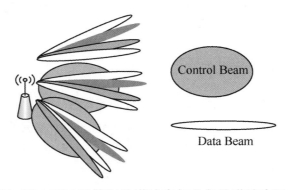

图5-20　5G NR控制信道波束与业务信道波束示意

5.8.2　SS-RSRP 覆盖预测的仿真配置

4G LTE 控制信道覆盖仿真采用固定的宽波束天线对 CRS 的 RSRP 进行仿真预测，5G NR 控制信道需模拟波束赋型扫描对 SSB 信道的 RSRP 进行仿真预测，为实现基于 4G LTE 仿真模块的 5G NR 控制信道覆盖预测，需结合 5G NR 的特性进行相应的配置。在仿真软件中，主要是配置频段及其对应的传播模型，还需将时分动态扫描的天线转换成静态天线。

SSB 波束扫描方案一般为 N+m，其中 N 为水平波束扫描数，m 为垂直波束扫描数。下例为 N=4、m=1 的一种 SSB 波束扫描方案，即 SSB 波束将进行 4×1 = 4 次波束扫描。图 5-21 为水平面4扫描波束天线增益图；图5-22为水平面4扫描波束对应的垂直面天线增益图；图 5-23 为某一扫描波束的天线立体增益图。

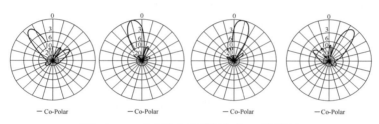

图5-21　水平面4扫描波束天线增益

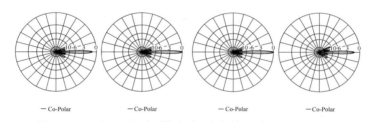

图5-22　水平面4扫描波束对应的垂直面天线增益

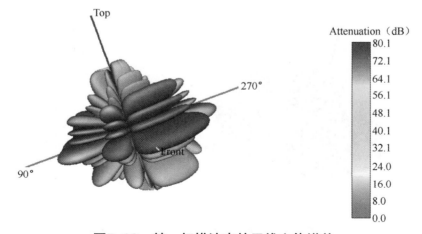

图5-23　某一扫描波束的天线立体增益

221

将多个时刻的天线波束增益按最大增益原则合并成一个时刻的天线波束增益，可以将动态波束扫描的天线转换成静态的 SSB 控制信道天线，如图 5-24 所示，合并后的 SSB 控制信道天线立体增益图如图 5-25 所示。

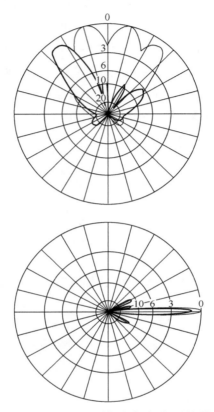

图5-24　N=4、m=1动态扫描波束合成后的静态天线增益

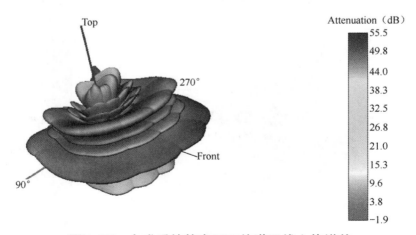

图5-25　合成后的静态SSB信道天线立体增益

5.8.3　SS-RSRP 覆盖仿真准确性验证案例

在本案例中，使用的仿真软件为 Forsk 公司的 Atoll，软件版本为 3.3.2 build12489，传播模型采用 OrangeLabs 开发的 CrossWave 传播模型，软件版本为 4.1.1 Build2817a，使用 Atoll 4G LTE 模块模拟进行 5G NR SSB 信道的 SS-RSRP 覆盖预测。

仿真使用了某地 5G 试验网场景，区域大小为 4 个街区，共计 1.58 平方千米，区域内已开通了 4 个 5G NR 基站，使用的发射频率为 3.6GHz。仿真软件中的发射功率设置与实际 NR 基站配置一致，即 $EPRE$=15dBm，所有基站工参均进行了现场勘查确认。传播模型使用 CrossWave 传播模型，并根据 3GPP TR38.901 中建议的室内穿透损耗模型进行了相应的设置。SS-RSRP 仿真结果如图 5-26 所示，可以看到 NR 基站对室外的覆盖效果较好，但室内覆盖情况不佳。

图5-26　5G NR SSB信道SS-RSRP仿真预测效果

对该 5G 试验网场景进行了 SS-RSRP 拉网测试，测试结果如图 5-27 所示。

图5-27　5G试验网SS-RSRP测试结果

为验证 SS-RSRP 覆盖仿真的准确性，将 SS-RSRP 路测结果与仿真结果进行了比对，操作方法是将 SS-RSRP 测试数据导入仿真软件，软件会自动生成测试路径并计算测试路径上每个测试点的 SS-RSRP 仿真预测值，将仿真预测值与实际测试值进行比对后统计。具体比对结果如图 5-28 所示，可以看到在传播模型未做修正的情况下，RMS 为 10dB，仿真精度基本达到规划可用的精度。

Global statistics

Points	Mean error	Standard deviation	Root mean square	Product-moment correlation coefficient
24,704	5.62	9.2	10.78	0.7

Statistics per clutter class

Class	Points	Mean error	Standard deviation
Code0(0)	0 (0%)	0	0
Water(1)	0 (0%)	0	0
Urban open area(5)	5,385 (21.8%)	5.43	8.08
Green land(6)	268 (1.08%)	11.99	9.81
Forest(7)	0 (0%)	0	0
High buildings(8)	0 (0%)	0	0
Ordinary regular buildings(9)	0 (0%)	0	0
Paralle regular buildings(10)	154 (0.62%)	14.64	3.97
Irregular large buildings(11)	0 (0%)	0	0
Irregular buildings(12)	0 (0%)	0	0
Road Land(14)	18,897 (76.49%)	5.51	9.45

图5-28　仿真精度验证结果

利用已有的测试数据对传播模型进行了修正后，使用修正后的模型进行 SS-RSRP 仿真预测，可以看到：RMS 为 9dB，均值小于 2dB，达到了较好的规划仿真精度要求。传播模型修正后的仿真精度如图 5-29 所示。

Global statistics

Points	Mean error	Standard deviation	Root mean square	Product-moment correlation coefficient
22,883	1.96	8.45	8.67	0.69

Statistics per clutter class

Class	Points	Mean error	Standard deviation
Code0(0)	0 (0%)	0	0
Water(1)	0 (0%)	0	0
Urban open area(5)	5,074 (22.17%)	1.12	7.94
Green land(6)	247 (1.08%)	5.05	9.12
Forest(7)	0 (0%)	0	0
High buildings(8)	0 (0%)	0	0
Ordinary regular buildings(9)	0 (0%)	0	0
Paralle regular buildings(10)	77 (0.34%)	16.36	1.88
Irregular large buildings(11)	0 (0%)	0	0
Irregular buildings(12)	0 (0%)	0	0
Road Land(14)	17,485 (76.41%)	2.1	8.52

图5-29　传播模型修正后的仿真精度

本案例实现了使用 4G LTE 仿真模块完成较高精度的 NR 无线网络 SS-RSRP 覆盖仿真预测，在 5G 试验网的建设过程中过渡性地完成了一些覆盖规划工作。

5.8.4　仿真规划案例

在 5G 网络建设前期，关注的重点是 5G 基站的覆盖能力以及拟建设区域的基站规模，与此同时，仿真软件因标准冻结时间节点及研发周期问题还不能及时提供 5G 仿真模块，在这段窗口期，通过技术手段使用 4G LTE 仿真模块来模拟 5G NR 控制信道，完成 5G SS-RSRP 覆盖仿真预测，进行 5G 网络建设前期的规划是一个可行的选项。本章前面部分已描述了使用 4G LTE 模块进行 5G 仿真的技术方法，验证了 4G 模块完成 5G SS-RSRP 覆盖仿真预测的准确性，本节将使用这个方法来完成一次 5G 网络的仿真规划案例。

5G 网络的建设仍将延续共址建设与新址新建的模式，即在现有的 4G 站点共址新建 5G 站点的基础上，通过 5G 站点新址补点的建设模式来完成一张满足 5G 建网目标的 5G 网络。本案例依据这个建设思路，首先通过对在现有的 4G 站点的基础上新建 5G 站点的覆盖能力进行仿真评估，再根据 5G 网络覆盖目标对弱覆盖区域进行新址补点，最后评估区域整体覆盖是否达到 5G 建网目标，具体的仿真规划流程如图 5-30 所示。

本案例中某区域面积约为 17 平方千米，拟作为 5G 试验区先行建设 5G 网络，区域内现有可用 4G 站点 107 个，平均站间距约为 428m。区域内 4G 站点均经过详细的现场勘察，获取了相关的站点工程参数，区域内概况及站点分布如图 5-31 所示。

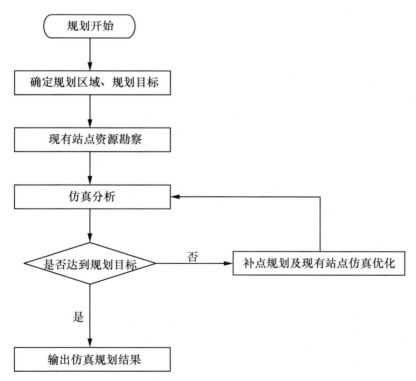

图5-30　仿真规划流程

图5-31　5G试验区现有站点分布

试验区内 5G 站点使用的发射频率为 3.6GHz，发射功率 EPRE 为 15dBm，传播模型使用 CrossWave 传播模型，并根据 3GPP TR38.901 中建议的室内穿透损耗模型进行了相应的设置。本案例中覆盖规划目标暂设定为 SS-RSRP ≥－105dBm 的区域比例大于 95%。5G 试验区现有站点 SS-RSRP 的仿真结果如图 5-32 所示。

图5-32　5G试验区现有站点SS-RSRP的仿真结果

5G 试验区现有站点 SS-RSRP 仿真统计结果如图 5-33 所示，SS-RSRP ≥－105dBm 的区域比例为 93%，未达到覆盖规划目标。主要是由 5G 站点覆盖能力不及 4G 站点，且现有的 4G 网络结构不均衡导致。

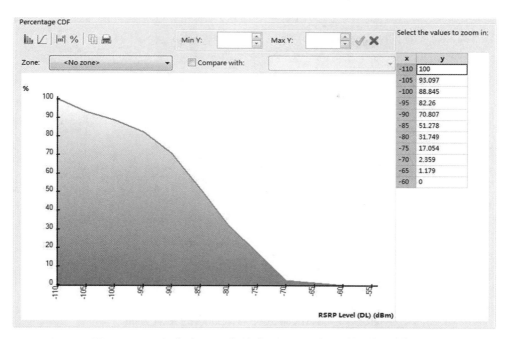

图5-33　5G试验区现有站点SS-RSRP仿真统计结果

根据 5G 试验区现有站点 SS-RSRP 仿真结果，在弱覆盖区域内进行 5G 新增站点补点规划，规划结果如图 5-34 所示，共计补点 22 个新增 5G 站点。补点规划后的 5G 试验区内共计 129 个 5G 站点，平均站间距由 428m 缩小到 390m。5G 试验区补点规划后的站点分布如图 5-35 所示。

图5-34　5G试验区补点规划结果

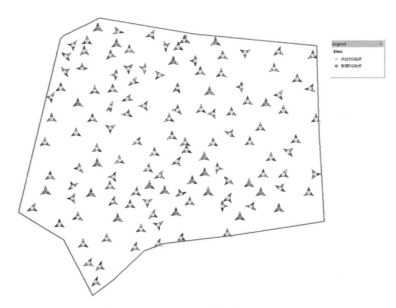

图5-35　5G试验区补点规划后的站点分布

5G 试验区完成补点规划后，通过仿真对现有站点及新增站点进行了多次工程参数优化，最终 5G 试验区补点规划仿真结果如图 5-36 所示。

图5-36　5G试验区补点规划后SS-RSRP的仿真结果

5G 试验区补点规划后 SS-RSRP 的仿真统计结果如图 5-37 所示，SS-RSRP ≥ -105dBm 的区域比例为 95%，达到覆盖规划目标。仿真结果输出现有站点工程参数、新增站点站址及工参，作为 5G 网络建设初步设计的参考依据。

228

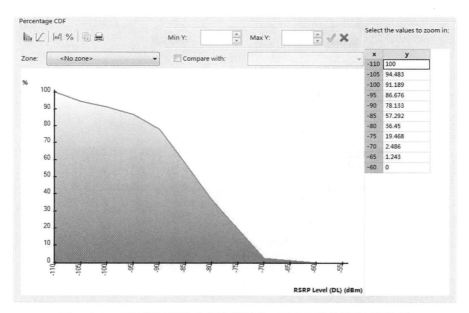

图5-37　5G试验区补点规划后SS-RSRP的仿真统计结果

　　因本案例仅涉及仿真规划，整体流程直至输出仿真规划结果即为结束，但实际工程建设中还需要对仿真规划输出结果进行新增站点的勘察设计。若新增站点无法落实，则需重新规划新增站点，再进行仿真评估与工程参数规划。

参考文献

[1]　3GPP TS 38.104 V15.1.0 Release 15. Technical Specification Group Radio Access Network; NR; Base Station (BS) radio transmission and reception, 2018.3.

[2]　3GPP TS 38.211 V15.1.0 Release 15. Technical Specification Group Radio Access Network; NR; Physical channels and modulation 2018.3.

[3]　3GPP TS 38.214 V15.3.0 Release 15. Technical Specification Group Radio Access Network; NR; Physical layer procedures for data, 2018.9.

[4]　3GPP TS 38.300 V15.3.1 Release 15. Technical Specification Group Radio Access Network; NR; NR and NG-RAN Overall Description; Stage 2, 2018.10.

[5]　3GPP TR 38.913 V14.3.0 Release 14. Study on Scenarios and Requirements for Next Generation Access Technologies，2017.6.

[6]　肖清华，汪丁鼎，许光斌，丁巍. TD-LTE 网络规划设计与优化 [M]. 北京：人民邮电出版社，2013.

[7]　汪丁鼎，景建新，肖清华，谢懿. LTEFDD/EPC 网络规划设计与优化 [M]. 北京：人民邮电出版社，2014.

[8]　黄小光，汪伟，等. 基于业务感知的 4G 网络扩容保障标准建模研究 [J]. 电信技术，2017.2.

[9]　黄小光，汪伟. 基于 Monte-Carlo 仿真的 4G 网络感知规划方法 [J]. 电信科学，2017.7.

5G 无线网络设备

chapter 6

第六章

导读

　　本章从回顾 1G 到 4G 时代通信设备的发展入手，总结出系统结构逐步扁平化、网元数量逐步减少、设备单机能力大幅提升、设备型态更加多样、设备物理尺寸进一步压缩、设备有效功率占比逐步提升的发展历程，进而从业务需求、运营需求、指标需求等进一步找寻 5G 通信系统对通信设备的新要求，总体归纳出 5G 通信设备将在网络技术和接入技术两个方向取得明显的改变和进步。在网络技术方面，首先分析了当前世界主流 5G 研发应用国家的典型网络架构，总体呈现控制与接入、转发分离的架构，并较为详细地分析了相关支撑技术，如软件定义网络、网络功能虚拟化、CU-DU 划分等关键技术对网络设备的影响、目前的基本结论和后续应用演进面临的挑战。在性能演进方面，着重从高频通信和大规模天线介绍了相关设备、器件研发、测试、应用进展。最后，总结出了目前试商用设备的典型参数，便于实际工程建设中参考应用。

●● 6.1 5G 移动通信系统的需求

6.1.1 5G 的业务需求

1. 服务更多的用户

展望未来,在互联网的发展过程中,移动设备的发展将继续占据绝对领先的地位。随着移动宽带技术的进一步发展,移动宽带的用户数量和渗透率将继续增加。与此同时,随着移动互联网应用和移动终端种类的不断丰富,预计到 2020 年人均移动终端的数量将达到 3 个左右,这就要求到 2020 年,5G 网络能够为超过 150 亿的移动宽带终端提供高速的移动互联网服务。

2. 支持更高的速率

移动宽带用户在全球范围的快速增长,以及即时通信、社交网络、文件共享、移动视频、移动云计算等新型业务的不断涌现,带来了移动用户对数据量和数据速率需求的迅猛增长。据 ITU 发布的数据预测,相较于 2020 年,2030 年全球的移动业务量将飞速增长,达到 5000EB/ 月。相应地,未来的 5G 网络还应为用户提供更快的峰值速率。如果以 10 倍于 4G 蜂窝网络的峰值速率计算,5G 网络的峰值速率将达到 10Gbit/s 量级。

3. 支持无限的连接

随着移动互联网、物联网等技术的进一步发展,未来移动通信网络的对象将呈现泛化的特点。随着物联网应用的普及以及无线通信技术及标准化的进一步发展,到 2020 年,全球物联网的连接数将达到 1000 亿左右。在这个庞大的网络体系中,通信对象之间的互联和互通不仅能够产生无限的连接数,还会产生巨大的数据量。预测到 2020 年,物物互联的数据量将达到传统的人与人通信的数据量的 30 倍左右。

4. 提供个性的体验

随着商业模式的不断创新,未来移动网络将推出更为个性化、多样化、智能化的业务应用。因此,这就要求未来的 5G 网络进一步改善移动用户体验,如汽车自动驾驶应用要求将端到端时延控制在毫秒级、社交网络应用需要为用户提供永远在线体验,并为高速场景下的移动用户提供全高清 / 超高清视频实时播放等体验。因此，2020 年的 5G 移动通信系统要在确保低成本和传输的安全性、可靠性、稳定性的前提下，能够提供更高的数据速率、服务更多的连接数、获得更好的用户体验。

6.1.2　5G 的运营需求

1. 建设 5G "轻形态" 网络

在 5G 阶段，因为需要服务更多的用户、支持更多的连接、提供更高的速率以及多样化的用户体验，网络性能等指标需求的爆炸性增长将使网络更加难以承受其 "重"。为了应对在 5G 网络部署、维护及投资成本上的巨大挑战，对 5G 网络的研究应总体致力于建设满足部署轻便、投资轻度、维护轻松、体验轻快要求的 "轻形态" 网络。

（1）部署轻便，应考虑尽量降低对部署站址的选取要求，希望以一种灵活的组网形态出现，同时应具备即插即用的组网能力。

（2）投资轻度，采用新型架构等技术手段降低网络的整体部署开销，同时降低网络运营的复杂度，基站设备应尽量实现轻便化、低复杂度、低开销，采用灵活的设备类型。

（3）维护轻松，5G 的网络运营应该实现更加自主、更加灵活、更低成本、更快适应的网络管理与协调，要在多网络融合和高密复杂网络结构下拥有自组织的灵活简便的网络部署和优化技术。

（4）体验轻快，5G 网络不应只关注用户的峰值速率和总体的网络容量，更要关心用户的体验速率，要使小区去边缘化以给用户提供连续一致的极速体验，满足个性、智能、低功耗的用户体验。

2. 业务层面需求

（1）支持高速率业务

移动场景下为支持大多数用户的全高清视频业务，需要满足 10Mbit/s 的速率保证。为了支持用户的特殊业务，如超高清视频业务，要求网络能够达到 100Mbit/s 的速率体验。在一些特殊应用场景下，用户要求达到 10Gbit/s 的无线传输速率，例如，短距离瞬间下载、交互类 3D（3-Dimensions）全息业务等。

（2）业务特性稳定

由于无线通信环境的复杂多样，仍存在很多场景覆盖性能不够稳定的情况，例如，地铁、隧道、室内深覆盖等。通信的可靠性指标可以定义为对于特定业务的时延要求下成功传输的数据包比例，5G 网络要求在典型的业务下，可靠性指标应能达到 99% 甚至更高；对于如 MTC 等非时延敏感性业务，可靠性指标要求可以适当降低。

（3）用户定位能力高

对于实时性的、个性化的业务而言，用户定位是一项潜在且重要的背景信息，在 5G 网络中，对于用户的三维定位精度要求较高，对于 80% 的场景（如室内场景），其精度应从 10m 提高到 1m 以内。

（4）对业务的安全保障

5G 网络应当能够应对通信敏感数据有未经授权的访问、使用、毁坏、修改、审查、攻击等问题。由于 5G 网络能够为关键领域如公共安全、电子保健和公共事业提供服务，5G 网络的核心要求应具备提供一组全面保证安全性的功能，用以保护用户的数据、创造新的商业机会，并防止或减少任何可能会对网络安全造成的攻击。

3. 终端层面需求

（1）更强的运营商控制能力

5G 终端应该具备网络侧高度的可编程性和可配置性，运营商应能通过空口确认终端的软硬件平台、操作系统等配置来保证终端获得更高的服务质量。另外，运营商可以通过获知终端关于服务质量的数据以便进行服务体验的优化。

（2）支持多频段多模式

5G 网络时代必将是多网络共存的时代，全球漫游对终端提出了多频段、多模式的要求。另外，为了达到更高的数据速率，5G 终端需要支持多频段聚合技术。

（3）支持更高的效率

5G 终端需要支持多种应用，但其供电作为基本通信保障应有所保证，例如，智能手机的充电周期为 3 天，低成本 MTC 终端能达到 15 年，这就要求终端在资源和信令效率方面有所突破。

（4）个性化

以用户体验为中心的 5G 网络要求用户可以按照个人偏好选择个性化的终端形态，定制业务服务和资费方案。在未来的网络中，形态各异的设备将大量涌现。因为部分终端类型需要与人长时间紧密接触，所以终端的辐射需要进一步降低。

6.1.3 5G 的指标需求

ITU-R 已于 2015 年 6 月确认并统一 5G 系统的需求，包括峰值速率达到 10Gbit/s、用户体验速率达到 100Mbit/s、满足 500km/h 的移动性、空口时延控制在 1ms、频率效率达到 10bit/s/Hz、业务密度满足 100 万 /km^2 的连接数、业务密度能满足 10Tbit/s/km^2 的需求。

综上，**为了满足 5G 系统的性能及效率指标，需要在 4G 系统的基础上聚焦网络技术和**

接入技术两个方面进行增强或革新，具体如图6-1所示。相应地，5G无线网络设备也应该在这两个技术框架内做相应改进。

为满足网络运营的成本效率、能源效率等需求，网络设备要考虑多网络融合、网络虚拟化、软件化等网络架构增强候选技术；而为满足用户的体验速率、峰值速率、流量密度、连接密度等需求，网络设备同样要实现空间域的大规模扩展、地理域的超密集部署、频率域的高带宽获取、先进的多址接入技术等无线接入候选技术。

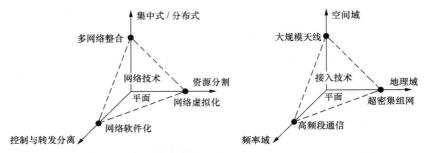

图6-1　5G系统技术革新框架

●●6.2　网络架构演进对设备影响

6.2.1　5G 网络架构

1. 欧洲 METIS 5G 架构

欧洲第七框架计划下的构建2020年信息社会的无线通信关键技术（Mobile and Wireless Communications Enablers for the Twenty-Twenty Information Society，METIS）项目发布的D6.4文档是关于5G架构的报告。该报告从功能架构、逻辑编排和控制架构、拓扑和功能部署架构3个角度阐述了对未来5G网络架构的理解。

（1）网络功能架构

METIS的5G系统由4个高层构件组成，如图6-2所示，构建了系统功能。

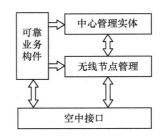

图6-2　METIS系统高级构件

中心管理实体（Central Management Entities，CME）包括网络的主要功能，并且不限于特定 HT。CME 主要位于中心站点，但是根据用例或业务，也可以进行分布式部署。

无线节点管理（Radio Node Management，RNM）包括提供无线功能的构件，这些无线功能影响多个无线节点并且不限于特定 HT。这些功能应放置在中间网络层（即 Cloud-RAN 节点，有特定任务的专用无线节点），功能分布受接口需求的影响。

空中接口（Air Interface，AI）功能的位置（无线节点与终端）主要在较低的网络层，如直接在终端、天线站点或 Cloud-RAN 节点。

可靠业务构件代表一个无线接入网的中心实体，与其他高层构件都有接口，用来作为可用性检查和提供超可靠链接。CME、RNM、AI 高层功能构件又分别包含多个子功能构件，如图 6-3 所示。

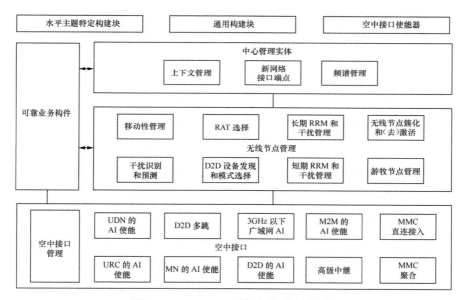

图6-3　METIS系统完成功能构件

（2）网络逻辑编排和控制架构

METIS 5G 架构研究是由 3 个关键因素驱动的，分别是灵活性、可扩展性和以业务为导向的管理。这 3 个方面互为补充，可以有力支持伴随广泛业务需求的不同技术组件。灵活性是配置实现特定业务目标与用例的必要网络功能的核心因素，迫使网络能够按需生成新的功能或对现有功能进行裁剪。因此，可以这么认为，灵活性帮助可扩展性来满足不同业务提出的互相矛盾的要求，例如，物联网业务与移动宽带接入业务。这就需要不同的功能组合来适用于不同的用例场景。这种灵活性与可扩展性可以提供一个不会过时的架构，它能适应未来可能出现的各种用例场景。相应地以业务为导向的管理会利用可扩展性与灵活性为目标业务提供最好的质量。此外，METIS 5G 架构还使移动无线通信网络的运维在经济

235

和能源上更加高效。

逻辑组合控制架构根据业务和网络功能需求提供必要的灵活性来实现功能模块的高效集成与协作，同时提供了现有蜂窝无线网络演进所需要的功能。为了方便说明逻辑编排和控制架构与功能架构之间的联系，通常使用 METIS 系统高层构建模型，如图 6-2 所示。功能架构形成了功能池的基础，流程与算法的细节均在功能池中进行定义。功能池也可以包含 METIS 研究之外的其他功能模块，这些未在 METIS 功能架构中描述。

业务流管理（Service Flow Management）的任务是通过网络基础结构分析业务并概括目标业务数据流的要求。这些分析与需求结果会与 5G 编排器（5G Orchestrator）和 5G-SDN 控制器进行通信，5G 编排器与 5G-SDN 控制器负责在最终功能部署中实现所需的功能。业务流管理将应用 / 业务的需求（如来自第三方服务提供者的需求）纳入考虑范围，例如，可以通过专用的应用程序编程接口 API 来实现。这些需求可以是最大时延或数据流路径上的最小带宽需求。这种架构使根据需求定制虚拟网络（VN）成为可能，该虚拟网络使用共享的资源池并且允许控制面与用户面的有效业务自适应解耦（effective service-adaptive decoupling），以优化整个业务传送链上的路由和移动性管理。

网络功能可以由 5G 编排器灵活部署和构建（或实例化），5G 编排器的任务是绘制数据面与控制面到部署架构里物理资源间的逻辑拓扑，给每个服务绘制相应的逻辑拓扑。正如在 ETSI 规范里定义的，编排器负责 NFV 实例资源组合与网络服务的生命循环管理，虚拟网络功能管理器（VFNM）负责 VNF 实例的生命循环管理。此外，VNF 拓扑逻辑在 ETSI 的规范中称为转发图。虚拟基础设施管理器（VIM）负责控制和管理网络资源（计算和存储资源），并且收集性能测量结果与事件。

METIS 编排和控制架构同时控制 VNF 与非 VNF（即运行在依靠硬件加速器的非虚拟化平台上的网络功能），它覆盖了所有 5G 网络功能，包括无线、核心和业务层。5G 编排器的功能以 ETSI 规定的 NFV 原则为基础，增加了 5G 特定的扩展功能。

在逻辑编排和控制架构中，无线网络单元（RNE）与核心网络元素（CNE）是逻辑节点，它们有可能在不同的软件与硬件平台（非虚拟化的及虚拟化）上实现。不同 RNE 之间的通信（包括无线终端），会存在由多种构件和功能单元组成的灵活的协议和空中接口（或空中接口选项）。这里，灵活的协议意味着一些协议的功能可以根据目标业务在相关用例场景下的需求进行配置或替换。例如，在为目标业务定制的虚拟网络切片内，协议功能可以进行优化和链接。此外，协议应该允许使用灵活的设计，以支持空中接口（或空中接口选项）针对不同的 5G 用例场景的可配置性。例如，利用一些无线终端设备的 RRC 信令的帮助。可以预期的是为 RNE 设计的硬件平台将会在一定程度上支持虚拟化，但是如 UDN 的小蜂窝节点这样的低成本设备，或许会由于成本原因，没有或仅有有限的虚拟化功能。与之相反，为 NE 设计的计算平台会支持基于虚拟化概念的网络功能灵活部署。事实上，这种变化已经发生在 4G 系统的核心网部分，MME、S-GW 和 P-GW 正在作为 VNF 实现。

值得注意的是，按照惯例，集中无线接入网络基础设施包含基带单元（BBU）。这相当于逻辑编排与控制架构的 RNE。然而，由于 5G 预期的灵活性，一些核心网功能也可以被移至实现 RNE 的物理节点（例如，靠近接入节点部署 AAA 和移动性管理功能，以减少时延）。上述以服务为导向的虚拟网络的实现与控制，是由两个 5G 组之外的逻辑实体所控制的。

① 以业务为导向的拓扑管理器（STM）运用环境信息（即服务请求和网络状态信息）来决定通过功能架构／功能池要求部署数据面还是用户层。因此，考虑到底层的物理网络资源与物理网络拓扑，STM 决定这些功能在拓扑逻辑中的位置以及它们之间的逻辑接口。

② 以服务为导向的处理器（SPM）将 STM 中定义的数据面与控制面的功能实体化。这些功能是通过功能代理在 CNE 与 RNE 间实现的。

5G 逻辑组合控制架构中的另一个元素是 5G-SDN 控制器，它会根据配置组合来建立物理层上的服务链。控制器可当作 VNF 来部署，然后设计数据面处理数据流的处理过程，即在物理层搭建起连接 CNE 与 RNE 的服务链。因此，5G-SDN 控制器通过分解类似移动管理的特定无线功能来安装交换元件（SE）。

灵活性不仅受物理网络元件的限制，还受特定节点预编码加速器的限制，即物理层硬件编码步骤。这些信息和功能由在 RNE 与 CNE 的 FuAg 汇报并且由 5G 编排器纳入考虑范围。

5G 编排器不运行控制面功能（如无线资源管理），而是去组合优化逻辑拓扑与相关物理网络资源。数据面与控制面的功能是由功能性架构提供的。

（3）拓扑和功能部署架构

为了评估影响网络部署的不同方面，图 6-4 介绍了一个端对端（E2E）的参考网络，用于讨论功能部署结构的灵活性。该网络参考显示了不同类型的站点是怎样根据接入、聚合和电信运营商的核心网络被定位的。该模型包括很多设备（如终端设备、D2D 群组），天线站（如宏远程广播单位（RRU）、小蜂窝，中继节点，群节点），无线基站（RBS）（如宏基站基带单元），接入站（中心局）和网络中上级的连续节点，例如，聚合本地交换机和国家级的能部署不同网络功能的站点。

在所有这些代表着物理位置的站点上都可以部署不同的网络功能。图 6-4 呈现了端对端（E2E）网络的拓扑和部署。首先，由 METISHT 组成的接入网是很突出的，表明了 METIS 接入节点项目的焦点所在。然后，用各自的网络元素来展示关于聚合与核心网络的说明。例如，树和环中的数据中心和网络链路连接。在这个参考功能的部署结构中，考虑了固定和移动聚合的网络，这是对 METIS 中预期的综合系统的基本保证。关于影响功能部署的方面，在哪里和怎样部署某些网络功能的问题，很大程度上依赖于功能和应用的需求以及网络拓扑。

5G 网络将满足很多不同的功能需求以及不同的网络拓扑和特殊应用的需求。这样，当策划新的网络服务时，功能结构能立即支持灵活的功能部署，例如，对于扩大或减少网络资源，NFV 和 SDN 技术的使用可以保证网络的灵活性。为了给端到端的灵活部署提供基础，可以进一步将与无线接口相关的网络功能分为同步和异步的网络功能。聚焦于无线功能和它们接口的需求，这种分级倾向于突出对于某些功能部署的限制和简化不同的部署分析，例如，在一个部署站点的特定无线功能的集中处理。

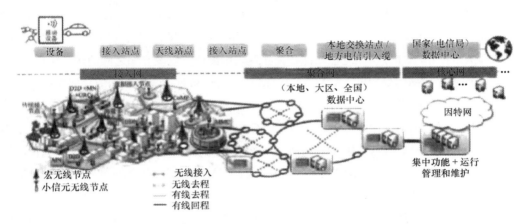

图6-4　METIS端到端参考网络

同步无线网络功能的处理是与无线接口的时间同步的。接口需要高的数据速率，而速率随着通信量、全部的信号带宽和天线的数量增加（主要是关于用户层数据），处理过程发生在每个数据包层。集中化的可能性是很小的（约 10~20km），因为它仅仅可能在低延时、高带宽的情况下工作。虽然定时、实时处理的需求虚拟化的可能性受到一定限制，但可以在硬件加速中获益。同步无线网络可以分为以下两类。

① 同步无线控制层功能，例如，调度、链路自适应、功率控制、干扰协调等。

② 同步无线用户层功能，例如，重传 / 混合自动重传、编码 / 调制、分段 / 串接无线帧等。

异步无线网络功能的处理是与无线接口时间异步的。它们一般需要较低的接口数据速率，并且处理需求随着用户数量增长而不是随着数据流量增长。这些功能一般能够接受几十毫秒的延迟。对于在集中化、虚拟化平台上的部署来说，这是很好的选择。异步无线网络可以分为以下两类。

① 异步无线控制层功能，例如，蜂窝间切换、无线接入技术选择等。

② 异步无线用户层功能，例如，加密、用户层聚合（如双重 / 多重连接）等。

作为对功能需求分析的补充，也会考虑非同步的核心功能。核心网络功能可以分为以下两类。

① 核心网络控制层功能，例如，认证、境管理、IP 地址分配等。

② 核心网络用户层功能，例如，数据包过滤、IP 锚定等。

下面是 METIS 关于相关部署组合的列表，在不同的使用情况下，可以考虑这些部署组合。可以说，由 METIS 功能结构保证的灵活性允许部署所有的这些组合，每种都有缺点和优点。

① 典型的 LTE（无线网络功能在 eNB，核心在中心站点）。

这种部署的优势在于支持宽松的回传需求。通过 X2 接口处理 eNB 之间协作的特性，一般的处理时延在几十毫秒，这意味着它不可能支持多小区联合处理等特性。

② 云无线接入网络（C-RAN）（无线网络功能在媒介网络层，核心在中心站点）。

这种部署的优势在于支持紧密的协作特性，例如，联合处理或联合调度，同时也通过池化具备了维护便捷等优点。由于 NFV 的使用，C-RAN 在功能部署、BBU 与 RRU 之间的功能分离（不是简单的集中化 BBU）等方面增加了灵活性。C-RAN 的缺点在于它对前传链路（接入天线站点）有高带宽和低延迟的要求。另外，需要考虑 C-RAN 的规模如何适应无线带宽和天线数量的增长。为了减少在 MIMO 情况下的射频链路的数量，可以使用混合模拟波束成形和数字预编码的方法。

③ 分布式用户面核心网络功能。

这种部署的优势在于支持极低的延迟且可以对流量进行本地处理和分流。可以根据业务需求，将某些核心网的功能移到接入节点附近。

④ 集中化异步无线控制和用户层。

这种部署的优势在于无线节点比较简单，因为它们可以由一个在较高位置（如核心网站点）上的中心实体控制，这个中心实体负责异步无线控制和其他可能的接口。与整个基带处理都是集中化的 C-RAN 相比，这种部署的优势在于对传输速率和延迟的要求比较低。

⑤ 分散部署所有的无线（如 D-RAN）和核心网功能。

这种部署的优势在于它支持一个完整网络的独立部署而不需要中央核心节点，在某种程度上这种方式还能够增强网络弹性。另外，在这种部署情况下，与协作相关的特性依赖于节点间的接口来实现。

由于 METIS 功能结构的灵活性，上述这 5 种功能部署方案 METIS 5G 系统都会支持。

2. 日本 5G 架构

日本的 ARIB 2020 and Beyond Ad Hoc Group 于 2014 年 10 月 8 日发布了名为 "Mobile Communications Systems for 2020 and beyond" 的白皮书。该白皮书中给出了如图 6-5 所示的 5G 概念架构。图中给出了一种基于 SDN 的三层 5G 网络概念架构。

5G 网络概念架构的最上层包含了应用及服务，包括系统管理支持等各种类型的服务均可被传输至单个公众用户、企业客户及移动通信基础网络运营商。移动通信应用与网络相关的操作可以通过网络控制面的编程进行。

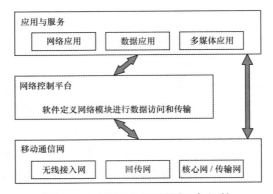

图6-5 ARIB 5G网络概念架构

5G 网络概念架构中间的一层是网络控制平台，该层为上层的各类移动通信应用服务，执行面向应用系统的网络控制功能。此外，该控制层也为底层的移动通信基础网络提供相关的服务。由于网络控制编程在软件定义的基础之上是可以配置的，从而具有自动化、动态化、灵活化、智能化以及可扩展化的网络操作优势。其中，通过层间接口来传输数据传送网络协议控制信息。

5G 网络概念架构最下面的一层代表移动通信基础网络，主要是为移动通信核心网络以及无线接入网络提供端到端的数据传输支持。在移动通信核心网络，一些数据处理功能、组建及操作参数可以通过一个共用的软件平台进行配置，这就是所谓的网络功能虚拟化 NFV。NFV 技术可以提供智能化的解决方案。对于 SDN 架构灵活及最优的网络控制的实现，NFV 操作系统可以进行相应的智能化管理。

未来以软件为导向的组网方式，加上基于云的各类服务，将为用户带来最好的 QoS 以及 QoE，同时，还可以降低移动通信基础网络运营商的网络建设成本以及网络维护成本，并可起到节约能耗的作用。

最后，该白皮书还在其附录中给出了一种具体的 5G 网络架构设计示例，如图 6-6 所示。

如前面的 5G 概念架构所述，上层代表了运行在高层和传输层的应用和业务域，具体包括网络运维支持（例如，流量管理支持、网络管理支持、签约支持），可靠数据提供（例如，物联网业务、内容分发业务、DPI 业务、应急通信业务）和多媒体业务的多种应用。编排管理系统可以对运维管理和各种业务的系统控制进行合并、调度和组织。

5G 网络概念模型的中间层代表了一个集中的控制平台，该平台由一些网络控制软件模块组成。具体的控制模块包括接入控制、回传控制、路由控制、传输网络控制及核心网传输控制。这个网络控制平台向底层基础设施的用户面模块发送控制信令，同时通过应用编程接口 API 向上层应用和业务域发送网络相关的管理指令。网络 SDN 控制器可以管理端到端的用户数据包传输路径：依据用户 / 终端 / 应用等方面的业务策略进行从多个基站通过合适的网络节点再到应用服务器之间的路由控制。

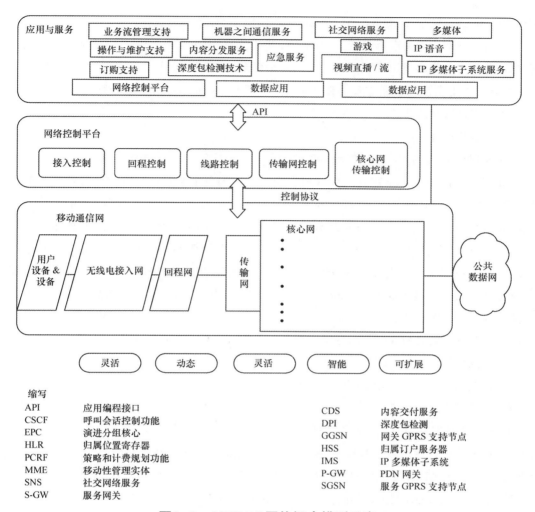

网络控制平台

缩写

API	应用编程接口	CDS	内容交付服务
CSCF	呼叫会话控制功能	DPI	深度包检测
EPC	演进分组核心	GGSN	网关 GPRS 支持节点
HLR	归属位置寄存器	HSS	归属订户服务器
PCRF	策略和计费规划功能	IMS	IP 多媒体子系统
MME	移动性管理实体	P-GW	PDN 网关
SNS	社交网络服务	SGSN	服务 GPRS 支持节点
S-GW	服务网关		

图6-6　ARIB 5G网络概念模型示意

5G 网络概念模型的底层代表了移动通信网络的基础设施，通过下至物理层上至传输层的数据处理实现端到端的数据传输。用户面的数据处理由无线电接入网（RAN）和核心网（CN）的控制面的一系列相关协议来控制。图 6-6 中左下侧移动通信网部分包括用户终端、接入网 RAN、回传网络，这些是和接入技术相关的。其右侧及右上侧包括传输网络、移动核心网，具体的 CN 虚拟网元可以是虚拟化的 EPC、IMS 网元等，例如，SGW、PGW/SGSN、GGSN、P-CSCF、I-CSCF、S-CSCF、网络应用（路由器、交换机、防火墙）、MME、PCRF、HSS/HLR 等。

3. 韩国 5G 架构

韩国的 5G Forum 于 2015 年 3 月底公布了一系列 5 G 白皮书，在"5G Vision，Requirements，and Enabling Technologies V.1.0"中，给出了 5G 核心网架构。

该核心网架构的关键点包括 5G 核心网同时支持有线接入和无线接入；控制面与数据面分离，并且在虚拟环境下实现只有一级的扁平化全分散网络架构；5G 网关间接口支持无缝移动；同一个业务流可以通过多个 RAT 传输；位于基站的内容缓存和位于网关的内容 / 业务缓存可以支持低时延业务。

（1）架构综述

在 5G 网络中，有线业务和无线业务的性能差异不再显著。5G 核心网同时支持有线接入和无线接入，业务可以在有线接入和无线接入之间自由移动。有线终端可以是 HDTV、PC 和家庭 Wi-Fi AP。这些终端连接到 5G 网关，从而支持有线和无线终端之间的无缝切换。无线接入可以直接连接宏基站或者 5G 网关。宏基站、小基站和 II 型 WLAN 都连接到 5G 网关。中继站和 I 型 WLAN 则连接到宏基站。小基站和宏基站的直连虽然未在图中体现，但是也是有可能的。对连接宏基站的无线接入可以进行更紧密的控制，并且可以提供和宏基站之间的快速切换。值得注意的是，I 型 WLAN 和 II 型 WLAN 分别连接到宏基站和 5G 网关。控制面与数据面分离，并且在虚拟环境下实现。可以在不改变物理网络基础设施的情况下，通过控制面与数据面的功能分离实施更多、更丰富的应用和业务。

（2）用户面

在数据面，可以由宏基站或者 5G 网关控制无缝移动。同一宏基站下的中继站和 I 型 WLAN 之间的移动由该宏基站控制。宏基站、小基站、II 型 WLAN、有线接入之间的移动由 5G 网关或者宏基站控制。宏基站和小基站负责层一 / 层二转发，5G 网关负责层三转发。同一个业务流可以通过多个 RAT 传输，支持端到端级、网关级和基站级的多流。这类似端到端级多流技术 MAPCON 和网关级多流技术 IFOM。为了支持负载均衡和网关间的无缝切换，需要 5G 网关到 5G 网关之间的接口。该网关间接口的目的是提供 5G 网关间的无缝移动，并使 UE 能够通过多个 5G 网关接收和发送一个或多个会话。

（3）控制面

5G 核心网控制面在虚拟环境下实现，虚拟的逻辑网关包含网关的控制功能。逻辑网关控制多个网关数据面交换机。5G 控制面包含两大功能模块：一个是无线资源信息功能模块，用来在所有可能的无线接入中选择最佳可用的无线接入，该功能模块具体包括监视多个 RAT 的无线资源情况，基于信道条件的宏基站 - 中继站拓扑等；另一个功能模块是地理位置信息模块，用来跟踪 UE 位置并识别该位置上的最佳可用无线接入。

4. 北美 5G 生态系统架构

美洲移动通信行业组织 4G Americas 发布了名为 "4G 的 Americas' Recommendations on 5G Requirements and Solutions" 的 5G 白皮书，该白皮书逐一分析了 5G 的应用场景和需求，

并指出了 4G 网络可能需要增强的方面，最后提出一些 5G 可能会采用的关键技术，但是并未给出明确的 5G 网络架构，而是给出了端到端的 5G 生态系统架构。

该 5G 生态系统架构实际给出了设计 5G 系统需要考虑的关键因素。

① 设备方面，需要考虑新兴调制解调技术、上下文感知组网技术、终端设备直接通信技术。

② 无线接入网方面，需要考虑高级干扰管理技术、大规模 MIMO 技术、安全技术、新兴调制解调技术、毫米波技术。

③ 核心网方面，需要考虑网络功能虚拟化 NFV 技术、安全技术、物联网技术、泛在存储和计算技术。

④ 应用方面，需要考虑安全技术、上下文感知组网技术、物联网技术、终端设备直接通信技术。

⑤ 在无线接入网和核心网的边界，需要考虑云无线接入网技术、灵活组网技术、物联网技术。

⑥ 在核心网和应用的边界，需要考虑物联网技术、全球移动互联网技术、云计算技术。

⑦ 在法律法规层面，也要考虑频谱划分、频谱共享、合法侦听、应急服务、可恢复性。

除此之外，该白皮书最后还指出了如下 5G 系统讨论工作的一些原则。

① 根据对未来 5G 移动通信网络的定义以及相关需求的讨论，5G 的发展必须包括空口、终端设备、传输以及分组核心网在内的整个生态系统。

② 未来 5G 移动通信的发展需要在一个统一的框架下进行全球范围内的协调，并应在真正的技术进步、可行性研究、标准化以及产品研发方面给予充足的发展时间。

③ 投入未来 5G 移动通信系统的研发对北美各国来说是至关重要的。

④ 至少在发展初期，尽量避免去争论什么才是 5G 移动通信系统。目前，各大标准组织尚未发布任何描述和定义 5G 的文档或规范。

⑤ 对于 5G 移动通信系统的规划，应当考虑所有主要的技术驱动力。

⑥ 在 5G 移动通信系统真正可商用部署之前，应该把那些为了满足 5G 需求而研发的技术功能特性作为 LTE-Advanced 的扩展功能进行实施和部署，这将为收回 4G 投资赢得时间。

⑦ 关于 LTE-Advanced 的功能增强将持续至 2018 年。业界预期 5G 移动通信将于 2020 年前后进行初步部署。因此，无线传输接口方面的重大突破和改变同时可能伴随严重的向后兼容问题。

5.NGMN 5G 架构

下一代移动通信网络（Next Generation Mobile Networks，NGMN）是以运营商为主导推动新一代移动通信系统产业发展和应用的国际组织。NGMN 于 2015 年 2 月对外发布了

"NGMN 5G WHITE PAPER"，该白皮书提出了 NGMN 的 5G 架构。

基于上一节提出的 5G 设计原则，NGMN 5G 架构如图 6-7 所示。该架构利用硬件和软件的结构分离以及 SDN 和 NFV 提供的可编程能力。这样，5G 架构是一个天然的 SDN/NFV 架构，包括从终端设备、（移动 / 固定）基础设施、网络功能、增值能力和所有编排 5G 系统所需的管理功能。相关参考点提供 API 来支持多种用例、增值业务和商业模型。

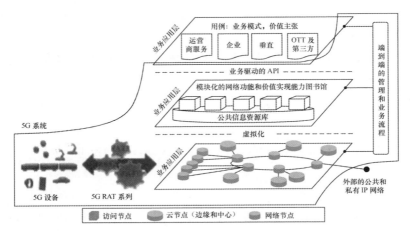

图6-7　NGMN 5G架构

该架构包含 3 个层次和一个端到端管理编排实体。

① 基础设施资源层

基础设施资源层由固移融合网络物理资源、5G 终端设备、网络节点和相关链路组成。其中，固移融合网络包括接入节点和云节点（可以是处理资源或者存储资源）。5G 终端设备包括（智能）手机、可穿戴设备、CPE、物联网模块等。5G 终端设备可有多种可配置的能力，并且可以根据上下文成为中继 / 集线节点或者计算 / 存储资源。因此，5G 终端设备也被作为可配置的基础设施资源来考虑。这些资源通过相关 API 展现给更高层次和端到端管理编排实体。这些 API 同时包含了性能和状态监视及配置功能。

② 业务使能层

业务使能层是一个汇聚网络中要求的所有功能的集合。这些功能以模块化的架构组成模块的形式存在，包括由软件模块实现的可从数据库中下载到需求地点的功能模块，以及一组网络特定部位的配置参数，如无线接入。这些功能和能力由编排实体通过相关 API 按照需求调用。对于特定功能，可存在多种选项，如同一功能的不同实例具有不同的性能或特性。与现在的网络相比，5G 网络可以通过提供不同等级的性能和能力来更加细化地区分网络功能（例如，移动性功能可以根据需要分为游牧移动性、车辆移动性或航空移动性）。

③ 业务应用层

业务应用层包含利用 5G 网络通信的具体的应用程序和服务，这些应用程序和服务可以来自运营商、企业、纵向市场或第三方。业务应用层与端到端管理和编排实体之间的接口允许为特定应用建立专有的网络切片，或者是将一个应用映射到已有的网络切片。

④端到端管理和编排实体

端到端管理和编排实体是将用例和商业模型转换为实际网络功能和切片的连接点。端到端管理和编排实体为给定的应用场景定义网络切片，连接相关网络功能模块，配置相关性能配置参数，并最终将这些映射到基础设施资源上。端到端管理和编排实体也管理上述功能的容量、规模和地理分布。在特定的商业模型下，端到端管理和编排实体可以具有让第三方（如虚拟运营商和纵向市场）通过 API 和 XaaS 规则创建和管理自己的网络切片的能力。鉴于管理和编排实体的多样功能，它不是一个集成在一个切片上的功能。管理和编排实体可以根据不同模块化功能的组合，针对性整合了如 NFV、SDN 或者 SON 这样不同领域的优势。此外，管理和编排实体还将使用数据辅助的智能功能来优化业务组成和发布的方方面面。

6. 中国 IMT—2020 (5G) 网络架构

IMT—2020 (5G) 推进组于 2013 年 2 月由中国工业和信息化部、国家发展和改革委员会、科学技术部联合推动成立，组织架构基于原 IMT—Advanced 推进组，成员包括中国主要的运营商、制造商、高校和研究机构。推进组是聚合中国"产、学、研、用"力量、推动中国第五代移动通信技术研究和开展国际交流与合作的主要平台、IMT—2020 (5G) 推进组的核心成员单位之一。本节主要介绍 IMT—2020 (5G) 推进组提出的"三朵云"5G 网络架构，以及中国电信提出的"三朵云"架构原型在系统实现和部署方面的考虑。

1. 三朵云概念架构

中国 IMT—2020 (5G) 推进组于 2015 年 2 月发布了"5G 概念白皮书"，该白皮书给出了如图 6-8 所示的 5G 网络概念架构。

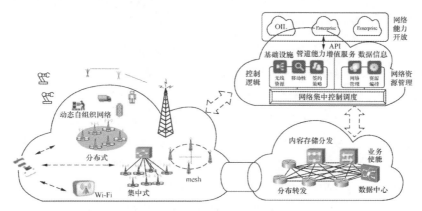

图6-8　5G网络概念架构

未来的 5G 网络将是基于 SDN、NFV 和云计算技术的更加灵活、智能、高效和开放的网络系统。5G 网络架构包括接入云、控制云和转发云 3 个域。接入云支持多种无线制式的接入，融合集中式和分布式两种无线接入网架构，适应各种类型的回传链路，可以实现更灵活的组网部署和更高效的无线资源管理。5G 的网络控制功能和数据转发功能将解耦，形成集中统一的控制云和灵活高效的转发云。控制云实现局部和全局的会话控制、移动性管理和服务质量保证，并构建面向业务的网络能力开放接口，从而满足业务的差异化需求并提升业务的部署效率。转发云基于通用的硬件平台，在控制云高效的网络控制和资源调度下，实现海量业务数据流的高可靠、低时延、均负载的高效传输。基于"三朵云"的新型 5G 网络架构是移动网络未来的发展方向，但实际网络发展在满足未来新业务和新场景需求的同时，也要充分考虑现有移动网络的演进途径。5G 网络架构的发展存在局部变化到全网变革的中间阶段，通信技术与 IT 技术的融合会从核心网向无线接入网逐步延伸，最终形成网络架构的整体演变。上述"三朵云"网络架构的原型来自于中国电信最早在中国 IMT—2020（5G）推进组网络技术工作组第三次会议上提出的"三朵云"5G 网络架构愿景，如图 6-9 所示。

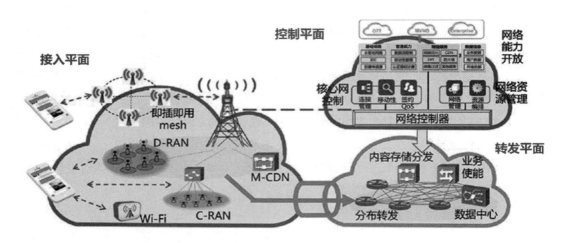

图6-9　5G网络架构愿景原型

该架构提出，5G 网络将是一个可依靠业务场景灵活部署的融合网络。在接入方面，5G 网络可以支持蜂窝 SDN、C-RAN、D-RAN、传统 3G/4G 接入网、Wi-Fi/HEW 等各种形态的接入技术网络，针对各种业务场景选择部署，通过灵活的集中控制、配合本地控制及多连接等无线接入技术，实现高速率接入和无缝切换，提供极致的用户体验。网络功能和业务功能的软件化，以及控制与转发进一步分离和独立部署，便于新功能和新业务的快速部署实施。通过网络功能虚拟化 NFV 技术，可实现通用网络物理资源的充分共享，合理分配按需编排资源，提高物理资源的利用率。通过网络虚拟化和能力开放，可实现网络服务对第三方的开放和共享，提高整个蜂窝 SDN 网络的利用率，提供更加丰富的业务。

（1）控制云

控制云在逻辑上作为 5G 蜂窝网络的集中控制核心，由多个虚拟化网络控制功能模块组成。在实际部署时，控制云中的网络控制功能可能部署在集中的云计算数据中心，也可能分散部署在本地数据中心和集中部署的数据中心，一部分无线强相关控制功能也可能部署在接入网或接入节点上。网络控制功能模块从技术上应覆盖全部传统的控制功能以及针对 5G 网络和 5G 业务新增的控制功能，这些网络控制功能可以根据业务场景进行定制化裁剪和部署。具体来说，网络控制功能可以包括无线资源管理模块、跨系统协同管理模块、移动性管理模块、策略管理模块、信息管理模块、路径管理 /SDN 控制器模块、安全模块、传统网元适配模块、能力开放模块、网络资源编排模块 /MANO 等。

（2）接入云

5G 网络接入云包含多种部署场景，主要包括宏站覆盖、微站超密集覆盖、宏微联合覆盖等。在宏—微覆盖场景下，通过覆盖与容量的分离（微站负责容量，宏站负责覆盖及微站间资源协同管理），实现接入网根据业务发展需求以及分布特性灵活部署微站。同时，由宏站充当的微站间的接入集中控制模块，对微站间的干扰协调、资源协同管理起到了一定的帮助作用。然而对于微站超密集覆盖的场景，微站间的干扰协调、资源协同、缓存等需要进行分簇化集中控制。此时，接入集中控制模块可以由所分簇中某一微站负责或者单独部署在数据处理中心。类似地，对于传统的宏覆盖场景，宏站间的集中控制模块可以采用与微站超密集覆盖同样的方式进行部署。

未来 5G 接入网基于分簇化集中控制的主要功能，体现在集中式的资源协同管理、无线网络虚拟化以及以用户为中心的虚拟小区 3 个方面。

① 资源协同管理

基于接入集中控制模块，5G 网络可以构建一种快速、灵活、高效的基站间的协同机制，实现小区间资源调度与协同管理，提升移动网络资源利用率，进而大大提升用户的业务体验。总体来讲，接入集中控制可以从如下几个方面提升接入网的性能：干扰管理，通过多个小区间的集中协调处理，可以实现小区间的干扰避免、消除甚至利用，例如，通过多点协同技术（Coordinated Multipoint，CoMP）可以使超密集组网下的干扰受限，系统转化为近似无干扰系统；网络能效，通过分簇化集中控制的方式，并基于网络大数据的智能化的分析处理，实现小区动态关闭 / 打开以及终端合理的小区选择，在不影响用户体验的前提下，最大程度地提升网络能效；多网协同，通过接入集中控制模块易于实现对不同 RAT 系统的控制，提升用户在跨系统切换时的体验。除此之外，基于网络负载以及用户业务信息，接入集中空中模块可以实现同系统间以及不同系统间的负载均衡，提升网络资源的利用率；基站缓存，接入集中控制模块可基于网络信息以及用户访问行为等信息，实现同一系统下基站间以及不同系统下基站间的合作缓存机制的指定，提升缓存命中率，降低用户内容访问时延和网络数据流量。

② 无线网络虚拟化

如前所述，5G 能够满足不同虚拟运营商 / 业务 / 用户的差异化需求，需要采用网络虚拟化满足不同虚拟运营商 / 业务 / 用户的差异化定制。通过将网络底层时、频、码、空、功率等资源抽象成虚拟的无线网络资源，进行虚拟无线网络资源切片管理，依据虚拟运营 / 业务 / 用户定制化需求，实现虚拟无线资源灵活分配与控制（隔离与共享），充分适应和满足未来移动通信后向经营模式对移动通信网络提出的网络能力开放性、可编程性方面的要求。

③ 以用户为中心的虚拟小区

针对多制式、多频段、多层次的密集移动通信网络，将无线接入网络的控制信令传输与业务承载功能解耦，依照移动网络的整体覆盖与传输要求，分别构建虚拟无线控制信息传输服务和无线数据承载服务，进而降低不必要的频繁切换和信令开销，实现无线接入数据承载资源的汇聚整合；同时，依据业务、终端和用户类别，灵活选择接入节点和智能业务分流，构建以用户为中心的虚拟小区，提升用户一致性业务的体验与感受。

（3）转发云

5G 网络转发云实现了核心网控制面与数据面的彻底分离，更专注于聚焦数据流的高速转发与处理。逻辑上，转发云包括了单纯高速转发单元以及各种业务使能单元（如防火墙、视频转码器等）。在传统网络中，业务使能网元在网关之后呈链状部署，如果想对业务链进行改善，则需要在网络中增加额外的业务链控制功能或者增强 PCRF 网元。在 5G 网络转发云中，业务使能单元可改善为与转发单元一同进行的网状部署，一同接收控制云的路径管理控制。此时，转发云根据控制云的集中控制，使 5G 网络能够根据用户业务需求定义每个业务的流转发路径，实现转发网元与业务使能网元的灵活选择。除此之外，转发云可以根据控制云下发的缓存策略实现受欢迎内容的缓存，从而减少业务时延、减少移动往外出口流量、改善用户体验。

为了提升转发云的数据处理、转发效率，转发云需要定期或不定期地将网络状态信息通过 API 接口上报给控制云进行集中优化控制。考虑到控制云与转发云之间的传播时延，某些对时延要求严格的事件需要转发云在本地进行处理。

（4）网络功能虚拟化

"三朵云"网络架构支持按照场景用例在共用的网络基础设施上实现虚拟的端到端网络，即整个网络功能的虚拟化，这样的虚拟端到端网络也可以称为网络切片。网络虚拟化和虚拟网络的管理，即网络切片的生成和管理，由控制功能 MANO 来提供。

5G 网络中的 MANO 系统基于标准 NFV 架构中的 MANO 框架实现，并在此基础上增加 5G 特定的管理功能和接口。在每个网络切片内，根据实际场景用例首先需要选择合适的网络功能（如合适的 RAT、合适的接入控制模块、必需的通用网络控制功能、业务特定的网络控制功能、业务特定的业务使能模块等），然后，MANO 系统在合适的地理位置的网络基础设施上创建这些网络功能模块并分配合适的资源规模，同时建立模块之间的连接关系，并根据实际业务量在时间维度和空间维度对上述网络资源的分配进行动态调整。

2. 系统参考架构

图 6-10 给出了一种 5G 系统参考架构示例，基于 NFV 框架和 SDN 思想的 5G 系统参考架构，支持 5G 概念架构的实现和部署。

图 6-10 的 A 区是接入网，支持物理基站和虚拟基站的混合组网。其中，虚拟基站基于虚拟化技术的虚拟接入网，在真实的空口资源、物理计算资源、物理存储资源和物理网络资源池上，通过虚拟化中间件，形成虚拟空口资源、虚拟计算资源、虚拟存储资源和虚拟网络资源，并在这些虚拟资源上，以软件模块的方式，加载干扰协调、小范围移动性管理、跨系统资源协同等无线接入相关的控制功能模块，也可以重点加载与无线链路快速变化相关的管理功能，而全局性的无线管理则设置在 B 区的集中控制器中实现。

图 6-10 的 B 区是基于虚拟化技术的虚拟网络控制面，在真实的物理计算资源、物理存储资源和物理网络资源池上，通过虚拟化中间件，形成虚拟计算资源、虚拟存储资源和虚拟网络资源，并在这些虚拟资源上，以软件模块的方式，加载大范围移动性管理、策略管理、信息管理、路径管理 /SDN 控制器、安全、传统网元适配等核心网控制功能模块，以及全局性的无线接入网控制功能模块。其中，路径管理 /SDN 控制器模块通过逻辑接口连接 A 区接入网、B 区转发面，实现对业务流转发路径的控制。

图 6-10 的 C 区是转发面，可以支持虚拟转发单元和物理转发网元的混合组网。其中，虚拟转发单元在真实的物理计算资源、物理存储资源和物理网络资源池上，通过虚拟化中间件，形成虚拟空口资源、虚拟计算资源、虚拟存储资源和虚拟网络资源，并在这些虚拟资源上，以软件模块的方式，加载 5G 交换机和各种业务使能模块。

图 6-10 的 D 区是虚拟资源网管 MANO 系统。在欧洲电信标准化协会（European Telecommunications Standards Institute，ETSI）规定的标准的 MANO 系统功能之上，5G 的 MANO 系统还可以针对 5G 的网络功能和业务需求进行增强。MANO 系统可以对虚拟的接入网、虚拟的控制面和转发面的网络资源进行编排配置，例如，根据业务需求对特定网络功能模块进行设置和删除，根据业务量对特定网络功能模块进行扩容缩容等。

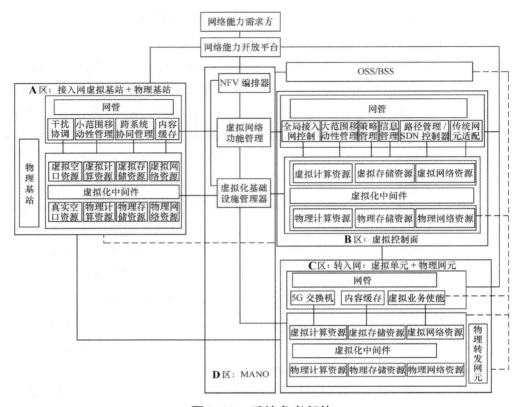

图6-10　系统参考架构

6.2.2　5G无线网设备演进方向

为了更好地满足5G网络的要求，除了核心网架构需要进一步演进之外，无线接入网作为运营商网络的重要组成部分，也需要进行功能与架构的进一步优化与演进。总体来说，5G无线接入网将会是一个满足多场景的多层异构网络，能够有效地统一容纳传统的技术演进空口、5G新空口等多种接入技术，能够提升小区边缘协同处理效率并提升无线和回传资源的利用率。同时，5G无线接入网需要由孤立的接入管道转向支持多制式/多样式接入点、分布式和集中式、有线和无线等灵活的网络拓扑和自适应的无线接入方式，接入网资源控制和协同能力将大大提高，基站可实现即插即用式动态部署方式，方便运营商根据不同的需求及应用场景，快速、灵活、高效、便捷地部署适配的5G网络。

1. 多网络融合

无线通信系统从1G到4G，经历了迅猛的发展，现实网络逐步形成了包含无线制式多样、频谱利用广泛和覆盖范围全面的复杂现状，其中，多种接入技术长期共存成为突出特征。

根据中国 IMT—2020 5G 推进组需求工作组的研究与评估，5G 需要在用户体验速率、连接数密度和端到端时延以及流量密度上具备比 4G 更高的性能。其中，用户体验速率、连接数密度和时延是 5G 基本的 3 个性能指标。同时，5G 还需要大幅提升网络部署和运营的效率。相较于 4G，频谱效率需要提升 5~15 倍，能效和成本效率需要提升百倍以上。

在 5G 时代，同一运营商拥有多张不同制式网络的现状将长期共存，多种无线接入技术共存会使网络环境越来越复杂，例如，用户在不同网络之间进行移动切换时的时延更大。如果无法将多个网络进行有效的融合，上述性能指标，包括用户体验速率、连接数密度和时延，将很难在如此复杂的网络环境中得到满足。因此，在 5G 时代如何将多网络进行更加高效、智能、动态的融合，提高运营商对多个网络的运维能力和集中控制管理能力，并最终满足 5G 网络的需求和性能指标，是运营商迫切需要解决的问题。

在 4G 网络中，演进的核心网已经提供了对多种网络的接入适配。但是，在某些不同的网络之间，特别是不同标准组织定义的网络之间，例如，由 3GPP 定义的进化型的统一陆地无线接入网络（Evolved Universal Terrestrial Radio Access Network，E-UTRAN）和电气和电子工程师协会（Institute of Electrical and Electronics Engineers，IEEE）定义的无线局域网络（Wireless Local Area Networks，WLAN），缺乏网络侧统一的资源管理和调度转发机制，二者之间无法进行有效的信息交互和业务融合，对用户体验和整体的网络性能都有很大的影响，例如，网络不能及时将高负载的 LTE 网络用户切换到低负载的 WLAN 网络中，或者错误地将低负载的 LTE 网络用户切换到高负载的 WLAN 网络中，从而影响用户体验和整体网络性能。

在未来的 5G 网络中，多网络融合技术需要进一步优化和增强，并应考虑蜂窝系统内的多种接入技术和 WLAN。考虑到当前 WLAN 在分流运营商网络流量负载中起到的作用越来越重要，以及 WLAN 通信技术的日趋成熟，将蜂窝通信系统和 WLAN 进行高效融合需要被给予充分的重视。为了进一步提高运营商部署的 WLAN 网络的使用效率，提高 WLAN 网络的分流效果，3GPP 开展了 WLAN 与 3GPP 之间互操作技术的研究工作，致力于形成对用户透明的网络选择、灵活的网络切换与分流，以达到显著提升室内覆盖效果和充分利用 WLAN 资源的目的。目前，WLAN 与 3GPP 的互操作和融合相关技术主要集中在核心网侧，包括非无缝和无缝两种业务的移动和切换方式，并在核心网侧引入了一个重要的网元功能单元——接入网络发现和选择功能单元（Access Network Discovery Support Functions，ANDSF）。ANDSF 的主要功能是辅助用户发现附近的网络，并提供接入的优先次序和管理这些网络的连接规则。用户利用 ANDSF 提供的信息，选择合适的网络进行接入。ANDSF 能够提供系统间移动性策略、接入网发现信息、系统间路由信息等。然而，对运营商来说，这种机制尚不能充分提供对网络的灵活控制，例如，对接入网络的动态信息（如网络负载、链路质量、回传链路负荷等）难以顾及。为了使运营商能够对 WLAN 和 3GPP 网络的使用情况采取更加灵活、更加动态的联合控制，进一步降低运营成本，提供更好的用户体验，更有效地利用现有网络，并降低由于 WLAN 持续扫描造成的终端电量的大量消耗，3GPP 近年来对无线网络侧的 WLAN/3GPP 互操作方式展开了研究以及相关标准化工作。

为了满足 5G 网络的需求和性能指标，5G 的多网络融合技术可以考虑分布式和集中式两种实现架构。其中，分布式多网络融合技术利用各个网络之间现有的、增强的甚至新增加的标准化接口，并辅以高效的分布式多网络协调算法来协调和融合各个网络。而集中式多网络融合技术则可以通过在 RAN 侧增加新的多网络融合逻辑控制实体或者功能将多个网络集中在 RAN 侧来统一管理和协调。分布式多网络融合不需要多网络融合逻辑控制实体或者功能的集中控制，也不需要信息的集中收集和处理，因此该方案的稳健性较强，并且反应迅速，但是与集中式多网络融合技术相比不易达到全局的最优化性能。

2. 软件定义网络 SDN

软件定义网络（Software Defined Network，SDN）技术利用分层的思想将网络控制面与数据面分离。其中，控制面包含具有逻辑集中化的可编程控制器，通过其掌握的网络全局信息为运营商和科研人员提供管理配置网络、部署新协议的能力等。数据面交换机则仅提供简单的数据转发功能，通过快速地处理匹配的数据包，适应流量日益增长的需求。网络控制器通过控制面与数据面间的统一开放接口（如 OpenFlow 等）向交换机下发统一的标准规则，交换机仅需按照这些规则执行相应的操作即可。由此可以看出，SDN 技术可以有效降低设备负荷，并且使运营商能够对网络实现更加灵活的控制，快速适应业务部署的发展需求，降低网络的整体部署运营成本。因此，SDN 技术被麻省理工学院和多家咨询机构共同评选为未来十大技术之一，获得了学术界和工业界的广泛认可和大力支持。

利用 SDN 技术控制面集中化的特点，可以实现无线资源的集中式优化管理，克服分布式协调管理在密集组网中遇到的干扰、资源分配等问题。

不同于传统 LTE 网络中各个基站相对独立或采用分布式协调的方式完成控制决策信息的交互，基于 SDN 的无线接入网架构，针对部署于同一区域内的基站采用无线接入网 SDN 控制器进行控制面处理。此时，基站需要根据其与无线接入网 SDN 控制器之间的标准 API 接口，完成基站无线资源使用信息、干扰情况等全局信息的周期性上报。无线接入网 SDN 控制器则基于基站周期上报信息，实时更新并维持网络全局状态信息（如干扰地图、用户属性信息、数据流等）。除此之外，无线接入网 SDN 控制器会基于网络全局信息实现对所辖区域内的基站进行集中式的资源优化配置，从而提高无线接入网的整体性能。

由此可见，在理想状态下，基于 SDN 的无线接入网架构通过控制面集中化，利用网络全局状态信息等可以完成接入网络资源的集中优化管理，提升接入网的整体性能。实际上，由于基站与无线接入网 SDN 控制器之间存在传输时延的问题，且基站侧需要频繁地更新网络状态，使 SDN 控制器通过集中处理所有通信过程的性能变得不可接受，此时由基站进行控制面功能的处理在某些场景下可获得更好的增益（例如，对于基站间相互不影响的控制面处理，且该控制面处理的时延要求较为严格）。因此，针对基于 SDN 的无线接入网架构，基站侧与 SDN 控制器之间的功能划分直接影响着整个网络的性能，因此有必要对无线接入网的功能模块进行重构。在基站与无线接入网 SDN 控制器之间进行功能划分重构，有如下两个准则。

（1）无线接入网 SDN 集中式控制功能

当基站单独进行控制决策会对相邻小区产生影响时，说明此类决策需要基站间进行协调处理，此类控制决策功能应该集中在 SDN 控制器上完成，例如，切换以及基站发射功率的调整等。由于每个基站此类事件的处理都会对相邻小区带来影响，根据上述准则需要由 SDN 控制器进行集中化控制管理，最大程度地提高系统性能。

（2）基站分布式控制功能

对于时延要求严格且基站单独处理不会对相邻小区基站的决策产生影响的决策，由每个基站单独制定，避免由于基站与 SDN 控制器之间的传输时延导致系统性能的下降，例如，基站下行 RB 资源的分配等。

因此，基于 SDN 的无线接入网架构是一种集中式与分布式相结合的控制面管理方式。该架构在通过利用网络全局信息实现集中式优化控制处理并提升网络整体性能的同时，充分利用基站自身的处理能力实现实时事件分布式的快速响应，可有效地解决由于基站与 SDN 控制器间固有传输时延带来的扩展性差以及性能降低的问题。值得注意的是，上述基于 SDN 的无线接入网架构同样适用于普通的 LTE 网络。无线接入网 SDN 控制器的集中优化控制，可以在很大程度上提升小区间干扰协调管理能力。除此之外，对于未来异构网络（Heterogeneous Network，HetNet）同样可以采用基于 SDN 的架构进行优化，通过将不同无线接入技术（RAT，Radio Access Technology）进行集中优化管理，除了可以实现不同 RAT 系统间负载均衡等资源优化管理外，还可以通过深度融合实现用户在不同网络下的无缝切换，提升用户体验。

综上所述，基于 SDN 技术，通过控制面与数据面分离、控制面集中化、网络能力开放可编程以及易于实现网络虚拟化等优势，可以降低网络设备硬件成本、提升网络运营效率，提高端到端的网络服务质量。与此同时，基于 SDN 的移动通信网络架构有利于电信网络向智能化、开放化方向转变，从而发展更加丰富的服务应用，并且满足不同业务 / 虚拟运营商间差异化服务的要求。因此，SDN 技术已经成为电信运营商目前面对的问题的有效解决手段之一。然而，SDN 技术真正应用到移动通信网络中还存在很多的问题与挑战，需要进一步深入研究，主要包括以下几个方面。

（1）控制面功能的划分重构

如前所述，SDN 控制器与接入交换机，以及 SDN 控制器与基站间功能的划分，影响系统性能以及可扩展性。虽然现有工作给出了一些粗颗粒度的重构策略，但是如何针对现有通用服务器的处理性能、控制器与基站间等传输时延，以及基站与交换机的处理性能等参数，设计出集中式控制面（SDN 控制器）以及分布式控制面（如基站、接入交换机等）间的功能划分，成为目前 SDN 技术在移动通信网络中应用首要面对的问题。

（2）控制面的可扩展性和兼容性

在基于 SDN 的移动通信网络架构中，SDN 控制器采用逻辑集中的方式，随着网络规模的逐步扩大，需要进一步深入研究 SDN 控制器间的东西向接口，以便更好地实现控制面的扩展。除此之外，控制面与数据面间协议版本的不断更新升级，也使 SDN 控制器是否能够实现不同协议版本间良好兼容性等问题需要被重点研究。

（3）数据面转发性能

以基于 SDN 的核心网架构为例，基于 OpenFlow 的数据面交换机，采用流表结构处理分组数据。网络中应用程序的增加，极有可能导致交换机列表的急剧膨胀，从而导致交换机的性能下降。同时，OpenFlow 版本的不断发布以及特性的增加，会导致流表项越来越长，在增加交换机设计复杂度的同时也严重影响了交换机的转发效率。

（4）安全问题

基于 SDN 的移动通信网络架构，集中式的控制面使 SDN 控制器掌握着网络中所有的数据流，其安全性直接关系着网络的可用性、可靠性以及数据安全性，成为 SDN 技术在移动通信网络中需要重点解决的问题。控制面的主要威胁包括网络监听并伪造控制信令从而威胁网络资源配置，攻击者通过向 SDN 控制器频繁发送虚假请求导致控制器因过载而拒绝提供服务等问题。同时，SDN 架构下恶意应用程序通过植入蠕虫等窃取网络信息，可更改网络配置并干扰控制面正常工作。除此之外，应用程序间的安全规则需要统一协调，防止安全规则冲突导致网络服务混乱和管理复杂度增加。

（5）内容缓存

为了降低网络数据负荷、降低用户内容访问时延、提升用户体验，需要核心网与接入网对内容进行分布式存储与缓存，提高缓存命中率，提升缓存性能。考虑到无线接入侧基站存储空间的限制，如何利用无线接入网 SDN 控制器集中控制的优势以实现基站间的协作缓存，成为提升内容访问命中率，降低网络数据流量以及访问时延的关键研究点。

3. 网络功能虚拟化 NFV

5G 时代的网络需要提升网络综合能效，并且通过灵活的网络拓扑和架构来支持多元化、性能需求完全不同的各类服务与应用，并且需要进一步提升频谱效率，大幅降低密集部署所带来的难度与成本。而接入网作为运营商网络的重要组成部分，也需要进行进一步的功能与架构的优化与演进来满足 5G 网络的要求。现有的 LTE 接入网架构具有以下局限性和不足：控制面比较分散，随着网络密集化，不利于无线资源管理、干扰管理、移动性管理等网络功能的收敛和优化；数据面不够独立，不利于新业务甚至虚拟运营商的灵活添加和管理；各设备厂商的基站间接口的部分功能及实现理解不一致，导致不同厂商设备间的互联互通性能差，进而影响网络扩展、网络性能及用户体验；不同（Radio Access Technology，RAT）需要不同的硬件产品来实现，各无线接入技术资源不能完全整合；网络设备如果想支持更高版本的技术特性，往往要通过硬件升级与改造，这为运营商的网络升级和部署带来较大开销。

因此，接入网必须通过进一步的优化与演进来满足 5G 时代对接入网的需求。而接入网虚拟化就是接入网一个重要的优化与演进方向。

通过接入网虚拟化，可以使不同无线接入技术处理资源虚拟化，包括蜂窝无线通信技术与 WLAN 通信技术，使资源共享最大化，提高用户与网络性能；与核心网的软件化与虚拟化演进相辅相成，促进网络架构的整体演进；实现对接入网资源的切片化独立管理，方便新业务、新特性及虚拟运营商的灵活添加，并实现对虚拟运营商更智能的灵活管理和优化；实现更加优化和智能的无线资源管理、干扰控制及移动性管理，提高用户与网络性能；实现更加快速、低成本的网络升级与扩展。实现接入网虚拟化的一个重要方面是实现对基站、物力资源及协议栈的虚拟化。目前，已有许多国际研究项目和科研院校对该方向展开了深入研究。

传统的运营商网络一般要求不同的运营商在相同地区使用不同的频带资源来为相应的用户群提供服务。随着虚拟运营商的大量引入，如果能够实现运营商网络资源的虚拟化，可以使不同的虚拟运营商动态共享传统运营商的频带资源，并通过网络资源的切片化来保证各虚拟运营商服务的独立性和个性化。

网络虚拟化作为虚拟化技术的分支，本质上还是一种物理网络资源共享技术。因此，网络虚拟化应当泛指任何用于抽象物理网络资源的技术，通过使物理网络资源功能池化，从而达到资源任意分割或者合并的目的，最终构建满足上层服务需求的虚拟网络。由此可以看出，网络虚拟化概念及相关技术的引入使网络结构的动态化和多元化成为可能，被认为是解决现有网络体系僵化问题、构建下一代互联网最好的方案之一。

NFV 实现了网络功能（NF）与硬件的解耦，为虚拟化网络功能（VNF）创建标准化的执行环境和管理接口，从而使多个 VNF 可以以虚拟机（VM）的形式共享物理硬件。与云计算基础设施类似，物理设施资源进一步汇集为 VNF 的一个庞大而灵活的共享 NFV 基础设施（NFVI）资源池。此时，NFV 可以创建类似于基础设施即服务（IaaS）、平台即服务（PaaS）和软件即服务（SaaS）的类似云计算的服务方式，也就是网络即服务（NaaS）的思想。NFV 可以广泛应用于各个领域。

在演进的分组核心（EPC）和 IP 多媒体系统（IMS)NF 中，移动性管理实体（MME）、服务和分组数据网关（S/P-GW）、呼叫会话控制功能（CSCF）、使用不同无线标准的基站等，都可以进行虚拟化。其中，EPC 和 IMS 的网络功能实体可以整合在相同的硬件资源池中，通过利用 NFVI 共享，以及基于负载的资源分配，避免故障和恢复的自动化操作来降低网络的总体成本。除此之外，基站的功能，例如，物理层 / 数据链路层 / 网络层协议栈处理不同的无线标准同样可以在一个集中的环境中共享硬件资源，实现动态资源分配以及降低功耗。基于端到端的 NFV 架构，可以虚拟化地实现移动核心网及 IMS 的部署。基于 ETSINFV 定义的虚拟化架构，3GPP 定义的 MME/HSS/PCRF/SGW/PGW 等网元均可以通过虚拟化实现，这些网元对应架构中的虚拟化实体 VNF。基于通用的服务器、存储等硬件，通过 MANO 管理软件定义 MME/GW 等虚拟化实体，定义相应的 NSD、VNFD 模板及 VLR 逻辑实体之间的关系，并在 VNFFGD 中定义 VNF 的端口、转发路径及转发规则。基于这些功能及关系的定义，EMS 下发虚拟实体对应的软件，vEPC 就基本搭建成功了。

虽然 NFV 以其软件与硬件解耦作为核心思想，获得了产业界的极大关注，但是依然还有需要克服的问题。

（1）可靠性问题

传统核心网采用高可靠性的专用电信设备，可靠性达到 99.999%，但虚拟化后的设备基于通用服务器，而通用服务器的可靠性明显低于传统的专用电信设备。

（2）数据存储转发性能问题

设备性能主要体现在设备的计算能力、数据转发能力及存储能力上，而虚拟化设备的性能瓶颈主要集中在 I/O 接口数据转发上。从目前测试的结果来看，与传统设备相比大概有 30%~40% 的性能损失，未来目标是将性能损失减少到 10% 以内。

（3）业务部署方式问题

传统网络采取的是先根据所部署业务进行网络容量测算，然后进行硬件设备集采，再进行到货调试上线的流程。而在虚拟化网络中，硬件采用虚拟化硬件池中的资源，由 MANO 实现业务编排、虚拟资源需求计算及申请，完成网络能力部署，这使现有业务部署的流程需要被打破和革新，对现有的设备采购模式和运维模式都会产生较大的冲击。

（4）虚拟化架构中标准问题

以核心网虚拟化为例，目前需要标准化的内容并非电信网络架构、功能，更多集中在管理接口方面，且涉及多个标准化组织及开源组织，难度极大。

4. 无线 MESH

根据 ITU—R WP5D 的讨论共识，5G 网络需要能够提供大于 10Gbit/s 的峰值速率，并且能够提供 100Mbit/s~1Gbit/s 的用户体验速率，超密集网络部署（Ultra Dense Deployment，UDN）将是实现这些目标的重要方式和手段。通过超密集网络部署与小区微型化，频谱效率和接入网系统容量将会得到极大的提升，从而为超高峰值速率与超高用户体验提供基础。总体而言，超密集网络部署具有以下特点。

（1）基站间距较小

虽然网络密集化在现有的网络部署中就被采用，但是站间距最小在 200m 左右。在 5G UDN 场景中，站间距可以缩小到 10~20m，相较于当前部署而言，站间距显著减小。

（2）基站数量较多

UDN 场景通过小区超密集化部署提高频谱效率，但为了提供连续覆盖，势必要大大增加微基站的数量。

（3）站址选择多样

大量小功率微基站密集部署在特定区域，相较于传统宏蜂窝部署而言，其中，会有一部分站址不会经过严格的站址规划，通常选择在方便部署的位置进行超密集网络部署，这在带来频谱效率、系统容量、峰值速率提升等好处的同时，也带来了极大的挑战。

① 基站部署数量的增多会带来回传链路部署的增多，从网络建设和维护成本的角度考虑，超密集网络部署不适宜为所有的小型基站铺设高速有线线路（如光纤）提供有线回传。

② 由于在超密集网络部署中，微基站的站址通常难以预设站址，而是选择在便于部署的位置（如街边、屋顶或灯柱），这些位置通常无法铺设有线线路来提供回传链路。

③ 由于在超密集网络部署中，微基站间的站间距与传统的网络部署相比会非常小，因此基站间的干扰会比传统网络部署严重。因此，基站间如何进行高速，甚至实时的信息交互与协调，以便进一步采取高效的干扰协调与消除就显得尤为重要。而传统的基站间的通信交互时延达到几十毫秒，难以满足高速、实时的基站间的信息交互与协调的要求。

根据中国 IMT—2020 5G 推进组需求工作组的研究结果，5G 网络将需要支持各种不同特性的业务，例如，时延敏感的 M2M 数据传输业务、高带宽的视频传输业务等。为适应多种业务类型的服务质量要求，需要对回传链路的传输进行精确的控制和优化，以提供不同时延、速率性能的服务。而传统的基站间接口（如 X2 接口）的传输时延与控制功能很难满足这些需求。

此外，根据中国 IMT—2020 5G 推进组发布的 5G 概念白皮书，连续广域覆盖场景将是 5G 网络需要重点满足的应用场景之一。如何在人口较少的偏远地区，高效、灵活地部署基站，对其进行高效的维护和管理，并且能够进一步实现基站的即插即用，以保证该类地区的良好覆盖及服务，也是运营商需要解决的问题。无线 MESH 网络就是要构建快速、高效的基站间的无线传输网络，着力满足数据传输速率和流量密度需求，实现易部署、易维护、用户体验轻快、一致的轻型 5G 网络。

① 降低基站间进行数据传输与信令交互的时延。

② 提供更加动态、灵活的回传选择，进一步支持在多场景下的基站即插即用。从回传的角度考虑，基站回传网络由有线回传与无线回传组成，具有有线回传的网关基站作为回传网络的网关，无线回传基站及其之间的无线传输链路则组成一个无线 MESH 网络。其中，无线回传基站在传输本小区回传数据的同时，还有能力中继转发相邻小区的回传数据。从基站协作的角度考虑，组成无线 MESH 网络的基站之间可以通过无线 MESH 网络快速交互需要协同服务的用户、协同传输的资源等信息，为用户提供高性能、一致性的服务及体验。

为了实现高效的 MESH 网络，需要着重考虑以下技术方面。

（1）无线 MESH 网络回传链路与无线接入链路的联合设计与联合优化

实现无线 MESH 网络首先需要考虑无线 MESH 网络中基站间无线回传链路基于何种接入方式进行实现，并考虑与无线接入链路的关系。而该研究也是业界诸多主流厂商和国际 5G 项目的研究重点。首先，基于无线 MESH 的无线回传链路与 5G 的无线接入链路将会有许多相似之处，无线 MESH 网络中的无线回传链路可以甚至将主要在高频段上工作，这与 5G 无线关键技术中的高频通信的工作频段类似。无线 MESH 网络中的无线回传链路也可以在低频段上工作，这与传统的无线接入链路的工作频段类似。考虑到 5G 场景下微基站的增加与回传场景的多样化，无线 MESH 网络中的无线回传链路与无线接入链路的工作及传播环境类似。

考虑到以上因素，基于无线 MESH 的无线回传链路与 5G 的无线接入链路可以进行统一和融合，并按照需求进行相应的增强，例如，无线 MESH 网络的无线回传链路与 5G 的无线接入链路可以使用相同的接入技术。无线 MESH 网络的无线回传链路可以与 5G 无线接入链路使用相同的资源池。无线 MESH 网络中无线回传链路的资源管理、QoS 保障等功能可以与 5G 无线接入链路联合考虑。

这样做的好处包括以下 3 个方面。

① 简化网络部署，尤其针对超密集网络部署场景。

② 通过无线 MESH 网络的无线回传链路和无线接入链路的频谱资源动态共享，提高资源利用率。

③ 可以针对无线 MESH 网络的无线回传链路和无线接入链路进行联合管理和维护，提高运维效率、减少 CAPEX 和 OPEX。

（2）无线 MESH 网络回传网关规划与管理

具有有线回传的基站作为回传网络的网关是其他基站和核心网之间回传数据的接口，对于回传网络性能具有决定性作用。因此，如何选取合适的有线回传基站作为网关，对无线 MESH 网络的性能具有很大影响。一方面，在进行超密集网络部署时，有线回传基站的可获得性取决于具体站址的物理限制。另一方面，有线回传基站位置的选取也要考虑区域业务分部的特性。因此，在进行无线 MESH 网络回传网络设计时，可以首先确定可获得有线回传的位置和网络结构，然后根据具体的网络结构和业务的分布进一步确定回传网关的位置、数量等。通过无线 MESH 网络回传网关的规划和管理，可以在保证回传数据传输的同时，有效提升回传网络的效率和能力。

（3）无线 MESH 网络回传网络拓扑管理与路径优化

具备无线回传能力的基站组成一个无线 MESH 网络，进一步实现网络中基站间快速的信息交互、协调与数据传输。并且，具有无线回传能力的基站可以帮助相邻的基站协助传输回传数据到回传网关。因此，如何选择合适的回传路径也是决定无线 MESH 网络中回传性能的关键因素。一方面，无线 MESH 网络的回传拓扑和路径选择需要充分考虑无线链路的容量和业务需求，根据网络中业务的动态分布情况和 CQI 需求进行动态的管理和优化。另一方面，无线回传网络拓扑管理和优化需要考虑多种网络性能指标（Key Performance Indicator，KPI），例如，小区优先级、总吞吐率和服务质量等级保证。并且，在某些路径节点发生变化时，例如，某中继无线回传基站发生故障，无线 MESH 网络能够动态地进行路径更新及重新配置。无线回传链路的拓扑管理和路径优化，使无线 MESH 网络能够及时、迅速地适应业务分布与网络状况的变化，并有效提升无线回传网络的性能和效率。

（4）无线 MESH 网络回传网络资源管理

在无线回传网络拓扑和回传路径确定之后，如何高效地管理无线 MESH 网络的资源显得至关重要。并且，如果无线回传链路与无线接入链路使用相同的频率资源，还需要考虑无线回传链路和网络接入链路的联合资源管理，以提升系统的整体性能。对于无线回传链路的资源管理，可以基于特定的调度准则，根据每个小区的自身回传数据队列、中继数据队列以及接入链路的数据队列，调度特定的小区和链路在适合的时隙发送回传数据，从而满足业务服务的质量要求。该调度器可以基于集中式实现，也可以基于分布式实现。

（5）无线 MESH 网络协议架构与接口研究

LTE 中基站间可以通过 X2 接口进行连接，3GPP 针对 X2 接口分别从用户面和控制面定义了相关的标准。考虑到无线 MESH 网络的无线回传链路及其接口固有的特性与 X2 接口存在明显差异，如何设计一套高效的、针对无线 MESH 网络的协议架构及接口标准显得十分必要。其中要考虑以下 4 个方面。

① 无线 MESH 网络及接口建立、更改、终止等功能及标准流程。

② 无线 MESH 网络中基站间控制信息交互、协调等功能及标准流程。

③ 无线 MESH 网络中基站间数据传输、中继等功能及标准流程。

④ 辅助实现无线 MESH 网络关键算法的承载信令及功能，如资源管理算法。

另外，由于在超密集网络部署的场景下基站的站间距非常小，基站间采用无线回传会带来严重的同频干扰问题。一方面，可以通过协议和算法的设计来减少甚至消除这些干扰。另一方面，也可以考虑如何与其他互补的关键技术结合来降低干扰，例如，高频通信技术、大规模天线技术等。

5.CU–DU 划分

（1）CU–DU 架构标准介绍

无线接入网最主要的构成部分就是基站系统。从无线网络功能的角度而言，基站系统包括射频和基带功能，而后者又由物理层、第二层（MAC、RLC、PDCP 等子层）、第三层（如 RRC）等协议功能层构成。从接入网架构角度而言，3G 系统中接入网逻辑节点由 Node B 和 RNC 组成，4G 逻辑架构设计更加扁平化，仅包含 eNB 节点。而 5G 接入网架构在设计之初，相对于 4G 接入网而言，有以下 5 个典型的需求。

① 接入网支持分布式单元（Distributed Unit，DU）和集中式单元（Central Unit，CU）功能划分，且支持协议栈功能在 CU 和 DU 之间迁移。

② 支持控制面和用户面分离。

③ 接入网内部接口需要开放，能够支持异厂商间互操作。

④ 支持终端同时连接至多个收 / 发信机节点（多连接）。

⑤ 支持有效的跨基站间协调调度。

依托 5G 系统对接入网架构的需求，在 5G 接入网逻辑架构中，已经明确将接入网分为 CU 和 DU 逻辑节点，CU 和 DU 组成 gNB 基站，接入网 CU-DU 逻辑结构如图 6-11 所示。其中，CU 是一个集中式节点，对上通过 NG 接口与核心网（NGC）连接，在接入网内部则能够控制和协调多个小区，包含协议栈高层控制和数据功能，涉及的主要协议层包括控制面的 RRC 功能和用户面的 IP、SDAP（业务数据应用单元）、PDCP（分组数据汇聚协议）子层功能。DU 是分布式单元，广义上，DU 实现射频处理功能和 RLC（无线链路控制）、MAC（媒质接入控制）、PHY（物理层）等基带处理功能。狭义上，基于实际设备实现，DU 仅负责基带处理功能，RRU（远端射频单元）负责射频处理功能，DU 和 RRU 之间通过 CPRI（Common Public Radio Interface）或 eCPRI 接口相连。在后文中，为了和具体设备对应，DU 采用狭义定义，CU 和 DU 之间通过 F1 接口连接。CU/DU 具有多种切分方案，不同切分方案的适用场景和性能增益均不同，同时对前传接口的带宽、传输时延、同步等参数的要求也有很大差异。CU/DU 不同切分方案如图 6-12 所示。

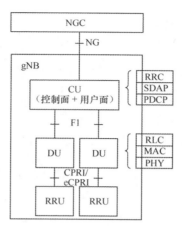

图6-11 接入网CU-DU逻辑结构

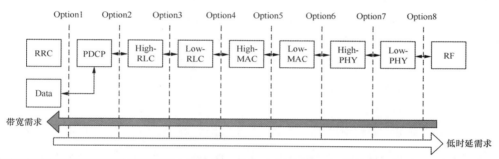

方案	描述	方案特点分析
Option 1	RRC 层 / 数据与 PDCP 层之间划分；RRC 层位于 CU，其余位于 DU	用户面资源没有得到集中，数据缓存在 DU 中，切换时需要数据前转，增加时延支持 DC 时，复杂度高
Option 2	PDCP 层与 RLC 层之间划分；PDCP/RRC 位于 CU，其余位于 DU	DU 侧需要更多的 packet buffers
Option 3	RLC 内部划分；RLC AM operation，the ARQ and packet ordering 功能位于 CU，the segmentation 功能位于 DU	ARQ 位于 CU，相较于 Option 2 可以提供 pooling gains相较于 Option2，利用 ARQ 重传可以对抗前传突发错误
Option 4	RLC 和 MAC 之间划分；RLC/PDCP/RRC 位于 CU，其余位于 DU	无法满足 RLC 和 MAC 之间数据实时性交互的需求，导致调度时延增加
Option 5	MAC 层内部划分；High MAC 部分归属 CU，集中调度；Low MAC 部分归属 DU，HARQ 实体，测量上报	可以有效实现多 DU 之间的集中调度
Option 6	物理层与 MAC 层之间划分；MAC 层及以上功能归属 CU，物理层和 RF 归属 DU	传输需求相对于 Option 6-1/6-2 没有优势，HARQ 位于 CU，对于低时延业务有影响，支持的资源协作方式相对于更高层划分没有优势

图6-12 CU/DU不同切分方案

方案	描述	方案特点分析
Option 6-1	物理层层内部划分；IFFT 和去 CP 功能以及 RF 功能归属 DU，资源映射以上的部分归属 CU	优点：1）相较于 Option8（射频拉远），可以有效地降低带宽需求（10x 量级）；2）相较于高层划分（Option1~4），可以支持联合处理和联合调度（如 COMP）缺点：1）对于前端传输的要求高，仅次于 Option 8；2）考虑到 MAC 层位于 CU，影响了 HARQ 响应时间，某些低时延的业务无法支持
Option 6-2	物理层层内部划分，预编码、资源映射和 IFFT 归属 DU，层映射以上的部分归属 CU	
Option 8	RF 与物理层之间划分，类似于 4G 的 RRU 光纤拉远，RF 位于 DU，其余协议栈位于 CU	回传带宽需求正比于天线端口和射频带宽

图6-12　CU/DU不同切分方案（续）

从 Option1 到 Option8，基带资源集中度依次递增，多小区协同性能相应增强，但对于传输带宽与时延的要求逐步提高。总体上，可以将这 8 种切分方案归纳为两大类：Option1~Option3 属于高层切分方案；Option5~Option8 属于底层切分方案。高层切分方案的基带资源集中度较低，不支持集中化调度、多小区干扰协调等协同特性，对于接口的传输带宽及时延要求相对宽松，支持在非理想传输条件下部署，传输网络的成本较低。DU 需要具备 L1 及部分 L2 的基带处理功能，要求增加基带芯片、存储器等硬件，导致 DU 成本较高。底层切分方案的基带资源集中度较高，支持多小区间的协同。CU-DU 功能切分点越来越靠近底层，支持的协同特性逐步增强。底层切分方案对接口带宽、时延要求都比较高，适合在理想的传输条件下部署，传输网的成本较高。DU 功能相对简化，对 DU 的基带处理能力要求降低，设备成本也较低。CU-DU 不同切分方案的应用场景主要取决于传输网络、设备复杂度、业务场景等多种因素。对于具备理想传输条件的场景，可以采用底层切分方案，以获得更大的基带源集中度及池化增益，提升网络性能。对于非理想传输场景，可以采用高层切分方案，降低传输网络的改造要求。高层切分方案的 CU 主要完成非实时处理功能，可基于通用硬件平台集中部署，并且支持虚拟化底层切分方案的 CU 还要完成部分 L1 或 L2 实时处理功能，需要使用专用的硬件实现。对于时延、可靠性要求较高的业务，可以选用底层切分方案，因为该类方案要求的传输时延低、带宽大，同时支持各类协同特性，可提高网络传输的可靠性。对于时延不敏感、连接数要求较高的业务，可采用高层切分方案，CU 与 DU 间支持较大的拉远距离，从而提供较大的网络覆盖范围。

无线网 CU-DU 架构的好处在于能够获得小区间的协作增益，实现集中负载管理；高效实现密集组网下的集中控制，如多连接、密集切换；获得池化增益，使能 NFV/SDN，满足运营商某些 5G 场景的部署需求。需要注意的是，在设备实现上，CU 和 DU 可以灵活选择，即二者可以是分离的设备，通过 F1 接口通信；或者 CU 和 DU 完全可以集成在同一个物理设备中，此时 F1 接口就变成了设备内部接口，CU-DU 分离和一体化实现如图 6-13 所示。

CU 之间通过 Xn 接口进行通信。

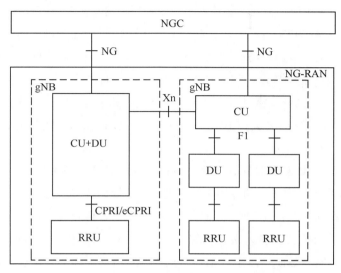

图6-13 CU-DU分离和一体化实现

（2）CU-DU 设备实现方案

如前所述，5G 接入网逻辑架构中，已经明确将接入网分为 CU 和 DU 逻辑节点。而在具体的设备实现中，主要存在如下两种方式：CU/DU 合设方案；CU/DU 分离方案。CU/DU 合设方案类似 4G 中的 BBU 设备，在单一物理实体中同时实现 CU 和 DU 的逻辑功能，并基于电信专用架构采用 ASIC 等专用芯片实现。考虑到 4GBBU 多采用主控传输板＋基带处理板组合的方式，类似的，5GBBU 也可沿用 CU 板＋DU 板的架构方式，以保证后续扩容和新功能引入的灵活性。CU 板和 DU 板的逻辑功能划分可以遵循 3GPP 标准，即 CU 板和 DU 板之间的逻辑接口是 F1 接口。不过，考虑到此合设设备中，F1 接口是 BBU 内部接口，CU 板和 DU 板的逻辑功能划分也可采用非标实现方案。此种 CU/DU 合设设备（即 5GBBU 设备）的好处和 4GBBU 类似，可靠性较高、体积较小，功耗较小，且环境适配性较好，对机房配套条件的要求较低。

CU/DU 分离方案则存在两种类型的物理设备：独立的 DU 设备和独立的 CU 设备。按照 3GPP 的标准架构，DU 负责完成 RLC/MAC/PHY 等实时性要求较高的协议栈处理功能，而 CU 负责完成 PDCP/RRC/SDAP 等实时性要求较低的协议栈处理功能，因此有如下考虑。

① 对 DU 设备：一方面，由于 DU 的高实时性要求，且由于 5GNR 中 Massive-MIMO 技术（如 64T64R）和大带宽（如 100MHz 载波带宽）的引入，吞吐量相较于 4G 有数十倍到百倍量级的提升，且物理层涉及大量并行的密集型复数矩阵运算以及百 Gbit/s 级别的高速数据交换，使信号处理复杂度相较于 4G 也有高达百倍量级的提升，因此考虑到专用芯片

采用了特定设计的专用加速器，其芯片面积、功耗和处理能力都显著优于通用芯片，DU 一般采用电信专用架构实现，主处理芯片采用集成硬件加速器的专用芯片，以满足 5G 层 1 和层 2 的高处理能力要求和实时性要求。此外，专用架构对所部署机房的配套条件也具有良好的环境适应性。另一方面，考虑到设备型号需要尽可能少，以降低硬件开发成本及提高设备出货量，建议独立的 DU 设备和 CU/DU 合设方案中的 BBU 设备采用同一款硬件和板卡，具体的可有如下两种方案：保持 BBU 中的板卡不变，移除与 CU 相关的软件功能，仅支持与 DU 相关的软件功能；或者去掉 BBU 中的 CU 板，仅保留 DU 板并仅支持与 DU 相关的软件功能。

② 对 CU 设备：CU 对实时性要求相对较低，因此可基于通用架构实现，使用 CPU 等通用芯片。当然，也可沿用传统的专用架构实现。两种架构各有优劣：通用架构扩展性更好，更易于虚拟化和软硬解耦，便于池化部署、动态扩容和备份容灾，后续也可基于同样的虚拟化硬件平台，扩展支持多接入边缘计算（Multiaccess Edge Computing，MEC）、NGC 等需要下沉的相关功能。然而，由于其是通用架构，对机房环境的要求较高，长期可靠工作时温需保持在 5℃ ~40℃，尺寸和功耗较大，如单机柜深度一般在 1m 左右，且需预留数千瓦的供电能力。而 CU 如果基于电信级专用架构实现，对部署机房的环境要求则相对较低，后续扩展性较差。

综上所述，5G CU-DU 架构会存在两种设备形态：BBU 设备和独立 CU 设备。其中，BBU 设备一般基于专用芯片采用专用架构实现，可用于 CU/DU 合设方案，同时完成 CU 和 DU 所有的逻辑功能，或在 CU/DU 分离方案中用作 DU，负责完成 DU 的逻辑功能。独立 CU 设备可基于通用架构或专用架构实现，只用于 CU/DU 分离方案，负责完成 CU 的逻辑功能。

（3）CU-DU 部署方案

DU 物理设备形态是 BBU 设备，其部署位置也和现有的 4G BBU 类似，一般部署在接入机房（即站址机房和 4G BBU 共机房），近天面部署。这样做的一个好处是 5G 由于天线数增多、带宽增大，BBU 和 RRU 之间的 CPRI 带宽在百 Gbit/s 量级，如 BBU 和 RRU 之间的距离较近，如果在数百米以内，则可使用短距高速光模块，以降低部署成本。此外，和 4G BBU 共站址机房的另一个好处是便于后续 4G/5GBBU 融合及 4G/5G 协同技术的引入。

传输网（如 PTN）可分为三级架构：接入环、汇聚环和核心环。相应地 CU 部署位置也有 4 种：接入机房、汇聚机房、骨干汇聚机房和核心机房。

不同部署位置的特点如下所示。

① 接入机房：和现有的 4G BBU 部署位置类似，建议使用 CU/DU 合设方案（即使用 5G BBU 设备），CU 管理和其同框的 DU 通过机框背板通信，基本可以忽略时延。

② 汇聚机房：CU 所辖区域面积适中，如小于 40km 左右，CU 管理数十个到上百个

DU，CU 与 DU 通过传输网（如 PTN）进行数据交互，时延大约在数百微秒量级。

③ 骨干汇聚机房：CU 所辖区域为地县级，如小于 100km 左右，CU 管理数百个 DU，CU 与 DU 间通过传输网进行数据交互，大部分时延能控制在 3ms 以内。

④ 核心机房：CU 省级集中，需要管理数千个 DU，CU 与 DU 间通过传输网进行数据交互，但时延较大，恶劣时能达到 10ms 量级。实际上，CU 的部署位置主要考虑两个方面的因素：对无线性能的影响及部署工程的可行性和性价比。

对无线性能的影响如下所示。

① 对 eMBB 业务（增强移动宽带业务），为了保证 5G 的无线性能和时延要求，CU 与 DU 间的单向时延最好控制在 3ms 以内，比较上述 4 种 CU 的位置，当 CU 部署在核心机房时，不能满足时延要求，而 CU 部署在接入机房、汇聚机房和骨干汇聚机房时能满足时延要求。

② 对时延极其敏感的 uRLLC 业务（低时延高可靠业务），如空口数据面时延需要控制在 0.5ms 以内时，CU 只有部署在接入机房时才能满足时延要求。

对部署施工和性价比的影响有如下 3 个方面。

① 由于核心机房的条件非常好，且 5G 核心网设备多会采用虚拟化架构，因此，CU 部署在核心机房便于 CU 虚拟化和池化，部署最为便利且性价比高。

② 对骨干汇聚机房和普通汇聚机房，CU 虚拟化后对机房条件的要求较高，如面积、供电、环境温度等，CU 部署在骨干汇聚机房时施工难度较小，且池化规模较大。此外，由于 CU 和 DU 间需要数据路由，传输网的 3 层功能需要和 CU 部署在同一位置级别，因此，CU 部署在骨干汇聚机房时，对传输网的压力较小。而部署在普通汇聚机房时，施工难度和传输改造难度相对较大。

③ 当 CU 部署在接入机房时，由于此时采用一般 CU 和 DU 合设的 BBU 设备，对机房的环境适配性较好，因此部署难度和 4G 部署 BBU 相同，对机房条件无额外要求。

综上所述，在对业务时延要求较高时，可考虑部署在接入机房，采用合设设备，对时延要求的满足较好，且部署难度很低。而当对业务时延要求较低时，可考虑接入机房或骨干汇聚机房，在这两个位置部署，能满足时延和性能要求，且更具实际的工程可行性。

（4）CU–DU 后续演进

当前，业界正在探讨 CU-DU 架构的后续发展。其中，从逻辑功能上讲，主要是进一步优化无线功能在 CU-DU 和 RRU 上的逻辑分布。而从逻辑架构上讲，最重要的是考虑将 CU 的控制面功能和数据面功能进一步划分，形成控制面节点和用户面节点，如图 6-14 所示。相比图 6-13 中的 CU-DU 架构，图 6-14 中的 CP-UP 的好处在于能够更好地实现控制与转发分离的思想，实现无线资源的统一集中控制单元（即 CP，无线资源控制面）与无线数据的处理单元（即 UP，用户数据面）之间的适当分割，使 CP 和 UP 更加专注各自的功能特点，从而在设备平台设计方面更有效率。

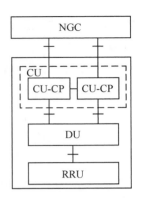

图6-14 CU进一步划分成CP-UP的逻辑机构

基于CU-DU架构的灵活性，CU-DU后续实际设备也可能有不同的形态，以适配5G多样化的基站架构和业务需求。

① 5G会有多种业务的需求，因此一个逻辑CU可能分离部署在多个物理CU实体上，例如，eMBB的业务、可能选择位于骨干汇聚机房的CU物理实体，而URLLC业务则可能选择位于接入机房的BBU上的CU板，提供与CU相关的服务。

② 根据CU-CP和CU-UP切分和不同的功能特点，CU-CP可以在通用平台上采用虚拟化架构实现，而CU-UP则下沉到BBU设备上实现，可以利用BBU专用架构上的硬件加速器实现一些处理复杂度较高的功能，如PDCP加解密等，从而优化设备设计，并降低用户面时延。

③ 由于5G的两个显著特征是多天线和大带宽，这两点都会显著增大DU与RRU间的前传带宽，如仍采用传统的CPRI方案，则带宽可能高达数百Gbit/s，因此对DU进行切分，把一部分物理层的功能上移到RRU部分，即采用eCPRI方案，可以显著降低DU和RRU间的前传带宽。

④ 5G的高低频间需要紧密协同，因此，高频的DU可以连接到和低频的同一个CU上，或者高频采用eCPRI方案的RRU连接到和低频的同一个BBU上，以满足高低频协作要求。

基于CU-DU架构，5G接入网将具备很强的可扩展性。总之，有如下两个方面思考。

① 基于CU，引入大数据与人工智能，构建智能网络。在设备实现上，基于CU，可与无线大数据、人工智能深度耦合。例如，通过CU上对网络和用户相关的海量数据进行大数据分析，可实现基站性能相关算法的快速迭代，持续提升网络性能。同时，在人工智能的辅助下，也可以进一步实现智能运维，降低运维成本，提高网优效率，降低网优成本。

② 基于CU，引入MEC共部署，实现业务创新、快速上线，赋能数字化服务。CU在实现上的另外一种思路是与MEC的结合。具体而言，MEC可依托CU实现无线能力开放，支撑创新业务快速贴近用户部署，通过数字化服务创收。同时，CU与MEC的集成，通过MEC对创新业务的有效支撑，实现业务快速上线和快速更新。

●● 6.3　性能指标要求对设备的影响

6.3.1　高频通信设备

频谱是移动通信中十分宝贵的资源，ITU 有专门部门（国际电联无线电通信部门，即 ITU-R）在全球范围内对国际无线电频谱资源进行管理。在全球范围内包含多种类型的移动通信频谱（如高低频段、授权与非授权频谱、对称与非对称频谱、连续与非连续频谱等），当前国际上 2G/3G/4G 移动通信系统普遍采用 6GHz 以下中低频段，一方面因为中低频段比高频段可以传输更远的距离；另一方面中低频段射频器件具有更低的成本和更高的成熟度。然而，随着通信系统的不断发展和逐步部署，可用于移动通信的中低频频谱（6GHz 以下）的资源已经非常稀缺。为了满足不断发展的移动业务需求和不断增长的用户数据速率的需求，一方面需要探索增强中低频频谱利用效率的有效途径；另一方面还需要开拓更高频段（6GHz 以上）的频谱资源。

高频通信技术是在蜂窝接入网络中使用高频频段进行通信的技术。目前，高频频段具有较为丰富的空闲频谱资源，有效利用高频段进行通信是实现 5G 需求的重要手段，因此有必要在 5G 中研究无线接入、无线回传、D2D 通信、车载通信等场景下的高频通信技术。当前，虽然高频通信在军用通信、WLAN 等领域已经获得应用，但是在蜂窝通信领域尚处于初期研究阶段，国内公司如华为、中兴、大唐，国外公司如三星、DOCOMO、爱立信等都正在加紧高频通信技术研究和原型机开发测试工作，并验证了当前半导体技术对于将高频通信应用到未来 5G 系统的可行性。

1. 高频器件发展

发展毫米波器件一直是高频频谱利用的先导，研制大宽带、低噪声、大功率、高效率、高可靠性、长寿命、多功能的毫米波器件是高频通信技术的关键。在过去的几年中，有关毫米波通信频段（如 60GHz）的研究已经变得相当重要，很多研究机构都在致力于这一频段通信系统的商业应用。高频传播衰减使其成为一个短距离通信方式，同时频点提升也带来了天线尺寸的减小，因此高频段通信（如 60GHz）技术成为国内外研究的热点，也取得了显著的成就。根据摩尔定律，毫米波是个不可避免的趋势。随着深亚微米和纳米工艺的日趋成熟，设计实现 CMOS 毫米波集成电路已经成为可能。随着 CMOS 尺寸的不断减小，截止频率不断提高，硅工艺成为一种可行的替代毫米波的应用。虽然毫米波电路研究并非始于硅基，但是硅是毫米波电路的不二选择。许多以非硅为基础的技术，例如，GaAs MES-FET、PHEMT、InP HEMT、GaAs MHEMT、GaAs HBT、In PHBT 等，虽然其可以提供更高的工作频率，但它们的价格昂贵，并且生产量较低，因此集成度有限。此外，这些工艺不如硅（特别是 CMOS）技术发展得迅速。行业和政府的投资，以及一个健康和充满活力的数十亿美元的市场，使硅工艺器件拥有稳定的产业规模。

过去业界对硅基毫米波集成电路的研究比较少，人们认为在硅工艺上实现工作在高频段（如 60GHz）的集成电路是非常困难的。但近年来，这个课题已经引起了非常多的科研院所和公司的兴趣。从通信发展史来看，以前大多数商业的研究兴趣集中在 1GHz~10GHz 频段手机和手提电脑的语音通信和数据应用方面。同时，快速增长的无线数据，如 Wi-Fi，在无线交换机中提供了新的构架，解决了短距离传输问题，尤其是针对视频和个人局域网。多媒体业务的增长以及手持视频设备、高清网络设备的普及，推动了高速无线视频传输业务的发展，这促使了高速无线视频传输的发展。如此大量的数据业务需求促使人们对硅基毫米波技术产生了很大的兴趣。毫米波 CMOS 集成电路是在基于 CMOS 射频集成电路（RFIC）的基础上发展起来的。

对于 CMOS RFIC 的研究始于 20 世纪 90 年代，在之后的近十年中，CMOS 技术无论是在工艺、无源器件还是电路设计上都取得了巨大的进步。一方面，从工艺上来讲，正如摩尔定律所说，CMOS 工艺自 20 世纪 80 年代以来从原先的 3μm 工艺发展到 0.13μm，而如今更是缩小到几十纳米（nm）以下的纳米级工艺。另一方面，根据恒电场下的按比例缩小理论，随着 CMOS 工艺尺寸的不断缩小，CMOS 晶体管的特征频率和最大的振荡频率将得到进一步提升。在标准 90nm CMOS 工艺下，特征频率和最大振荡频率已经可以达到 100GHz 以上。虽然 CMOS 技术与 SiGe 或 InP 技术相比，在晶体管的特征频率以及最大振荡频率上没有优势——因为在相同的工艺尺寸条件下，后者可以轻易地获得更高的特征频率和最大的振荡频率，但是低成本的 CMOS 技术已经可以应用于毫米波晶体管，这是一个重大的进步。同时，随着 CMOS 技术在工艺和无源器件上的进步，CMOS 电路设计在近十几年来也得到迅猛发展，工作频率几乎以每十年提高一个数量级的速度上升。至今，无论是在哪个工作频段，设计高性能的 LNA（低噪声放大器）、混频器和 VOC（压控振荡器）总是研究重点，LNA 处于接收前端的第一级，其噪声系数在很大程度上决定了整个前端的噪声性能，由于增益和噪声系数是相互矛盾的两个性能指标，因此设计实现兼具高增益、低噪声及低功耗的 CMOS LNA 非常困难。尽管如此，近两年来已经有人在毫米波频段的 CMOS LNA 做了尝试，其性能已经接近甚至超过采用 InP 实现的 LNA。

在现在的集成电路设计中，"高集成度"的含义已经不再局限于单位芯片面积上能够集成多少晶体管，而是一个芯片上能够集成多大的系统，在这个系统里可以包含不同的波段、不同功能的模块。应用 CMOS 工艺制作的毫米波集成电路与基带电路有着很好的一致性，为之后的系统集成提供了积极的先决条件。在短短的几年中，高集成度和复杂的毫米波系统已被学术界和工业研究实验室所报道。这些全集成芯片由数千射频、数字晶体管和基于多金属层的硅芯片的片上无源器件组成，其中包括所有的接收器、发射器和交换机的模块，如低噪声放大器、混频器、压控振荡器、锁相环、功率放大器以及片上的天线。

毫米波 CMOS 收发前端的研究近年来取得了丰硕的成果。Razavi 首先在 60GHz 的频率范围内尝试用 CMOS 工艺实现收发前端随后又尝试将本振集成到接收链路中。目前，已有采用标准 90nm CMOS 工艺制作的全集成 60GHz 接收芯片，在工作频率范围内，芯片噪声低于 8.3dB，增益高于 26dB，已经比较接近最新研究的 Bi CMOS 工艺的结果，并且在功耗等方面有显著的优势。在射频集成电路设计中，有源器件通常用于驱动或放大电路，而无源器件多用于匹配网络电路。

高频段的特性决定了高频段器件的发展方向，5G 商用则带来了高频段器件的市场新机遇。具体来说，为组建多功能、高宽带、高集成度、低功耗的微基站，需要配套射频收发综合一体化的系统集成芯片，包括低功耗、多通道射频收发系统芯片 RF-TRxSoC，以及可编程射频收发系统芯片 RF-ADC/RFDAC+eFPGA 全可编程 RF-SoC。5G 所用的射频集成电路包括采用数字 MIMO 和模拟波束赋形，可降低高路径损耗，并提高频谱效率的硅基毫米波波束赋形芯片的性能，以及作为系统中的本振频率源和同步时钟电路——频率合成器的性能。射频器件模块是 5G 通信必备的基础性零部件，由功率放大器（PA）、滤波器、双工器、射频开关、低噪声放大器、接收机、发射机等射频无源器件与射频前端有源芯片组成。5G 射频器件作为高频器件必须采用高频电路，相较于中低频电路，需要从材料到器件，从基带芯片到整个射频电路进行重新设计。5G 所用光收发器件必须满足 5G 通信的数据传输要求。收发器件用于基站数据互连传输，单信道传输速率从 6Gbit/s、8Gbit/s 要提高到 25Gbit/s。为保证基站与手机之间的定向传输，就要借助集成移相器、相位控制器等有源器件。其中，移相器用来对波的相位进行调整和改变，用于调节交流电压相位。相位控制器用来控制手机天线的相位。5G 必须匹配高性能滤波器。对应毫米波频段的是毫米波 MEMS 滤波器，要求低功耗内插、小型化及 SIW 封装。对应 Sub 6G 频段的是 FBAR 滤波器，要求宽带、高回波损耗和带外抑制、小型化。总体特征是高频化、宽带化、高功率化和小型化。衡量滤波器性能的指标有两个：Q 值和插入损耗。Q 值越高，表明滤波器可以实现越窄的通带带宽，即可以实现较好的滤波功能。插入损耗是指通带信号经过滤波器之后的信号功率衰减，当插入损耗达到 1dB，则信号功率衰减达到 20%。从这两个指标来看，SAW（Surface Acoustic Wave）和 BAW（Bulk Acoustic Wave）滤波器凭借优良的频带选择性、高 Q 值、低插入损耗等特性，已成为射频滤波器的主要选择，但目前仍被欧美日厂家垄断。另外，还要有适于 5G 应用的磁性器件，主要是环行器/隔离器、YIG 调谐器。环行器/隔离器主要用于基站的收发单元中，分别起收发双工和隔离去耦作用，要求是损耗低、精度高、尺寸小等，功率随基站的不同会有相应的差异。5G 通信中的频谱分析仪、信号源等仪器需要覆盖从低频到微波毫米波频率范围，YIG 调谐器主要用于宽带调谐源和连续可调本振。

毫米波前端电路设计的主要挑战以及我国在相应领域的一些发展如下。

（1）LNA

高频 LNA 基本设计方法和低频段上的 LNA 的设计并没有太大的不同，需要工作在晶体管的截止频率附近，要充分考虑器件分布参数的影响，并在设计时需要精心考虑这些寄生参数。低噪声放大器作为整个通信电路的前端，其噪声性能制约了整个系统的指标。随着半导体工艺的进步，器件的特征尺寸不断减小，特征频率不断提高，器件的噪声特性和放大特性都有了很大程度的提高。在过去 5 年对毫米波 CMOS 集成电路的研究中，低噪声放大器的特性有了很大的提高，某些性能已经不亚于商用 m-V 族芯片。在我国中科院微电子所和中国科技大学、电子科技大学都已研制 V-Band（46GHz~51GHz）频段上的噪声系数分别为 4.7dB 和 5.7dB、增益为 18dB 和 20dB 的 90nm 的 CMOS 器件。中科院上海微系统所支持 W-Band（75GHz~110GHz）频段上的 NF 为 5dB、增益为 15dB 的 GaAs 器件。可以看到，在增益及噪声系数方面，现在的 CMOS 集成电路已经与商用芯片的性能相当接近。

（2）混频器

采用 CMOS 技术，在毫米波频段很难获得很大的本振功率输出，必须在一个合理的本振输出功率（通常为 0dBm）下设计满足要求的变频增益和噪声系数。毫米波频段的器件模型不准确会增加使用复杂混频结构的难度。浙江大学在 V-Band 上支持带宽 25GHz 且损耗小于 10dB 的 90nm 的 CMOS 器件。东南大学在 W-Band 上支持带宽 25GHz 且损耗小于 14dB 的 90nm 的 CMOS 器件。

（3）功率放大器

低工作电压和寄生电容（尤其是漏源电容）较大程度地限制了放大器的高频最大输出功率。当前，我国电子科技大学支持 Q-Band（36GHz~46GHz）输出功率 21dBm、增益 18dB、90mn CMOS 器件；清华大学支持 V-Band 输出功率 15dBm、增益 10.6dB、65nm CMOS 器件。

（4）振荡器和分频器

作为通信链路中的重要组成部分，传统的 VCO 一般由 GaAs 或 SiGe 工艺制成。CMOS 工艺的导电衬底和闪烁噪声制约了 CMOS VCO 的相位噪声性能。清华大学可研制 Q-Band 和 V-Band 频段上 $PN=-110.3$dBc/Hz、带宽 10MHz、65nm 工艺的 CMOS 器件，电子科技大学可研制 V-Band 频段上 $PN=-95$dBc/Hz、带宽 1MHz、65nm 工艺的 CMOS 器件，东南大学支持研发 W-Band 频段上 $PN=-93$dB/Hz、带宽 10MHz、130nm 的 CMOS 器件。

（5）封装和测试

由于毫米波的频率很高，封装所带来的寄生效应（如寄生电容、寄生电感、寄生耦合等）对毫米波电路的性能具有极大的影响。

（6）ADC 和 DAC

在模数转换器（Analog to Digital Converter，ADC）和数模转换器（Digital to Analog

Converter，DAC）方面，以博通公司公开的 60GHz 套片为例，如图 6-15 所示，该基带芯片含 2.6GS/s 的 ADC、DAC 各 2 个，基带芯片的售价不高于 50 美元，按上述转换器的面积比例折算，平均单个 ADC/DAC 的成本不高于 2 美元。由此可见，因为成本、功耗、集成度方面的优势，采用主流 CMOS 工艺，且与 CPU、逻辑、DSP 等片上集成的数据转换器将替代独立数据转换器，成为商用高速系统的主流。

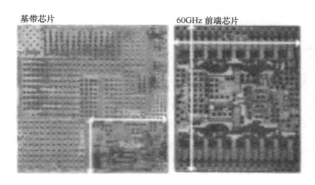

基带芯片　　　　　　60GHz 前端芯片

图6-15　博通芯片

国内众多企业及研究机构在高速数据转换器方面已经突破了基础技术问题，研究成果已经开始向应用转化；西安电子科技大学和东南大学已研制出 1GS/s 采样速率、6bit 采样带宽、0.18μm 工艺的 COMS ADC 器件，北京时代民芯科技有限公司可以提供 3GS/s 采样速率、8bit 采样带宽、0.18μm 工艺的 COMS ADC 器件。在 COMS DAC 器件方面，中国电子科技集团公司第 24 研究所已研制 1.2GS/s 采样速率、14bit 采样带宽、0.18μm 工艺的 COMS 器件。通过产业政策的合理引导和系统架构的革新，数据转换器将不再对高速通信产业化形成制约。

随着国际上毫米波芯片的研究发展，国内研究机构已开展了毫米波芯片的多领域研究，基本覆盖 40GHz~100GHz 收发信机的关键技术，已基本具备产业化的技术基础。中国信通院 2017 年 6 月 13 日发布的"5G 经济社会影响白皮书"预测，2030 年 5G 带动的直接产出和间接产出将分别达到 6.3 万亿和 10.6 万亿元。在直接产出方面，按照 2020 年 5G 正式商用算起，预计当年将带动约 4840 亿元的直接产出，2025 年、2030 年将分别增长到 3.3 万亿、6.3 万亿元，十年间的年均复合增长率为 29％。值得关注的是，2025 年中国 5G 市场规模将达到 3.3 万亿元。在间接产出方面，2020 年、2025 年、2030 年，5G 将分别带动 1.2 万亿、6.3 万亿和 10.6 万亿元，年复合增长率为 24％。5G 高频器件在其中占有重要位置。具体到射频器件，随着 5G 试用或商用，由于频段的增加，器件数量也随之增加。仅就手机使用的射频前端模块（由功率放大器（PA）、滤波器、双工器、射频开关、低噪声放大器、接收机、发射机等组成），每增加一个频段，一般需要增加 1 个功率放大器（PA）、1 个双工器、1 个天线开关、2 个滤波器、1 个低噪放大器（LNA）。以多模多频的 LTE 手机来说，每部都需要 20 ～ 30 个射频器件，5G 手机需要的射频器件会更多。同时，5G 通信所需的射频器件的复杂程度上升，滤波器、双工器等器件必须升级，结果是带来射频前端模块所需器件总体价值的提升。支持 11 个频段的 4G 手机，射频前端价值约为 11 美元。对于 5G 手机来说，射频前段的价值只会更高。射频前端的量价齐升会带来射频器件行业从射频设计、射频制造、射频封装到射频测试整条产业链新的发展与市场机遇。从 SAW（Surface Acoustic Wave）滤波器与 BAW（Bulk Acoustic Wave）滤波器细分领域来看，市场仍有不断提升的空间。以手机为例，4G 手机的频段为 41 个，而 5G 手机的频段数会多达 91 个以上。以每个频段使用两个滤波器计算，5G 手机需要使用 100 个以上的滤波器。iPhone 7 的射频前端配用了 3 颗 PA 芯片（高中低频段）、2 颗滤波器组、2 颗射频开关、2 颗 PA 滤波器一体化模组。同时，拓展带宽的载波聚合技术需要在前端使用更多的多工器，而多工器则由多个不同频率的滤波器合组，最终增加了滤波器的数量。数量的增长带来的是整体价格的抬升。数量增长与手机有限空间的矛盾要通过技术进步来解决，这就是滤波器的集成化、小型化。技术难度的增加通常意味着价值的提升。Mobile Experts 预测，全球射频滤波器的市场规模到 2020 年有望达到 130 亿美元，年复合增长率为 21.06%。无独有偶，高通预测滤波器的市场规模到 2020 年将达到 130 亿美元左右。由于 SAW/BAW 滤波器的设计制造极为复杂，目前仍无法使用集成度最高的 CMOS 工艺进行批量化制造，为保证性能必须使用特殊工艺进行生产，因此全部为日、美厂商所主导与垄断，技术壁垒很难打破。但随着技术的不断积累，我国滤波器厂商取得突破的内外部条件已经具备，尤其是在声表滤波器上存在着突破的更大可能。在天线细分领域，由于 5G 微基站的大量部署，基站天线大规模采用 MIMO 技术，阵列天线应用已明显出现加速趋势。阵列天线的尺寸、阵列部署、有源器件、芯片等的技术难度大幅提升，加工工艺也更加复杂。仅以天线的尺寸来说，5G 高频段的电磁波的波长缩小，天线的尺寸也随之缩小。天线尺寸的缩小意味着在材料的选择上，在制造的设计上，以及在加工的精细度上，都要符合更高的要求。例如，30GHz~40GHz 的 5G 天线，FPC 以及注塑冲压制作已经不符合要求，需要采用 LTCC、高介电、陶瓷等技术。如果是 60GHz 及以上的天线，尺寸更小，就需要微电子加工技术。如果阵列天线与射频芯片相结合，就不是天线厂家或芯片厂家可以独立完成的任务了。那么，阵列天线的价值水平将随着技术与工艺水平的提升得以大幅提升。国内厂商基于多年的研究开发经验积累，再加上足够的技术与资本支撑，在 5G 天线的未来市场中将占据一席之地，与国际市场领先者进行同场竞争。在功率放大器细分领域，据 Yole 发布的报告，2016 年全球 RF PA 市场规模约为 15 亿美元，到 2022 年将达到 25 亿美元。COMS、GaAs 和 GaN 作为功率放大器的 3 种制备工艺，传统的 LDMOS 将逐渐被新兴的氮化镓（GaN）取代，但 GaN 工艺的成熟度还不够。目前来看，砷化镓（GaAs）的市场占比相对稳定。原因在于，GaAs 射频功率放大器比硅（Si）

器件拥有更高的工作频率和工作电压，对于满足 5G 高频、高效、高功率的需求具备优势。

那么，GaAs、GaN 工艺将推动化合物半导体需求量的增加。以 GaAs、GaN 为代表的化合物半导体也将成为 PA 射频器件的主要材料。目前，在 6GHz 以下所使用的主要是 GaAs HBT，28GHz~39GHz 频段主要是 GaAs HEMT 和 GaN HEMTs，而 5G 高频毫米波段主要是 InP HBT、GaN HEMT 和 GaAs HEMT。化合物半导体技术主要被国外厂商垄断，但中国化合物射频半导体产业链已经初步形成，紧紧跟随并蓄势待发。从 PA 产业链设计、制造再到封测，各个环节均可以看到中国厂商的身影。举例来说，2017 年 8 月，国民技术公司与成都邛崃市人民政府，签署了《化合物半导体生态产业园项目投资协议书》，总投资不少于 80 亿元（一期 50 亿元，二期 30 亿元），共同打造化合物半导体产业链生态圈。

2. 高频组网性能评估

通过分析高频信道特性和高频器件发展，我们进一步对高频通信的覆盖和网络性能进行初步评估。高频通信覆盖是高频频谱能否应用于移动通信的关键研究问题，同时高频通信的覆盖同样会影响高频通信的组网性能。

影响高频同频覆盖的关键因素主要有 3 个：信道传播特性、天线增益和基站发射功率。下面逐一对这 3 个因素进行分析。

（1）信道传播特性

相对 3GHz 以下频段，毫米波频段受到大气衰落和雨衰影响更加严重。除 60GHz 外，对于大多数毫米波频段（6GHz~100GHz），大气气体衰减小于 2dB/km。频段 57GHz~64GHz 信号传播由于在 60GHz 氧气吸收电磁能量会导致 15dB/km 的传播损耗。根据以上数据，除了需要在 60GHz 特别注意氧气和雨水吸收导致的损耗外，我们可以忽略其在整个 6GHz~100GHz 频段对覆盖造成的影响。

除大气和雨水吸收损耗外，穿透损耗的取值是另一个影响链路覆盖的重要因素。 对于木材和透明玻璃材质，40GHz 信号的穿透损耗比 3GHz 以下频段少 2dB~3dB，但对于混凝土和植物，高频信号的穿透损耗比低频信号要严重很多，会严重影响毫米波通信系统的覆盖。在 NLOS 环境下，反射和衍射同样会造成信号功率损失，这种损失在链路预算中主要体现在高频和低频系统链路预算的路损因子不同。

（2）天线增益

由于毫米波波长较短，与空气中尘埃颗粒的尺寸具有可比性，高频信号在空气中传播，缺少绕过空气中尘埃不间断传输的能力，因此会造成信号能量损失从而影响系统覆盖。然而毫米波通信系统也具有一定的优势，因为毫米波波长短，所以半波长天线阵子的尺寸相应变短，因此在 3G 或 LTE 系统相同的天线尺寸下，可以放入比 3G 和 LTE 系统更多的天线阵子数目。在当前网络中，800MHz 的 CDMA 天线尺寸为 1500mm×260mm×100mm，包含 1 列 ±45°双极化天线，共 10 个天线阵子，天线增益为 15dBi。对于 2.1GHz 的 LTE 系统，天线尺寸大约为 1400mm×320mm×80mm，包含 2 列 ±45°双极化天线，天线阵子总数为 40，天线增益为 18dBi。对比 CDMA 和 LTE 也可以看到，相比 800MHz 的 CDMA，2.1GHz 的 LTE 已经在与 CDMA 近似的天线尺寸中放置了更多的天线阵元，由此可以推断未来在高频段通信系统中，如果天线尺寸不变，可以放置更多的天线阵元，带来更高的天线增益。如果在 40GHz 的毫米波频段，以现有天线尺寸可以包含 57（Kr=57）列双极化天线，每根天线包含 180 个天线阵子，这样每列天线增益可以增加到 26dBi，而**额外的天线增益可以用于克服高频段信号传播带来的能量衰减。**在毫米波系统，相似的天线增益也同样可以在 UE 端获得。

（3）发送功率

以现有 RF 集成电路工业水平，毫米波频段的功率放大器的功率效率为 10%~20%，而现有低频段的功率放大器功率效率为 40%。这表示如果发送相同功率，毫米波通信系统基站比传统通信系统基站需要消耗更大的功率。在本节，我们通过链路预算方法来比较下行典型 LTE 系统和毫米波系统的覆盖情况。链路预算采用的自由空间传播模型。

表 6-1 给出 2.1GHz 的 LTE 系统和 38GHz 毫米波通信系统的链路预算。利用自由空间传播模型，链路预算的结果给出 2.1GHz 的 LTE 和 38GHz 的毫米波系统覆盖距离分别为 1.8km 和 52m。即使考虑其他提升覆盖的方法，包括减少系统带宽、采用波束赋形等方式，例如，将高频 38GHz 的 1GHz 带宽减少到 500MHz，并且采用波束赋形获得 17dB 赋形增益，仍然难以使 38GHz 的毫米波通信系统获得与 2.1GHz 的 LTE 系统相同的覆盖。但是**根据当前的信道测量结果，38GHz 频段传播损耗在不同的环境下信道衰减因子差异较大，未来在一些特定环境下（如直射 LOS 环境），高频段通信仍然可以很好地工作。**

表6-1　下行覆盖比较

参数	LTE 系统	毫米波系统	计算关系
载频	2.1GHz	38GHz	
系统带宽	20MHz	1GHz	
下行带宽	2.16MHz（12PRB）	1GHz	
发射功率	36.79dBm	46dBm	a
发射天线增益	18dBi	26dBi	b
发射线缆损耗	0.5dB	0.5dB	c
EIRP	54.29dBm	71.5dBm	$d=a+b-c$
噪声谱密度	−174dBm/Hz	−174dBm/Hz	
热噪声	−100.99dBm	−84.00dBm	e
噪声系数	8dB	8dB	f
数据速率	1Mbit/s	1Gbit/s	
SINR	1.32dB	3.56dB	g

（续表）

参数	LTE 系统	毫米波系统	计算关系
接收机灵敏度	-101.34	-82.44	$k=h-i+j$
身体损耗	2dB	2dB	l
穿透损耗	0	0	m
阴影衰落	8dB	8dB	
覆盖比例	90%	90%	
阴影衰落余量	10.25	10.25	n
干扰链路余量	0	0	o
路径损耗 PL	143.37dB	141.69dB	$PL=d-k-l-m-n-o$

6.3.2 大规模天线

1. 传统 MIMO 技术原理

MIMO 技术是利用空间信道的多径衰落特性，在发送端和接收端采用多个天线，通过空时处理技术获得分集增益或复用增益，以提高无线系统传输的可靠度和频谱利用率，在 LTE 的标准定义过程中充分挖掘 MIMO 的潜在优势。

（1）空间分集与空间复用

分集增益与复用增益是 MIMO 技术获得广泛应用的两个原因。前者通过发送和接收多天线分集合并使等效信道更加平稳，实现无线衰落信道下的可靠接收；后者利用多天线上空间信道的弱相关性，通过在多个空间信道上并行传输不同的数据流，获得系统频谱利用率的提升。其中，空间分集包括发送分集和接收分集两种。发送分集依据分集的维度分为空时发送分集（Space Time Transmission Diversity，STTD）、空频发送分集（Space Frequency Transmission Diversity，SFTD）和循环延迟分集（Cyclic Delay Diversity，CDD）。STTD 中通过对发送信号在空域和时域联合编码达到空时分集的效果，常用的 STTD 方法包括空时格码（Space Time Treuis Code，STTC）和空时块码（Space Time Block Code，STBC）。在 SFTD 中将 STTD 的时域转换为频域，对发送信号在空域和频域联合编码达到空频分集的效果，常用的方法为空频块码（Space Frequency Block Code，SFBC）等。CDD 中通过引入天线间的发送延时获得多径上的分集效果，LTE 中大延时 CDD 是一种空间分集与空间复用相结合的方法。接收分集是通过接收端多天线接收信号上的不同获得合并分集的效果。

（2）开环 MIMO 与闭环 MIMO

根据发送端在数据发送时是否根据信道信息进行预处理，MIMO 可以分为开环 MIMO 和闭环 MIMO。根据发送端信道信息获取方式的不同及预编码矩阵生成上的差异，常用的闭环 MIMO 可分为基于码本的预编码和非码本的预编码。

在基于码本的方法中，接收端根据既定码本对信道信息进行量化反馈，发送端根据接收端的反馈计算预编码矩阵，预编码矩阵需要从既定的码本中进行选取，例如，3GPP Release8 中基于小区特定参考信号（Cell-specific Reference Signal，CRS）进行数据接收的情况。在基于非码本的方法中，如时分双工（Time Division Duplexing，TDD）系统，发送端通过信道互易性或信道长时特性上的上下行对称性获取信道信息。当 UE 可以支持基于解调参考信号（De-Modulation Reference Signal，DMRS）的数据解调时，例如，基于 3GPP Release10 发送预编码矩阵即可去除基于码本的限制。

（3）SU–MIMO 与 MU–M1MO

根据同一时频资源上复用的 UE 数目，MIMO 包括单用户 MIMO（Single-User MIMO，SU-MIMO）和多用户 MIMO（Multi-User MIMO，MU-MIMO）。其中，SU-MIMO 指在同一时频资源上单个用户独占所有空间资源；MU-MIMO 亦称为空间多址接入（Space Division Multiple Access，SDMA），指在同一时频资源上由多个用户共享空间资源。

2. 大规模天线技术原理

（1）从传统 MIMO 到大规模天线

3GPP LTE Release10 已经能够支持 8 个天线端口进行传输。理论上，在相同的时频资源上，其可以同时支持 8 个数据流同时传输，即 8 个单流用户或者 4 个双流用户同时传输。但是，从开销、标准化影响等角度考虑，3GPP Release10 中只支持最多 4 个用户同时调度，每个用户传输数据不超过 2 流，同时传输不超过 4 流数据。由于终端天线端口的数目与基站天线端口数 S 相比，受终端尺寸、功耗甚至外形的限制更为严重，因此终端天线的数目不能显著增加。在这一前提下，基站采用 8 天线端口时，如果想进一步增加单位时频资源上系统的数据传输能切，或者说频谱效率，一个直观的方法就是进一步增加并行传输的数据流的个数，或者更进一步增加基站天线端口的数目，使其达到 16、64，甚至更高。由于 MIMO 多用户传输的用户配对数目理论上随天线数目的增加而增加，我们可以使更多的用户在相同时频资源上同时进行传输，从而使频谱效率进一步提升。当 MIMO 系统中的发送端天线端口数目增加到上百甚至更多时，就构成了大规模天线系统。

（2）大规模天线增益的来源

和传统的多天线系统相似，**大规模天线系统可以提供 3 个增益来源：分集增益、复用增益以及波束赋形增益。**

① 分集增益

发射机或接收机的多根天线可以被用来提供额外的分集对抗信道衰落，从而提高信噪比和通信质量。在这种情况下，不同天线上所经历的无线信道必须具有较低的相关性。为了获取分集增益，不同天线之间需要有较大的间距提供空间分集，或者采用不同的极化方式提供极化分集。

②复用增益

空间复用增益又称为空间自由度。当发送和接收端均采用多根天线时，通过对收发多天线对间信道矩阵进行分解，信道可以等效为至多 N[N 取 N_T（发送天线数目）、N_R（接收天线数目）的较小值] 个并行的独立传输信道，提供复用增益。这种获得复用增益的过程称为空分复用，也常被称为 MIMO 天线处理技术。空分复用可以在特定的条件下使信道容量与天线数保持线性增长的关系，从而避免数据速率的饱和。在实际系统中，可以通过预编码技术来实现空分复用。

③波束赋形增益

通过特定的调整过程，可以将发射机或接收机的多个天线用于形成一个完整的波束形态，从而使目标接收机 / 发射机方向上的总体天线增益（或能量）最大化，或者用于抑制特定的干扰，从而获得波束赋形增益。不同天线间的空间信道，具有高或者低的衰落相关性时，都可以进行波束赋形。具体来说，对于具有高相关的空间信道，可以仅采用相位调整的方式形成波束；对于具有低相关性的空间信道，可以采用相位和幅度联合调整的方式形成波束。

在实际的工程应用中，由于站址选取和诸多工程建设的限制，天线的尺寸不能无限制地增大。虽然采用大规模天线技术的基站天线数目显著增加，但是基站天线尺寸不可能随着天线振元数目成倍增长。因此，采用了大规模天线技术后，在有限的天面空间中，不同天线的水平和 / 或垂直间距有可能进一步压缩。这将导致基站侧各个天线之间的相关性随天线数目的增加而增加，单个终端的天线与基站各个天线之间的空间信道呈现较高的衰落相关性。因此，在大规模天线系统中，单个用户能够获得的空间分集增益是有限的。

另外，虽然单个终端的天线与基站各个天线之间的空间信道具有高相关性，但是不同终端与基站之间的空间信道却不一定具有高相关性。通过用户配对的方法，仍然可以像传统 MIMO 系统，通过预编码的方式将基站与多个用户之间的空间信道分解为多个等效的并行传输信道，实现多用户 MIMO 传输，从而获得复用增益。并且，由于大规模天线系统中天线数目比传统 MIMO 系统中更多，支持更多的用户同时传输，因此利用大规模天线可以获得比传统 MIMO 系统更为显著的复用增益。当天线间的相关性确定后，理论上通过波束赋形可以获得最多 n_T 倍的波束赋形增益，因此在实际应用中，大规模天线可以获得可观的波束赋形增益。

需要说明的是，利用大规模天线实现获取波束赋形增益与获取复用增益的关系。首先是两种增益获取手段的关系。从前面的介绍可以知道，在实际应用中波束赋形增益和复用增益的获取都是通过预编码的形式实现的，因此在实现过程中为了便于区分，获得波束赋形增益的预编码也可以称为"模拟预编码"，获得波束赋形增益的过程也被称为"模拟波束赋形"，而用于进行 MU-MIMO 传输获取复用增益的预编码也可称为"数字预编码"，对于 MU-MIMO 中的每个用户的预编码过程也被称为"数字波束赋形"。模拟波束赋形过程和数字波束赋形过程的差别主要在于所用预编码矩阵的变化周期，数字预编码的变化可以在每个子帧进行，而模拟预编码的变化周期要远远大于这个范围。除此之外，两种增益的获取是处于不同的层面上。为了获取波束赋形增益，模拟波束赋形操作是针对天线本身进行的，是一种对整个天线阵列或者天线阵列局部的发射图样进行调整的过程，因此，所有使用该天线阵列或者该天线阵列局部的用户传输都会受到模拟波束赋形操作的影响。复用增益则是针对用户传输而言的，换言之，数字波束赋形操作是基于模拟波束赋形操作后的等效空间信道进行的。

还需要说明的是，波束赋形与有源天线的关系和区别。由于大规模天线在抽象形式上也可以看作有源天线阵列，两者有着天然的联系。实际上大规模天线中的"模拟波束赋形"过程本质上与形成电调下倾角以及电调方向角的过程在形式上是相同的。两者的差别在于，有源天线电调下倾角和电调方向角在设定好之后一般不会轻易调整，而大规模天线的模拟波束赋形过程则更加灵活。

3. 大规模天线的挑战

（1）天线的非理想特性

大规模天线应用的一个重要假设是信道具备互易性，这会为系统设计带来巨大的便利以及容量的广泛扩充。否则，完全依赖反馈的开销将非常巨大，系统设计也变得异常复杂。然而，信道互易性假设和其适用范围，特别是针对大规模天线系统是否适用，值得做深入的研究。

对于 TDD 系统，由于发送和接收在相同的频点，只是时间上有所区分，在实际系统中认为是互易的。然而其应用的主要挑战在于实际组网下的系统性能，特别是严重干扰下的性能。首先，由于上行受到的干扰和下行受到的干扰肯定是不互易的，因而单独利用信道估计不足以确定下行的最优发送策略。此外，干扰越大则信道估计的准确度越低，这会使系统设计陷入怪圈，即在用户少且本身系统容量要求不高时，其大规模天线的容量高，而一旦真的用户数较多需要容量时，由于较大的干扰破坏了互易性的应用空间，反而提供不出容量了。

对于 FDD 系统，由于频点间的差别较大，普遍认为互易性较为困难。对于 LOS 的场景，可以通过一定的算法补偿，准确地完成估计，因为 LOS 场景下的客观量便是用户的位置和几何学上的来波方向，不同频点的影响只是在天线阵列间的相对相位关系，这可以很容易地通过算法完成估计和补偿，当然这需要和 TDD 系统一样先经过天线校准。然而更大的挑战在于 NLOS 的场景，对于 NLOS 场景可能有多个来波方向，由于频率选择性的关系，可能在一个频点是某个方向的能量强一些，而在另一个频点可能就是另一个方向强些，这使仅仅通过上行频点的最强来波方向估计下行最强的来波方向是很困难的。即便是可以确定最强的来波方向，角度扩展较大时同样难以应用，因为没有各个方向的相位信息，无法进行数字域的抑制，只能选择最强的方向作为发送方向，这使多用户复用时，虽然其他用户的主方向与本用户不同可以复用，但由于角度扩展较大，其他用户的能量扩展到本用户的发送方向上，会带来较大的干扰。

（2）信道信息的获取

在 FDD 系统中，终端需要对下行信道测量后反馈给基站。反馈包括两种方式：隐式反馈和显式反馈。隐式反馈是先假定系统要进行的传输方式，即 SU-MIMO 还是 MU-MIMO，然后每个接收端会按照这种传输方式进行相应的反馈。隐式反馈要求接收端反馈其能够获得最大系统容量的预编码向量和相应的信道质量信息。隐式反馈方案具有反馈量小的优点，但是其缺点是降低了传输端的灵活性。与隐式反馈不同的是，显式反馈并不假定某一种传输方式，而是反馈既支持 SU-MIMO 又支持 MU-MIMO 的信道状态信息。其中，信道状态信息可以是接收端进行信道估计后的信道矩阵、特征向量或者有效信道的方向信息。显式反馈使传输端的灵活性更好，缺点是增大了反馈量。LTE FDD 采用基于码本的隐式反馈来获取下行的信道信息，终端反馈的信息可包括 RI、PMI、CQI 等。大规模天线系统的频谱效率提升能力主要受制于空间无限信道信息获取的准确性。在大规模天线系统中，由于基站侧天线维数的大幅增强，且传输链路存在干扰，通过现有的导频设计及信道估计技术都难以获取准确的瞬时信道信息，该问题是大规模天线系统必须解决的主要瓶颈问题之一。TDD 具有天然的优势，这是因为随着天线数的增多，FDD 需要的导频开销增大，而 TDD 可以利用信道的互易性进行信道估计，不需要导频进行信道估计。因此，探寻适用于 FDD 的大规模天线系统的导频设计和信道估计技术，对构建使用的大规模天线系统具有重要的理论价值和实际意义。

（3）多用户传输的挑战

在多用户 MIMO 系统中，所有的配对用户可以在相同的资源上传输数据。因此，相较于单用户 MIMO 系统，多用户 MIMO 不仅可以利用多天线的分集增益提高系统性能和 / 或利用多天线的复用增益提高系统容量，而且由于采用了多用户复用技术，多用户 MIMO 可以促使接入容量增加，此外还可以利用多用户的分集调度，获得系统性能的进一步提升。基站可以同时服务的用户数受限于其发送和接收的天线数目（和基站天线数目成正比），例如，根据现有的 3GPP 标准，LTE 系统最多配置 8 根天线，其服务的最大用户数为 4。而大规模天线系统要求基站配置数十甚至上百根天线，因此，大规模天线系统能够获得更大的空间自由度，从而可以将其服务的最大用户数提升至 10 个甚至更多。

最大用户数的提升可以提高系统的传输速率。然而随着多用户数的增加，系统的计算复杂度将大幅增加。系统计算复杂度的增加主要体现在多用户配对调度和多用户预编码两个方面。

此外，在实际系统中，多用户配对调度以及预编码算法之间存在紧密的联系，二者相互影响。通过上面的分析可以看出，在大规模天线系统中，为了实现多用户传输，计算的复杂程度将大幅提升。因此，如何优化系统预编码和调度算法，以较低的复杂度最大限度地利用信道空间自由度，提升多用户传输的性能是大规模天线系统的另一个重要挑战。

（4）覆盖与部署

大规模天线阵列是大规模天线技术的主要特征之一。随着射频单元数目的增加，在天线振子间距保持不变的情况下，天线阵列的尺寸会随之增大。由于工业界一般采用 0.5~0.8 倍波长的宽度作为天线振子的间距，因此，在现在普遍使用的 6GHz 以下的中低工作频段，增加天线振子将显著增加整个天线的尺寸。另外，由于基带处理单元（Base Band Unite，BBU）和射频拉远模块（Radio Remote Unit，RRU）之间的 Front haul（前向回传）连接的带宽与天线端口数目成正比，当部署大规模天线系统时，如果 BBU 和 RRU 之间采用传统的光纤接口，Front haul 光纤接口的成本将显著增加，从而导致大规模天线系统的成本显著增加。采用 BBU 和 RRU 一体化方案可以解决 Front haul 成本增加的问题，但是集成基带处理单元后，不仅会显著增加大规模天线系统的尺寸（一般来说，会增加设备的厚度）和重量，造成设备安装和部署的困难，同时，为了满足集成基带处理单元的散热、功耗等问题，一体化设备对部署环境、日常维护也提出了更高的要求。

由于大规模天线阵列的使用，数目更多的天线振子可以映射到单个天线端口中，因此，大规模天线系统能够提供更窄的波束。窄波束可以显著提高信号在传播过程中的空间分辨率，有利于减少不同波束之间的干扰，提高共享信道中多用户传输的性能。但是对于广播信道而言，较窄的波束意味着单波束覆盖范围的缩小。如果减少单个天线端口中天线振子的数目，虽然可以增大波束的宽度，但是天线端口的发送功率也会随着天线振子数目的减少而降低，同时由于在天线阵列总发送功率不变的情况下，大规模天线阵列中单个天线振子的发送功率较低，直接采用这种方案在覆盖范围方面也会面临较大的挑战。由于覆盖能力与网络部署和优化直接相关，因此针对大规模天线技术的研究除了着眼于提高传输效率（如提高频谱效率、多用户传输能力）外，还需要满足大规模天线系统在部署过程中的实际需求。

无线网络建设的成本约占运营商网络投资主体的 70%，其中包括 CAPEX 和 OPEX。在这两项成本中，占据主要地位的分别是工程施工与设计成本（约占 CAPEX 的 30%）以及网络运营与支撑成本（约占 OPEX 的 40%）。虽然大规模天线系统实现了传输在空间域的扩展，在提升系统频谱效率方面展现了巨大的潜力，但是采用大规模天线技术后，如何满足灵活部署、网络易于运维等方面的实际需求，特别是提高传输效率与部署效率，也是亟待解决的现实问题。

4.大规模天线的应用前瞻

（1）大规模天线的部署场景

归纳了大规模天线系统可能的应用场景，主要场景的特征描述见表 6-2。其中，城区覆盖分为宏覆盖、微覆盖以及高层覆盖 3 种主要场景：宏覆盖场景下的基站覆盖面积比较大，用户数量比较多，需要通过大规模天线系统增加系统容量；微覆盖主要针对业务热点地区进行覆盖，例如，大型赛事、演唱会、商场、露天集会、交通枢纽等用户密度高的区域，微覆盖场景下的覆盖的面积较小，但是用户的密度通常很高；高层覆盖场景主要指通过位置较低的基站为附近的高层楼宇提供覆盖，在这种场景下，用户呈现 2D/3D 的分布，需要基站具备垂直方向的覆盖能力。在城区覆盖的几种场景中，由于对容量的需求很大，需要同时支持水平方向和垂直方向的覆盖能力，因此对大规模天线研究的优先级较高。郊区覆盖主要是为了解决偏远地区的无线传输问题，覆盖范围较大，用户密度较低，对容量的需求不是很迫切，因此研究的优先级相对较低。无线回传主要解决在缺乏光纤回传时基站之间的数据传输问题，特别是宏基站与微基站之间的数据传输问题。

表6-2　主要场景的特征描述

主要场景	特点	潜在问题
宏覆盖	覆盖面积较大，用户数量多	控制信道、导频信号覆盖性能与数据信道不平衡
高层覆盖	低层基站向上覆盖高层楼宇，用户呈 2D/3D 混合分布，需要更好的垂直覆盖能力	控制信道、导频信号覆盖性能与数据信道不平衡
微覆盖	覆盖面积小，用户密度高	散射丰富，用户配对复杂度高
郊区覆盖	覆盖范围大，用户密度低，信道环境简单，噪声受限	控制信道、导频信号覆盖性能与数据信道不平衡
无线回传	覆盖面积大，信道环境变化小	信道容量、传输时延问题

（2）轻量化大规模天线技术方案

① 基于大规模天线的无线回传

在无线网络建设成本和运营成本中占据主要地位的分别是工程施工与设计成本以及网络运营与支撑成本。因此，从运营的角度考虑，一种能够降低整体部署成本并降低运维成本的大规模天线应用方案将更加符合运营商实际部署的需求。在 5G 及未来通信系统中，基站数目将显著增加。一方面将导致控制建站成本随着建站数目需求的增加而变得更为重要；另一方面，站址资源的选择将面临更加严峻的挑战，未来密集部署的基站选址将更具有灵活性。传统基站使用的光纤回传以及微波点对点无线回传系统在适应这种新的变化时都存在明显的不足。光纤回传的建设过程决定了其较高的建设成本，并且采用光纤回传基站的选址必须限制在光纤接入点的附近。当大量使用宏基站进行广域覆盖的情况下，光纤回传的这些特点并不会在建设、运维过程中产生显著的负面影响。但当基站逐渐趋于低成本、小型化，基站部署位置越来越密集灵活的情况下，固定的光纤回传显然不是最优的选择。由于未来基站组网部署的一个方向是大规模部署微基站，并且微基站具有灵活的开启和关闭能力，在这种趋势下，需要一种新的回传解决方案来实现建设成本、网络性能以及组网灵活性三者之间的平衡。由于网络建设和运维具有连续性和可持续性，并且由于网络建设程度和建设周期的差异，大规模天线技术将不可避免地与微基站技术混合部署、联合组网。因此可以利用宏基站为微基站提供基于大规模天线的无线回传。

一方面，对于采用大规模天线的宏基站来说，从传输的角度看，通过无线回传链路接入宏基站的各个微基站本质上与宏基站内的用户并没有区别，因此利用大规模天线提供的空间自由度，宏基站可以同时为多个位置的微基站提供无线回传。另一方面，利用动态波束赋形，理论上，当采用大规模天线提供无线回传时，微基站的部署位置可以灵活调整。相对于传统回传方式，这一应用方式将显著降低站址选择以及回传线路架设的成本。并且，由于微基站相对于宏基站在相当长的时间内都不发生移动，因此宏基站与微基站间的信道具有极低的时变特性。这一特性为信道测量、信道信息反馈技术方案的设计提供了足够的研究与优化空间，能够在显著降低信道信息反馈开销的同时提高信道信息的准确度，使大规模天线即使采用简单的传输方案仍能高效运行，这可以极大地降低大规模天线系统的运维难度和成本。

② 虚拟密集小区

一方面，随着天线数目的增加，对于 FDD 的大规模天线系统而言，由于信道反馈量大幅增加，实际系统设计变得较为困难，同时传统终端难以利用大规模天线带来的性能增益，实际系统性能依赖于可支持大规模天线终端占据的比例，这些都给网络部署和维护带来困难。另一方面，超密集组网虽然可以大幅度提升系统容量，但是考虑到工程实际部署的困难，以及站址资源回传、投资成本收益等因素，超密集的小区不一定在所有的场景都适用，集中式的宏技术对运营而言仍然有较大的吸引力。

传统网络优化采用小区分裂的方式进行扩容，包括新增站址、基于天线技术的扇区化分裂等方式。而大规模天线系统从理论上支持了更多小区分裂的可能性。利用集中式的大规模天线系统，通过结合 MIMO 技术的灵活性和小区分裂技术的简洁性，半静态地赋形很多个具有小区特性的波束，看起来像虚拟的超密集组网一样。

成形的每个波束上有不同或相同的物理小区 ID 和广播信息，看起来像一个独立的小区。小区的数量有一定限制，并可以根据潮汐效应半静态地转移。虚拟小区间的干扰可以利用干扰协调技术或一些相关的增强手段来克服。可以在窄波束虚拟的小区上，用宽波束虚拟出宏基站小区，形成 Het Net 的网络拓扑。

表 6-3 展示了传统大规模天线、虚拟密集小区技术与传统 UDN 技术之间的比较，需要注意的是，虚拟密集小区方式的主要好处在于其对标准化影响小，系统实现相对简单。而

最大的挑战则在于投入大量成本部署大规模天线后，性能增益是否能与预期的投入成正比。

表6-3　不同系统的比较

	传统大规模天线技术	传统 UDN 技术	虚拟小区技术
设备实现	为满足信号处理的灵活性，需要较多的 TXRU 和对应的天线 Port	需要较多的站址和回传资源	集中式部署，只需要能形成一定数量的波束，只用相对少的 TXRU
标准化和兼容性	标准化影响大，新的序列设计满足大量接入，需要天线模拟满足传统终端接入	标准化影响不确定，取决于采用标准相关还是实现相关的干扰抑制技术方案	标准化影响小，传统和大量的终端可自然接入
适合场景	宏、微各种典型场景都可以应用	用户热点分布场景	性能易受限，需要宏覆盖下有可分辨的用户热点分布，且 UDN 难以部署的场景
系统性能	依赖用户配对几代处理算法和射频非理想干扰抑制技术的能力	由于物理距离缩小，接收功率较大，因而性能增益大	受限于波束成小区的干扰水平和分布情况，用户分布情况和增强干扰协调抑制能力，无距离增益

③ 分布式大规模天线

由于天线数量的增加，大规模天线对天线的形态和信号处理的方式会有一定程度的转变。大规模天线相对于传统天线来说尺寸变化较大，特别是在水平方向上，因为在传统天线的竖直方向有很多为了获得天线增益的阵子存在，可以减少以天线增益为代价赋予原有竖直方向上天线振子独立调制信号的自由度来实现大规模天线系统。模拟信号数字化虽然可能减少最终的天线增益，其最主要的一个好处便是可以获得信号处理的自由度。这一自由度可以是多方面的，从系统容量的角度来说，通过扩展空域信号的自由度也就是空间信道矩阵的秩，来复用更多高信噪比下的用户；而从天线设计的角度来看，这一自由度减弱了对传统天线形态的必然要求。传统天线为了通过简单有效的方式获得波束成型的天线增益，往往采用均匀线性阵列，这使天线的形态成为一个封闭的长方体。数字化自由度使在原理上不需要限制天线振子的位置通过数字化的接收端调整幅度和相位进行补偿，以达到和均匀线性阵列相同的性能。

另外，考虑到大规模天线采用不同的天线形态，拥有几十甚至几百个天线阵子的分布式大规模天线有其他天线结构无法比拟的优势。

其一是更易于部署：相较于集中式大规模天线，分布式的天线结构能更灵活地设计天线形态，可以有效解决大规模天线在部署时对站址要求较高的难题。

其二是具有更高的频谱效率。

以下从部署场景方面考虑分布式大规模天线的多种应用方式。

283

a. 室外部署场景

在室外部署时，分布式大规模天线的优势主要在于易于部署，可以分为两种形式：第一种形式，"大"分布式，即对多个天线子阵列进行集中处理，整体构成大规模天线，此种部署形式可与超密集小区结合，通过集中资源管理，有效解决小区间干扰的问题，提高小区的吞吐量；第二种形式"小"分布式，即通过模块化的天线形态，用天线子阵列的形式构成大规模天线，如图 6-16 所示。

图6-16 "小"分布式天线部署

b. 室内部署场景

在室内部署时，分布式大规模天线的优势主要在于更灵活的组网，考虑模块化天线形态，举 3 个例子，分别如图 6-17 中的（a）、（b）、（c）所示。

第一，以办公室举例，大规模天线子阵列部署在办公室的各个角落，此时可以将各房间的子阵列集合单独集中处理构成大规模天线，也可以考虑跨房间的集中处理。

第二，以商场举例，商场的特殊之处在于中间通常有作为走廊的公共区域，两边为面积有限的商铺或房间，此时公共区域可以部署天线子阵列。

第三，以体育场举例，可以将大规模天线子阵列部署在中央显示屏的四周。

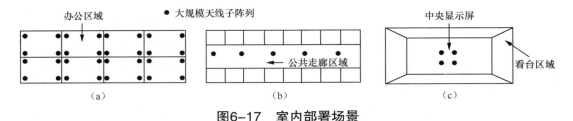

图6-17 室内部署场景

同时，对于形态灵活可变的天线，在实际部署的过程中，在某些特定的场景下可以展现其特有的优势。例如，可以将天线制作成文字、壁画、树枝等形状，类似美化天线的方式灵活部署在特定的场景，而且和美化天线相比，由于没有传统物理天线尺寸的硬限制，对场景会有更强的适用性，因而模块化分布式大规模天线是运营商实际部署中一个非常有应用前景的关键技术。当然，这个技术也面临着巨大的挑战，主要集中在天线的物理设计和指标退化分析、数字基带信号处理补偿和校准、实际部署下的防风防盗等。

如果天线能够做成模块化的形式，就可能出现多种新型的天线形态设计方案，这也将解决大规模天线在时间上遇到的挑战，主要体现在天线尺寸的增加使部署变得困难。大规模天线由于天线数量会增加到 128 根以上，天线的尺寸会因此而大幅增加，这会为实际部署带来挑战。但是在特定的站址环境下，一根新形状的天线却有可能适应部署的环境，便于安装完成。然而，现在的天线并不具备这样的灵活性。虽然定制天线是一个解决部署大规模天线不够灵活的办法，然而定制的天线由于不具有规模效应，需要根据不同的场景进行系统设计和模具制作，成本较高，难以获得大规模的应用。

通过可折叠大规模天线系统，可实现天线部署的灵活性，同时模块化设计可降低成本和回传的开销。由模块化的基本单元和旋转接口单元级联组成可折叠的天线系统；基本单元背插 RRU 成为独立的有源天线单元，通过一个具有接口连接和机械旋转功能的旋转接口模块级联组成这套系统，模块化的设计有助于降低成本。

•• 6.4 目前 5G 无线网络设备典型产品

笔者结合试验网项目经验简要整理了主要设备厂家的典型产品信息，以便读者对当前的具体产品形态有一个大致了解，见表 6-4、表 6-5、表 6-6。

表6-4 目前5G无线网络设备典型产品——BBU

设备厂家	设备形态	设备名称	设备尺寸 /mm×mm×mm	安装方式	安装空间
华为	CU/DU 合设	BBU5900	86 × 442 × 310	柜内	2U+2U
中兴	CU/DU 合设	V9200	88.4 × 482.6 × 370	柜内	2U+2U
诺基亚	CU/DU 合设	Air Scale	22.5 × 447 × 400	柜内	1U+2U
大唐	CU/DU 合设		132 × 482 × 364	柜内	3U+2U

表6-5 目前5G无线网络设备典型产品——BAAU

设备厂家	设备名称	设备尺寸 /mm×mm×mm	安装方式	重量	MIMO 方式	迎风面积 /m²	体积 /L
华为	AAU5613	795 × 395 × 220	抱杆 / 挂墙	40	64T64R	0.31	69
中兴	A9611	880 × 450 × 140	抱杆 / 挂墙	40	64T64R	0.40	55
诺基亚	AEQA	1140 × 480 × 144	抱杆 / 挂墙	47	64T64R	0.55	79
	AEQB	730 × 450 × 240	抱杆 / 挂墙	40	64T64R	0.33	79
	AWHQE	8L	抱杆 / 挂墙	11	4T4R		
	AWHQA	210 × 210 × 54	抱杆 / 挂墙	2	4T4R	0.04	2
大唐	TDAU5164N78	490 × 896 × 142	抱杆 / 挂墙	47	64T64R	0.44	62
	pRU5226	<2.6L		2.6			

表6-6　目前5G无线网络设备典型产品——产品功耗

设备厂家	BBU 型号	BBU 功耗 /W	AAU 型号	AAU 功耗	单站功耗 /W	50% 功耗 / W
华为	BBU5900	1440	AAU5613	1220	5100	2550
中兴	V9200	1300	A9611	1400	5500	2750
诺基亚	Air Scale	490	AEQA	1500	4990	2495
			AEQB	1200	3600	1800
大唐		800	TDAU5164N78	1000	3800	1900

参考文献

[1] 朱晨鸣，王强，等．5G：2020 后的移动通信 [M]．北京：人民邮电出版社，2016．

[2] 陈鹏．5G：关键技术与系统演进 [M]．北京：机械工业出版社，2016．

[3] 杨峰义，张建敏，等．5G 网络架构 [M]．北京：电子工业出版社，2017．

[4] 研渊，陈卓．5G 中 CU-DU 架构、设备实现及应用探讨 [J]．移动通信．2018（1）．

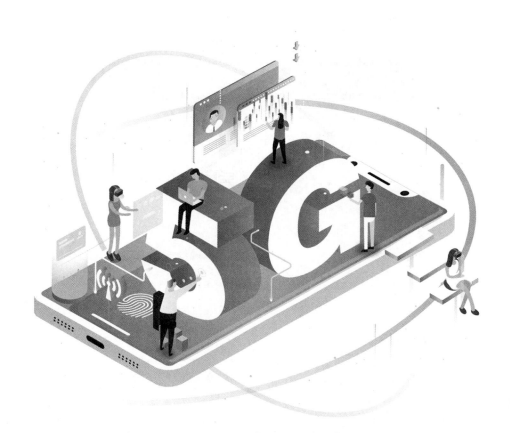

5G 无线网络设计

Chapter 7
第七章

导读

从工程流程上看，5G 无线网设计虽然遵循勘察、选址、配套改造、主设备设计、预算编制等常规环节，但 5G 全新的基站设备形态、性能参数及多种组网模式给无线网设计带来了更苛刻的要求，尤其是对基站配套（塔桅天面、机房、供电）以及无线网和传输承载网之间的配合。5G 无线网采用 C-RAN 模式增加了接入汇聚机房和前传承载网的设计内容，对基础配套资源（机房、传输、供电）的需求和协同规划建设提出了新的要求和压力，电信运营商需要在大规模网络部署之前完成这些基础配套资源的储备，才能有效搭建一张安全、灵活的无线接入网。最后，为了实现 5G 无线网的广、深、厚的覆盖，共建共享是必要手段，也是必需遵循的核心原则，除了既有的通信基础设施共建共享之外，还要实现各类社会资源的大共享，如道路、厂区、住宅小区等大量的杆塔类资源，从而满足 5G 微站及未来毫米波基站的部署。

部署原则 5G网络

✓ **精准投资：** 不盲目全面部署5G，结合各类应用的成熟度

✓ **分步部署：** 建议按照SA架构，基于场景分步部署

✓ **共建共享：** 充分利用现有网络基础资源及社会资源

✓ **多网协同：** 4G/5G、NB-IoT/eMTC、Wi-Fi等协同满足多场景多业务需求

设计 ▷ C-RAN组网设计

1	CU/DU的形态和不同部署					AAU设备形态及前传接口 2			
3	SA组网	迷你机房 10U	2.64	11.42	14	215	300	600	3.75
4	NSA组网	迷你机房 15U	2.64	14.6	18	283	300	800	3.75

通信基础设施 共建 共享

防雷接地

汇聚接入机房

C-RAN组网设计需无线及传输紧密协同，无线专业负责接入汇聚机房，包括4G BBU和5G的DU池及远端AAU/RRU设备布放，前传承载传输设计由传输专业负责完成，无线专业配合

选址原则：综合考虑长期稳定性、空间、承重、光缆路由、供电等因素

新建机房：着眼未来，兼顾无线、传输汇聚和MEC下沉需求

利旧机房：优选传送网接入汇聚机房

前传承载网
✓ 白光直驱
✓ CWDM彩光
✓ OTN方案

●●7.1 总体要求

7.1.1 总体原则

5G R15 版本的 NSA 和 SA 标准分别于 2017 年 12 月和 2018 年 6 月被冻结，运营商经过规模试验网的建设和验证，完成试商用网络的部署，相应的无线基站产品还在不断迭代升级，逐步提高性能中。同时业界还在积极探索可以成熟商用的 5G 应用场景，因此 5G 无线网的设计原则主要依照国内电信运营商 5G 投资部署原则以及参考 2G/3G/4G 无线网的设计规范和建设经验，发展初期建议可按照精准投资、分步部署、共建共享、多网协同的总体建设原则完成部署。

1. **精准投资**：考虑 5G 产业链的发展进程，尤其是和垂直行业融合应用的成熟程度，在先期部分行业有相对明确投入产出的商业模式下，精准网络建设的范围和规模，确保投资效益。

2. **分步部署**：考虑 5G 初期应用集中于 eMMB 的业务场景，区域集中在密集城区、CBD、高校、高新技术开发区等，初期建议优先部署这些区域。如面向无人机、车联网等场景，则需要完成特定区域全覆盖。同时避免对网络的大规模、频繁升级改造，保证现有网络平稳运营。以 SA 组网为目标架构，储备基础资源，推动 NSA/SA 融合组网，初期建网建议广域覆盖采用 NSA，特定业务场景区域采用 SA。

3. **共建共享**：网络建设需要充分利用现有的网络资源（站址、塔桅、机房、电源、传输等），实现基础资源协同和共享；同时加大整合现有 2G/3G/4G 的多系统、多天线为多端口天线，空余天线抱杆用于安装 5G 设备及天线，降低塔桅配套的改造难度，提高存量塔桅的可共享比例。

4. **多网协同**：4G 和 5G、NB-IoT、eMTC、有线宽带、Wi-Fi 等多网络、多制式、多形态共同满足多场景业务需求，实现室内外网络协同；同时保证现有业务平滑过渡，不造成现网业务中断和缺失。

按照 2G/3G/4G 无线网设计规范和建设经验，5G 无线网络工程设计也应满足移动通信网服务区的覆盖质量、业务质量和用户容量需求，满足运营商的总体发展策略和业务发展需求。在实际的无线网络设计与建设中，应考虑我国地域辽阔、经济发展不平衡、用户密度不均匀等特点，根据各地区的经济发展水平和市场需求，确定相应的网络建设目标。同时，在充分调查和预测业务场景需求及考虑今后运营维护需要的基础上，尽力做到一定的前瞻性，尽量减少今后网络割接和调整的工作量。

5G 无线网络设计的总目标是以合理的投资建成符合业务发展需求，满足相关设计规范要求，达到一定服务等级的移动通信网络。无线网络设计不能仅考虑技术方案的先进性和经济效益的最优化，而应综合考虑工程在技术方案的先进性和经济效益两个方面的合理性。

7.1.2 设计内容

相比 2G/3G/4G 网络，5G 无线网从工程设计角度有以下 3 点变化。

一是 CU/DU 逻辑功能分离，初期 CU/DU 物理上合设为一个网元，可继续按照惯例称为 BBU，相比 4G BBU，形态相同，体积相当，功耗有一定程度的增加。远期 CU/DU 分离物理部署，成为两个网元，对设备形态和组网模式都有较大影响，如 CU 可以虚拟化、云化，灵活部署于网络中的不同位置；DU 设备按照组网需要出现集约式（适用于单站 DRAN 建设）和汇聚式（大容量 DU，适用于 C-RAN 建设）两种形态。

二是 Low PHY 层功能 + RF 功能 + Massive MIMO ANT 构成新的物理实体 AAU，相比原有 RRU（仅包含 RF 功能），其体积、重量和功耗都将大大增加，随之，对塔桅及电源配套压力也加大。

三是根据业务场景和特定行业用户需求，MEC 需要下沉到接入网边缘，该区域内的 CU/DU 需要汇聚、AAU 拉远。按照 C-RAN 模式组网，C-RAN 组网模式增加了接入汇聚机房和前传承载网的设计要求。

5G 无线网络的工程设计主要包括基站选址和勘察、主设备及配套的安装设计、C-RAN 组网接入汇聚机房和前传承载网设计、共建共享等几方面的工作，具体工作内容有以下几点。

（1）基站选址和勘察。根据规划所确定的站址位置，通过现场勘察获得基站机房、塔桅、方位角以及其他配套详细情况。

（2）主设备及配套设备的安装设计。

① 设备配置

根据规划所确定的设备类型，进一步确定基站的硬件和软件配置，包括主控板、基带板的配置。

② 设备安装

在机房内综合规划已有设备、新增设备的排列布放，将本次工程新增设备安装在合适的位置，并尽量预留将来扩容设备的安装位置。

③ 天线参数设置

通过基站勘察核实规划中所确定的天线类型及挂高、方位角、下倾角等，必要时进行相应的调整。

④ 电源配套设计

根据设备配置情况，计算相应的电源和配套需求，并进行安装设计，除了直流配电系统外，还需要计算交流容量是否满足需求。

在工程设计阶段，这部分工作主要是细化和落实无线网络规划方案。

（3）C-RAN 组网接入汇聚机房和前传承载网设计。C-RAN 组网模式下，DU 集中放置接入汇聚机房，与传统基站机房相比，其空间布局、设备安装、电源配套的设计要求和标准都要提高。另外，采用 DU 汇聚、AAU 拉远后，前传承载网需要单独设计，综合考虑无线光模块、传输光缆和管道资源及组网情况设计的合理方式。

① 接入汇聚机房设计

根据 C-RAN 规划已经明确汇聚区域的位置和大小，汇聚区域内的站点数量，汇聚BBU 的数量，接入汇聚机房设计分为机房位置选择和机房内设计。机房位置选择主要考虑机房属性、安全性、外电和传输因素，机房内设计主要考虑汇聚 BBU 的安装、供电、GPS、出入局的线缆设计。

② 前传承载网设计

BBU 至 AAU 这段传输承载称为前传，4G 采用 CPRI 协议，其带宽和速率与天线端口数相关，导致带宽要求过大。5G 时代主要采用 eCRPI 协议，AAU 包含 Low PHY 功能，前传带宽速率只和 MIMO 流数相关，降低了前传承载网的承载要求。前传承载网设计需要考虑光模块选型、前传承载方式（光纤直驱、无源 CWDM、有源 OTN 等）、光纤路由规划（距离、熔接点数量）。

（4）回传承载传输网设计。根据基站自身容量和组网结构，设计回传承载传输网，包括传输容量、方式等。

（5）提供基站设计的勘查设计图，要求能指导工程施工。

（6）提供基站设施的施工工艺要求，如机房工艺、塔桅工艺、施工工艺等。

（7）编制无线网络工程设计预算。

●●7.2　基站选址与勘察

7.2.1　选址总体原则

在基站站址选择中，除了遵循规划中站址选择的原则外，还应注意以下 11 个方面。

（1）站址选在非通信专用房屋时，应根据基站设备重量、尺寸及设备排列方式等核算对楼面荷载，以便决定是否需要采取必要的加固措施。

（2）站址宜选在有可靠电源和适当高度的建筑物或铁塔可利用的地点。如果建筑物的高度不能满足基站天线高度要求时，其强度具有屋顶设塔或地面立塔的条件，并需要征得城市规划或土地管理部门的同意。

（3）基站应远离加油站，应符合《汽车加油加气站设计与施工规范（2014 年版）》（GB

50156-2012）要求，满足"三类保护物"要求的安全距离，基站应远离加油站的安全距离，见表 7-1。

表7-1 基站应远离加油站的安全距离

站外建（构）筑物	站内汽油设备											
	埋地油罐									加油机、通气管管口		
	一级站			二级站			三级站					
	无油气回收系统	有卸油油气回收系统	有卸油和加油油气回收系统	无油气回收系统	有卸油油气回收系统	有卸油和加油油气回收系统	无油气回收系统	有卸油油气回收系统	有卸油和加油油气回收系统	无油气回收系统	有卸油油气回收系统	有卸油和加油油气回收系统
架空通信线和通信发射塔	一倍杆（塔）高，且不应小于 5m			5m			5m			5m		
	地上 LPG 储罐			埋地 LPG 储罐			站内 CNG 工艺设备					
	一级站	二级站	三级站	一级站	二级站	三级站	储气罐	集中放射管管口	储气井、加（卸）气设备、脱硫脱水设备、压缩机（间）			
	1.5 倍杆（塔）高	1 倍杆（塔）高		0.75 倍杆（塔）高	1 倍杆（塔）高		1 倍杆（塔）高	1 倍杆（塔）高	1 倍杆（塔）高			

（4）郊区基站应避免选在雷击区，出于覆盖目的在雷击区建设的基站，应符合国家关于防雷和接地的标准规范的规定。

（5）在高压线附近设站时，通信机房应和高压线保持 20m 以上的距离，铁塔与高压线的距离必须在自身塔高以上。

（6）当基站需要设置在航空机场附近时，其天线高度应符合机场周围净空高度要求，应征得当地机场管理单位的同意。

（7）当基站需要设置在铁路附近时，其站址距离铁路红线外至少大于自身塔高以上。

（8）不宜在大功率无线发射台、大功率电视发射台、大功率雷达站和有电焊设备、X 光设备或产生强脉冲干扰设备的企业或医疗单位附近设站。

（9）基站站址不应选择在易燃、易爆的仓库和材料堆积场以及在生产过程中容易发生火灾和爆炸危险的工业企业附近。

（10）严禁将基站设置在矿山开采区和易受洪水淹灌、易塌方的地方。

（11）基站站址不宜设置在生产过程中散发较多粉尘或有腐蚀性排放物的工业企业附近。

除上述规定外，基站站址的选择应执行《通信建筑工程设计规范》（YD 5003—2014）的有关规定和共建共享的相关要求。

基站勘察是设计过程中一项非常重要的工作。勘察记录信息的细致完整程度直接关系到设计能否指导工程的实施、能否准确反映工程的实际情况，从而影响到工程设计的整体效用。

7.2.2　SSUP 选址办法

无线网络勘察选址涉及无线技术的覆盖模型、选点原则、防雷接地和电磁防护等方面的要求。一般的网络选址均需要考虑无线网络的整体结构、备用站址的，需从覆盖、干扰、业务均衡等层面进行综合分析。但实际上，传统意义上的选址方法更多的是对站址本身的可用性考量。随着运营商竞争格局的变化、移动通信网络建设深度的增加，无线站址已逐渐成为运营商的战略储备资源。无线站址的选择除了上述考虑的因素外，还需要增加建设成本、建成后的客户感知等指标，方能在选址深度上有更进一步的提高。因此，本书推荐采用基于用户感知的选址（Site Selection based on User Perception，SSUP）的方法，能较好地解决基站选址和用户感知的矛盾。

1.SSUP 流程

假设需要对 n 个基站选址，构成候选站址集 $BS=\{B_1, B_2, \cdots, B_n\}$。SSUP 方法首先需要构建评估站址选择的指标体系，并且对各指标体系中的指标进行离散化。之后，对各指标体系中的离散指标构建综合评估指标。为突出客户感知的重要性，必须对客户感知指标计算方差，表示客户感知的差异性，以此作为基站选址的决策依据。SSUP 流程如图 7-1 所示。

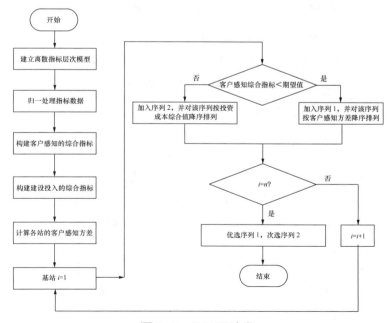

图7-1　SSUP流程

2. 构建评估指标体系

涉及的评估指标包括客户感知指标体系（User Perception Indicator，UPI）、建设投资指标体系 KPI1 和运维成本指标体系 KPI2，即仍然需要全面考虑客户、成本和建设的中间量。其中，网络质量指标纳入客户感知指标中。

将所有站址评估过程分为，目标层、指标层和方案层三层。目标层即站址建设的评估工作，为最初始目标；指标层表示评估站址建设所考虑的要素，包括客户感知指标体系、建设投资指标体系和运维成本指标体系；方案层则针对于需要筛选评估的 n 个无线基站。

（1）客户感知指标体系 UPI

UPI 包括客户感知的主要典型指标，包括语音质量、数据速率等，具体如下：

UPI={P1，P2，…，PM}（M=8）={ 语音质量 MOS、数据业务速率、接入时延、切换时延、接入成功率、掉话率、切换成功率、呼叫建立成功率 }

（2）建设投资指标体系 KPI1

KPI1 包括与待选址基站的建设资本支出，具体如下：

KPI1={ 主设备投资、基础设施投资 }

={Q1，Q2，…，QN}（N=6）={ 基站设备、基站控制器、传输系统、动力系统、机房、塔桅 }

（3）运维成本指标体系 KPI2

KPI2 包括与待选址基站在运营期间所发生的运营与维护支出，具体如下：

KPI2={ 网络运营成本、网络维护成本 }

={QN+1，QN+2，…，QN+K}（K=8）={ 人工及维护成本、车辆支出、租赁费、水电动力费、单次日修成本、代维费用、耗材成本、仪器仪表成本 }

指标体系层次模型如图 7-2 所示。

3. 归一化函数处理

由于评估指标数据千差万别，在计算前需要做归一化函数处理。首先，对指标区分成顺势指标和逆势指标：顺势指标包括接入时延、切换时延、掉话率等，表示取值越大，越具备选址与建设的必要性；反之，逆势指标，如资本开支、成本支出等指标，则表示取值越大，越不倾向于选址与建设。

归一化函数处理过程如下：将 BS={B$_1$，B$_2$，…，B$_n$} 中的各站址的同一指标数据进行升序排列，设定归一化函数 $\theta(\cdot)$。对于顺势指标，根据排名第 i 的基站 B$_i$ 数据 x_i，直接得到该指标的归一化处理结果：

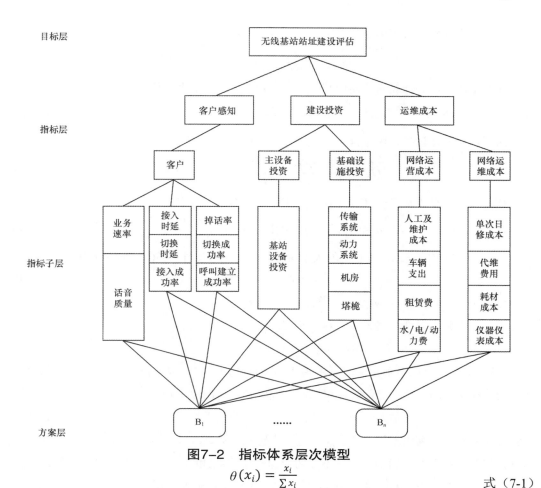

图7-2 指标体系层次模型

$$\theta(x_i) = \frac{x_i}{\sum x_i}$$ 式（7-1）

对于逆势指标，则将所有的 $\theta(x_i)$ 进行降序排列，选择其中排名第 i 的数据结果作为 B_i 的归一化输出。

为方便下文叙述，假设各指标的归一化函数处理结果：

$$P'_t = \theta(P_t), \quad t=1, 2, \cdots, M$$ 式（7-2）

$$Q'_t = \theta(Q_t), \quad t=1, 2, \cdots, N+K$$ 式（7-3）

4. 构建方差与综合评估指标决策

对于 BS={B_1, B_2, $\cdots$, B_n} 中的任何基站 $B_i(i=1, 2, \cdots, n)$，归一化的客户感知指标 $P'_{i,t}$，分别计算期望值：

$$\overline{P_i'} = \frac{P'_{i,1}+P'_{i,2}+\cdots+P'_{i,M}}{1+2+\cdots+M}$$ 式（7-4）

计算方差：

$$S_i^2 = \frac{(P'_{i1}-\overline{P_i'})^2+(P'_{i2}-\overline{P_i'})^2+\cdots+(P'_{iM}-\overline{P_i'})^2}{M}$$ 式（7-5）

计算客户感知综合指标:

$$PC_i' = \frac{P'_{i,1} + 2P'_{i,2} + \cdots + MP'_{i,M}}{1 + 2 + \cdots + M} \qquad 式(7-6)$$

在此基础上,并计算所有候选基站客户感知综合指标的期望值:

$$\overline{PC_i'} = \frac{PC_1' + PC_2' + \cdots + PC_n'}{1 + 2 + \cdots + n} \qquad 式(7-7)$$

然后,计算建设投入综合指标:

$$QC_i' = \frac{Q'_{i,1} + 2Q'_{i,2} + \cdots + (N+K)Q'_{i,N+K}}{1 + 2 + \cdots + N + K} \qquad 式(7-8)$$

在决策时,首先从 BS$=\{B_1, B_2, \cdots, B_n\}$ 中选择基站序列:

$$Sq_1 = \{B_i(i = j, \cdots k) | PC_i' < \overline{PC'}\} \qquad 式(7-9)$$

将 Sq_1 序列中的基站,根据 S_i^2 的大小进行降序排列,得序列 SQ_1。对剩余基站:

$$Sq_2 = BTS - Sq_1 \qquad 式(7-10)$$

进一步筛选,按 QC_i 的大小进行降序排列,得序列 SQ_2。

由此,得到不同选址优先级的基站序列:

$$SQ = SQ_1 \cup SQ_2 \qquad 式(7-11)$$

SQ 中的基站列表从前至后表征着重考虑客户感知、建设成本投入相辅相成的基站优先级序列。在实际站址选择评估时,可以根据实际物业情况逐个筛选。

无线基站的选址评估是一个重要的过程。在当前的无线站址筛选、评估、建设的过程中,大量存在着随机、高成本投入的现象,对客户感知了解甚少,造成投资成本增加、KPI 指标转好,但尚未提升客户感知或提升不多的相悖现象。SSUP 的评估方法,以客户感知为终极目标,兼顾建设投入成本,能够比较圆满地克服以往选址评估方法的局限性,是今后基站选择策略的重要方向。

基站站址选择直接关系到网络的质量,站址选择是否合理,对工程项目的建设经济性和网络质量起着举足轻重的作用,也直接反映了设计质量的好坏与水平的高低。SSUP 能从综合评估的角度选择最优的站址。在设计阶段,站址选择是进一步落实规划中的具体站址。

7.2.3 基站勘察

1. 准备工作

勘察准备是勘察前必须做的工作,勘察准备工作具体包括以下 8 项内容。

(1)制定初步的勘察计划,落实勘察日期及建设方的联络人。与建设方联络人、其他专业设计人员、设备厂家等相关人员取得联系,记录所需的电话、地址、E-mail 等联系方式。

（2）向建设单位的联系人了解勘察期间当地的气候特点、区域地理类型。

（3）制定切实可行的勘察计划，包括勘察路线、日程安排以及相关联系人。

（4）配备必要的勘察工具。标准配置包括 GPS、30m 以上皮尺、指南针、钢卷尺、数码相机、便携式电脑、电子地图工具如 Google Earth，Mapinfo 等；可选配置包括高精细地图、望远镜、激光测距仪。

（5）确认前期规划方案，包括基站位置、基站配置、天馈类型等。

（6）了解工程设备的基本特性，包括设备供应商、基站、天馈、电源、蓄电池等设备的电气物理性能和配置情况。

（7）对已有机房的勘察，可在勘察前打印出现有机房平面图纸，了解机房内空间及电源配套预留情况，以便进行现场核对，节省勘察时间。

（8）如果需要现场路测，就需要准备相应的路测设备，包括便携式电脑、路测软件、电子地图、GPS 接收机、测试手机、相应配套电源设备、测试车辆等。

2. 机房勘察

机房勘察包括机房内勘察和机房外勘察两种。

机房内勘察内容主要包括以下 12 个方面。

（1）确定所选站址建筑物的地址信息。

（2）记录建筑物的总层数、机房所在楼层（机房相对整体建筑的位置）。

（3）记录机房的物理尺寸：机房长、宽、高（梁下净高），门、窗、立柱和主梁等的位置和尺寸及其他障碍物的位置和尺寸。

（4）判断机房建筑结构、主梁位置、承重情况，向机房业主获取有关资料，如房屋地基、结构平面图、大楼接地图等。

（5）记录机房内设备区的情况，机房内已有设备的位置、尺寸、生产厂家、年份、型号、工作负荷等。

（6）确定机房内走线架、馈线窗的位置和高度。

（7）了解机房内市电等级、容量及市电引入、防雷接地等情况。

（8）了解机房内直流供电的情况。

（9）了解机房内蓄电池、UPS、空调等运行情况。

（10）了解基站传输情况。

（11）了解机房接地情况。

（12）拍照存档。

其中，在机房内设备区勘察，需要注意以下两点。

一是根据机房内现有设备的摆放图、走线图，在机房草图中标注原有、新建设备（含蓄电池组）的摆放位置。

二是机房内部是否需要加固与如何加固，需经有关土建部门核实。

在确定机房内走线架、馈线窗的位置和高度时，需要注意以下两点。

一是在机房草图上标注馈线窗的位置和尺寸以及馈线孔的使用情况。

二是在机房草图上标注原有、新建走线架的离地高度，走线架的路由，统计需新增或利旧走线架的长度。

机房外勘察内容主要包括以下 7 个方面。

（1）机房所在的楼层。

（2）机房相对整体建筑的位置。

（3）建筑物的外观结构。

（4）塔桅的情况及相对位置。

（5）AAU 安装位置和野战尾纤及供电走线。

（6）市电引入和室外接地的情况。

（7）确定方向（注意：用指南针定方向时，尽量远离铁塔及较大的金属体，最好多点确认）。

3. 天面塔桅部分勘察

天面塔桅部分的勘察内容主要包括以下 3 个方面。

（1）勘察基站基本信息填写，包括勘察时间、基站编号、名称、站型、经纬度、海拔、共址情况、区域类型等。

（2）确认基站的经纬度与方位。

（3）塔桅勘察。

其中塔桅勘察内容包括如下 9 个方面。

① 了解楼顶塔的天面结构或落地塔的位置。

② 现有系统的天馈线系统的安装位置、高度、方位角和下倾角。

③ AAU 的安装位置、高度、方位角和下倾角。

④ 野战尾纤、电源线走线和室外走线架的路由。

⑤ 初步了解室外防雷接地情况。

⑥ 记录天面勘察内容，拍照存档。

⑦ 绘制 AAU 安装草图。

⑧ 记录并拍摄室外接地铜排情况。

⑨ 拍摄基站所在地全貌。

4. 勘察信息记录

勘察信息记录是勘察成果的具体表现，勘察信息一般是由两个部分组成：勘察信息表和勘察草图。

（1）勘察信息表

勘察信息表应该记录的内容包括但不限于以下 8 个方面。

① 基站基本信息包括基站编号、名称、经纬度、站址、地形、海拔等。

② 机房信息包括机房所在建筑的楼层及高度、土建结构、机房的性质、机房高度及所在楼层、机房是否加固、新建或改建意见。

③ 室内设备包括已有设备、新增设备、扩容设备、开关电源、蓄电池、机房空调等。

④ 传输类型、传输接口或端子情况。

⑤ 室外接地排、馈线情况、GPS 馈线情况、室外走线架和过桥。

⑥ 对于共站址情况，需要列出共站址的其他系统基站信息，如基站配置、天线类型、天线增益、天线挂高、方向角、下倾角等。

⑦ 市电引入情况。

⑧ 周围环境说明，包括地形地势、附近是否有高压线、变电站、加油站、煤气站、医院、幼儿园、小学及其他敏感设施等；如有其他通信局站（雷达站、微波站及其他基站等），应特别说明。

（2）勘察草图

现场要求至少绘制两张草图。

① 机房平面图。

② AAU 安装示意图。

如仍无法说明基站总体情况时，可增加以下 5 张图。

① 机房走线架图。

② 机房走线路由图。

③ 野战尾纤走线图。

④ 建筑物立面图。

⑤ 周围环境示意图。

草图应画得工整清晰，信息记录应简洁明了，以便绘制成正式的设计图纸。

其中，机房平面图大致包括以下 10 项内容。

① 机房长、宽、高尺寸，门、窗、梁（上、下）、柱等的位置、尺寸（含高度）；指北方向，如为多孔板楼面的应标明孔板走向，便于加固设计及设备摆放布置。

② 室内如有其他障碍物（管道等），应注明障碍物的位置、尺寸（含高度）。

③ 走线架、馈线窗、室内接地排、交流配电箱、浪涌抑制器等的位置、尺寸（含高度）。

④ 机房如需改造，应详细注明改造相关的信息，需新增部分走线架的应有设计方案并与原有走线架相区别。

⑤ 原有设备与新增设备（含空调、蓄电池等）的平面布置以及设备尺寸（含高度）等。

⑥ 尾纤和电缆路由。

⑦ 在平面图适当地方画出馈线孔及室内接地排使用情况图，如不能满足要求，需说明如何改造或新增。

⑧ 在平面图适当地方画出电源空开分配情况图，说明每路空开下挂的设备情况，剩余空开的路数、容量能否满足工程新增设备的要求，如不能满足需说明如何改造。

⑨ 如蓄电池需扩容，则提出扩容方案。

⑩ 如无法确认机房有无承重问题，应提醒建设单位对承重进行核算和加固。

其中，天馈安装示意图应记录的有关信息有落地塔、桅杆两条，具体描述如下。

★ 落地塔

① 对已有落地塔，需要详细记录铁塔塔型，铁塔与机房的相对位置，馈线路由（室外走线架、爬梯和过桥），各安装平台的高度、直径、抱杆及方位，所有已安装天线（包括微波等）的具体安装位置、高度、方位。

② 需安装 AAU 的安装位置、高度、方位、下倾角，如铁塔需改造，则需提出改造工艺。

③ 对新建铁塔，需要记录铁塔塔型，铁塔与机房的相对位置，线缆路由（室外走线架、爬梯和过桥），各安装平台的高度、直径、抱杆及方位。

★ 桅杆

① 屋顶总体平面图，尺寸应尽可能精确。如屋顶楼梯间、水箱、太阳能热水器等位置及尺寸（含高度信息），梁或承重墙的位置，机房的相对位置等。如建筑物结构复杂，应补充"建筑物立面图"说明。

② 周围 50m 以内的障碍物与本基站的相对位置。附近高压线、变电站、加油站、煤气站、医院、幼儿园、小学及其他敏感设施与本基站的相对位置。如同一张图上无法体现，应补充"周围环境示意图"说明。

③ 记录现有塔桅或设计新增塔桅在屋顶的准确位置、高度，各系统天线的安装位置、安装高度、方位角和下倾角，室外走线架及馈线爬梯位置、尺寸，馈线走线路由，室外接地排位置等。

④ 如塔桅需改造则需设计塔桅改造方案、尺寸。

⑤ 工程天馈（含 GPS）安装位置（含高度信息）、方位、下倾角。

⑥ 建筑物防雷接地网情况，记录接地点可选位置，考虑防雷接地方案。

目前，基站勘察信息化工具应用已经非常普遍和成熟，通过手持智能终端＋相应的勘察软件，可以有效提高勘察信息记录的完备性，所勘察的信息可以自动生成标准信息表和设计草图，大大提高了作业人员的工作效率和质量。

7.2.4 基站选址

1. 存量站址评估

5G 无线网建设之初，建议优先充分利用现有 2G/3G/4G 站点的基础资源信息，对现网存量站址进行评估和梳理，评估站址资源的可用性（含改造后的可用性）以及梳理 5G 覆盖区域内可用的站址，进而选取新的建站址。

5G gNB 宏站配套改造的要求，见表 7-2。

表7-2　5G gNB宏站配套改造要求

评估存量站址基础信息		单套 5G 设备标准要求
塔桅 / 天面	最低平台距地面高度	宏站建议大于 20m
	冗余抱杆数	大于等于 3 个并满足 AAU 安装需求
机房	室内机房冗余机架空间	15U
	室外机柜冗余机架空间	
动力配套	外电冗余容量	14kVA
	开关电源冗余容量	300A
	整流模块冗余数	6 个
	冗余空开数	5 个

在存量站址可用性评估中，除了分析机房配套需求，还应考虑以下两个因素：一是考虑天线覆盖方向和现网天线的隔离度影响因素；二是在新增设备和改造原有基础资源时应充分考虑业主和物业协调的因素，避免影响现网站址的稳定性。

2. 站址布局要求

根据前面章节 5G 覆盖能力的技术研究分析和现有外场试验网测试数据，5G 宏站 3.5GHz 的下行覆盖能力与 4G LTE 宏站 2.6GHz 相当，5G 宏站 2.6GHz 的下行覆盖能力与 4G LTE 宏站 2GHz 相当。5G 部署早期主要以城区、县城区域为主，确定 5G 站址布局密集市区站间距在 200~300m，一般城区和县城在 300~400m。区域内典型应用场景类型下的参考站间距需求，见表 7-3。

表7-3　典型应用场景类型下的参考站间距需求

网格类型	主要应用	主要业务需求	站间距（m）
大型商业（务）区	增强移动宽带	基础数据业务、VR、超高清视频	200~300
大型景区			300~400

（续表）

网格类型	主要应用	主要业务需求	站间距（m）
大学城（大型校园）	增强移动宽带	基础数据业务、VR、超高清视频	250~300
开发区（工业园）	海量机器类通信	智能监控	350~400
大学城（大型校园）	增强移动宽带	基础数据业务、VR、超高清视频	250~300
一般社区	海量机器类通信	智能抄表、智能停车、监控类	300~400

注：微站和毫米波基站需要结合场景需要进行部署。

●● 7.3　基站系统设计

一个完整的基站系统设计需要在完成前期的勘察、选址后，对基站进行容量配置，对机房布局进行设计。根据覆盖的规划确定基站的相关配套，如塔桅、走线架、电源、防雷接地等，最后完成天馈系统的设计，确定其相关工艺要求等。

由于天馈系统和工艺要求的重要性，我们对此进行单独分析。本节只对基站主设备配置、布局和配套设计进行阐述。

7.3.1　基站主设备及机房设计

1. 5G gNB 主设备

5G gNB 基站初期部署形态为宏站，标准支持在 sub 6GHz 频段下系统的信道带宽为 20/40/50/60/80/100MHz，为更好地体现 5G 系统的优势，建议以单扇区单载波 100MHz 为基准进行部署。

5G gNB 系统 BBU/DU 和 AAU 的选择与配置，主要考虑 BBU/DU 的配置与 AAU 的配置。

（1）BBU/DU 的配置

5G BBU（CU/DU 合设）承接 3G/4G 系统的设计思路，在功能、容量、集成度方面都有提升，基本特征有以下 5 个方面。

① **多模基带单元**。一种类型基带板支持 GSM、UMTS、LTE、5G 等各种无线接入技术。所有的无线系统共享同样的控制和传输，从而满足运营商对最小硬件变更的需求，如华为的 UBBP、中兴的 VBP、中国信科的 HBP 等。

② **大容量**。单机架支持 15×64T64R 100MHz 大容量 MIMO 5G 小区，提高了频谱效率，使网络逐步部署成为可能。

③ **集成度高**。主流设备的宽度一般为 19 英寸（48.26cm），高度为 2~3U，重量约为 20kg。它可以挂墙安装，从而节省了大量的安装空间。

④ **高能效**。凭借大量的天线元件，可显著提高能源效率，同时保留用户体验。

⑤**灵活的网络**。提供 GE / FE / 10GE / 25GE / 40GE / 100GE 接口和 IP 组网。在各种网络拓扑如星形和链形拓扑中支持 RRU，可以满足不同环境、不同传输条件下运营商的需求。

目前，国内主流设备厂家 5G BBU 的配置及功能见表 7-4、表 7-5、表 7-6。

表7-4　华为BBU 5900的配置及功能

单板类型	单板	功能
主控板	UMPTb/UMPTe	UMPT（Universal Main Processing & Transmission unit）为通用主控传输单元，完成基站的配置管理、设备管理、性能监视、信令处理等功能。为 BBU 内其他单板提供信令处理和资源管理功能。提供 USB 接口、传输接口、维护接口，完成信号传输、软件自动升级、在 LMT 或 U2000 上维护 BBU 的功能
基带板	UBBPd/UBBPe	UBBP（Universal BaseBand Processing unit）是通用基带处理单元，提供与射频模块通信的 CPRI/eCPRI 接口，支持多制式基带资源部署在同一块 UBBP 单板上
	UBBPf	5G 专用基带板
星卡板	USCU	USCU（Universal Satellite card and Clock Unit）是通用星卡时钟单元，分两种类型：USCUb11 提供与外界 RGPS 和 BITS 设备的接口，不支持 GPS 时钟源；USCUb14 单板含 UBLOX 单星卡，不支持 RGPS 时钟源
电源板	UPEU	UPEU（Universal Power and Environment Interface Unit）是电源模块。UPEU 将 −48V DC 输入电源转换为 +12V 直流电源；一块 UPEUe 输出功率为 1100W，两块 UPEU 支持 1100W 热备份或 2000W 负荷分担
监控板	UEIU	UEIU（Universal Environment Interface Unit）是 BBU 的环境接口板
风扇板	FAN	FAN 是 BBU 的风扇模块

表7-5　中兴BBU V9200配置及功能

单板类型	单板型号	功能描述
交换板	VSWc1	VSWc1 是交换板，用于控制和管理基带单元，并提供传输接口和系统时钟
基带处理板	VBPc1/VBPc5	VBP 是基带处理板，处理 3GPP 规定的物理层协议和帧协议，c5 板支持 $3 \times 64T64R \times 100$ MHz Cells
通用计算板	VGCc1	VGCc1 是通用计算板，用作集中单元
环境监测板	VEMc1	VEMc1 是环境监测单板
电源模块	VPDc1	VPDc1 是配电板
风扇模块	VFc1	VFc1 为风扇阵列模块

表7-6　中国信科BBU EMB6016配置及功能

单板类型	单板	功能
交换控制和传输板	HSCTA	基站系统与 GPS/北斗之间的同步功能；卫星信号丢失情况下 24h 的同步保持功能；与核心网之间的 S1 接口及接口协议处理功能；与 BBU 内部各板卡之间的业务、信令交换处理功能 BBU；内部板卡在位及存活检测功能；BBU 内部板卡上电/下电控制功能；BBU 内部板卡的时钟分发功能等

（续表）

单板类型	单板	功能
基带板	HBPOA-M	物理层符号处理功能；L2 处理功能；与配对 HBPOA-S 之间的基带处理数据交互传输功能；系统同步功能；电源受控延时开启功能；I2C SLAVE 管理功能等
	HBPOA-S	物理层码片处理功能；与配对 HBPOA-M 之间的基带处理数据交互传输功能；系统同步功能；电源受控延时开启功能；I2C SLAVE 管理功能；提供与 AAU 连接的 Ir 接口
直流电源单元	HPSA	完成机箱内部各板卡和模块的供电
风扇控制单元	HFCA	风扇模块为系统提供散热功能

关于 5G BBU 设备的安装和 2G/3G/4G BBU 的安装方式相同，都是标准的 19 英寸（48.26cm）的机框设计，在机房内安装比较自由。可以安装在空的机架上，也可以挂墙安装，安装方式比较灵活。如果后期开发区大容量集中式 DC 设备，待设备形态明确后再予以分析。

（2）AAU 的配置

5G NR AAU 主要采用 Massive MIMO 技术来显著提高频谱效率，从而提高小区吞吐量，同时增强立体覆盖的三维波束的形成，主要部署在宏覆盖、高容量密集城区和高层建筑覆盖区域。主要厂家的 AAU 产品具有以下 5 个特征。

① **统一平台，平滑演进**。基于统一无线接入网（RAN）平台，保护运营商投资，支持平滑演进。同时支持 C-RAN 和 D-RAN 两种组网模式。

② **大容量，高输出功率**。大规模天线阵列，即 Massive MIMO 技术并行传输多个独立的数据流，结合先进的调度算法，3D-MIMO 波束成形和多流空分复用关键技术，可以大大提高传统宏基站的小区容量。考虑到运营商对频谱效率的要求，支持 20/40/50/60/80/100 MHz 灵活的 5G NR 载波带宽配置。最大输出功率一般为 200 W。

③ **紧凑设计，便于部署**。为降低体积和重量，AAU 需要通过紧凑的设计，集成的射频处理部分及 128/192/256 阵子天线。主流 AAU 尺寸一般不大于 900×500×150（mm）（H×W×D），重量通常不超过 50kg，以便灵活地抱杆安装和挂墙安装。

④ **功放效率高**。通过采用多种高效功率放大器技术，如波峰因数削减（CFR）、数字预失真（DPD）和 Doherty。提高能源效率，同时保留用户体验。

⑤ **大规模天线阵列降低干扰、提升容量**。Massive MIMO 采用 3D-MIMO 技术，针对不同的应用场景，使用优化的适合于不同场景的天线赋形权值，大幅度提升赋形增益和性能，降低干扰，增加容量，提升用户体验。采用 3D-MIMO 技术，其三维立体信号可以灵活跟踪终端，消除对其他用户或小区产生的干扰，并且能使赋形波束更窄、精度更高。高精度可减少小区间干扰，窄波束可降低用户之间的干扰。

常见 AAU 的安装方式有两种：抱杆式和壁挂式。常见的 AAU 抱杆式安装如图 7-3（a）所示，壁挂式安装如图 7-3（b）所示。

（a）抱杆式 （b）壁挂式

图7-3 常见AAU安装方式

2.基站机房布局

5G gNB 初期主要采用 BBU（CU/DU 合设）＋ AAU 模式，随着工艺进步和集成能力的提升，5G BBU 设备更加趋于集约化、小型化，安装也很方便，大部分设备都可以支持标准机架安装、挂墙安装，所以对基站机房的要求也变得简单。

对于采用 C-RAN 组网模式建设的站点，BBU 汇聚机房设计参考第 8.4 节的内容。对于采用 DRAN 组网模式建设的站点，在机房空间允许的条件下，建议 BBU 采用机架的安装方式，安装位置按照 600mm（长）×600mm（宽）×2000mm（高）；如果机房空间比较紧张，建议采用挂墙的安装方式，安装位置可按照 500mm（长）×350mm（宽）×180mm（高）。

在机房布局中，需要考虑强电区、弱电区、信号区的协调和隔离。机房走线合理整齐，避免电源线、接地线等对信号线产生不良干扰。

一个典型的机房布置如图 7-4 所示。

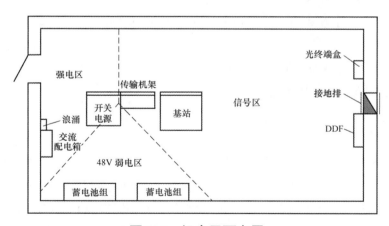

图7-4 机房平面布置

在图 7-4 中，以虚线为界，最左边是强电区，主要是 220V、380V 交流区，中间是 48V 弱电区。右边是信号区，包括前传接口信号、GPS 信号、光传输信号等。各个功能区划分清晰，线缆交叉少，强电对 48V 弱电和其他信号的干扰最小。

7.3.2 基站配套改造设计

1. 塔桅天面

根据无线网（宏站）覆盖的特性和要求，5G gNB 的 AAU 挂高原则上不低于 20m。当采用 NSA 组网时，4G 与 5G 系统天线的垂直距离可参考 6.7 节干扰协调内容。从 5G 试验网目前工程建设的情况来看，5G 基站 AAU 迎面风荷与 4G 天线基本相当，但重量增加一倍，具体建设要求有以下 3 个方面。

（1）普通抱杆的安装空间要求

AAU 底部应预留 600mm 布线空间，为方便维护，建议底部距地面至少 1200mm；AAU 顶部应预留 300mm 布线和维护空间；AAU 左侧应预留 300mm 布线和维护空间；AAU 右侧应预留 300mm 布线和维护空间。

（2）屋面美化方柱的安装空间要求

AAU 于屋面美化方柱罩体内安装时，要求罩体具备通风散热的能力，其空间要求有以下 2 个方面。

① 标高 40m 左右及以下的建（构）筑物屋面美化方柱场景，AAU 设备下倾角需求为 0°~12°，方位角为 ±30° 时，方柱尺寸（截面长 × 宽，最小取整）为 900mm×650mm。

② 标高 60m 以上的建（构）筑物屋面美化方柱场景，AAU 设备下倾角需求为 0°~±20°，方位角为 ±30° 时，方柱尺寸（截面长 × 宽，取整）为 750mm×1050mm。

（3）地面景观塔场景美化罩的安装空间要求

AAU 设备于地面景观塔美化罩内安装时，安装的罩体要求通透率不小于 60%，美化罩上下通风，其空间要求以 30~40m 灯杆景观单管塔为例，在 AAU 设备下倾角需求为 0°~±7° 时，将 AAU 安装在美化罩最下端，子抱杆截面圆心到美化罩内壁的距离应不小于 469mm，AAU 设备上边缘切线绕塔轴心直径不应小于 1840mm。

2. 市电引入

根据 5G gNB 设备功耗及机房内其他配套设备情况，通过以下公式计算市电引入容量：

$$市电引入容量 = (P_{通信设备} + P_{电池充电})/\eta + P_{空调} + P_{照明} + P_{其他}$$

原则上新引入一路优于三类（平均月市电故障 ≤ 4.5 次，平均每次故障持续时间 ≤ 8h）市电电源，优选从公共电网引入一路 380V 的交流电源；如无法引入，则在满足供电质量的前提下，建议按以下 3 种方案处理。

（1）从基站所在或附近的建筑物就近引入一路 380V 的交流电源。

（2）取电费用高、拉电难度大的场景，可选用直流远供设备进行供电。

（3）根据目前外电容量，采用替换跟大容量的空开形式对外电进行扩容。

市电引入容量根据基站远期规划容量配置，通信负载在最大功率工作时，还需要同时满足蓄电池充电及温控系统最大负荷的需求。

按照目前 5G gNB 设备及相应配套功耗要求，单运营商市电引入容量达到 14kVA，3 家共建市电引入需求达到 30kVA，远超以往 2G/3G/4G 无线网基站的容量需求，将给 5G 基站的规模部署带来极大压力。当然随着更高集成度和更优性能的芯片、器件的应用，5G gNB 设备的功耗也会随之下降，能效转化比（发射功率 / 功耗）逐步逼近现有成熟度的 4G LTE eNB 基站设备。

3. 开关电源

根据 5G gNB 设备功耗及传输设备功耗情况，确定 5G 基站（本章不考虑 C-RAN 组网模式下的 CU/DU 汇聚机房的开关电源需求）的开关电源容量需求有以下两个方面。

（1）新建站址以优化基站电源配置，降低建设成本为目标，新建基站开关电源的整流模块容量采用 $n(n \geqslant 2)$ 配置方式。其中 n 个主用整流模块总容量应按负荷电流和蓄电池均充电流（10h 充电电流）之和确定。

（2）共享存量站址优先考虑现有电源扩容，根据现有和新增设备负荷需求，考虑蓄电池充电电流，判断现有开关电源是否满足需求，若不满足需求则有以下 3 种方案。

① 依据 n 的原则，对整流模块进行扩容，扩容模块必须与原有型号完全一致。

② 若满架容量较小，无法扩容，则需要考虑替换或新增新的开关电源。

③ 若现有电源整流模块停产无法扩容，也需要考虑替换或者新增电源整流模块。

4. 蓄电池

蓄电池配置基于 5G 基站和传输设备功耗以及结合场景和当地供电情况确定的后备时长，共同来确定蓄电池的改造方案。电池容量计算原则：

$$Q=K \times a \times (P1 \times T1 + P2 \times T2)/51.2 \qquad 式（7-12）$$

式中：

Q——电池容量（Ah）；

K——安全系数，取 1.25；

$P1$——一次下电侧通信设备工作实际功率（W）；

$P2$——二次下电侧通信设备工作实际功率（W）；

$T1$——一次下电侧设备备电总时长（h），T1 不应小于等于 1 小时；

$T2$——二次下电侧设备备电总时长（h）；

a——温度调整系数，寒冷、寒温Ⅰ、寒温Ⅱ地区取 1.25；其余地区取 1.0。

由于新型铁锂电池在电池放电效率，安装空间和建设成本上较铅酸电池有一定的优势，因此，蓄电池组配置容量推荐选用 48V100Ah、48V150Ah、48V200Ah 铁锂电池。

5. 空调

空调选型应根据 5G 设备负荷、机房结构、区域（温度带）等因素确定空调冷量，根据基站冷量需求选择最适合的空调规格，负荷计算原则：

$$Q12=K×（Q1×1.06+Q2）\qquad\qquad 式（7-13）$$

其中，

1.06——指开关电源工作热效率补偿系数；

$Q12$——基站空调总热负荷；

K——分区域制冷系数；

$Q1$——通信设备热负荷（基站开关电源总直流负载功率）；

$Q2$——建筑结构热负荷，$Q2=$ 单位面积热负荷（基准为 150W/m2）× 房间面积

分区域制冷系数，见表 7-7。

表7-7 分区域制冷系数

区域	制冷系数	省、自治区、直辖市
A 区	1.1	海南、广东、福建、浙江、湖南、湖北、江苏、重庆、上海、广西
B 区	1	安徽、陕西、甘肃、河南、山东、山西、河北、四川、贵州、云南、天津、北京、江西
C 区	0.9	青海、宁夏、内蒙古、辽宁、吉林、黑龙江、西藏、新疆

注：安装在室外发热设备（如 RRU 等），不应计入机房内的热负荷。

6. 防雷接地

（1）接地系统的组成

移动基站的接地系统应采用联合接地系统，即通信设备的工作接地、保护接地、建筑物的防雷接地共用一个接地的联合接地方式。基站的接地系统应按《通信局站防雷与接地工程设计规范》（GB 50689—2011），采用联合接地方式，按单点接地原理设计。基站馈线三点接地使用接地卡子套件，接地排至防雷接地的导线必须单独布放，且接地点与避雷针引流扁钢的接地点相距应大于 5m。接地装置地下构件各连接点均要求焊接牢固。对于土壤电阻率高的地区，接地电阻难以达到要求时，可采用向外延伸接地体、改良土壤、深埋电极、选用降阻剂等方法。接地装置中的垂直接地极宜采用长度为 1.5~2.5m 的镀锌钢材，垂直接地极间距为 3~5m；环形接地体宜采用 40mm×4mm 的镀锌扁钢。接地端子预留应不少于 3 处，尽可能地预留在地槽内。如移动基站为新建的机房或未设置接地装置的建筑物，则应

按上述设计规范设计联合接地系统；如移动基站现有的建筑物已设接地装置，而接地电阻未达到要求的，需将原接地装置加以改造，使其接地电阻达到要求。

（2）接地电阻的要求

移动通信基站联合接地系统接地电阻一般要求小于 10Ω，对于年雷暴日小于 20 天的地区，接地电阻可允许大于 10Ω。

（3）基站防雷过压要求

基站防雷系统由铁塔的防雷、天馈线系统的防雷、交直流供电系统的防雷、传输线路的防雷、机房内走线架的防雷等部分组成，基站的过压保护采用三级过压保护。基站的铁塔防雷接地与基站的联合接地地网连接后共用一个接地网。

防雷接地具体到不同的设备有天馈系统防雷接地、电力线防雷接地、光缆中继线防雷接地和机房的防雷接地等，具体防雷接地介绍如下。

① 天馈系统

5G 天馈系统由 AAU 及 AAU 供电线、前传光缆、GPS 系统组成，AAU 的防雷通过避雷针保护，其接地直接通过与塔桅的连接接入地网。GPS 馈线大都沿铁塔布放至塔底，再由过桥经馈线洞引入机房。馈线在进入机房前其金属外护层应有 3 点接地：第一点位于 GPS 天线安装平台的下方；第二点位于爬梯与铁塔过桥搭接处上方 0.5~1m 处，采用接地卡子与爬梯附近的铁塔避雷引下线紧密连接；第三点位于馈线洞外，采用接地卡子与室外接地铜排紧密连接。室外走线架始末两端均应做可靠接地连接。

位于馈线洞附近的室外接地排接地引下线可采用截面积不小于 95mm² 的绝缘多股铜导线或截面积不小于 40mm×4mm 的热镀锌扁钢，长度不宜超过 30m，沿机房外墙以最短途径与机房的联合地网相焊接。若难以发掘机房接地端子，应妥善与邻近雷电流引下线的根部连通。在其进入机房后的 1m 范围内，应装设馈线避雷器，避雷器的接地端子应就近引接到馈线洞附近的室外接地铜排上，引接线采用不小于 35mm² 的绝缘多股铜导线，严禁与室内金属设施电气连通。选择天馈线避雷器时，应确保其传输能力（最大功率）、阻抗、插入损耗、工作频段等指标与通信设备相适应。

② 电力线

电力线是一条重要的引雷途径，对供电系统应采取多级保护、层层设防的严格措施。

基站交流电力变压器高压侧的三根相线应分别就近对地加装氧化锌避雷器；电力变压器低压侧的三根相线应分别就近对地加装无间隙氧化锌避雷器，变压器的机壳、低压侧的交流零线以及与变压器相连的电力电缆的金属外护层应就近接地；出入基站的所有电力线均应在出口处加装避雷器。

进入基站的低压电力电缆宜采用有金属护套或绝缘护套的电缆，并经钢管由地下引入基站，其长度不应小于 50m。电缆金属护套或钢管两端（变压器处和大楼入口处）应就近可靠接地。

电力电缆在进入基站配电房后，在交流配电屏输入端应加装电源浪涌抑制器；电源浪涌抑制器的接地引线要尽量短，采用不小于 35mm² 的绝缘多股铜导线。

BBU 和 AAU 之间的连接电缆宜采用有金属护套或绝缘护套的电缆，电缆金属护套或钢管两端应就近可靠接地。

③ 光缆中继线

基站的光缆中继线也容易引入雷害，由于与中继线相连的终端设备的耐过压水平低于电源设备，造成设备损坏的雷害事故屡见不鲜。

建议有条件的基站，出入基站机房的中继线采用有金属屏蔽层的光（电）缆全线直埋或没有金属屏蔽层的光（电）缆穿金属管直埋进基站。若不具备全线直埋条件，光（电）缆在进入基站前应有一段直埋，埋地长度宜不小于 30m，其深度不低于 70cm。埋地光（电）缆的金属屏蔽层或金属管至少在两端接地，且要做防锈处理。光缆金属加强芯也一并接地。其余架空的中继线也应采取保护措施，架空用的金属吊挂线和光（电）缆的金属护套及其金属加强芯在每个杆塔处同时接地。在山区的基站，由于雷害比较严重，建议光（电）缆应直埋进机房。

电缆内芯线在设备连接之前，应加装相应的信号避雷器，避雷器和电缆内的空闲线对地应做保护接地处理。

在雷害严重的地区，也可采取防雷型光（电）缆或无金属光缆。

④ 机房

机房应有防直击雷的保护措施。机房屋顶应设避雷网，其网格尺寸不大于 3m×3m，并与屋顶避雷带按 3~5m 间距全部焊接连通。机房房顶四角应设雷电流引下线，该引下线可用 40mm×4mm 镀锌扁钢，其上端与避雷带、下端与地网焊接连通。机房屋顶上其他金属设施分别就近与避雷带焊接连通。机房内走线架、吊顶铁架、机架或机壳、金属通风管道、金属门窗等均应做保护接地。保护接地引线一般宜采用截面积不小于 35mm² 的多股铜导线。

接地线与接地体的连接点应在地平面 70cm 以下，离墙基不小于 4m，可根据实际情况作适当调整。接地体应设置在建筑物的外墙或墙角附近，以避免雷击电流流入建筑物下面。

7. 典型模型

由于 5G gNB 设备功耗的增加，对机房空间、外电容量、电源配置及空调散热等提出更高的要求。参考前期典型厂家设备参数及试验网建设情况，5G gNB 配套改造设计典型模型以某厂家设备为例，见表 7-8。

表7-8　5G试验网配套改造参考标准

序号	站址部署情况	机房类型	机房配套要求							
			设备安装空间	机房要求 面积（m²）	交流负荷要求（KW）	外电容量（kVA）	直流负荷要求（A）	开关电源容量（A）	蓄电池要求（AH）	空调制冷量（kW）
1	SA 组网	室内机房	10U	1.54	11.42	14	215	300	600	3.75
2	NSA 组网	室内机房	15U	1.54	14.6	18	283	300	800	3.75
3	SA 组网	迷你机房	10U	2.64	11.42	14	215	300	600	3.75
4	NSA 组网	迷你机房	15U	2.64	14.6	18	283	300	800	3.75

说明：①根据不同 5G 设备厂家的参数及网络所需后备时长的要求，适合调整配置标准。
　　　②此表为单一 5G 系统典型需求，若多套系统共建，可按需增加。

●●7.4　C-RAN 组网接入汇聚机房和前传承载网设计

7.4.1　C-RAN 组网设计

C-RAN 组网设计需协同无线及传输专业分工，无线专业负责接入汇聚机房，包括 4G BBU 和 5G 的 DU 池及远端 AAU/RRU 设备布放。前传的承载传输设计主要由传输专业负责，具体分工界面及 C-RAN 组网模式下宏站、微站设备连接关系如图 7-5 所示。

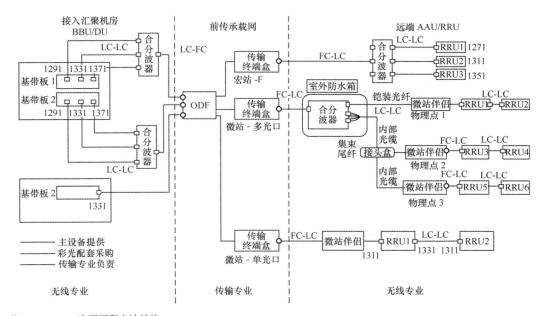

注：1271~1371 为无源彩光波长值。

图7-5　C-RAN组网设备安装连接示意

7.4.2 接入汇聚机房

1. 总体原则

机房选取应从安全性角度和避免过多的传输光缆纤芯资源消耗的角度综合评估。C-RAN 机房需根据新增设备情况进行承重评估，在满足承重要求的前提下，需进行光缆纤芯利用率、剩余空间、剩余可用电量的测算，确保 C-RAN 集中方案的合理性。C-RAN 机房选择示意如图 7-6 所示。

面向远期演进的 C-RAN 目标，机房优选满足光缆、动力、传输设备等要求的汇聚机房、自有属性机房，在无可选机房资源的 C-RAN 区，需综合考虑传输及无线需求规划新增机房。

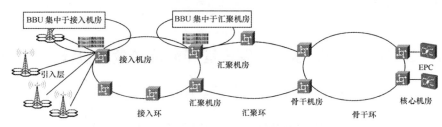

图7-6 C-RAN机房选择示意

2. 利旧机房

（1）利旧机房选取剩余设备安装空间大、合同期限较长、物业评价和合同可续签性相对较好的机房。

（2）利旧机房面积以满足需求为目标，不做硬性要求，可根据具体实际需求适当调整。

（3）优先利旧满足远期演进需要的 20m² 以上机房，对于池化后摆放设备机架位需求的小机房，亦可作为演进目标机房。

（4）考虑短期建设需求的机房利旧时，需保证可使用面积不小于 0.96m²，至少可放置 1 个BBU 池机架，并预留一定的操作空间；对于需新增开关电源或电池的，机房可使用面积要求应按开关电源 1 台（0.96m²）和蓄电池 2 组（铅酸电池约 4.8m²，磷酸铁锂电池约 3m²）的标准增加计算。

3. 新建机房

（1）需兼顾无线 C-RAN 汇聚及传输接入层机房双重属性，不仅需满足区域内 4G 所有BBU 汇聚及 5G 网络的 CU/DU 部署需求，同时需兼顾 MEC 部署及全业务 OLT 下沉需求。

（2）原则上，机房选址确定后不再调整面积、承重、交流引入容量、机房装修等，这些要求都应一步到位，开关电源及蓄电池按照机房内设备部署进度分阶段满足。

（3）新机房选址可以灵活多样，租用机房可从商业楼宇、商业门面、地铁、地下层、室内设备间、楼面平台等场景灵活选取；新址自建机房选址只要同时能满足建设面积要求及具备可实施条件的场景即可，诸如楼面露天平台、高架桥底部、绿化带等。

（4）对于新建砖混机房，如果可建设面积大，建议采用传统铅酸电池备电，总规划机房面积建议规划在 20m² 以上，此类机房设备摆放如图 7-7 所示，特殊情况下也可采取上下两层结构进行规划建设。C-RAN 小机房面积测算，见表 7-9。

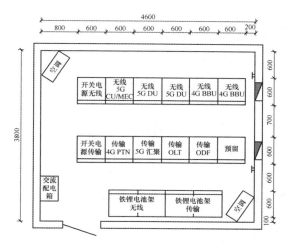

图7-7　20m² C-RAN机房设备摆放示意

表7-9　C-RAN小机房面积测算

安装设备类型		规格（mm）	设备和配套需求	数量	面积需求（m²）
电源	开关电源	600×600	组合式开关电源柜	2 台	0.72
	交流电源		交流挂箱	1 个	0
	铁锂蓄电池	600×600	800AH 铁锂电池	4 组	1.44
机架	综合柜	600×600		9 台	3.24
其他	空调		柜式空调	2 台	0.4
	预留	600×600		1 个	0.36
	走道及空间				13.81
小计					19.97

注：机架位按4G 2个，5G 1个，CU/MEC1个，4G 传输汇聚 1个，5G 传输汇聚 1个，OLT 1个，ODF 1个考虑，铁锂电池尺寸按柜式进行参考估算。

4. 设备安装

C-RAN 中心机房设备安装设计应由设备布置平面图、柜内设备安装面板图、设备电缆布放路由图、设备电缆布放表和 GPS 天线安装示意组成，主要对机房内设备布放、柜内设备安装、电缆布放及 GPS 天馈线安装设计方案进行说明，应重点体现主设备、彩光设备的安装位置、组网结构及相关线缆连接，彩光模块的型号需对应到具体的光口。具体设计要求有以下 5 个方面。

（1）无线主设备可选用 2m 及 2.2m 两种标准机架柜安装，采购机柜时，建议同时配置 1 个 48/72 端口的 ODF 子框。

（2）安装机柜的时候，需要预留足够的前后开门维护空间，同时安装无线 BBU 主设备、彩光合分波器均在同一机柜内，柜内预留 3U 空间为合分波器独用，视合分波器需求，可考虑在机柜正面及背面进行双向安装。

（3）堆叠 BBU 时，需避免 BBU 之间的风道串联，确保设备温度维持在长期工作温度范围内（－20℃~55℃）。故 BBU 与其他设备相邻安装时候，应预留 1U 以上的空间，并建议安装挡风板；当 BBU 间距大于 500mm 时，可不必添加挡风板。

（4）机房推荐采用 16 平方毫米低烟无卤电源线或 25 平方毫米电源线，配置 100A 空开。当采用 16 平方毫米电源线时，需注意部分老式 16 平方毫米电源线存在与 100A 空开的适配风险，出现空开到直流分配单元（Direct Current Distribution Onit，DCDU）内部如果出现局部短路现象，容易导致电缆过热，出现安全事故。

（5）在机柜内摆放设备的时候，需按照标准 BBU 机柜配置方案实施。

7.4.3 前传承载网

5G 高密集组网、高速率传输以及高频通信技术的应用，使前传承载网的流量压力急剧增加，同时有些场景对时延要求更高。5G 前传带宽需求与 CU/DU 物理层功能分割位置、基站参数配置（天线端口、层数、调制阶数等）、部署方式等密切相关。按照 3GPP 和 CPRI 组织等最新研究进展，CU 和 DU 在低层的物理层分割存在多种方式，典型的方式包括射频模拟到数字转换后分割（选项 8，CPRI 接口）、低层物理层到高层物理层分割（选项 7）、高层物理层到 MAC 分割（选项 6）等。其中，选项 7 又进一步可细分，图 7-8 所示的是其中 CU/DU 底层分割选项的一种分割方式。

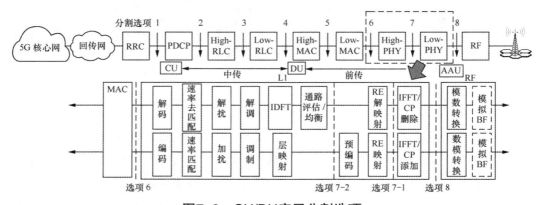

图7-8 CU/DU底层分割选项

前传的带宽需求与 CU 和 DU 物理层分割的位置密切相关,为几 Gbit/s~ 几百 Gbit/s。因此,对于 5G 前传,需要根据实际的站点配置选择合理的承载接口和承载方案,目前,业界对于关注度较高,也即前传将采用大于 10Gbit/s 的接口,即 25Gbit/s、$N \times 25$Gbit/s 速率接口,对应的组网带宽将为 25Gbit/s、50Gbit/s、$N \times 25/50$Gbit/s 或 100Gbit/s 等,具体选择取决于技术成熟度和建设成本等多种因素。

前传网络技术需同时具备满足低时延、节省光纤资源等能力。典型的前传技术主要有白光直驱、CWDM 彩光、OTN/WDM 技术。白光直驱方案的优点是可满足 C-RAN 传输的频率抖动和带宽要求等各项技术指标要求,点对点的组网结构简单,光模块成熟且成本低;缺点是占用光纤资源较多。故白光直驱方案的适用场景为光纤资源丰富的短距离 C-RAN 传输。CWDM 彩光利用波分复用技术将多个射频信号以不同波长承载复用到一对光纤传输,占用光纤资源较少,可满足短距离 C-RAN 传输的频率抖动和带宽要求等各项技术指标要求,但成本相对较高,当彩光直驱涉及波长数较多时,建设和维护难度较大。OTN/WDM 方案的优点是 OTN 传输设备产业链比较成熟,可同时承载 C-RAN 和其他类型业务,不仅占用光纤资源少,同时有利于扩容演进,基本满足保护倒换时延要求,缺点是需增加有源设备,在成本及配套方面的要求更高。面向远期 5G 演进的 C-RAN 中,在具备条件的情况下,建议采用 OTN 前传技术,近期亦可以采用成本更低的彩光方案。

从分工界面上前传承载网以传输专业为主,但是无线网主设备配置的光模块,组网形式需要和前传承载网相匹配,5G 在工程实施中对两个专业的配合提出了更高的要求。

●● 7.5 共建共享

7.5.1 共建共享原则

自工业和信息化部和国务院国有资产监督管理委员会于 2008 年 9 月 28 日联合印发 [2008]《关于推进电信基础设施共建共享的紧急通知》,电信无线网络建设环节需要考虑共建共享就从小范围的自主行为变为行业建设规则。2014 年中国铁塔公司成立,将站址、机房和铁塔这类最基础资源的共建共享推向了更深、更全面的层次。共建共享也极大推动了国内 3G/4G 网络建设的进度和规模,真正实现了建设资源节约型、环境友好型社会的要求,节约土地、能源和原材料的消耗,保护自然环境和景观,减少电信重复建设,提高电信基础设施利用率。结合近几年电信运营商和中国铁塔公司电信基础设施共建共享的经验,总结出对 5G 无线网建设中共建共享的以下 5 条基本原则。

(1)优先存量资源整合。在 2G/3G/4G 时代,三大运营商自行建设了大量的站址、机房、塔桅资源,存在着部分系统退网和资源冗余问题,通过存量资源整合,可以释放更多空间、抱杆、供电等基础资源用于 5G 建设。

（2）推动社会资源共享。尤其是各类已有杆（塔）资源，5G 频段高、容量大，对站址需求更大，尤其是后期毫米波的应用需要建设大量的微站、微微站，可以利用众多社会杆（塔）资源。

（3）做好安全评估工作。无论是存量资源还是社会资源的使用，在挂载新的 5G 设备和天线时，必须要先做好安全评估工作，确保施工和后期维护的安全。

（4）统筹规划报批，优选美化建设方式，确保和周边环境和谐统一。

（5）规避多系统干扰。多套系统共建共享一个站址 / 塔桅 / 天面时，需要提前核算各系统间干扰值，做好隔离和规避措施。

7.5.2 通信基础资源共建共享

共建共享是移动通信运营商内部或之间共同建设或共享部分或全部基站配套电源设施，包括塔桅、机房、传输、电源和天面等，其目的是为了加快网络建设进度，避免重复投资，降低运维成本，具有可观的经济效益和社会效益，具体有以下 4 个方面。

（1）节省大量的建设投资和运行维护费用，避免重复建设和资源的浪费。提供共建共享的运营商可大幅提高原有投资的利用率，提高经济效益。

（2）加快网络部署速度，迅速扩大网络覆盖。

（3）带来环境方面的益处，例如，减少铁塔的数目，减轻社区等区域的视觉污染。

（4）减缓运营商之间的恶性竞争，使竞争领域更多地转向服务和业务创新，从而使消费者受益。

运营商内部和运营商之间的共建共享从技术层面来看差异性不大，但从实施操作、工程管理等维度却存在很大不同，具体有以下两个方面。

（1）运营商内部的共建共享针对于自身的资源，本身拥有所有权和管理权，可以全局规划、统筹管理。

（2）运营商之间的共建共享则涉及运营商的不同利益，需要经历比较繁杂的申请、核实、实施、维护、费用结算和仲裁等流程，甚至需要出台相应的管理办法或法律法规后方可实施。

因此，本节更多地考虑共建共享的技术要求，从优化配置、节约资源、保护环境等角度出发，为方便下文的阐述，将以不同运营商之间的共建共享为例进行说明。为不引起歧义，对共建共享对象的建设、配置、维护等操作也假设由所有权方负责。

1. 基站站址共建共享

从共建共享的层次上看，其范围可以涵盖基站站址、无线接入网、核心网、地理区域网络、甚至全部网络。一般而言，我国采用比较多的是基站站址的共建共享，平常所讲的共建共享也主要针对于此。关于无线接入、核心网甚至全部网络的共建共享则在欧洲（如德国、英国）比较常见。为方便描述，本章涉及的共建共享均以站址共建共享为例进行论证。

站址的共建共享主要是解决选址困难问题。共建共享的资源包括基站机房、塔桅设施、天面资源、市电引入设施、交直流供电系统、消防、空调、照明等其他配套系统，而网络设备（包括基站、基站控制器）和核心网设备本身不共享。

实现站址共建共享的方式简单，技术要求低，对移动网络设备没有新要求。对于共建共享站址的运营商而言，其提供的功能业务是完全独立的。

2. 基站塔桅、天面资源共建共享模式要求

基站塔桅、天面资源的共建共享模式要求包括干扰协调要求和承载能力要求。

（1）满足不同通信系统间的干扰协调要求

① 基站共建共享应分析多系统间的干扰协调要求，采用合理的隔离手段，确保多系统间干扰不影响移动通信系统的性能。

② 已安装有天馈系统的塔桅、天面资源，应该提供干扰协调解决方案并予以实施。

③ 共建共享基站时，干扰基站落入被干扰系统导致被干扰系统的灵敏度恶化值应控制在 0.5dB 内。

④ 基站共享塔桅时，不同系统天线之间宜优选垂直隔离方式，不同系统天线采用垂直隔离时，应保持一定隔离度，并满足灵敏度恶化指标要求。现有塔桅不具备垂直隔离安装条件时，可采用水平隔离等方式，必须合理设计天线隔离距离和朝向，确保隔离度满足灵敏度恶化的指标要求。现有塔桅结构不满足天线安装隔离要求的，应对塔桅结构进行改造以符合天线工艺要求。

⑤ 基站共享天面资源时，应合理设计天线隔离方式，优选共用塔桅的垂直隔离方式。不具备共用塔桅条件时，天线安装宜充分利用建筑物阻挡，合理设计天线朝向、隔离距离，避免系统间干扰。

⑥ 基站共享时采用上述隔离方式不能满足干扰协调要求的，产生干扰方应提供解决方案负责消除干扰，干扰方应配合干扰消除方案的实施。

⑦ 对于不同系统之间隔离度计算结果参见 6.7 节的内容。

（2）在多套天馈设备共存的条件下，满足规定的承载能力

① 对于已有塔桅结构，在增设天馈设备时，必须由塔桅设计部门进行结构复核验算。已有塔桅结构能够满足承载能力可进行新增设备的安装；如不满足要求，应由塔桅设计部门提出相应方案，对塔桅结构进行加固改造，提高其承载能力，以满足新增设备的荷载要求。

② 对于新建塔桅结构，共建各方应向塔桅设计部门提供各自的工艺要求，协商确定平

台、支架分配和天馈设施的工艺要求等，由塔桅设计部门统一完成塔桅结构设计后实施。

塔桅结构设计、加工和安装必须符合《移动通信工程钢塔桅结构设计规范》（YD/T 5131—2005）和《移动通信工程钢塔桅结构验收规范》（YD/T 5132—2005）的要求。

3. 基站机房共建共享模式要求

基站机房共建共享模式的要求包括共建技术要求和共享技术要求两种。

（1）共建技术要求

① 共同新租用机房：机房空间应满足共享各方的设备安装需求。机房需要改造、加固，共建各方共同提出设备布置方案，委托相关设计部门进行机房结构承重核算。对于不满足承重要求的机房，由设计部门提出加固方案进行结构加固。

② 共同新建基站机房：机房空间应满足共享各方的设备安装需求。机房建设应符合《通信建筑工程设计规范》（YD 5003—2014）的要求。

（2）共享技术要求

① 已有基站机房共享，机房剩余空间应满足申请需求，否则应在不影响原有系统正常运行的情况下，提出并调整机房空间布局。

② 已有基站机房共享，需要新增系统设备的，应该组织相关设计部门进行机房结构承重核算。对于原有机房不满足新增设备承重要求的，必须进行结构加固；对于以前已进行过加固的机房，现行加固方案应在原有加固方法的基础上进行；对于以前未进行过加固的机房，放置原有设备部分的区域也应一并加固。

4. 其他基站配套设施共建共享模式要求

其他配套设施的共建共享需要遵循以下 7 个方面的要求。

（1）基站市电引入设施应满足基站共享的需求，否则应向电力部门提出市电引入增容。

（2）原有基站电源系统不满足基站共享方设备安装、扩容、调整需求的，应加以扩容、改造并满足实际需求。原有基站电源系统提供共享后导致明显降低蓄电池放电时间，低于维护指标要求的，应扩容、改造或替换蓄电池，保障蓄电池放电时间满足正常维护要求。基站电源系统的扩容、改造实施不应影响其他运营商设备的正常运行。基站电源系统的建设、改造实施应满足《通信电源设备安装工程设计规范》（GB 51194—2016）和《通信电源设备安装工程验收规范》（GB 51199—2016）的要求。

（3）基站其他配套设施不满足共享需求的，应改造以满足共享需求，改造不应影响运营商设备的正常运行。

（4）基站共建时，共建各方应对相关配套设施建设方案协商达成一致，建设方案满足各方工程实施需求。

（5）基站共建共享对于基站站址选取、建设和改造实施应严格控制环境污染，保护和改善生态环境，对环境可能产生的不利影响应符合《通信工程建设环境保护技术暂行规定》（YD 5039—2009）和《电磁环境控制限值》（GB 8702—2014）的要求。

（6）共建共享移动基站防雷接地的建设和改造应符合《通信局站防雷与接地工程设计规范》（GB 50689—2011）的要求。

（7）共建共享移动基站新增设备安装、改造实施应符合《通信设备安装抗震设计规范》（YD 5059—2005）和《电信机房铁架安装设计标准》（YD/T 5026—2005）的要求。

7.5.3　社会资源共建共享

5G 无线网建设除了常规宏站之外，还需要建设大量的微站、微微站，尤其是将来毫米波基站的建设，单个站点覆盖范围仅 100m 左右，运营商必须要大量地使用社会资源，主要包括杆塔资源和建筑物资源两类。

（1）杆塔资源

如路灯杆、监控杆、电力杆、广告牌等公共资源，此类资源以杆塔为主，可通过与政府部门、企事业单位等协商谈判，批量获取。

（2）建筑物资源

如建筑物楼顶、建筑物墙面等，此类站址资源归属比较分散，往往在资源获取方面存在困难。

1. 社会资源共建共享原则

（1）通用性原则

社会资源共享应在综合考虑安全可靠、经济适用的前提下，从承载能力、安装方式、防雷接地以及美观和谐等方面综合考虑并实施。社会资源的共享因不同行业、不同地区的不同情况，在规模共享前，建议对同类型、同规格的社会杆塔资源抽样检测，其每检验批抽样检测的最小样本量应满足《建筑结构检测技术标准》（GB 50334）的具体要求，同时其防雷接地要求应满足国家及行业规范的规定。

（2）安全性评估原则

社会杆塔类资源共享前应进行充分的安全评估和加固改造设计，对杆体的安全评估应按结构及构件的承载能力的极限状态和正常使用极限状态进行分析和评估，当共享后的设计荷载不大于原设计，可按建造时（如铁塔进行过加固的按加固时）的规范或设计的要求执行。当共享后的设计荷载大于原设计，应按现行相关规范执行。共享后的社会资源的目标使用年限应根据结构设计的使用年限、已使用年限，结合结构的使用历史、现状及未来使用要求综合分析确定。屋面、墙面的共享应综合考虑原房屋结构的承载力、与房屋结构的连接、屋面的防水等问题。

① 杆体评估

· 应按国家及行业规范进行强度、稳定和变形验算。

· 采用的简化方法、近似假定，应有理论依据或工程实践验证，采用符合结构实际受力和构造状态建立二维或三维计算模型。

· 材料强度的标准值，应根据构件的实际状况和已获得的检测数据按相关规定确定。

· 结构或构件的几何参数应综合考虑结构实际的变形、施工偏差以及裂缝、缺陷、损伤、腐蚀等影响后确定。

② 基础评估

· 所采用的荷载效应最不利组合与相应的抗力限值应按国家及行业规范的规定。

· 应按照国家及行业规范进行地基承载力和变形验算、基础强度、土体上拔和倾覆验算稳定核算。

· 锚栓设计评估应满足国家及行业规范的规定。

2. 路灯杆、监控杆类共享

路灯杆广泛应用于城市道路、广场及居民小区等场景，根据高度可分为高杆灯、路灯和庭院灯。监控杆是用于室外安装监控摄像机的柱状支架，主要布置于交通道路、十字路口、学校、政府、小区、工厂、边防、机场等需要监控摄像的场景。这两类杆体都是无线网微站建设首选的社会资源。

路灯杆上加挂天线设备的安装方式一般采用抱杆、设备直挂和改造三种。监控杆上加挂通常有两种方式：设备直挂、增加支臂。在管径相对较细的监控杆上，可通过调节微站设备后的固定卡或抱箍，微站设备直接固定于管身。T 型监控杆或 L 型监控杆的管径一般较大，可通过增加支臂形式把微站设备挂在支臂上。

路灯杆、监控杆、广告杆（与路灯杆高度相近的）属于雷击风险较低（L 型）场景，通信设备和天线可以直接固定在杆上，无须单独安装接闪器（避雷针）。利用路灯杆、监控杆、广告杆等社会杆的站点，当城市环境不允许采用常规地网时，可增加接地棒与杆体连接，降低接地阻抗。如受地面硬化等因素，不具备地面开挖、地网改造条件时，可直接利用各种金属杆体的埋地部分作为其接地系统。通信设备可采用独立的、不小于 4mm^2 的接地线就近接地（如金属杆体、广告箱金属架等）；也可采用电源线供电三芯线中的 PE 线接地，无须采用单独的接地线。电源线、信号线等线缆优先在路灯杆、监控杆、广告杆等金属杆体内部走线；如在杆体外部走线，应穿管保护，防止机械损伤。其他要求参见《小型无线系统的防雷接地技术要求》（YD/T 3007—2016）。

3. 电力杆塔共享

电力杆塔作为输配电线路的重要组成部分，起到支撑和架空电力线的作用。通常对以木材和钢筋混凝土材料架设的杆形结构称为杆，塔型的钢结构和钢筋混凝土烟囱型结构称为塔。

电力杆塔在线路中的用途主要分为六类：直线杆塔、耐张杆塔、转角杆塔、换位杆塔、跨越杆塔、终端杆塔。一般情况下，直线杆塔的承载能力最低，终端杆塔、转角杆塔和跨越杆塔的承载能力均高于直线杆塔，因此共享时应优先选用。

共享电力杆塔时，通信设备挂载高度必须满足电力杆塔带电施工、运行维护等情况下的安全距离。根据《国家电网公司电力安全工作规程》（GB 26859）的规定安全距离应满足下列要求，因不同电网公司的要求不同，工程实施时应根据当地电力部门的具体规定执行。作业人员或机械器具与带电线路风险控制值，见表 7-10。

表7-10　作业人员或机械器具与带电线路风险控制值

电压等级（kV）	控制值（m）	电压等级（kV）	控制值（m）
≤ 10	4.0	± 50 及以下	6.5
20~35	5.5	± 400	11.0
66~110	6.5	± 500	13.0
220	8.0	± 660	15.5
330	9.0	± 800	17.0
500	11.0		
750	14.5		
1000	17.0		

注1：塔吊、混凝土泵车、挖掘机等施工机械作业，应考虑施工机械回转半径对安全距离的影响。

注2：变电站内邻近带电线路（含站外线路）的施工机械作业，也应注意识别施工机械回转半径引起的安全风险。

通信设备的挂载位置可分为上部、中部和下部，从维护、防雷等方面综合考虑，挂载位置建议选择下部，安装方式一般采用抱箍。电力塔共享安装示意如图 7-9 所示。

当共享电力杆塔、电力杆塔加挂通信设备作业时，在一般情况下，应由电力部门的施工队伍进行操作且必须做好施工期间的安全防护，防止触电、高处坠落、物体打击等安全风险。为保证高压线的输电安全，在施工的每个环节都必须制定切实的预控指导方案和措施。具体作业要求及安全组织措施应符合《电力安全工作规程—电力线路部分》（GB 26859—2011）的规定。

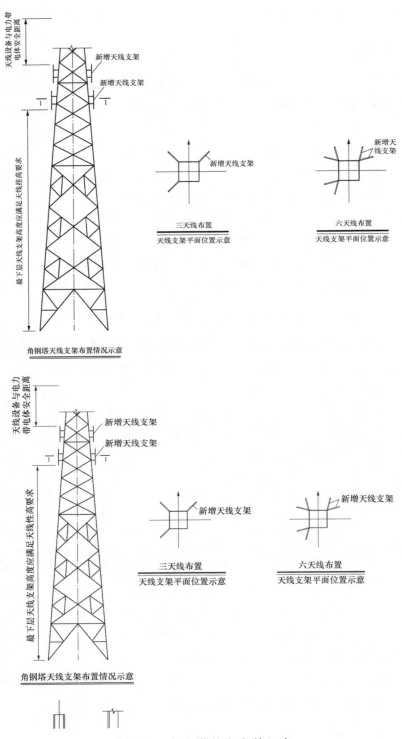

图7-9　电力塔共享安装示意

4. 社会资源适用建站类型匹配

根据 5G gNB 基站设备特征和建设要求，结合社会资源所在场景，建议宏站、微站可共享的社会资源总结，见表 7-11。

表7-11 不同场景社会资源适用基站类型

基站类型	资源类型	载体	场景吻合度	承载能力
宏站	杆塔资源	电力塔	低：承载强电输送或者电信企业光缆，共址施工、维护存在隐患	铁力塔中直线杆塔承载能力相对较低，应优先选用转角杆塔、终端杆塔和跨越杆塔
		广告牌	高：主要分布于人员密集区域，能满足盲点、热点等各类覆盖需求，可形成区域组网覆盖	广告牌资源相较其他社会杆类资源承载能力相对较高，可优先考虑
	建筑物资源	建筑楼顶	高：能满足盲点、热点等各类覆盖需求，较难实现连续覆盖	在一般情况下，建筑物资源承载能力可以满足共享要求
		建筑墙面		
		桥梁、水塔等		
微站	杆塔资源	路灯杆	高：路灯杆密集分布于城区道路两旁，能满足盲点、热点等各类覆盖需求，也可形成连片覆盖组网	承载能力差别较大，一般情况只能共享一层设备
		监控杆	较高：重要场所路边的微站能有效吸热，但较为分散，难以形成连片覆盖	
		小区灯杆	高：主要分布于人员密集区域，能满足盲点、热点等各类覆盖需求，可形成区域组网覆盖	
		电力杆	低：承载强电输送或者电信企业光缆，共址施工、维护存在隐患	一般对应于混凝土杆，其承载能力相对较好
	建筑物资源	建筑楼顶	高：能满足盲点、热点等各类覆盖需求，较难实现连续覆盖	在一般情况下，建筑物资源承载能力可以满足共享要求
		建筑墙面		

参考文献

[1] 3GPP TS38.801 V14.0.0，Study on new radio access technology: Radio access architecture and interfaces.
[2] 3GPP TR38.816 V1.0.0，Technical Specification Group Radio Access Network: Study on CU-DU lower layer split for NR.
[3] 陈建刚，肖清华，汪伟. 基于客户感知的网络选址方法分析 [J]. 移动通信，2012（13）.
[4] 肖清华，汪丁鼎，许光斌、丁巍. TD-LTE 网络规划设计与优化 [M]. 北京：人民邮电出版社，2013（7）.
[5] 黄小光，赵品勇，汪伟. 4G 网络开展 C-RAN 预埋可助力 5G 快速规模部署 [J]. 通信世界，2018（9）.
[6] 汪伟，王宏军，贾荃，胡文翰. 中国铁塔面向 5G 的思考和应对 [J]. 通信企业管理，2017（10）.
[7] IMT-2020（5G）推进组，《5G 承载需求》白皮书，2018（6）.
[8] 《中国电信 5G 技术白皮书》，2018（6）.

5G 室内覆盖系统设计

chapter 8

第八章

导读

　　本章从室内无线环境的特点和以往移动通信系统进行室内信号覆盖的主要思路讲起，结合 5G 频段和覆盖要求的特点，得出 5G 室内信号覆盖采用建设室内覆盖系统的方案更为可行的基本结论。进而从室内覆盖系统的概念、分类、结构做出资料性介绍，从而明确以新建新型数字化室分＋改造延长传统同轴电缆 DAS 系统生命周期两步走的策略。在明确了基本技术的策略后，结合 5G 特点对传播模型的选择校正、系统参数选取以及室内覆盖的规划设计流程进行详细介绍。为了便于实战应用，本章最后选取了典型 5G 室内覆盖系统设计方案进行了分析介绍，并于传统 3G/4G 室内覆盖系统加以对比，以加深读者理解。

建设室内覆盖系统

1G — 借助室外信号覆盖室内 → 4G

室分分布系统

室分分布系统分类

- 按分布系统信源进行分类：宏峰窝、微峰窝（皮站、飞站）
- 分布式基站和直放站
- 新型数字化室分覆盖系统
- 5G固定无线接入方式

5G室内覆盖系统解决方案

室内无线环境特点

- 时空都不静止，受建筑隔断影响大，不需要考虑室内空气所无无法现场数据收集，建设模式的确定，设计工作主要围绕信源选取、天线布局、馈线布放等环节展开

5G演进路线

当前：Sub 3G pRRU — Cab 6A 网线 — 预埋 Cab 6A 网线 — HUB — BBU

叠加：Sub 3G pRRU + pRRU NR 3.5G — 利旧预埋 Cab 6A 网线 — 叠加 HUB

替换：Sub 3G pRRU → pRRU一体化 3.5G+Sub 3G — 利旧预埋 Cab 6A 网线 — 替换 HUB

料线增加 / 无源器

设计准备工作

- 收集现场数据资料
- 确定建设模式

室内覆盖分析 · 室内容量分析 · 室内外协调 · 多系统干扰分析

设计工作

馈线布放 · 天线布局 · 信源选取 · 分区与分层 · 泄漏控制 · 切换区设置 · 合路方式

第八章 内容概要一览图

●●8.1 室内覆盖系统概述

8.1.1 室内覆盖系统概念

由 2G、3G 网络的运营经验分析可得，移动用户超过一半的话务量发生在室内。而到了 4G 时代，室外的业务量（语音和数据）仅占整个网络业务的三成，而室内业务超过整个网络业务的七成，而且室内业务的占比仍在进一步提高。所以对运营商而言，要充分考虑室内用户的业务需求，开拓大量新的话务量。而在建筑物的内部往往又会出现很多弱信号区，存在着盲区多、易断线、网络表现不稳定等缺点。

① 从覆盖角度来看，现代建筑采用了大量的混凝土和金属材料，对无线信号产生屏蔽和衰减。在部分高层建筑物的低层，移动通信信号较弱；在超高建筑物的高层，信号杂乱或者没有信号。

② 从容量角度来看，不同类型的室内场所有不同的业务需求。在大型购物商场、会议中心等建筑物内，移动电话的使用密度过大，局部网络容量不能满足用户需求，无线信道容易发生拥塞现象。

③ 从质量角度来看，在部分没有完全封闭的高层建筑的中高层，由于信号杂乱常出现乒乓切换，通信质量难以保证。为了解决以上问题，有必要通过引入室内分布系统完成室内盲区的覆盖，吸收室内话务量，改善室内通话质量。

传统的室内分布系统是指基站信号通过器件进行分路，经由馈线将信号分配到每副分散安装在建筑物内部的小功率、低增益天线上，从而实现室内区域无线信号的良好覆盖。传统室内分布系统主要由以下两个部分组成。

① 信号源（以下简称信源）：宏蜂窝、微蜂窝、分布式基站、直放站等。

② 天馈分布系统：包括馈线、干线放大器、功分器、耦合器、合路器、电桥、天线等设备。

传统的室内分布系统如图 8-1 所示。

室内分布系统是移动通信网络非常重要的组成部分，它可以为移动通信系统开辟高质量的室内移动通信区域，分担室外小区话务量，减小拥塞，扩大网络容量，从整体上提高移动通信网络的服务水平，以解决高端客户密集区域的覆盖问题和用户投诉问题，其性能的好坏将严重影响到客户体验及运营商的收益。

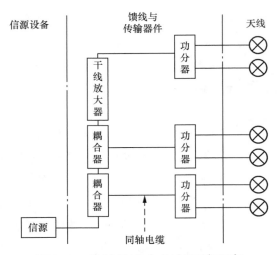

图8-1 传统的室内分布系统示意

建设室内分布系统的目的有以下三个方面。

一是扫除覆盖盲区。 典型场景包括新建的楼宇、地下停车场、地下商场、大型楼宇、地下通道、电梯等。

二是均衡网络话务。 分担室外宏站的话务量，改善网络质量。典型场景包括大型购物场所、展览场所、体育馆、机场、车站、码头等。

三是加强室内覆盖信号。 改善室内信号质量以及室内无主服务区域的乒乓切换现象，以提高网络指标。典型场景包括较高的楼层以及周围无主覆盖小区的楼房。

8.1.2 分布系统的分类

室内分布系统主要有两种分类方法：**一种是按信源的不同可分为宏蜂窝室内分布系统、微蜂窝室内分布系统、分布式基站室内分布系统和直放站室内分布系统；另一种是按信号传输介质的不同可分为同轴电缆分布方式、光纤分布方式、泄漏电缆分布方式和五类线分布方式，其中，同轴电缆分布方式又分为有源和无源两种。**

1.按分布系统信源进行分类

分布系统信源包括宏蜂窝、微蜂窝（皮站、飞站）、分布式基站和直放站4种类型。按信源的不同，分布系统组网方式分为4种类型。在实际工程中，根据目标场景无线传播环境及业务需求的特征，可采用适当的方案实现目标区域的网络覆盖。下面将对各种信源的特点及适用场景进行介绍。

（1）选用宏蜂窝作信源

选用宏蜂窝作信源的室内分布系统：主要优点是业务承载量大，扩容方便；主要缺点是成本较高，信源安装需独立机房，环境要求较高，馈线较多，需要较大的布线空间。以宏蜂窝作信源的室内分布系统适用于用户众多、业务量大且具备机房条件的大楼、场馆等建筑。

（2）选用微蜂窝（皮站、飞站）作信源

选用微蜂窝作信源的室内分布系统：主要优点是易于工程建设安装，建设速度快，规划调整简单，网络建设成本较低；主要缺点是相对宏蜂窝室内分布系统，业务承载量较小，信源输出功率小，而且扩容不方便。以微蜂窝作信源的室内分布系统适用于业务量适中的中小型建筑的覆盖，或难以提供独立机房的大楼等建筑。

（3）选用分布式基站作信源

选用分布式基站作信源的室内分布系统：主要优点是承载话务容量大，能够将富余的话务容量进行拉远，因此覆盖面积较大且组网灵活多变；主要缺点是需要光纤连接基带处理单元（Base Band Unit，BBU）和远端射频单元（Remote Radio Unit，RRU），因此建网成本较高。以分布式基站作信源的室内分布系统主要适用于大型写字楼、商场、酒店等重要建筑物。

在移动通信网络的室内覆盖建设发展初期，主要是为了实现室内盲区的覆盖，以直放站作为信源的室内分布系统能较好地解决这一问题，在这一阶段发挥了积极的作用。但是，随着移动通信用户的飞速增加，移动用户对室内通信质量的要求越来越高，提高移动通信网络在建筑物内的信号覆盖、通话质量等问题越来越突出。而直放站作为信源的室内分布系统，由于受到容量的限制，并且容易对其他基站造成干扰，因此话音质量较差、掉话现象比较严重。为了改善用户的通话质量，现在的室内分布系统逐步淘汰直放站信源。

2. 按分布系统传输介质进行分类

根据信号传输介质的不同，分布系统可分为同轴电缆分布方式、光纤分布方式、泄漏电缆分布方式和五类线分布方式四大类，同轴电缆分布方式又分为有源和无源两种。下面将介绍各种分布方式的特点和适用场景。

（1）同轴电缆分布方式

根据使用器件的不同，同轴电缆分布系统分为无源同轴电缆分布和有源同轴电缆分布两类。

① 无源同轴电缆分布系统

无源同轴电缆分布系统将信源输出能量通过功分器、耦合器等无源器件合理分配，经同轴电缆和天线将能量均匀分布至室内的各个区域。其优点是性能稳定、造价低、设计方案灵活、易于维护和进行线路调整，还可以兼容多种制式的通信系统。但无源同轴电缆分布系统的覆盖范围受信源输出功率和电缆传输损耗的限制，一般只适用于中小型楼宇。在综合室内分布系统中，不同通信系统的传输损耗不一致，需要精确计算各系统的功率分配，设计和施工难度较高。

② 有源同轴电缆分布系统

为了满足大型楼宇的覆盖要求，需要在无源同轴电缆分布系统增加干线放大器等有源设备，这种分布方式就是有源同轴电缆分布方式。干线放大器对主干信号进行放大，以弥补功率分配的不足和线缆损耗，从而保证天线处发射功率电平值，以满足覆盖需求。有源同轴电缆分布系统的优点是设计与施工简单方便，信号强度动态可调，系统具有良好的扩展性。但有源同轴电缆分布系统涉及多个有源器件，互调产物多，可靠性低，实时监控和维护的难度较大。

（2）光纤分布方式

光纤分布系统利用单模光纤将信号传输到建筑物内部的各个位置。光纤分布方式的传输损耗小，传输容量较大，不受电磁干扰，性能稳定可靠，布线方便，组网灵活，易于设计和安装，可兼容多种移动通信系统。光纤分布方式适合于远距离的信号传输，但需要增加专门的光电转换设备，因此成本较高，而且光远端站需要解决远端供电的问题。

结合光纤损耗小及电缆造价便宜的特点，通常将光纤和同轴电缆结合使用。在建筑物纵向平面上采用光纤传输，横向平面上进入楼层以后采用同轴电缆传输；也可以通过光纤实现信号在不同建筑物间的传输，进入筑物以后则采用同轴电缆传输。

（3）泄漏电缆分布方式

泄漏电缆分布系统利用泄漏电缆兼具信号的传输和收发特性，替代了传统同轴电缆室内分布系统中的馈线和天线的功能，可以使信号通过泄漏电缆均匀分布到室内的各个区域。泄漏电缆分布方式具有传输损耗均匀、信号稳定可靠等优点。但泄漏电缆价格高、线径大、施工困难，通常只用于覆盖地铁、隧道、电梯等特定环境。

（4）五类线分布方式

五类线分布系统是利用现有的五类线资源，对传统室内分布难以覆盖的区域（包括施工环境复杂、物业协调困难等）进行网络覆盖，采用五类线分布系统具有安装布线方便（可以与建筑物内现有的宽带五类线共用）、物业协调简单、施工较方便等优势。但五类线传输信号的距离较短，因此这种分布方式一般只适用于小规模的楼宇。

8.1.3 分布系统的结构

1. 同轴电缆分布方式

同轴电缆分布方式是室内分布系统中技术最成熟的建设方式，由于同轴电缆性能稳定、造价便宜、安装方便，因此在实际工程中得到大量应用。同轴电缆分布系统主要由信源设备、同轴电缆、合路器、功分器、耦合器、干线放大器、天线等设备组成。一个典型的同轴电缆分布方式如图 8-2 所示。同轴电缆分布方式根据系统中除信源外是否采用其他有源器件可以分为两种类型，即无源分布系统和有源分布系统，下面将分别对它们进行介绍。

（1）同轴电缆无源分布系统

无源分布系统除信号源外由合路器、功分器、耦合器、同轴电缆、天线等无源器件组成。无源分布系统主要是提取信号源后，在前端将不同信源的信号进行合路，然后通过耦合器、功分器等无源器件进行分路，经由同轴电缆将信号尽可能均匀地分配到每副分散安装在建筑物各个区域的小功率低增益天线上，从而实现室内信号的均匀分布，解决室内信号覆盖的问题。

无源分布系统主要有以下优点：故障率低，因为系统主要由一系列无源器件组成，几乎不存在器件的故障；系统容量大，所有的无源器件均具有较高的功率容限，很容易组成大容量的室内分布系统，扩容也十分方便；信号分配十分灵活；系统投资少。但是，由于同轴电缆和器件都会对信号造成一定的损耗，而系统中的信号功率不经过放大，再加上信源提供的功率是有限的，因此无源室内分布系统的有效覆盖范围不可能无限大，有一定的限制。

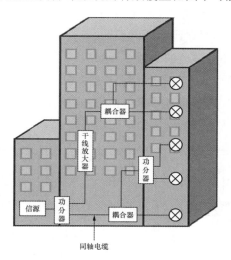

图8-2　同轴电缆分布方式的结构

（2）同轴电缆有源分布系统

由于分布系统中使用了合路器、功分器、耦合器和同轴电缆进行射频信号的分配与传输，信号功率的衰减较大。在服务区域大的情况下，为保证末端天线口的功率，需在必要的位置加装有源设备进行功率放大。有源分布系统中增加的常见有源设备是干线放大器，将输入的低功率信号放大后输出，主要用于补偿信号传输和分配而引起的功率衰耗。

与无源分布系统相比，有源设备的引入可增大信号的传输功率，因此有源分布系统的信号覆盖范围较大。但有源器件的工作稳定性低于无源器件，且要维护的点较多，系统维护的工作量大，稳定性差，系统成本较高。同时，由于干线放大器的引入会抬升系统底噪，多级干线放大器级联会形成噪声的累积，影响系统性能，因此在设计中一般不允许采用串联干线放大器的方式。所以，采用干线放大器补偿功率的损耗是有限的，系统的覆盖范围仍然受到一定的限制。

2. 光纤分布方式

无源同轴电缆分布方式，要受到信源输出功率和信号在电缆中传播损耗的限制，不能对较大面积的楼宇进行覆盖；有源同轴电缆分布方式，有源器件（例如，干放）的引入虽然能弥补信号传输时的损耗，但是会抬升系统的底噪，从而对系统的性能造成一定的影响。而光纤分布方式能很好地解决同轴电缆分布方式所带来的问题。光纤分布系统是利用光纤传输的低损耗特点而设计的，在服务的区域间隔距离远、需要覆盖的区域面积大的情况下，采用光纤分布方式较为有利。光纤分布方式比同轴电缆分布方式增加了主单元、扩展单元和远端单元 3 个功能部件，它们的功能如下。

（1）主单元。完成下行链路射频电信号转中频电信号，并进行电/光转换；完成上行链路的光/电转换，并进行中频电信号转射频电信号；汇总系统监控信息，实施集中和远程监控。

（2）扩展单元。完成下行链路的中频光/电转换；完成上行链路的中频电/光转换；汇总其所带远端单元及自身的监控信息，实现监控数据的双向传输；对远端单元供电。

（3）远端单元。完成下行链路的中频电信号转射频电信号；完成上行链路的射频电信号转中频电信号。光纤分布方式的结构如图 8-3 所示。

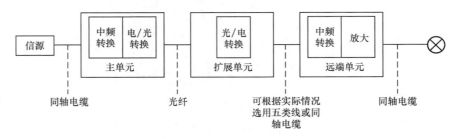

图8-3 光纤分布方式的结构

在下行链路中，光纤分布系统中的主单元把信源的射频信号先变为中频信号再转换为光信号，通过光纤传输到分布在建筑物各个区域的扩展单元，扩展单元把光信号转换为中频电信号，再发送给远端单元。在扩展单元和远端单元连接方式的选取上，可根据建设的实际情况考虑使用五类线或同轴电缆。远端单元收到中频信号后，先转换为射频信号，再经放大器放大，最终将信号传送给天线并对室内的各个区域进行覆盖。上行链路的传输过程与下行链路相对应，在此不再赘述。通常，在进行室内分布系统设计时，光纤分布方式的建设模式有以下两种。

一种是针对大型楼宇的覆盖，如图 8-4 所示。

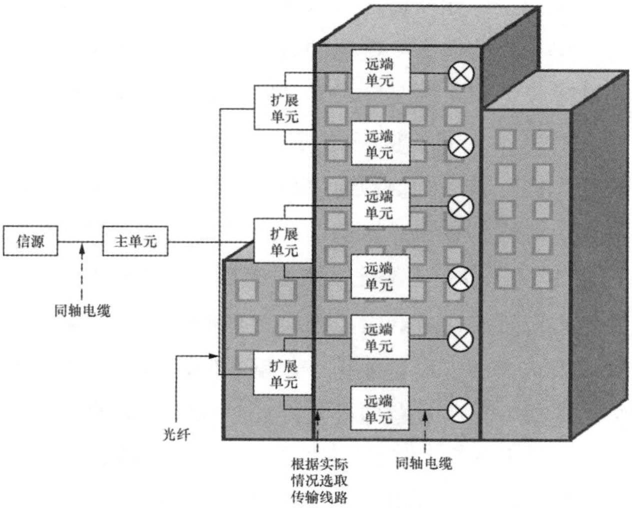

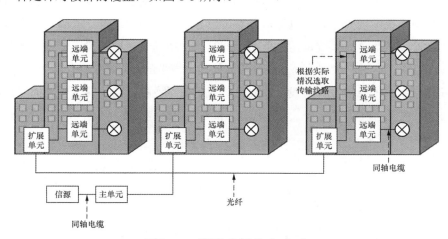

图8-4　大型楼宇光纤分布方式

这种方式是将信源与主单元集中安放在建筑物内一个适当的地方，扩展单元和远端单元安放在所要覆盖的区域。光纤主要在大楼的垂直方向上铺设，完成大型楼宇主干线路信号的传输。在平层上，若传输的距离比较远，可考虑使用光纤；若传输距离比较近，可考虑使用五类线或者同轴电缆。现在使用分布式基站的室内分布系统大多采用这种模式，基带处理单元（BBU）安放在楼内一个合适的区域，而射频拉远单元（RRU）安放在覆盖区域，它们之间通过光纤连接。这种建设方式灵活多变，不需要大的机房空间，比较容易实施，是一般大型楼宇室内分布系统建设的常用方案。

另一种是针对楼群的覆盖，如图 8-5 所示。

图8-5　楼群光纤分布方式

这种分布方式的原理与第一种相同，但主要是针对一定区域内多栋小型楼宇的场景。对于这种场景，可将信源和主单元安放在该区域的一个专用机房内，将扩展单元安放在不同的建筑物内，将远端单元安放在所要覆盖的区域内。建筑物内部可考虑使用同轴电缆分布方式进行覆盖。这种建设方式主要是完成对一定区域内多栋低话务楼宇的覆盖，利用光纤低损耗的特点将信号传送给不同的楼宇，使同一信源设备能实现多栋楼宇的话务吸收。需要注意的是，在进行光纤分布系统信源与主单元安放位置的选取时，应尽量安排在建筑的中心区域，这样可以节省其到各覆盖区总的光纤使用长度，起到节约成本的效果。光纤分布方式与传统的同轴电缆分布方式相比，主要有以下**优点**：① 光纤传输信号损耗较小，传输的距离较大，性能稳定可靠，适合大型建筑的室内分布系统建设；② 光纤分布方式采用分布式的结构，建设方式灵活，设备体积小，重量轻，便于安装，选址难度小；③ 光纤铺设方便，相比同轴电缆尺寸更小且弯曲度更好，对周围环境的影响较小；④ 光纤分布方式能提供强大的网管功能，若出现故障能很快定位，方便后期维护；⑤ 光纤分布方式支持多系统合路，增加系统后不用像同轴电缆分布方式那样考虑不同频段电磁波在线路上的损耗，方便改造扩容。但是，光纤分布系统也有一定的缺陷，主要有以下**缺点**：① 建设的成本较高，要增加光电转换器件，而且光纤的成本要高于同轴电缆；② 扩展单元需要供电，故光纤分布方式在供电受限的环境下不能使用。是否使用光纤分布方式进行室内分布系统建设应根据实际情况综合考虑其优缺点，权衡性价比和建设难度后进行取舍。

3. 泄漏电缆分布方式

前文已经介绍过泄漏电缆的工作原理和分类，本节主要介绍泄漏电缆分布系统的结构和建设方式。泄漏电缆通过同轴电缆外导体上所开的槽孔，使得电缆内传输的一部分电磁能量可以辐射到外界环境中；同样，外界环境的电磁能量也能传入电缆内部。由此可知，泄漏电缆在分布系统中主要起到了电磁信号的传递与收发的功能。与一般同轴电缆室内分布系统相比，泄漏电缆分布系统也是由信源、合路器、功分器、耦合器、干线放大器、负载等射频器件组成。但与一般室内分布系统不同的是，由于泄漏电缆兼有传输与天线的作用，泄漏电缆分布系统中一般没有天线，馈线也只用于信源设备、功分器等器件的连接，信号的传输与收发主要通过泄漏电缆。泄漏电缆分布系统的结构如图8-6所示。

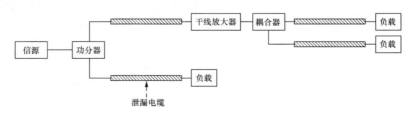

图8-6　泄漏电缆分布系统的结构

若覆盖的区域较长，如地铁或公路隧道，需要考虑泄漏电缆的损耗。对于这种场景，可使用泄漏电缆分布系统与光纤分布系统相结合的方式，以减小信号在向远端传播过程中的损耗，其结构如图8-7所示。

在泄漏电缆分布系统中，经常用干线放大器来提升功率，以保持远端信号的功率能达到覆盖要求。但需要注意的是，由于干线放大器噪声的累积效应会对系统的性能造成影响，并且系统中加入放大器后会使以后的扩容比较困难，因此应该尽量少用放大器，若要使用也尽量避免级联。另外，泄漏电缆末端要加上终端负载，防止信号反射造成驻波比过大而影响系统的正常工作。终端处可以是天线，也可以是专用的终端负载设备，终端负载的阻抗必须和泄漏电缆的阻抗相同。泄漏电缆的安装位置可以考虑在隧道顶部的正中间或安装在墙壁的半高度处。可通过以下几种方式减少对泄漏电缆衰减及耦合损耗的影响：在隧道、地铁、建筑物等场所铺设泄漏电缆时应确保泄漏电缆远离墙壁至少20cm以上；泄漏电缆在施工过程中应远离其他的电缆（如电力线、传输其他信号的泄漏电缆等），建议至少应远离0.5m以上；安装泄漏电缆时，要注意安装环境，当电缆外部护套覆盖一层水或油污，特别是其中含有导电粒子时都会使耦合损耗增加；对泄漏电缆的固定应避免采用金属结构设备，要尽量采用塑料等导电性较弱的设备。泄漏电缆在选取时也要注意满足消防等特殊要求，一般选用有阻燃效果、外表皮不含卤素、燃烧无毒性的泄漏电缆。与传统的同轴电缆分布系统相比，泄漏电缆分布方式具有以下优点：① 在整个泄漏电缆的路径上能提供强度均匀的信号，信号波动范围小，便于对铁路隧道以及其他空间狭小的区域进行覆盖；② 泄漏电缆本身兼具传输和天线两个方面的性能，不需要额外的天线，特别适用于天线安装空间有限的铁路、公路隧道的覆盖。但是，泄漏电缆目前的成本还比较高，这是限制泄漏电缆广泛应用的主要原因。同时，泄漏电缆对安装方法和安装环境有一定的要求，错误的安装方法和不适宜的安装环境会大大影响泄漏电缆的覆盖效果。

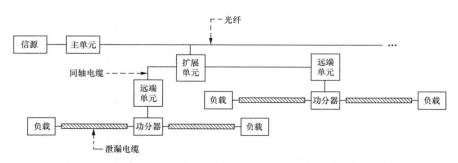

图8-7 泄漏电缆分布系统与光纤分布系统相结合的结构

4. 五类线分布方式

同轴电缆分布系统的设备、器件和电缆较多，一般工程量较大，在施工时，会对建筑物的墙面造成影响（如穿孔、线缆外露影响美观），因此在建设时往往受到业主的阻碍。随着互联网的普及，现在的建筑物在建设时都会进行五类线的铺设，而五类线分布方式可以直接利用已经铺设好的五类线，使工程的建设量大大减小，也不会受到业主较大的阻碍。

五类线分布系统比同轴电缆分布系统增加了主单元和远端单元两个功能部件，它们的功能如下。

（1）主单元。完成下行链路的射频电信号转中频电信号；完成上行链路的中频电信号转射频电信号；汇总系统监控信息，实施集中和远程监控；对远端单元供电。

（2）远端单元。完成下行链路的中频电信号转射频电信号；完成上行链路的射频电信号转中频电信号。

五类线分布方式的结构如图 8-8 所示。

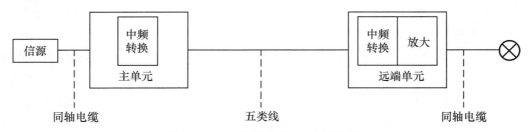

图8-8　五类线分布方式的结构

在下行链路中，五类线分布系统中的主单元将信源的射频信号变为中频信号，通过五类线传输给分布在覆盖区域的远端单元，远端单元将传来的中频信号再变为射频信号，经过放大器放大后再传给天线并对室内的各个区域进行覆盖。同样，上行链路与下行链路相对应，在此不再赘述。五类线分布方式的建设模式如图 8-9 所示。

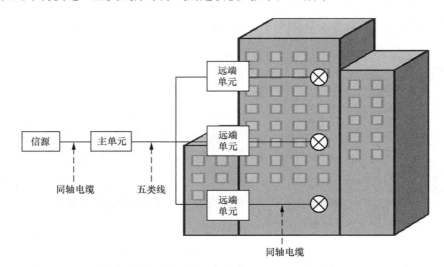

图8-9　五类线分布方式的建设模式

这种建设模式是将信源设备和主单元集中安放在建筑物内一个适当的地方，将远端单元安放在所要覆盖的区域处。主单元和远端单元之间用五类线连接，信源设备与主单元、远端单元与天线之间用同轴电缆连接。与传统的同轴电缆分布方式相比，五类线分布方式有着布线方便的优点，施工时受到业主的阻碍相对较少；与光纤分布方式相比，五类线分布方式中的设备也不需要昂贵的光 / 电转换模块，而且五类线相比光纤成本低。但是，五类线中的信号传输距离一般小于 100m。而且五类线的带宽有限，故五类线分布方式一般只适用于小型楼宇。

在实际工程建设中，需比较分析各类分布方式的优点和不足，了解它们不同的技术特点，综合考虑覆盖效果、建设成本、施工难度、后期扩容维护等因素，选取适当的分布方式建设室内分布系统。另外，也可根据建筑的实际情况，选择建设两种或多种分布方式混合的分布系统。

8.2 5G 室内覆盖系统解决方案

8.2.1 室内信号传播模型

随着移动通信事业的不断发展，人们在室内环境下使用移动通信服务的情况越来越普遍，室内移动通信质量也受到各运营商的重视。然而，室内无线信道的基本特征影响甚至决定着室内移动通信系统的服务质量。因此，研究无线电波的室内传播特点具有重要意义。

1. 室内无线环境的特点

室内无线环境最主要的特点是环境差异性很大和信号功率较小。

对于不同的建筑物，建筑物尺度、建筑结构、建筑材料、室内布局、使用场景等因素都是不同的。即便对于同一个建筑物，建筑物内的不同位置受到楼层高度、房间结构等影响，其传播环境也不尽相同。同时，建筑物内一般都具有大量隔断，隔断种类也各有不同：有钢筋混凝土墙壁等硬隔断，也有可移动的装修材料等软隔断。不同材质的隔断和障碍物会给无线信号带来不同的穿透损耗，导致电磁波的路径损耗差异也很大。

另外，受室内空间大小、使用安全等限制，在室内安装天线时不可能采用类似室外的高增益的天线。而信号在传播过程中受到室内较多隔断的影响，信号的穿透损耗比较大，因此终端侧接收到室内信号的功率往往都较小。

室内无线电波在传播过程中，同样会遇到直射、反射、绕射、散射等情况，从而产生复杂的多径效应。但是，室内无线信道与室外无线信道又存在一定的差别。

（1）室外信道是时间静止、空间变化的，而室内信道则为时空都不静止。在室外无线信道中，由于基站天线的高度较高且发射功率较大，影响信号传播的主要原因是大型的固定物体，如一般的建筑物，因此室外无线信道是随空间变化的。与室内情况相比，室外的人和车辆的移动可以忽略，因此可视其为时间静止。而对于室内无线信道而言，人在低高度、低功率的天线旁移动，就不能不考虑这种影响，因此室内无线信道是统计时变的。同时，室内信号传播也会受空间不同物体的影响，所以说室内无线信道也是随空间变化的。

（2）在相同的距离下，由于受到较多隔断的影响，室内无线信道的路径损耗更高。通常移动信道的路径损耗模型是与距离成指数变化的，但这对室内无线信道而言并不总是成立的。由于室内环境更为狭小，室内信号的传播变得更复杂。

（3）室外无线信道需要考虑多普勒效应，而在室内环境中一般不存在快速移动的手机用户，因此在室内环境下可忽略多普勒效应。

（4）室外信道受气候、环境、距离等各种因素的影响，接收信号的幅度和相位是随机变化的，必须考虑各种快衰落、深度平坦衰落、长扩展时延等因素。传输速率高、占用带宽大时还要考虑频率选择性衰落等各种不确定因素。但室内信道不受气候的影响，而且空间比室外要小很多，故室内信道的时间衰落特征是慢衰落，同时时延扩展因数很小，因而可以满足高速率传输的通信质量。但由于室内信道受建筑物结构、楼层和建筑材料的影响较大，因此有更复杂多径结构。

2. 室内传播经验模型

无线传播的方式主要有直射、反射、绕射、散射，但是与室外传播环境相比，室内电磁波传播的条件却大不同。实验研究表明，影响室内传播的因素主要有建筑物布局、建筑材料、建筑类型等。不同的建筑有不同的内部结构，甚至同一栋建筑的不同楼层也可能有很大差异，因此室内环境的差异性造成了电磁波无线传播的复杂性。另外，传统的电磁波传播分析方法是通过给定边界条件来解麦克斯韦方程组。但这种解决方法过于复杂、计算量很大，采用这种方法进行室内无线环境的预测分析具有一定的难度。不过，随着室内无线传播环境研究的不断深入，人们开始采用射线跟踪法对室内无线环境进行建模，与传统的方法相比，大大节省了工作量，再加上计算机运算能力以及图形化能力的迅速提高，室内无线传播环境的研究进入了一个飞速发展的阶段。由于确定性模型过于复杂，为了方便实际运用，人们针对不同的室内场景并结合大量的理论分析与测试数据拟合了一系列的室内传播经验模型。一般而言，经验模型公式中包含的参数都比较简单而且容易获得，如发射机和接收机之间的距离、无线通信系统的工作频段、室内隔断的穿透损耗等，并不包含描述无线传播环境的具体参数。与确定性模型相比，经验模型的优点是更通俗易懂而且计算速度快，只要代入一些参数即可得到结果，使用简单且易于推广，因此经验模型在工程中得到了广泛的应用。下面简单介绍几种常用的室内传播模型。

（1）空间路径损耗模型

自由空间路径损耗模型主要应用于视距传输的场景，因其他室内传播经验模型中往往包括自由空间传播损耗，所以自由空间传播路径损耗模型是研究其他传播模型的基础。

自由空间是指一种充满均匀且各向同性理想介质的无限大空间。自由空间传播则是指电磁波在该种环境中的传播，这是一种理想的传播条件。当电磁波在自由空间中传播时，其能量没有介质损耗，也不会发生反射、绕射、散射等现象，只有能量进行球面扩散时所引起的损耗。在实际情况中，若发射点与接收点之间没有障碍物的阻挡，并且可以忽略到达接收天线的地面或墙面的反射信号强度，此时电波可视为在自由空间中传播。根据电磁场与电磁波理论，在自由空间中，若发射点采用全向天线，且发射天线和接收天线的增益分别为 G_T、G_R，则距离发射点 d 处的接收点的单位面积电波功率密度 S 如式（8-1）所示。

$$S = E_0 \times H_0 = \frac{\sqrt{30 P_T G_T}}{d} \cdot \frac{\sqrt{30 P_T G_T}}{120\pi d} = \frac{P_T G_T}{4\pi d} \qquad 式（8-1）$$

在式（8-1）中，S 为接收点电波功率密度，单位为 W/m^2；E_0 接收点的电场强度，单位为 V/m；H_0 为接收点的磁场强度，单位为 A/m；P_T 为发射点的发射功率，单位为 W；d 为接收点到发射点之间的距离，单位为 m。

根据天线理论，接收点的电波功率为 P_R 如式（8-2）所示。

$$P_R = SA_R = \frac{P_T G_T}{4\pi d^2}\left(G_R \cdot \frac{\lambda^2}{4\pi}\right) = P_T G_T G_R \left(\frac{\lambda}{4\pi}\right)^2 = P_T G_T G_R \left(\frac{c}{4\pi f d}\right)^2 \qquad 式（8-2）$$

在式（8-2）中，P_R 为接收点的电波功率，单位为 W；S 为接收天线的有效面积，单位为 m^2；A_R 为电磁波的波长，单位为 m；其他变量的意义同式（8-1）。

由式（8-2）不难看出，接收点的电波功率与电波工作频率 f 的平方成反比，与收发天线间距离 d 的平方成反比，与发送点的电波功率 P_T 成正比。

将空间的传播损耗 L 定义为有效发射功率和接收功率的比值，可表示为式（8-3）。

$$L = 10\lg \frac{P_T}{P_R} \qquad 式（8-3）$$

在式（8-3）中，L 的单位为 dB。

当 G_T、G_R 均为 1 时，将式（8-2）代入式（8-3）可得式（8-4）。

$$L = 10\lg \frac{P_T}{P_R} = 10\lg\left(\frac{4\pi d}{\lambda}\right)^2 = 20\lg \frac{4\pi d}{\lambda} = 20\lg \frac{4\pi f d}{c} \qquad 式（8-4）$$

或者转化为对数形式，如式（8-5）所示。

$$L = 32.45 + 20\lg d + 20\lg f \qquad 式（8-5）$$

在式（8-4）中，d 的单位为 m，f 的单位为 Hz；在式（8-5）中，d 的单位为 km，f 的单位为 MHz。

由式（8-4）和式（8-5）可知，自由空间的传播损耗仅与传播距离 d 和工作频率 f 有关，

并且与 d^2 和 f^2 均成正比。当 d 或 f 增加一倍时，L 增加 6dB。

若 G_T、G_R 不为 1，即发送和接收天线的增益不为 1，则在进行链路预算时考虑天线增益即可。

（2）对数距离路径损耗模型

对数距离路径损耗模型的参数简单且使用方便，因此该模型被广泛用于室内路径损耗的预测。对数距离路径损耗模型如式（8-6）所示。

$$L = L(d_0) + 10\gamma \lg\left(\frac{d}{d_0}\right) + X_\sigma \qquad 式（8-6）$$

在式（8-6）中，$L(d_0)$ 表示发射机到参考距离 d_0 的路径损耗，在室内环境下 d_0 可取 1m，$L(d_0)$ 可通过测试或直接采用自由空间路径损耗模型得到；γ 依赖于周围的环境和建筑物类型，表示环境的平均路径损耗指数，其取值根据建筑类型的不同一般为 1.6~3.3；d 为发射机到接收机之间的距离，单位取 m；X_σ 是均值为 0、标准差为 σ 的正态分布随机变量，表示环境内物体对电波传播的影响，单位为 dB，σ 的典型取值根据建筑类型的不同一般为 3.0~14.1dB。

（3）衰减因子模型

衰减因子模型适用于建筑物内的传播预测，包含了受建筑物类型影响以及阻挡物引起的变化。这一模型的灵活性很强，预测路径损耗与测量值的标准偏差约为 4dB。衰减因子模型如式（8-7）所示。

$$L = L(d_0) + 10\gamma_{SF} \lg\left(\frac{d}{d_0}\right) + FAF \qquad 式（8-7）$$

在式（8-7）中，$L(d_0)$ 表示发射机到参考距离 d_0 的路径损耗，在室内环境下 d_0 可取 1m，$L(d_0)$ 可通过测试或直接采用自由空间路径损耗模型得到；γ_{SF} 表示位于同一楼层上的路径损耗指数，它取决于建筑物的类型，路径损耗指数参考值，见表 8-1。

表8-1 路径损耗指数参考值

建筑物内环境	自有空间	全开放环境	半开放环境	较封闭环境
路径损耗指数	2	2.0~2.5	2.5~3.0	3.0~3.5

FAF（Floor Attenuation Factor）是楼层衰减因子，在计算不同楼层路径损耗时需要附加楼层衰减因子，它主要与楼层数和建筑物的类型有关。在实际运用衰减因子模型时，随着电磁波传播距离的增大，实际衰减得更快，因此对于多层建筑物，将衰减因子模型进行修正，得出以下模型，如式（8-8）所示。

$$L = L(d_0) + 10\gamma_{SF} \lg\left(\frac{d}{d_0}\right) + \alpha d + FAF \qquad 式（8-8）$$

在式（8-8）中，α 为信道衰减常数，单位为 dB/m。通常，对于 4 层建筑物，衰减常数取值范围为 0.47~0.62dB/m；对于 2 层建筑物，衰减常数取值范围为 0.23~0.48dB/m。

（4）Keenan-Motley 模型

Keenan-Motley 模型在自由空间传播模型的基础上增加了墙壁和地板的穿透损耗，模型如式（8-9）所示。

$$PL(dB) = L_0 + P \times W \qquad 式（8-9）$$

在式（8-9）中，L_0 表示自由空间的传播损耗；P 表示墙壁损耗参考值；W 表示墙壁数目。

该公式没有考虑阴影衰落余量，并且把穿透损耗仅仅看作是墙壁数目和墙壁损耗参考值的乘积，对所有的墙壁取相同的穿透损耗，因此不是很准确。可以考虑改进以上公式，增加不同类型墙壁和楼层间的穿透损耗，并增加阴影衰落余量，从而得出更加精细的模型，如式（8-10）所示。

$$L = L_0 + \sum_{i=1}^{I} k_{fi}L_{fi} + \sum_{j=1}^{J} k_{wj}L_{wj} + \sigma \qquad 式（8-10）$$

在式（8-10）中，k_{fi} 表示穿透第 i 类地板的层数；k_{wj} 表示穿透第 j 类墙壁的层数；L_{fi} 表示第 i 类地板的穿透损耗；L_{wj} 表示第 j 类墙壁的穿透损耗；I 表示地板的种类数；J 表示墙壁的种类数；σ 表示阴影衰落余量。

不同遮挡物的穿透损耗，见表 8-2。

表8-2 不同遮挡物的穿透损耗

材料类型	参考穿透损耗（dB）
普通砖混隔墙（＜30cm）	10~15
混凝土墙体	20~30
混凝土楼板	25~30
天花板管道	1~8
金属扶手电梯	5
箱体电梯	30
人体	3
木质家具	3~6
玻璃	5~8

（5）多墙模型

为了更好地符合测量，Keenan-Motley 模型可以通过非线性函数来修正。修正后的模型为多墙模型，它的路径损耗公式如式（8-11）所示。

$$L = L_0 + L_c + L_f N_f^{E_f} + \sum_{j=1}^{J} N_{W_j}L_{W_j} \qquad 式（8-11）$$

在式（8-11）中，L_0 表示发射机和接收机之间的自由空间损耗，L_c 是一个常量，L_{W_j} 表示穿过类型 j 的墙的损耗；N_{W_j} 表示在发射机和接收机之间类型 j 的墙的数目；$N_f^{E_f}$ 表示发射机和接收机之间地板的数目；L_f 表示穿过相邻地板的损耗；指数 E_f 如式（8-12）所示。

$$E_f = \frac{N_f + 2}{N_f - 1} - b \qquad \text{式（8-12）}$$

式（8-12）中，b 是一个根据经验确定的常量。

这些参数的典型值为

$$L_f = 18.3\text{dB}、J = 2、L_{W_1} = 3.4\text{dB}、L_{W_2} = 6.9\text{dB}、b = 0.46$$

其中，L_{W_1} 是穿过窄墙（厚度小于 10cm）的损耗，L_{W_2} 是穿过宽墙（厚度大于 10cm）的损耗。

（6）P.1238 模型

目前，业界推荐使用的是 ITU-R P.1238 室内传播模型，它是一个位置通用的模型，即几乎不需要有关路径或位置的信息。其基本模型如式（8-13）所示。

$$PL(\text{dB}) = 20\lg f + N\lg d + L_f(n) - 28 + X_\delta \qquad \text{式（8-13）}$$

其中，N 为距离功率损耗系数，典型取值参见表 8-3；f 为频率，单位为 MHz；d 为终端与基站之间的距离，单位为 m，$d > 1$m；$L_f(n)$ 为楼层穿透损耗因子，$n（\geq 1）$ 为终端和基站之间的楼板数，功率损耗系数（N）参考取值见表 8-4；X_δ 为慢衰落余量，取值与覆盖概率要求和室内阴影衰落标准差有关，见表 8-5。

表8–3 功率损耗系数（N）参考取值

频率	居民楼	办公室	商业楼
900 MHz	–	33	20
1.2 GHz~ 1.3 GHz	–	32	22
1.8 GHz~ 2 GHz	28	30	22
4 GHz	–	28	22
5.2 GHz	–	31	–
60 GHz	–	22	17
70 GHz	–	22	–

注：60 GHz 和 70 GHz 是假设在单一房间或空间的传输，不包括任何穿过墙传输的损耗。

表8–4 楼层穿透损耗因子 $L_f(n)$ 参考取值

频率	居民楼	办公室	商业楼
900MHz	–	9（1层）、19（2层）、24（3层）	–
1.8 GHz~2 GHz	$4n$	15+4（$n-1$）	6+3（$n-1$）
5.2 GHz	–	16（1层）	–

表8-5 阴影衰落参考取值

频率	居民楼	办公室	商业楼
1.8 GHz~ 2 GHz	8	10	10
5.2 GHz	–	12	–

该基本模型把传播场景分为视距（LOS）和非视距（NLOS）两种。

具有 LOS 分量的路径是以自由空间损耗为主的，其距离功率损耗系数约为 20，穿楼板数为 0，模型更正如式（8-14）所示。

$$PL = 20 \lg f + 20 \lg d - 28 + X_\delta \qquad\qquad 式（8-14）$$

对于 NLOS 场景，模型公式不变，如式（8-15）所示。

$$PL = 20 \lg f + M \lg d + L_f(n) - 28 + X_\delta \qquad\qquad 式（8-15）$$

需要注意的是，当 NLOS 穿越多层楼板时，所预期的信号隔离有可能达到一个极限值。此时，信号可能会找到其他的外部传输路径来建立链路，其总传输损耗不超过穿越多层楼板时的总损耗。

8.2.2 室内传播模型的校正

传播模型是进行网络规划的重要工具，传播预测的准确性将大大地影响网络规划的准确性。在实际工程中，使用的传播模型基本是经验模型。在这些模型中，影响电波传播的主要因素，如收发天线距离、电磁波频率等，都以变量函数的形式在路径损耗公式中反映出来。在不同的建筑物内，建筑结构、建筑材料、室内布局等因素对传播的影响程度不尽相同，所以这些传播模型在具体环境下应用时，一些参变量会有差别。为了准确预测传播损耗，需要找到能反映目标建筑物内无线传播环境的合理函数式。

室内传播模型校正就是指根据实际室内无线环境的具体特征，以及与无线电波传播有关的系统参数，校正现有的经验模型公式，使其计算出的服务区内收发两点间的传输损耗更接近实测值。

室内传播模型校正的一般流程如图 8-10 所示。

首先，要选定适合目标区域的传播模型，对其中的参数进行设置，得出一个预测的传播路径损耗。然后，对该区域进行连续波（Continuous Wave，CW）数据采集，根据采集结果进行分析得到实际测量的传播路径损耗，与预测的路径损耗进行比较，看误差是否满足要求：若满足，则选定该参数设置，得出校正后的传播模型，传播模型校正结束；若不满足，则重新对经验模型的参数进行设置，直到最终能达到误差满足要求为止。在室内传播模型校正中要用到 CW 测试。CW 测试就是使用连续波作信号源，测试其传播损耗。使用连续波作信号源，传播损耗就只与无线环境有关，而与信号本身没有关系，这样测试得到的数据用来进行传播模型校正最准确。

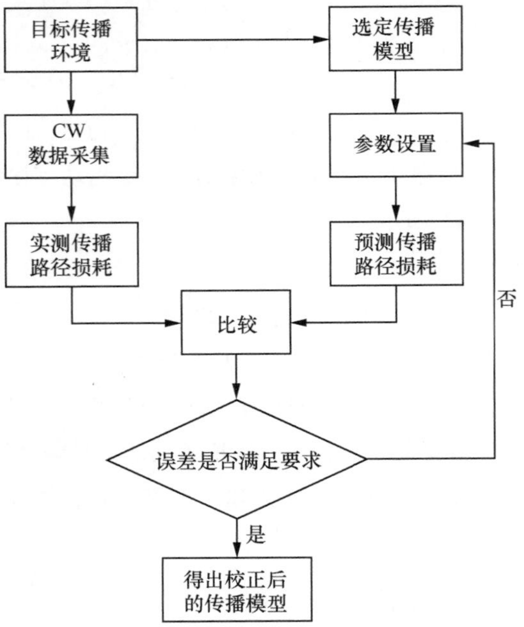

图8–10　传播模型校正流程

下面以现在室内环境常用的 Keenan-Motley 模型为例，进行传播模型校正的说明。使用的 Keenan-Motley 模型的经验公式如式（8-16）所示。

$$L = L_0 + \sum_{i=1}^{I} k_{f_i} L_{f_i} + \sum_{j=1}^{J} k_{w_j} L_{w_j} + \sigma \qquad \text{式（8-16）}$$

由经验模型的公式可知，在传播模型校正时主要确定 3 个部分的数值：自由空间损耗 L_0、地板和墙壁的穿透损耗L_{f_i}和L_{w_j}、阴影衰落余量σ。因此在校正时也从这 3 个方面来考虑。

1. 自由空间路径损耗的测试分析

(1) CW 测试数据采集方法

① CW 测试数据采集方法 1(无建筑设计图纸)

CW 的测试采用点测的方法进行，原则上每隔 0.5m 设置一个测试点。如果空间较大能够保证有足够的样本点，可采用更大间距进行采样。根据计划好的测试路线，以 0.5m 一个测试点为原则（保证足够的样本点）。收集数据。每个测试点的数据采集时间确定为 30s，测试完成后，需要将每个测试点按照序号标注清楚，并记录每个测试点到发射机的距离。

② CW 测试数据采集方法 2(有建筑设计图纸)

在测试软件中导入室内平面设计图纸，根据图纸的长宽信息，以及图纸所附的比例，确定图纸上任意两点的距离。然后，利用测试软件在室内进行移动测试，并在图纸上记录打点位置以及对应的接收信号强度。需要注意的是，要保证打点位置的准确性，使测试路径尽可能全面，采集的数据数目足够多，以满足模型校正的要求。

③ **两种方案优缺点分析**

CW 测试数据采集方法 1 的数据采集工作量大，并且还需要记录收发天线间的距离，该方法一般适用于无法取得室内设计图纸的情况。CW 测试数据采集方法 2 的数据采集工作量小，但对建筑设计图纸精确度要求较高。

（2）数据统计分析方法

数据统计分析方法主要包括以下 4 步。

第 1 步，先将 CW 测试数据根据时间做预处理，目的是使单位时间的 CW 样本点数基本一致。

第 2 步，进行数据过滤。保留视距点，去除非视距点；选择距测试信源一定范围内的点，这需要根据具体的室内环境确定范围，一般取 2m~40m；选取一定强度范围内的点，去掉因突发因素导致某区域信号过强或过弱的点。

第 3 步，进行实测数据处理，计算路径损耗。空间路径损耗计算公式如式（8-17）所示。

$$PL = T_x - L + G_{T_x} + G_{R_x} - R_x \qquad\qquad 式（8-17）$$

在式（8-17）中，T_x 为发射功率，单位为 dBm；L 为发射机到发射天线的馈线和接头损耗，单位为 dB；G_{T_x} 为发射天线增益，单位为 dBi；G_{R_x} 为接收天线增益，单位为 dBi；R_x 为实际测到的接收电平值，单位为 dBm。

第 4 步，进行数据拟合。将处理后的数据用于拟合空间的路径损耗，得出空间路径损耗的校正值。

2. 材料穿透损耗测试分析

材料穿透损耗测试分析方法主要有以下 4 步。

（1）根据测试区域的建筑材料的种类选取测试点的个数。

（2）在被测试材料的一侧做定点的 CW 测试，每个测试点的数据采集时间确定为 30s，将测试获取的样本点的数值转换成以 mW 为单位，然后将样本点做线性平均，平均的结果转换成以 dBm 为单位。测试点需记录位置，在建筑物结构图中标注，用于计算与发射点的位置。

（3）在被测试材料的另一侧做定点的 CW 测试，方法与第 2 步一致。

（4）将被测材料的两侧统计的信号相减，得到被测材料的穿透损耗。

注意，对于可封闭的室内环境，应该在关门后进行测试穿透损耗。

3. 阴影衰落余量分析

阴影衰落余量的校正主要是确定阴影衰落的标准差。其测试统计方法主要有以下 3 步。

（1）在测试的典型场景中选取具有代表意义的测试点，包括拐角、电梯口、交叉路口、直通道、房间内等场景。测试点的个数可任选，但一定要保证样本点足够。每个测试点做定点的 CW 测试，每个测试点的数据采集时间确定为 2min。

（2）对测得的信号值取线性平均值，去除小于 0.5 倍均值和大于 1.5 倍均值的数据。将剩余的数据进行整理，算出该组数据的标准差。

（3）根据测试区域无线信号的标准方差，计算阴影衰落余量，采用 Excel 中的函数 NORMINV（边缘覆盖概率，0，标准方差），其中边缘覆盖概率可根据需要确定，0 是指正态分布函数的均值，标准方差可由上面的校正值得到。

完成以上 3 个部分的校正后，更改 Keenan-Motley 模型中相应的参数，得到校正后的传播模型损耗，与真实的测试所得损耗值进行比较分析，将结果的误差控制在允许的范围内。

8.2.3　5G 室内覆盖系统使用的频率

5G 网络室内覆盖系统使用的频率包括 2.6GHz、3.3GHz~3.4GHz、3.4GHz~3.6GHz、4.8GHz~5.0GHz、毫米波频段、2G/3G/4G 的存量频段等。其中，3.3GHz~3.4GHz 已规定仅用于室内覆盖。3.4GHz~3.6GHz、4.8GHz~5.0GHz 将是室外覆盖的主力频段，如果应用于室内，还需要研究和验证室内外同频干扰问题。现有 2G/3G/4G 系统的存量频段后续可以演进支持 5G 系统，但带宽资源有限。毫米波频段 5G NR 目前尚未有明确的设备产品路标，并且其信号传播损耗相对中低频要大得多。从目前来看，现阶段 5G 网络室内覆盖系统主要应用的频率将是 3.3GHz~3.4GHz，而 3.4GHz~3.6GHz、4.8GHz~5.0GHz 在室内使用的效果需要通过网络测试来验证分析。

8.2.4　5G 室内覆盖系统方案选择原则

5G 室内覆盖应根据 5G 业务需求及技术发展趋势，兼顾覆盖与容量需求及成本设计，应遵循以下原则：

（1）易部署，不局限于传统室内分布的方式组网覆盖，大胆运用新技术，实现基于不同场景应用的灵活部署；

（2）覆盖质量与容量，考虑业务需求及未来业务升级；

（3）高效性，综合考虑网络建设成本及运维成本。

8.2.5 5G 室内覆盖系统解决方案分析

目前，移动网络楼宇室内覆盖技术手段已经非常成熟，基本分为室外覆盖室内、DAS（分布式天线系统）、DRS（分布式无线系统）、室内外综合覆盖 4 种方式。其中，DAS 建设量最大，3 家运营商 DAS 存量合计约 70 万套。这 4 种技术手段是否能支撑未来容量演进及 5G 新业务扩展，下面对此问题进行分析。

1. 室外覆盖室内技术分析

室外覆盖室内主要用于单层面积小、无线信号易穿透的单体建筑，通过优化室外大网实现室内覆盖，但对大型楼宇覆盖较差。常用技术手段包括设置宏基站、微基站、RRU（射频拉远单元）、直放站等。3.5GHz 频率高，覆盖范围小。5G 基站采用 Massive MIMO（大规模多输入多输出）技术，具有波束赋形增益，可增大基站发射功率和手机发射功率，改善 3.5GHz 频段的覆盖范围。通过与 LTE 1.8GHz 站型比对，得知 5G NR（5G 新空口）3.5GHz 比 LTE 1.8GHz 覆盖增益差 6.8dB，覆盖半径为 LTE 1.8GHz 的二分之一。如果采用增强终端，覆盖增益为 26dBm，比一般的终端提高 3dB。同时，增强终端天线使用高阶 MIMO，发射分集增益比一般的终端提高 2dB 以上，覆盖增益降低 1.8dB，覆盖半径为 LTE 1.8GHz 的三分之二。5G NR 3.5GHz 与 LTE 1.8GHz 站型比较，见表 8-6。

表8-6 5G NR 3.5GHz与LTE 1.8GHz站型比较

制式		站间距（m）	站数（km²）
LTE 1.8GHz		360	9
5G NR 3.5GHz	标准型	206	27
	增强型	269	16

3.5GHz 频率较高，空间损耗及穿透损耗较大，覆盖能力弱，采用室外覆盖室内技术会导致基站密度增大，从而引起高干扰、频繁切换，建设成本较高。

2. 同轴电缆分布方式分析

（1）5G NR 3.5GHz 与 LTE 1.8GHz 损耗差异分析

室内分布端到端损耗包括分布系统损耗、传播损耗和穿透损耗。分布系统损耗分为馈线传输损耗、功分器/耦合器分配损耗、器件插入损耗。5G NR 3.5GHz 频段内的器件损耗变化很小，馈线、传播和穿透损耗有很大变化。3.5GHz 与 1.8GHz 空间损耗差异见表 8-7。表 8-7 中数据基于 3GPP 38.901 协议，针对 Indoor 2 Indoor office NLOS 场景模型定义计算所得。

5G 无线网络技术与规划设计

表8-7　3.5GHz与1.8GHz空间损耗差异（15m）

	3.5GHz	1.8GHz
空间传播损耗（dB）	76	68
传播损耗差异	平均8dB	

3.5GHz 与 1.8GHz 馈线损耗差异，见表 8-8。

表8-8　3.5GHz与1.8GHz馈线损耗差异

	3.5GHz	1.8GHz
1/2 英寸（1.27cm）馈线每百米损耗（dB）	15	10.63
7/8 英寸（2.22cm）馈线每百米损耗（dB）	8	5.93
馈线传输损耗差异	平均3dB	

3.5GHz 与 1.8GHz 介质损耗差异，见表 8-9。

表8-9　3.5GHz与1.8GHz介质损耗差异

	3.5GHz	1.8GHz
混凝土穿透损耗（dB）	28	23
砖墙穿透损耗（dB）	11	8
石膏板/木墙穿透损耗（dB）	6	3
普通玻璃穿透损耗（dB）	3	2
特殊玻璃穿透损耗（dB）	24	23.5

一般情况下，现网 LTE 1.8GHz 边缘场强为 -105dBm，假设 5G NR 3.5GHz 边缘场强为 -110dBm，则边缘场强差异约为 5dB。

（2）如何保证高低频同点覆盖

由于 3.5GHz 与 1.8GHz 的频率差异，在不增加天线点位且同点覆盖的前提下，只能通过提升信源功率或增加信源数量来解决同覆盖问题。

虽然提升信源功率可以做到高低频同覆盖，但由于两者相差 9dB，高频功率要达到 160W 才能实现覆盖，目前，业界功放管技术无法使单通道发射功率达到 160W。如果采用增加信源数的方法，需要将信源数增加为原信源数的 8 倍，才能满足高低频同点覆盖的要求，但是这个要求很难实现。因此上述两种方案都没有实际可操作性。

（3）存量无源器件是否支持 3.5GHz

高频现网无源器件主要是合路器、功分器、耦合器、室分天线及馈线。合路器（以中国电信为例）存量规格只支持 800MHz、1.8GHz、2.1GHz 3 个频段合路。考虑到 5G 需要增加 3.5GHz 频段，合路器需要支持 4 个频段合路。对现网来说，需要采用替换原有合路器或者末端新增合路器的方法。功分器、耦合器和室分天线的存量规格在 800MHz~2.5GHz，要满足 3.5GHz 的频段需求，目前的规格至少要扩展到 3.6GHz 频段，且要同规格替换现网器件。另外，通过 TEM（横向电磁场）波传输公式计算得知，1/2 英寸（1.27cm）馈线支持频段的上限为 10GHz，7/8 英寸（2.22cm）馈线支持频段的上限为 5.5GHz，13/8 英寸（4.13cm）馈线支持频段的上限为 3GHz，因此，现网中 1/2 英寸和 7/8 英寸馈线均支持 3.5GHz 频段，而 13/8 英寸馈线不支持 3.5GHz 频段。

（4）DAS 改造困难

DAS 物业协调难度大，业主对设备及电缆非常敏感，入场困难，更换和增加无源器件的难度大，多数场景需打开天花板，实施难度大。现网通道数有限（1T1R），如果要全面改造为 2 路或者 4 路（甚至 8 路），不仅会导致成本线性增长（如 LTE 双路改造成本是单路改造的 3~8 倍），而且可能由于管井布线空间有限难以实施改造，即使可以实施，也难以保证新旧通道的平衡性。另外，DAS 改造需要更多 3.5GHz 信源，安装空间受限，接电和传输困难。

3. 新型数字化室内覆盖系统

数字化室分系统不同于传统室内分布系统，它主要采用光纤或网线传输数字信号，可以将多路多系统信号合并传输，并在端支持双通道功率独立可调输出，保障双通道 MIMO 性能。此类系统在进行网络覆盖时，末端单元的传输线缆可根据网络的带宽需求选用六类线、超六类线、七类线、光电复合缆等多种方案。但无论选用何种方案，其施工及改造成本都会更低，改造难度都会更小。另外，数字化室分系统更易于 MIMO 技术演进，对于 MIMO 升级，数字化室分系统不必新增射频馈线通道，可以直接在原有链路上升级，无需工程新建或改造，即可实现多 MIMO 网络，5G 采用数字化室分系统比传统室分系统更有优势。当然，与传统的射频电缆相比，虽然减轻了网线的重量，但施工过程中拉力过大，更容易损伤网线，影响网线的性能。因此需要提高施工工艺，减少对网线的损伤。有源器件的故障率受到外部工作环境的影响较大。末端射频发射单元采用 PoE 供电，实际工程中 PoE 供电的实际距离小于 100m，增加线缆布防数量且在封闭潮湿的环境下使用会受到限制。

（1）数字化室内覆盖系统的组网架构

数字化室内覆盖系统由 BBU（基带处理单元）、CPRI（通用公共无线电接口）的 HUB（集线器）、pRRU 组成，其结构如图 8-11 所示。

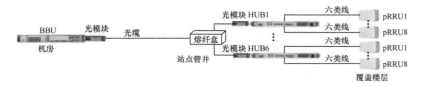

图8-11　数字化室内覆盖系统组网架构

数字化室内覆盖系统结构为扁平化结构，由 3 个盒子、1 根网线组成，大大简化了室内分布系统的结构，部署快速、方便，符合未来的网络发展趋势，即室内覆盖系统从模拟向数字化转变。

（2）数字化室内覆盖系统的主要特征

天线有源化。支持端到端高频组网，支持大规模 MIMO，通过小区动态分裂、多载波聚合、高阶调制等技术，可灵活满足网络流量在区域和时间分布上的潮汐现象需求，达到人均流量 100Mbit/s 以上。

传输网线化 / 光纤化。传统射频电缆和室分器件不支持 5G NR 新频段，且部署成本高，安装受限。室内网络架构需要具备快速引入 5G NR 且与 LTE 融合的功能，并能提供极速体验，采用轻量化、大带宽传输介质代替笨重的射频缆线。

运维可视化。可视化运维能实时监测室分网络海量天线和其他网元设备的工作状态，主动规避因室内网络质量差引起的用户投诉，提升运维效率。中国移动各省分公司在实践中发现，可视化运维可以节约排查故障的成本，明显降低人工成本，数字化室内分布系统故障从发现到处理一般只需半天时间，传统室内分布系统出现问题一般排查时间需要两三天；可视化运维之后，没有必要现场巡检，大幅降低了巡检费用。

提升运营商大数据能力，开拓新的收益渠道。数字化室内覆盖系统可以实现更精准的室内定位，使更多的业务应用和商业模式成为可能。例如，结合定位能力，运营商可以开拓智能停车、红包访问等业务。

（3）数字化室内覆盖系统功能演进应满足 5G 需求

5G 将采用 C-RAN（基于集中化处理的无线接入网）架构，BBU 重构为 CU（集中式单元）和 DU（分布式单元），BBU 物理层功能被下沉到 DU 和 RRU 上处理。数字化室内覆盖系统 4G 与 5G 架构对比如图 8-12 所示。

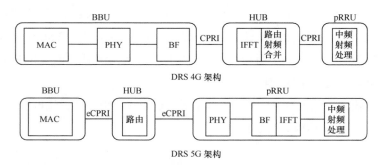

图8-12　数字化室内覆盖系统4G与5G架构对比

5G 中数字化室内覆盖系统物理层功能下沉到 pRRU 侧处理，DRS 功能演进完全符合 C-RAN 架构，满足 5G 高频段、大带宽、多天线、海量连接和低时延的要求。

（4）数字化室内覆盖系统传输应满足 5G 需求

5G 的峰值速率要求在 10Gbit/s 以上，用户体验速率要在 100Mbit/s 以上，对传输的要求很高。数字化室内覆盖系统传输介质从 BBU 到 HUB 之间采用光纤，传输速率完全可以满足，只需采用 10Gbit/s 以上的光模块即可。从 HUB 到 pRRU 之间采用网线传输，原 CaT 5E 网线仅支持物理带宽 100MHz，最大速率为 1Gbit/s，无法满足 5G 的传输要求，因此能够支持 500MHz 物理带宽、最大速率为 10Gbit/s 的 CaT 6A 网线才能完全满足 5G 的传输要求。

（5）数字化室内覆盖系统 NR 建设考虑

现阶段预埋 5G 线缆，考虑到未来的需求，可利旧预埋线缆，在不增加点位的情况下，1∶1 叠加或替换，按需引入 NR，如图 8-13 所示。

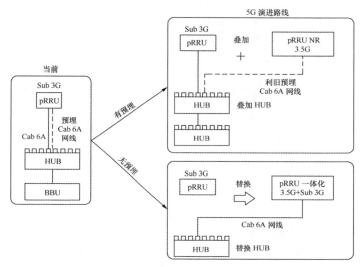

图8-13　DRS NR演进

（6）数字化室内覆盖系统 3.5GHz 与 1.8GHz 覆盖对比

5G NR 3.5GHz 与 LTE 1.8GHz 的空间损耗差异为 8dB，介质损耗差异（砖墙）为 3dB，采用 DRS 没有馈线损耗差异，假设 5G NR 3.5GHz 边缘场强为－110dBm，则边缘场强差异为 5dB，可以计算出两者端到端的差异为 8+3－5=6（dB）。为了弥补端到端 6dB 的差异，3.5 GHz 的 pRRU 由 2T2R 增加为 4T4R，增加了 3dB 的增益，功率由 100mW 增加到 200mW，又增加了 3dB 的增益，同时对天线进行优化再增加 1dB~2dB 的增益，合计 8dB 覆盖增益完全能弥补 6dB 端到端差异，保证 5G NR 3.5GHz 与 LTE 1.8GHz 同点覆盖。

从以上分析可知，传统 DAS 在 5G 时代存在诸多局限，DRS 将成为 5G 室内覆盖的主要手段。但现阶段 DRS 的建设成本较高，一般为 LTE SISO（单输入单输出）系统的两倍以上，造价过高制约了数字化室内覆盖系统的普及。在现阶段，室内网络不具备低成本，在快速部署 5G 的条件下，建设初期提出如图 8-14 所示的建设模型。5G 室内建设模式将向基于场景、业务模型为目标的建设模式转变。面向室内网络演进，运营商应从当前网络开始部署 5G，借助数字化室内覆盖系统的优势，有效满足网络从 4G 到 5G 的各阶段的容量、体验、运维需求，最大程度地保护运营商投资。传统 DAS 的存量较大，沉积资产约千亿元，当运营商收入逐步进入薄利时代时，如何利旧和创新 DAS，延长传统 DAS 的生命周期，降低 CAPEX（资本性支出）的投入（如基于传统 DAS 的定位系统、基于传统的 DAS 物联网应用、基于 DAS 利用 5G 关键技术等）是下一步研究的重点。

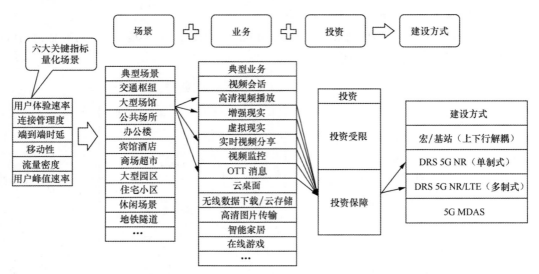

图8-14　5G室分建设模型

（7）数字化室内覆盖系统产品

数字化室内分布系统存在着 Femto Cell 和 Pico Cell 两种不同的形态。其中，Femto Cell 最初就是为了解决室内信号覆盖问题。一个 Femto Cell 可以满足大约 200m^2 的覆盖需求。Pico Cell 是高度集成化的低功耗小基站设备，比 Femto Cell 的覆盖范围更大，常用于企业或空旷的大型室内场馆等场景。目前，主要的产品有华为的 Lamp Site、中兴的 QCell、爱立信的 Radio DOT、诺基亚的 Flexi Zone 等。

4. 5G 固定无线接入方式

以上两种接入方式，在升级和改造过程中都涉及天线单元的更换甚至整个分布系统的整改，施工难度较大，无法满足快速部署的需求。基于 5G 固定无线接入技术的家庭基站是一种能够快速部署且能有效解决用户 5G 需求的建设方式，如图 8-15 所示。

家庭基站可分为家庭信号接收单元和室内路由单元。家庭信号接收单元可安装于窗户周边用于接收室外 5G 站点信号，信号通过室内路由单元分配以完成对室内各个区域的覆盖。此种建设模式可在网络建设初期快速完成部署，同时可用于替代光纤入户的最后 500m。

目前，业界普遍将 5G 室内覆盖系统分为以下 3 种类型。

（1）高校、机场、体育场等交通枢纽场景，对信号流量和质量的要求高，市重点建设场景以新型数字化室内覆盖系统为主。

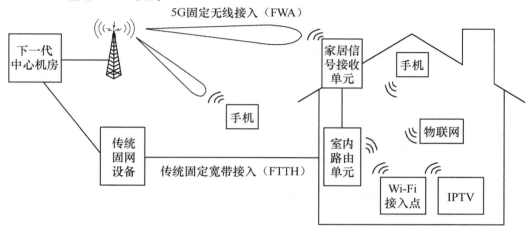

图8-15 固定无线接入方式

（2）写字楼、商场、酒店类场景占比最大，可聚集高级用户，新型数字化也将成为增长趋势。

（3）居民区，无论采用 DAS 还是新型数字化室内覆盖系统，由于人们白天工作、晚上回家时多使用 Wi-Fi，因此这种场景收益有限，综合考虑，这类场景宜采用"室外 +5G"固定接入方式。

当然，随着网络速率的提升和不限量套餐的普及，用户在家里也会更多地使用移动数据网络，使情况发生改变。面对未来，居民楼的 5G 信号覆盖任重道远。

此外，地铁隧道也是需求特殊的环境，运营商普遍采用有源和无源相融合的方式。

5G 新技术层出不穷，如大规模 MIMO 天线技术、全双工技术、UDN（超密集组网）技术等，但这些技术都不够成熟。现阶段对 5G 室内覆盖系统建设模式的分析还不够全面，待完全制定 5G 标准及新技术成熟后，5G 室内覆盖系统建设模式才可能有最终定论。

●●8.3 室内覆盖系统设计流程

8.3.1 总体流程

室内覆盖系统设计整体可分为设计准备工作和设计工作两个部分：设计准备工作主要是收集现场数据资料，确定建设模式，通过对室内覆盖能力、容量需求、室内外信号协调及多系统干扰的分析，为后面的设计工作提供充分的规划支撑；设计工作主要围绕信源选取、天线布局、馈线布放等环节展开。室内覆盖系统设计总体流程如图 8-16 所示。

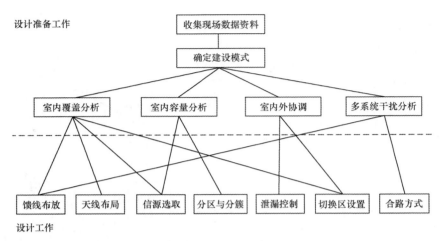

图8-16　室内覆盖系统设计总体流程

8.3.2　设计准备工作

设计准备工作首先依据现场实际收集的资料，确定建设模式，针对室内的覆盖及容量需求进行分析，同时详细考虑系统间的共存干扰及室内外协调问题，为后面的设计工作奠定良好的基础。

1. 收集现场数据资料

收集和分析目标网络覆盖区域的资料是网络建设中必不可少的一步，是进行室内覆盖系统网络规划的基础和依据。其目的是细致了解网络覆盖区域的基本信息、市场需求、业务分布等后，获取数据化的资料，作为后期网络规划的输入。收集和分析资料的具体内容包括场景特征、用户业务需求信息、现有网络资料、竞争对手的信息等。

（1）场景特征

场景特征包括建筑物的边界信息、地形、人为环境、位置、类型、结构、图纸等。建筑物的功能类型、分布特点等情况，是进行室内覆盖分析和室内分布系统规划的基础，根据建筑物的功能通常可以分为酒店、饭店、住宅区、写字楼等居住生活办公场所；机场、火车站、码头等交通枢纽；体育馆、展览馆、大型会场等公共活动场所；超市、购物街等大型娱乐购物场所；地下停车场等特殊区域。建筑物的功能类型决定着覆盖规划、频率规划、小区规划、容量规划等，如在机场、火车站、码头等交通枢纽站，人群密集且不分时段，故控制信道和业务信道的话务量都很大；同时，这些区域的平面覆盖大，自然隔断少，故频率和小区规划的难度较大。体育馆、展览馆、大型会场等公共活动场所的覆盖特点与火车站等场景相似，只是话务量的时间性明显，集中在某一特定时段，而其他时间段较为空闲，这种场所要求基站容量有很好的扩展性。酒店、写字楼等居住办公型建筑需要立体覆盖方式，涉及电梯间与建筑物整体覆盖的问题，一般都会对电梯间进行单独覆盖，层与层之间的小区规划和高层的频率规划都是难点。与写字楼相比，大型超市等购物场所的特点是人群密度大、流动性强、时间长、没有隔断或者房间，建筑物的外立面一般为玻璃，穿透损耗小，可以考虑利用邻近的室外信号覆盖。

（2）用户业务需求

用户业务需求包括现有的用户类别和用户业务模型，例如，用户的收入水平、人口密度、消费习惯和用户已开通的业务等；现有的容量需求，例如，现有的话务量、数据业务、潜在的用户业务类型等。业务需求信息的获取主要是通过与场景相应的业务分布建立相关业务模型来实现，其目的是为了更加合理地提出信源需求，提高资源利用率和加快回收成本的节奏。

（3）网络现状

由于室内覆盖系统的建设方式是多系统叠加建网，这就要求对每种制式的网络需求有合理的规划和配置。如果运营商已经建设了其他制式的网络，在室内覆盖系统规划设计前，需要尽可能完整地收集现有网络的资料（主要包括已建站址信息、基站数据、小区话务量、各小区数据业务流量等），便于在后期的网络规划中合理利用现有网络资源，避免与新建系统的干扰等问题。同时，现有网络的用户业务使用情况对多技术分布系统中需新建网络的类似业务需求预测可提供重要参考。

（4）竞争对手信息

竞争对手在某室内场景的网络状况和建网策略对自身的室内分布系统规划目标（如覆盖率、业务提供、建设成本等）会造成相关影响。只有尽可能地了解竞争对手在室内分布场景中的建设信息，才能在新的室内覆盖系统建设中明确重点，进而取得市场主动权。

2. 确定建设模式

确定建设模式首先应确定现有场景是否有已存在的室内覆盖系统，对于没有室内分布系统的场景，应采用新建模式；而对于已有室内分布系统的场景，则应该优先考虑采用"新建结合改造"的方式。

（1）室内覆盖分析

与室外宏基站的规划设计类似，室内覆盖系统也是通过合理的功率分配和布放天线实现良好的覆盖。链路预算是功率分配的基础，其最终目标是计算覆盖半径，即评估从信号源发射的无线信号经过分布系统各个射频器件以及空中接口的无线传播之后是否能够满足系统覆盖边缘的功率要求。需要注意的是，室外宏基站和室内小区覆盖分布系统的链路预算过程存在较大的差异。

室外宏基站的天馈系统较为简单，链路预算主要是考虑基站天线到终端之间无线链路的各种损耗和增益。而室内小区覆盖分布系统的天馈系统要比室外宏基站复杂得多，覆盖分布系统的天线到终端之间的无线链路损耗可以通过模拟测试等手段得到相对固定的数值。同时，在系统设计时需要平衡上下行链路，使上下行链路的覆盖半径基本相同。因此，需要分别计算上下行链路预算。在设计新的室内覆盖系统时，首先，需要确定小区边缘用户的最低速率保障，其次，确定不同信道的链路预算参数，通过链路预算求得最大路径损耗。通过实际环境勘测结果获得校正的传播模型，最后，计算出小区覆盖半径和小区覆盖面积。

① 室内环境传播模型

室内环境传播模型关系到发射天线口功率和用户接收天线之间的无线链路损耗，是室内上下行链路覆盖分析的基础，在室内场景中通常采用衰减因子模型评估链路损耗，有关衰减因子模型的介绍详见 8.1 节。

② 室内分布系统覆盖能力分析

室内分布系统的覆盖能力分析如图 8-17 所示。

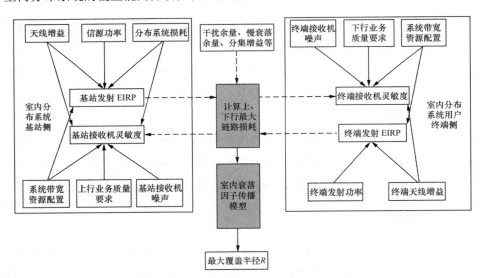

图8-17　室内分布系统的覆盖能力分析

从图 8-17 中可以看到，室内分布系统的最大覆盖半径的求解是将系统上下行最大链路损耗代入室内传播模型得出的。而上下行链路的最大损耗 L_{max} 是由发射等较全面辐射功率 $EIRP$（Effective Isotropic Radiated Power，EIRP）、接收机灵敏度、干扰余量、慢衰落余量、分集增益等共同计算得出，其计算公式如式（8-18）所示。

$$L_{max}=EIRP+G_s-M_f-M_1-L_p-L_b-Sensetivity \qquad 式（8-18）$$

在式（8-18）中，$EIRP$ 代表等效全向辐射功率（dBm）；$Sensetivity$ 代表接收机灵敏度（dBm）；G_s 代表空间分集增益；M_f 代表慢衰落余量；M_I 代表干扰余量；L_p 代表穿透损耗余量；L_b 代表人体损耗，下面分别对其进行讨论。

★ *EIRP*

EIRP（dBm）在下行方向主要考虑基站最大发射功率、发射天线增益及发射系统馈线损耗，其计算公式如式（8-19）所示。

$$ETRP_d= 基站发射功率（dBm）+ 发射天线增益（dBi）-发射系统馈线损耗（dB）$$

$$式（8-19）$$

需要注意的是，基站发射端馈线损耗在使用双工器的情况下，上下行信号经过同一馈线，故上行接收和下行发射的馈线损耗设置为相同的值。对于常用的 7/8（英寸）馈线，在 2GHz 频段的百米损耗约为 6dB。由于室内分布系统距离较近，一般取值为 1dB~2dB。

EIRP 在上行方向主要考虑终端最大发射功率及终端天线增益，一般认为终端的馈线损耗为 0dB，其计算公式如式（8-20）所示。

$$ETRP_u= 终端最大发射功率（dBm）+ 终端天线增益（dBi） \qquad 式（8-20）$$

★ Sensetivity 接收机灵敏度

接收机灵敏度是保持接收机正常工作所需的天线口最小接收信号强度。接收机的接收灵敏度主要考虑接收机的固有底噪业务的最低解调门限 Eb/N0，接收机的噪声系数 NF 以及系统的处理增益 GF，其可由下式进行确定

$$Sensetivity=N+E_b/N_0+N_F-G_F$$

上式中，接收机的固有底噪 N 是接收机系统工作带宽内的热噪声总功率，它对于同一通信系统是一个固定值，在室温下仅与系统的工作带宽相关，可由下式进行计算

$$N= -174dBm+101\log BW_{RX}$$

业务的最低解调门限 E_b/N_0 与接收的具体业务相关，表现业务对接收信号的质量要求。接收机噪声系数 N_F 通常被定义为网络输入端信号信噪比与网络输出端信号信噪比之间的比 值，其值越小说明系统硬件的噪声控制能力越强。对于室分基站而言，噪声系数通常取 5dB，而对于终端，噪声系数通常取 9dB。

★其他增益及损耗余量

空间分集增益 G_s：4G、5G 系统由于可以将天线模式调整为空间分集模式，在基站侧发射和接收均可获得大约 2.5dB 的分集增益。

干扰余量 M_I：干扰余量对不同系统的差异较大，4G、5G 系统由于采用新型多址技术，并配合小区干扰抑制协调技术，其本身干扰并不严重，一般干扰余量取 2dB。

穿透损耗余量 L_p：穿透损耗体现为建筑物内部材料对室分信号的阻隔，对复杂的建筑结构，需要通过模测进行确定。一般室内分布系统需对该损耗预留 15dB~20dB。

人体损耗 L_b：人体损耗发生在 UE 侧，是指 UE 离人体物理距离较近所引起的信号阻塞

及吸收而造成的损耗。人体损耗取决于 UE 相对于人体的位置以及天线的角度等。根据使用业务习惯，数据业务的参考值为 0，话音业务的参考值为 3dB。显然，人体损耗只在上行链路的发送端和下行链路的接收端考虑。

（2）室内容量分析

估算室内容量时，需要充分考虑室内分布系统各区域的容量需求，对信源目标覆盖区域进行话务量预算。在小区划分和配置上充分考虑覆盖区内的用户需求，确保各场景业务需求量大的区域有足够的容量支撑。室内容量估算首先需要考虑用户的业务模型，依据业务量模型计算等效话务量，并根据相关业务质量的要求估算网络的配置容量，流程如图 8-18 所示。

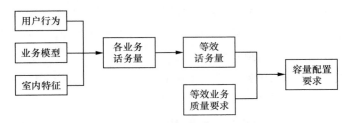

图8-18　室内分布系统容量评估流程

① 用户业务量

预估室内分布系统覆盖区域的人流量、手机数量、移动手机、上网终端数量，再利用容量估算工具分别预估话音话务量和数据话务量，以评测信源数量等网络资源设计的合理性。对于不同的室内场所，如写字楼、住宅区、宾馆等，需要根据不同的用户行为计算话务量需求。一般步骤如下：

不同建筑类型的有效用户数估算如式（8-21）和式（8-22）所示。

★住宅区和别墅

　　总人数 = 建筑面积 × 有效容积率 × 平均每户面积 × 每户人数　　　　式（8-21）

★写字楼、商场

　　　　　总人数 = 楼宇面积 × 办公区域区例 ÷ 人均占地面积　　　　式（8-22）

或者直接按照人数计算。考虑用户行为后，实际有效用户数如式（8-23）所示。

　　　　　实际有效用户数 = 用户数 × 手机使用率 × 移动渗透率　　　　式（8-23）

室内分布系统不同业务的话务量计算如式（8-24）和式（8-25）所示。

★话音业务的话务量

$$Erlang_{CS} = \frac{忙时每用户呼叫次数 \times 每次呼叫的平均持续时间（秒）}{3600} \times 有效用户数$$

式（8-24）

★数据业务的话务量

$$Erlang_{PS} = \frac{BHCA_d \times CHT_d}{3600} \times \text{有效用户数式} \qquad \text{式（8-25）}$$

其中，$BHCA_d = BHSA_d \times N_{PC}$；为每位用户平均忙时分组会话试呼次数；$N_{PC}$ 为平均每个会话包含的分组呼叫个数；CHT_d 为分组会话持续时间。

② 容量估算方法

★等效爱尔兰法

等效爱尔兰法的实质是将占用不同资源数目的多种业务，换算成其中一种业务的话务量，然后将所有业务的话务量相加得到总的话务量，再根据爱尔兰表来计算所需要的信道配置。等效爱尔兰法计算简单，但在以不同业务为基准的情况下，其计算结果差异较大，而且不同业务的资源需求数目相差越大，计算结果的差异也就越大。

★坎贝尔法

在计算容量需求时，与等效爱尔兰法不同，坎贝尔法不是以系统中现存的某种业务为基准的业务，它的核心思想是构建一种并不存在的等效业务，计算出其单位话务的资源需求（容量因子）和等效话务量（混合话务量），再根据爱尔兰表查出满足等效话务量需要的虚拟连接数，与容量因子相乘后加上单位目标业务（实际存在的某种业务）的信道配置数目，就得到实际需要的信道配置数目。

坎贝尔法的关键在于构建容量因子，其基本思想如下。

首先，求解容量因子，如式（8-26）所示。

$$C = \frac{v}{\alpha} = \frac{\sum_i Erlang_i \times a_i^2}{\sum_i Erlang_i \times a_i} \qquad \text{式（8-26）}$$

其中，a_i 为业务振幅，即某种业务单个链接所需的信道资源；α 为均值，v 为方差。

依据容量因子和均值确定混合话务量，如式（8-27）所示。

$$Offered\ Traffic = \frac{\alpha}{c} \qquad \text{式（8-27）}$$

然后，查爱尔兰表获得混合话务量所需的混合容量 $Capacity$，从而得出各业务所需的容量C_i。

$$C_i = Capacity \times c + \alpha_i$$

等效爱尔兰法在根据不同业务类型估算信道配置数目时，结果差异很大，因为计算时是将各种业务分开独立考虑的。坎贝尔方法综合考虑了各种业务量对资源的需求，网络提供的业务种类越多，其在资源配置上的优势越明显，相对不同的目标业务，其差异较小。因此在实际的工程设计中，一般采用坎贝尔方法来估算资源配置需求。

（3）室内外协调

① 室内外信号覆盖协调

由于需要完成室内覆盖系统的场景大部分纵深较大，因此需要室内外信号分工合作实现覆盖。例如，对于居民小区或者一些办公楼而言，室内分布系统的信号由于天馈布放位置的原因，可能只能改善电梯井、楼道、地下车库等特殊区域的覆盖；对于一些室内房间的覆盖，由于建筑墙体损耗较大，此时需要考虑主要让室外信号从外侧穿透墙体进行覆盖。另外，对于室内外信号覆盖协调还体现在切换区的设置上，对于门口及阳台这些室内外切换发生带，要注意保持以室外信号作为主覆盖信号，设置合理邻区关系及切换参数，控制由于乒乓切换所引入的网络质量下降问题。

② 室内外信号干扰协调

建设室内分布系统时还需要通过合理的频率规划，错开室内小区和室外小区的频率，有效控制室内外信号之间的相互干扰。室内覆盖与室外覆盖尽量采用异频组网方式。在频率紧张的情况下，应保证与室外有切换关系的室内小区的主载频与室外小区主载频保持异频，可采用全异频组网或底层同频 / 全楼异频等方案。

（4）多系统干扰分析

多系统干扰分析是多技术室内分布系统方案设计的关键内容，直接关系到整体设计方案的互干扰水平，以及网络覆盖效果、系统容量等网络性能关键指标。

当多系统采取共用室内分布系统建设模式时，为了规避系统间互干扰需在分布系统内保持一定的隔离度。这主要借助合路器的端口隔离度来满足。

当多系统采用独立室分建设模式时，系统间的隔离度需通过自由空间对干扰信号的衰减来实现，系统信源设备间的空间隔离距离必须符合相关要求。

当对于直接合路或空间隔离无法保证足够系统隔离度的情况时，可采用信号后端合路、加装带通滤波器、提高信源设备射频性能等规避措施增强隔离度。

8.3.3 设计工作

1 信源选取

信源设计包括信号源主设备、传输设备、传输线路、电源、机房配套等方面的内容。

首先，对于不同场景下的建筑物，应根据其楼宇特点及用户需求选用最合适的信源及分布方式。不同场景下信源及分布方式的选择，见表 8-10。

表8-10 不同场景下信源及分布方式的选择

场景	定义	分布方式	信源方式
写字楼	中、高档写字楼	室内分布	微蜂窝
	企事业单位的办公地点	室内分布	微蜂窝或引信源
	区级以上政府机关办公楼	室内分布	微蜂窝或引信源
住宅	普通住宅、塔楼和6层以上板楼，户内覆盖率低于50%	小区分布	微蜂窝或引信源
	6层以下砖混楼居民区，户内覆盖率低于50%	小区分布	微蜂窝或引信源
	高档别墅	小区分布	微蜂窝或引信源
宾馆	3星级（含）以上宾馆饭店	室内分布	微蜂窝
医院	2级（含）以上医院	室内分布	微蜂窝
重点工程	市重点工程（如地铁等）	室内分布	微蜂窝
商场	大型商场、卖场、室内市场（2000m² 以上）	室内分布	微蜂窝
娱乐场所	体育场馆、展览中心（5000m² 以上）	室内分布	微蜂窝
	大型娱乐场所（5000m² 以上）	室内分布	微蜂窝或引信源
	大型度假村（10000m² 以上）	室内分布	微蜂窝或引信源
其他	根据拉网测试结果，覆盖率低于竞争对手至少一家	根据实际情况制定	根据实际情况制定
	月投诉大于5件		
	3个月投诉大于 X 件		
	VIP（金、钻等）以上级别投诉		

除了需要根据场景和不同信源优缺点作为信源选择的基本依据外，信源选取还需要遵循以下几个原则。

（1）信源的选取应将室外网络和室内分布系统统一起来综合考虑，合理分配室内外的基站容量，减少室内外软切换，控制室内外信号干扰，使整体网络容量最大化，同时实现室内外的平滑过渡衔接，实现网络覆盖质量的最优化。

（2）完成信源配置后，尽量保持在短期内稳定，同时结合网络优化，根据业务发展情况做出适时调整和优化。

（3）对于宏蜂窝作为信源的场景，可采用宏蜂窝结合射频拉远的方式提供覆盖；分布系统的宏蜂窝机房可以与接入点系统建设统筹安排，共用电源等配套设施，提高资源利用率，增大经济效益，节省成本。

（4）对于直放站作为信源的场景，尽量采用光纤直放站。直放站施主小区的选取应该首先从与室内覆盖直接相邻的室外基站中选取，在室内覆盖点最强信号占比最大的开始，如果超过了指标，则依次将次强的基站作为施主小区，以此类推。

（5）室内尽量采取分布式基站作为信源，对于光纤资源紧张或难以铺设的情况下可以选择微蜂窝。射频拉远单元应首选与室内覆盖点直接相邻的室外基站作为施主基站，若该基站已达到最大载频配置，则顺次选择次强导频作为施主基站，以此类推。若直接相邻的室外基站均不能接入新的射频拉远单元，则选择相邻建筑的宏蜂窝作为施主基站。若以上情况都不能满足，则选用微蜂窝作为信源。

有通信专用机房的楼宇，将信源以及电源、传输等设备安装在通信专用机房内，可以提供可靠的通信保障。在没有通信专用机房的楼宇，相关通信设备应尽量简化，就近安装。挂墙型信源设计主要考虑以下 6 个方面因素。

（1）墙体材料

首选砖墙结构，隔板墙体承重不够，钢筋混凝土浇铸的墙体太结实，打孔不便。

（2）墙面空间

墙面有成片空闲区域，设备挂墙安装空间足够。井道或房间深度至少是设备挂装厚度的两倍，确保有一定的安装维护空间，以满足安装、调测、维护和散热的要求。

（3）供电

一般采用交流供电，需要从业主交流配电箱找一个满足容量要求的空闲空开，根据交流线线长和设备负载，确定电源线的线径。

（4）接地

若井道内有桥架或接地点，则可供信源设备接地。室外有楼顶避雷带或接地点，以确保天馈线可靠接地。

（5）室外天线安装

选定室外 GPS 天线或直放站信号接收天线的安装位置，并跟业主沟通，确认馈线路由以及穿孔方式。若天线安装位置没有防雷保护，则需要在天线附近安装避雷针。

（6）光纤路由

光纤路由包括传输光缆线路、BBU 与 RRU 或 RRU 与 RRU 设备间光纤。光纤路由不仅要勘察现有资源，而且需要跟业主沟通，从而确认最佳方案。

2. 馈线布放

（1）线缆的选取

对于线缆的使用应按照节约的原则，尽量通过合路使用同一条线缆传输信号，避免多条线缆并行传输不同的信号，以达到节约成本的目的。

（2）线缆的布放

线缆的布放必须按照设计方案的要求，使走线牢固、美观，不得有交叉、扭曲、裂损的情况。跳线或馈线需要弯曲布放时，要求弯曲角保持平滑，弯曲曲率半径不超过规定值。

线缆进出的墙孔应用防水、阻燃的材料密封。馈线的连接头必须牢固，严格按照施工工艺制作，并做防水密封处理。封闭吊顶内布放线缆可采用 PVC 管穿放布放的方式，但是要尽量节约使用。地下室、车库等对美观要求不高的区域尽量采用裸线布放的方式，以降低建设成本。

3. 天线布局

（1）天线的选择
设计时可以根据建筑物的结构情况采用不同的天线，主要遵循以下 5 条原则。

① 一般情况下可采用室内的全向吸顶天线，对于室内房间结构复杂或者墙壁过厚的情况，可以在同一层中布放多个全向吸顶天线进行分区覆盖。

② 如果建筑物内有中空的天井结构或者大型会议室、餐厅等空阔结构时，可以采用定向天线大面积覆盖。

③ 如果建筑物内有窄长条形结构，则可采用泄漏电缆纵向布放，均匀覆盖各个区域。泄漏电缆与天线比较，安装简单，覆盖均匀，但是价格较昂贵，而且不适用于有金属材料天花板的情况。

④ 对于 MIMO 系统，若采用单极化天线，建议双天线尽量采用 10λ 以上间距，如果实际安装空间受限，双天线间距不应低于 4λ。

⑤ 采用双极化天线代替两副单极化天线，对于室内分布系统改造场景而言，本方式无须增加天线数量和改变点位位置，仅需更换天线类型。

总之，要根据实际情况选择不同的信号辐射方式，以获得最好的效率及覆盖效果。

（2）天线点的位置选取
为保证业务传输速率要求，满足无线覆盖以及控制信号外泄，天线布放总体遵循"小功率、多天线"的原则，应根据模拟测试结果合理确定天线密度和天线布放位置，使信号尽量均匀分布。

天线的选址原则：天线的选址要考虑覆盖全部区域，但不能过于靠近窗口，因为这容易使室内信号溢出，对外部造成干扰。天线要放在用户密集区，构成热点覆盖。应根据模拟测试的结果合理确定天线的布放位置，若不具备模拟测试的条件则需进行仿真分析，尽量避免设计人员依赖主观经验决定天线的布放位置。同时，要考虑系统的可扩展性，对于天线的选址位置，要考虑后续方便扩容维护，并要预留一定的天线点位。

近距离覆盖、发射功率限制、安装空间限制、视觉污染限制等因素，决定了室内分布系统天线有别于室外型天线。根据室内分布系统天线的应用场景，基本上可以分为以下几个应用场景，不同应用场景的天线选址不同。

① 普通住宅楼和底商
普通住宅楼的覆盖使用里外结合的方式，充分利用住宅楼的楼顶或底商楼檐的资

源，采用室外天线覆盖住宅楼和底商。对于面积较大的空间，要有超前设计的思路，可采用"多天线、小功率"的方式，避免业主二次装修造成盲区。另外，本着尽量覆盖的原则，住宅楼的天线口功率应该在满足环保要求的条件下，争取做到15dBm。

②一般楼层选址

建筑物的楼层一般采用平面连续覆盖，考虑各天线的互补。天线选址规则如下：楼层平面覆盖一般采用全向吸顶天线，特殊场合采用壁挂定向天线；在覆盖能满足需求的前提下，天线尽量分布在楼道中，便于工程实施；天线尽量选取木门、玻璃门或窗附近的区域，减少穿透墙体引起的损耗；天线尽量选取视角比较好的区域，利用视距传播，减少穿透墙体引起的损耗；在低楼层（3F以下）尽量利用墙体遮挡，降低信号泄漏到室外的概率，降低输入功率。

"回"字形建筑结构天线分布参考如图8-19所示。

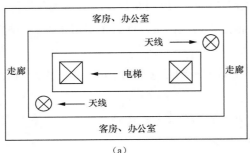 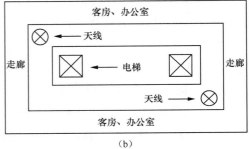

（a）　　　　　　　　　　　　　　（b）

图8-19　回字形建筑结构天线分布参考

在"回"字形结构的天线布放中，建议奇数层、偶数层天线交叉布放。此外，根据"回"字形结构的规模，可以选用2个或4个天线进行覆盖。

长廊形结构天线规划参考如图8-20所示。

在长廊形建筑结构中，根据长廊长度确定楼层内需要的天线数量，多采用等间距的天线布放方式。

会议厅、大厅结构的天线规划如图8-21所示。

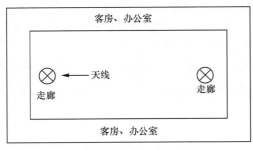 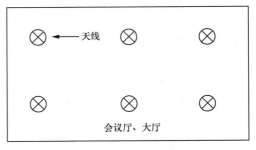

图8-20　长廊形建筑结构天线分布参考　图8-21　会议室、大厅等结构天线分布参考

③地下室选址

地下室产生信号泄露的可能性较小，噪声小，因而可降低边缘覆盖电平，减少天线数量，可以采用"大功率、少天线"的建设方式。需要注意的是，在设计地下室室内分布系统时，不要忽略了覆盖出、入口的信号。

④电梯选址

一般在电梯井道内安装定向壁挂天线进行覆盖，根据电梯的屏蔽性能，信号从上往下覆盖电梯，该方式使用天线数量少，覆盖效果好。

4. 分区与分簇

室内覆盖系统的分区与分簇原则如下。

（1）区簇划分主要依据建筑物的结构特性、面积、容量需求、业务密度分布等因素进行设计。通常根据以下 4 种情况分区。

①覆盖面积大于或等于 $50000m^2$ 的独立楼宇，需要分区覆盖。

②业务需求大于单小区最大等效容量的需要时进行分区覆盖。

③写字楼高于 20 层需要分区，按照人流量分区。

④多台有源设备的引入必然会对基站造成上行底噪的干扰，因此为了提高基站的性能，单个基站的有源设备数量过多时需要分区。

（2）分区后的布线系统应保证各个分区的覆盖区域清晰明确。

（3）小区的划分要从有利于各小区的切换来考虑，有利于频率的复用，减少各小区的干扰，需要简要分析各区域（电梯、楼层、停车场等）的小区切换情况、可能出现的问题及应采取的措施。

5. 切换区设置

规划室内分布系统小区切换区域建议遵循以下原则。

（1）设定切换区域应综合考虑切换的时间要求、小区间干扰水平等因素。

（2）规划室内分布系统小区与室外宏基站的切换区域在建筑物的入口处。由于大部分人员从室外到进入一楼电梯内等待的时间较短，即在这段时间内手机需要完成从室外信号到室内小区信号的切换，为了加速切换，应在一楼大堂安装一副吸顶天线。

（3）电梯的小区划分：建议将电梯与低层划分为同一小区或将电梯单独划分为一个小区，电梯厅尽量使用与电梯同小区信号覆盖，确保电梯与平层之间的信号切换在电梯厅内发生。

（4）对于地下停车场进出口的切换区域应尽量长，拐弯处可增加天线或采取其他相应的措施。

（5）平层分区不能设置在人流量很大的区域，避免大量用户频繁切换。

（6）平层分布切换带不能设置得过大，即信号重叠区域不能过大，避免用户出现乒乓切换的现象。

6. 泄漏控制

室内小区信号在室外的泄漏会对室外小区信号产生干扰，由于在室内小区信号的频率规划时，已经考虑了室外小区的频率，所以室内对室外的干扰控制，主要是降低室内小区在室外泄漏的信号强度。目前，城市高层建筑多为玻璃外墙，室内分布系统的信号很容易泄漏到室外，对室外基站小区尤其是高层建筑的室内分布系统信号造成干扰。对于中低层建筑，室内信号主要是从大厅、地下室等处经窗户和出口泄漏到室外，从而增加了不必要的室内外切换，使网络服务质量下降。因此，我们主要通过以下 3 种方式来减弱室内信号的外泄问题。

（1）适当降低外泄部分天线口的功率。特别是对于高层建筑的室内分布系统，应采取小功率、多天线的覆盖方式，降低其对室外信号的干扰。

（2）控制天线的角度及天线的合理布放。例如，使天线的主瓣方向朝向室内，或者灵活地运用建筑物的遮挡以增加信号向室外方向传播的损耗。

（3）为了避免在窗口附近比较强的室内信号对室外信号的影响，可以采用在窗口附近改设定向平板天线的方法。为实现室内信号的泄露控制，应结合建筑物外墙材质和建设场景合理设计室内分布系统。室外墙（砖混合承重墙）可以不考虑泄漏（由于穿透损耗较大）。大楼的进出口、玻璃幕墙、窗户、非金属轻质隔墙要考虑泄漏，一般应选用方向性好的定向板状天线覆盖这些区域。

8.3.4 单站设计流程

室内分布系统的单站设计流程如图 8-22 所示。

1. 需求分析

综合考虑目标建筑物室外无线网络的覆盖现状，目标建筑物的地理位置、周边情况、话务量、用户组成和分布情况等。根据不同通信系统的特点和运营商的质量指标要求，结合目标建筑物的结构和用户分布情况，确定该分布系统的覆盖区域，以及覆盖、容量和质量要求。

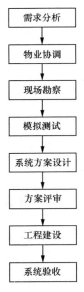

图8-22 单站设计流程

2. 物业协调

充分了解业主对室内分布系统的建设要求,对相关资源(如机房或信号源安装位置、供电、接地、传输接入、馈线路由等)进行现场确认。确认业主配合事项,在平等互利的基础上签订建设室内分布系统的协议,确保室内分布系统建设顺利,不给日后维护遗留问题。

3. 现场勘察

为了了解室内无线传播环境和室内分布系统的建设条件,需要现场勘察楼宇。在勘察的过程中,应确定机房或信号源安装位置、引电接地点位置、传输线路、馈线走线路由等。

4. 模拟测试

对于特殊结构的楼宇,可以进行模拟信号测试,确认该楼宇的室内传播特性及穿透损耗,估算单天线覆盖半径,为分布天线设置提供依据。根据目标覆盖区室内外信号的传播特性,选择合理的天线类型。对各种典型楼层,确定天线安装位置和天线口输出功率的需求,使室内信号均匀分布,同时减少室内信号的外泄。结合目标覆盖区的特点和建设要求,天线位置设置在相邻覆盖目标区的交叉位置,保证良好的无线传播环境,从而节省建设成本。

5. 系统方案设计

系统方案设计是一项综合工程,涉及信号源安装位置、传输接入和分布器件设计方案。由于这几个方面的内容互相制约,必须同时兼顾各专业的需求,减少设计返工。传输专业涉及光缆是否可以进楼、附近是否有 BBU 设备、裸纤资源是否充分、传输设备是否还有空余的资源等。分布器件设计需要体现分布天线拓扑结构、安装位置、信号源功率分配、线缆类型及走线路由等,综合分布系统还涉及原有分布系统的改造、多系统合路等方面的内容。信源部分涉及设备安装位置、引电是否满足功率要求及安全性要求、室内有无接地点、GPS 安装位置以及馈线走线路由等。

6. 方案评审

运营商组织相关单位各个专业联合评审设计方案,确保建设方案的合理性。方案的合理性主要体现在以下几个方面:设计方案满足用户及业务需求,充分利用现有资源;方案经济合理,各专业接口不脱节、不冲突;设计方案可以顺利实施,日后维护和扩容较为便利。

7. 工程建设

工程建设应在业主许可的情况下文明施工、按图施工,遵照通信建设工程施工及验收标准规范。由于在工程施工过程中涉及多个专业,为了减少中间的协调难度,参与施工的单位应该尽可能得少。此外,运营商应该组织各施工单位同时进场,缩短施工周期,减少打扰业主。

8. 系统验收

为了确保室内分布系统建设工程的施工质量及系统的运行质量,应该对全系统进行验收。验收流程与验收规范参考相应国家标准、行业标准以及室内分布系统的设计文件。系统验收中发现问题时,要落实责任人,限期改正。

针对上述流程,下面将重点介绍站点现场勘察、室内模拟测试等方面的内容。

8.3.5 站点现场勘察

1. 现网勘察

如果目标楼宇周围存在现网覆盖,则室外小区有可能对室内分布系统形成干扰,如同频干扰、导频污染等,需要在室内环境下测试室外基站的泄漏信号,以了解室外信号在楼层内的分布情况。室外信号测试可以在大楼内有选择地进行。例如,在大楼底部选择 1 或 2 个楼层、在大楼中部选择 1 或 2 个楼层、在大楼顶部选择 1 或 2 个楼层。

根据现网勘察情况,了解该楼宇建室内分布系统的必要性,同时为室内分布系统的建设方案的确定提供可靠的实测数据。除了测试室外信号在室内的覆盖情况之外,还需要勘察楼宇内的现网资源(机房、电源、传输、配套、基站设备等),了解楼宇周边的室外基站位置、负载、传输等现网资源情况。

2. 室内勘察

室内勘察主要是为室内分布系统设计做好信息搜集工作,通过现场勘察、业主交流,最后要完成以下任务。

(1)确定覆盖范围,明确大楼内各楼层的覆盖要求与区别。

(2)拍摄一定数量的照片,以体现大楼室内细节和外形轮廓。

(3)确定门窗、楼板、天花板的建筑材料和厚度,以估计其穿透损耗。

(4)确定可获得的传输、电源、布线资源,以及业主对施工的要求。

(5)确定基站设备必需的机房或井道安装墙面,以及天线、馈线等器件线缆的安装空间和走线路由。

关于布线资源的勘察,需要了解布线环境的承重和曲率半径条件。曲率半径勘察要关注以下两个方面:第一,如果业主提供布线用的 PVC 管线,则需要了解 PVC 管线拐弯处的曲率半径;第二,需要了解大楼垂直走线井到各楼层走线口拐弯处的曲率半径。

为了便于了解室内结构,需要拍摄现场照片,多收集勘察资料。拍摄之前首先需要选择特征楼层，这样能保证以较高的效率完成照片的拍摄工作，并且提供足够的建筑物特征信息。假设目标大楼共有 25 层，可按照建筑结构和楼层布局分类。例如，1 层为一个特征楼层；2~5 层的结构和布局相同，可从中任选一个楼层作为特征楼层；6~25 层结构和布局相同，再从中任选一个楼层作为特征楼层。

选定了特征楼层以后，开始室内拍摄，每个特征楼层内拍摄的照片数量应满足以下要求。

（1）体现特征楼层平面布局，2~4 张照片。

（2）体现天花板结构特征，1~2 张照片。

（3）候选的天线架设位置，1~2 张照片。

（4）体现外墙与窗户特征，1~2 张照片。

（5）体现走廊与电梯间特征，1~2 张照片。

（6）异常的结构（如大的金属物件）和设备房间（可能的干扰源），1~2 张照片。

（7）信号源安装位置（机房或井道），1~2 张照片。

（8）引电位置，1~2 张照片。

（9）GPS 安装位置，1~2 张照片。

（10）特征楼层馈线穿孔位置，1~2 张照片。

（11）体现全楼的外形轮廓的全景照，1~2 张照片。

一般的商业楼宇对室内摄影、摄像控制得比较严格，因此拍摄室内照片之前需要获得业主的许可。

3. 图纸准备

通过与业主的沟通，获得尽可能详细的大楼建筑图纸，包括每个楼层的平面图、各个方向的立面图。尽可能获得 CAD 格式的电子文件，还有工程晒图的扫描件。除了建筑物楼层的平面图，还需要获得大楼内部强电井、弱电井的施工图纸，并在图纸上面标注业主允许走线穿孔的位置，以及可用的电源、传输线路及接地点位置。

8.3.6 室内模拟测试

为了获得大楼的室内传播特征信息，需要进行室内导频或连续波 CW 测试。室内模拟测试有以下两个目的。

（1）完成测试之后，确定测试楼宇的天线布置方案。

（2）通过对大量测试数据的分析，获得典型楼宇单天线覆盖半径，以及典型隔墙、楼板、天花板的穿透损耗值，以指导类似站点的室内分布系统建设。

由于现有规划软件室内信号仿真基于射线跟踪模型，不支持室内模型校正。因此室内模拟测试一般不提倡进行室内传播模型的校正工作。

室内模拟测式常用的测试工具包括以下几种。

（1）模测信号发生器：可模拟发射 TD-LTE 下行导频信号或 CW 信号。

（2）天线（根据现场测试需要，可选择全向吸顶天线或定向天线）：用于发射信号。

（3）便携计算机：已安装路测软件。

（4）测试终端：用于 CQT。

（5）测试扫频仪：路测软件支持的接收设备。

（6）其他附属器件：支架、线缆、安装工具等。

模拟测试流程如图 8-23 所示。

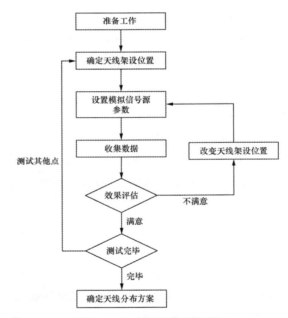

图8-23　模拟测试流程

1. 准备工作

准备工作主要包括协调物业、调测测试工具、安排测试人员、准备交通工具等，此外还需准备楼宇平面图纸和模测记录表格。

2. 确定天线架设位置

根据建筑物平面结构、天线口输出功率以及边缘场强要求，确定天线候选位置和天线类型。进行 CW 测试时，发射天线的摆放位置应靠近天线候选位置。天线候选位置为设计中预计要安放的并有实际操作可能的天线架设位置，通过现场勘测及与业主交流，结合工程师的经验，确定天线候选位置。模测天线候选位置以及测试点数量由平面楼层的特征决定，如图 8-24 所示。

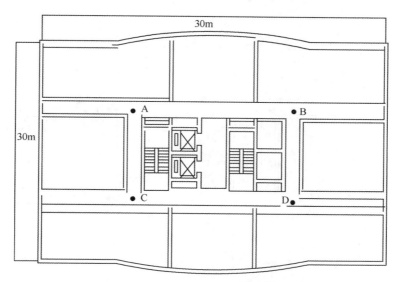

图8-24　模测天线候选位置

在图 8-24 中，由于楼层平面图完全对称，因此在进行模拟测试时，4 个点中只要任选 1 个点测试即可。到了现场，在相应位置架设模测天线和信号模拟设备。

3. 设置模拟信号源参数

原则上按设计需要设置模拟信号源输出导频或 CW 频点和功率。

4. 收集数据

收集数据有 DT 和 CQT 两种方式：DT 利用路测软件将测试终端或扫频仪接收到的信号强度实时记录在相应的测试位置；CQT 利用终端记录每个测试点的实测数据。CQT 测试点位置分布如图 8-25 所示。

若以 A 点为模拟测试点，则 CQT 测试点取图 8-25 中的 E、F、G、H、I、J、K、L、M、N、O 任一点。

5. 效果评估

效果评估是核实单天线的覆盖效果是否符合设计指标要求。在完成特征楼层的天线候选位置的模拟测试后，为了确定分布天线建设方案，需要分析测试数据。路测重在观察天线覆盖区域的整体效果，而 CQT 重在检查天线覆盖边缘的信号情况。若采用 CW 测试，则只能判断信号强度是否符合设计要求。一般通过计算 CW 信号的路径损耗，来推算楼宇内的导频信号（RSRP）的强度覆盖。若采用导频测试，则除了 RSRP 导频强度外，还可以测得 RSRP C/I 指标。

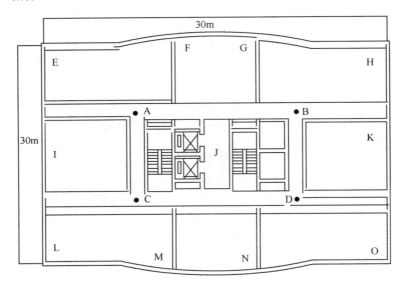

图8-25　CQT测试点位置分布

6. 确定天线分布方案

通过对分布天线的效果评估，最终确定分布天线架设方案。在图 8-25 中，模拟天线 A 点测试结果的差异可以引起天线配置方案的不同。若所有 CQT 测试点的指标都满足要求，则意味着该楼层的无线传播环境特别好，只要架设一个天线就可以满足整个楼层的信号覆盖要求。在此情况下，建议在 J 点再进行一次模拟测试。在正常情况下，所有的测试点也可以满足要求，建议把天线架设在 J 点。

若 8-25 中的 E、F、G、I、J、L、M 测试点的测试结果满足要求，则意味着 A 点天线已经完全覆盖了该楼层平面左上角的一半区域。在 D 点再架设一根天线，进行模拟测试。若该模拟天线可以覆盖 H、B、J、K、N、O 测试点，则意味着 D 点的天线已经完全覆盖了该楼层平面右下角的一半区域。由此可以确定，该平面楼层只要 A、D 两根天线就可以满足建设要求。根据平面结构的对称性，若把天线架设在 B、C 两个位置，同样可以满足该楼层的信号覆盖。

若 8-25 中只有 E、F、I、J 测试点的测试结果满足要求，则意味着 A 点天线只覆盖了该楼层平面左上角约 1/4 的区域（含电梯厅）。由此可以确定，该平面楼层需要架设 A、B、C、D 共 4 根分布天线。

若 8-25 中只有 E、F、I 测试点的测试结果满足要求，则意味着 A 点天线只覆盖了楼层平面的左上角约 1/4 的区域（不含电梯厅）。由此可以确定，该平面楼层需要架设 A、B、C、

D、J 共 5 根分布天线。

以此类推，通过分析不同测试结果，可以得到多种天线位置分布组合。从环境、性能和投资综合分析，最终确定测试楼层的天线分布方案。

参考文献

[1] 高泽华，高峰，等 . 室内分布系统规划与设计 [M] . 北京：人民邮电出版社，2013 .

[2] 樊恒波，查昊 . 5G 网络室内覆盖方案分析 [J] . 技术交流，2018（5）.

[3] 周竞科 . 5G 室内覆盖系统建设方案探讨 [J] . 中国新通信，2018（4）.

缩略语

3D	3 Dimensions	三维
3GPP	3rd Generation Partnership Project	第三代合作伙伴计划
5G	5 Generation	第五代移动通信技术
5QI	5G QoS Identifier	5G QoS 标识
AAU	Active Antenna Unit	有源天线单元
AI	Air Interface	空中接口
AM	Acknowledged Mode	确认模式
AR	Augmented Reality	增强现实
BBU	Building Base band Unit	基带处理单元
BF	Beam Forming	波束赋形
BLER	Block Error ate	误块率
CBD	Central Business District	中央商务区
CDD	Cyclic Delay Diversity	循环延迟分集
CM	Configuration Management	配置管理
CME	Central Management Entities	中心管理实体
CN	Core Network	核心网
CoMP	Coordinated Multipoint	多点协同
CP	Control Plane	控制面
CPRI	Common Public Radio Interface	通用公共无线电接口
CQI	Channel Quality Indicator	信道质量指示
C-RAN	Centralized, Cooperative, Cloud and clean RAN	集中式 / 协作式 / 云 / 绿色 无线接入网
CRS	Cell-specific Reference Signal	公用导频
CSI	Channel State Information	信道状态信息
CU	Centralized Unit	集中单元
DCI	Downlink Control Information	下行控制信息
DRB	Data Radio Bearer	数据无线承载
DS-CDMA	Direct Sequence CDMA	直接序列码分多址
DU	Distributed Unit	分布式单元
EBB	Enterprise Business Bus	企业业务总线
eCPRI	evolved CPRI	演进 CPRI 接口
EPC	Evolved Packet Core network	演进型分组核心网
ESB	Enterprise Service Bus	企业服务总线
FPS	Frames Per Second	每秒传输帧数
GBR	Guaranteed Bit Rate	保证业务速率

HetNet	Heterogeneous Network	异构网络
IPTV	Interactive Personality TV	交互式网络电视
ITU	International Telecommunication Union	国际电信联盟
KPI	Key Performance Indicator	关键性能指标
LDPC	Low Density Parity Check Code	低密度奇偶校验码
LOS	Line of Sight	可视
MAC	Medium Access Control	媒质接入控制
MAPL	Maximum Allow Path Loss	最大允许路径损耗
Massive MIMO	Massive Multiple Input Multiple Output	大规模多输入多输出
MCG	Master Cell Group	主小区组
MCS	Modulation and Coding Scheme	调制编码策略
MEC	Mobile Edge Computing	移动边缘计算
METIS	Mobile and Wireless Communications Enablers for the Twenty-Twenty Information Society	构建2020年信息社会的无线通信关键技术
MIMO	Multiple Input Multiple Output	多输入多输出
MM	Mobile Management	移动管理
MMS	Multimedia Messaging Service	多媒体短信服务
mmW	Millimeter-Wave	毫米波
MR	Measure Report	测试报告
NFV	Network Functions Virtualization	网络功能虚拟化
NGC	Next Generation Core	下一代核心网
NLOS	None Line of sight	非可视
NOMA	Non-Orthogonal Multiple Access	非正交多址技术
NR	New Radio	新无线电
OTT	Over The Top	通过互联网向用户提供的各种应用服务
PBCH	The Physical Broadcast Channel	物理广播信道
PCI	Physical Cell Index	物理小区标识
PCMD	Per Call Measurement Data	每次呼叫测量数据
PDCCH	The Physical Downlink Control Channel	物理下行控制信道
PDCP	Packet Data Convergence Protocol	分组数据汇聚协议
PDSCH	The Physical Downlink Shared Channel	物理下行共享信道
PDU	Protocol Data Unit	协议数据单元
PGW	PDN GW	PDN网关
PRACH	The Physical Random Access Channel	物理随机接入信道
PTN	Packet Transport Network	分组传送网
PUCCH	The Physical Uplink Control Channel	物理上行控制信道
PUSCH	The Physical Uplink Shared Channel	物理上行共享信道
QAM	Quadrature Amplitude Modulation	正交振幅调制

QCI	QoS Class Identifier	QoS 等级指示
QoE	Quality of Experience	客户感知
QoS	Quality of Service	服务质量
QPSK	Quadrature Phase Shift Keying	正交相移键控
RAN	Radio Access Network	无线接入网
RAT	Radio Access Technology	无线接入技术
REG	Resource-element Groups	资源元素组
RNM	Radio Node Management	无线节点管理
ROHC	Robust Header Compression	鲁棒性头压缩
RRH	Remote Radio Head	射频拉远头
RRU	Remote Radio Unit	射频拉远单元
RS	Reference Signal	参考信号
RSRP	Reference Signal Receiving Power	参考信号接收功率
RSU	Road Side Unit	路侧单元
SAR	Specific Absorption Rate	特殊吸收比率
SCG	Secondary Cell Group	辅助小区组
SDL	Supplementary Download	下行辅助
SDN	Software Defined Network	软件定义网络
SDU	Service Data Unit	服务数据单元
SFBC	Space Frequency Block Code	空频块码
SFTD	Space Frequency Transmission Diversity	空频发送分集
SI	Self Interference	自干扰信号
SIC	Successive Interference Cancellation	串行干扰抵消
SINR	Signal to Interference plus Noise Ratio	信号干扰噪声比
SISO	Single Input Single Output	单输入单输出
SMS	Short Messaging Service	短信服务
SNR	Signal to Noise Ratio	信噪比
S-NSSAI	Network Slice Selection Assistance Information	网络切片选择辅助信息
SOA	Service-Oriented Architecture	面向服务的体系结构
SON	Self-Organizing Network	网络自组织
SRB	Signaling Radio Bear	信令无线承载
SSUP	Site Selection based on User Perception	基于用户感知的选址
STBC	Space Time Block Code	空时块码
STTC	Space Time Trellis Code	空时格码
STTD	Space Time Transmission Diversity	空时发送分集
SUI	Sandford University Interim	斯坦福大学临时协定
SUL	Supplementary Upload	上行辅助
TA	Track Area	跟踪区
TBS	Transport Block Size	传输块大小

TM	Transparent Mode	透明模式
TPC	Fast Transmission Power Control	快速功率控制
TRxP	Transmission Reception Point	收发点
UDN	Ultra–Dense Networks	超密集组网
UDN	Ultra–Dense Deployment	超密集网络部署
UE	User Equipment	用户设备
UM	Unacknowledged Mode	非确认模式
UP	User Plane	用户面
V2X	Vehicle to X	车对外界的信息交换
VR	Virtual Reality	虚拟现实

附 录 ...

附录（一）：5G 系统架构

在 5G 系统中，有许多新特性正在实现，以满足高服务质量的需求。为了支持不同的用户，5G 的设计采用了一种完整的软件方法，它将把网络转换成可编程的、软件驱动的和受欢迎的网络架构。5G 系统利用了新技术模式，如网络功能虚拟化（Network Function Virtualization，NFV）和软件定义的网络（Software Defined Network，SDN），它允许使用 SDN 原则高效和可伸缩地分配网络功能，将用户从控制层中分离出来。通过在 5G 中引入的一些关键技术特性，以实现垂直行业的转换。本节将详细介绍 3GPP 中定义的 5G 系统架构与数据连接。

1.5G 架构技术

（1）空中接口

无线接口设计的改进包括天线技术的应用，如大规模 MIMO 的波束赋形、更高效的调制方案、新颖的多存取机制等。这些改进使速率接近香农定理信道容量的理论边界极限。采用这样的新技术是使 5G 系统的频谱效率进一步提高的手段。

密集组网是 5G 网络的主要组成部分，为了提供高数据速率，特别是在密集的城市地区的高业务区域采用密集组网方式。密集组网充分利用 5G 可用的有限的频谱资源，获得更高的峰值数据速率。

频谱是移动通信的生命线，这意味着它也是所有移动应用和服务的生命线，几乎每个人和企业都依赖它。新频谱对第 5 代（5G）地面移动服务的成功应用至关重要。在全球范围内，经过不断地更新研究来确定合适的频段，包括可以在尽可能多的国家使用的频带，以实现全球漫游和规模经济。世界各国的人们正在进行不懈的努力，以寻找用于 5G 的频谱资源。

如前所述，5G 服务预计将包含广泛的应用，一般可分为增强移动宽带（Enhanced Mobile Broadband，eMBB）、低时延高可靠通信（Ultra-Reliable and Low Latency Communications，URLLC）和大规模机器类型通信（massive Machine Type Communications，mMTC，也称为 MIoT）。除了对网络特性设置有不同的要求外，该应用还将驱动各种各样的部署场景。由于不同频谱具有不同的物理特性（例如，传播范围、穿透结构和围绕障碍物的传播）会使一些应用更适合，并期望被部署到某些频谱范围内。

（2）LTE-NR 双重连接

双重连接的概念是在长期演进（LTE）中引入的，允许用户设备（UE）接收来自多个单元的数据。在 5G 技术中，支持 LTE 和 5G 双重连接的新技术（NR）。双重连接依赖于一个事实，即 LTE 和 NR 覆盖都存在于一个地理区域。虽然覆盖重叠，但 LTE 和 NR 可是联合定位或非联合定位。附图 1 显示了两个场景：在顶部图中 LTE 和 NR 单元提供类似的覆盖和联合定位（LTE 和 NR 都是宏单元）。在底部图中，NR 是一个小单元，LTE 是一个宏单元。LTE 和 NR 提供不同的覆盖（不重叠覆盖）和不联合定位，非联合定位小区指的是一个微小区和一个增强的宏小区。LTE-NR 双重连接（Dual Connectivity，DC）同时支持 Co-located 和 Non-co-located 场景。

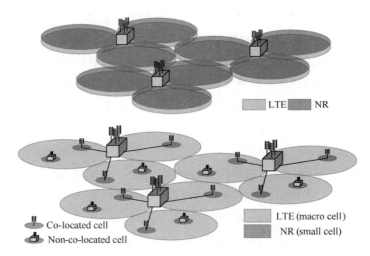

附图1　LTE-NR双重连接

双连通性意味着 UE 与两个单元同时连接，一起发送和接收，可以向每个单元传送数据，增加了可能的数据吞吐量。

（3）低时延高可靠的设计

5G 的另一个重要方面是高可靠性和低时延技术。可靠性指的是在定义的延迟内保证成功的消息传输的能力。延迟减少不仅有助于提高数据速率，还能支持新的用户业务。针对 3GPP 发布的 Release 15 更低的延迟，有两个增强目标，第一个是减少处理时间：使终端响应下行（DL）数据和上行（UL）数据延时从 4ms 变为 3ms；第二个是引入更短的传输时间间隔（shorter Transmission Time Intervals，sTTI）。传统的 LTE 是 14 个符号，1ms 的调度间隔。然而，对于 sTTI 7 个符号（0.5ms）和 2 个符号（0.142ms），都支持调度区间。峰值数据率不变，仍然只支持 8 个 HARQ 进程，这意味着混合自动重传输请求确认（HARQ）ACK / NACK 反馈和重传往返时间需要分别以 7 个符号和 2 个符号，sTTI 速度可更快地达到。5G 还旨在进一步减少 RAN 终端和核心网（CN）网络节点之间的信令开销。

（4）高安全性

5G 将面临比 2G/3G/4G 更严重的网络安全挑战。5G 安全的驱动因素包括以下 4 项：

①新的服务交付模式；②演进趋势的威胁；③更加注重隐私；④新的信任模式。

5G 将在 4G 的基础上实现以下 4 项安全增强。①增加了用于身份验证的家庭网络控制。家庭网络验证了 UE 的实际存在，并要求服务网络提供服务；②统一认证框架。对 3GPP 和非 3GPP 访问的相同身份验证。③安全锚功能（SEAF），允许在不同访问网络之间移动时重新认证 UE。④用户身份隐私，使用家庭网络公钥加密用户身份。例如，国际移动用户标识（IMSI）。

（5）网络功能的虚拟化（NFV）

开放平台提供了比现有网络中基于目标的硬件更好的灵活性和可伸缩性，因此 5G 网络不同于前几代所使用的传统专用硬件，采用开放平台的模式。开放平台由（Com-mmercial Off-The-Shelf, COTS）硬件组成，其中应用程序可被安装，形成所谓的虚拟网络功能（NFV）。虚拟网络功能可以在任何物理硬件中执行，因此物理位置可以根据当前需求动态变化，也可以根据服务需求（如延迟）进行动态更改。同时也支持云计算，网络节点共享计算、存储等网络资源，并动态地独立于它们的物理位置。

（6）软件定义网络

5G 网络的另一个新特性就是软件定义的网络（SDN）。SDN 将控制平面与用户平面分离。SDN 的使用允许高的可编程性，使网络在同一硬件中可分为不同切片。每个切片都可以用于不同类型的服务。

与传统网络相比，NFV 和 SDN 技术的结合使 Capex 更低。根据最近的研究，利用这类技术的企业可以比传统网络更快地实现新服务。由于自动化和此类网络的可伸缩性，操作成本也降低了。使用这些技术实现的网络运营成本可以降低 50%。

首先，网络切片（NS）的使用允许在同一个物理网络中创建多个虚拟网络和网络资源池。然后，每个切片都可以根据该切片中提供服务的特性以及可以在其上交付的应用程序的特性进行优化。切片可以被看作是作为用户的服务定制的动态基础设施（IaaS），并通过将云技术、SDN 和 NFV 功能相结合来实现。

（7）多接入边缘计算（MEC）

多接入边缘计算（MEC）以前被称为移动边缘计算技术也在 5G 中应用。MEC 系统将服务靠近网络边缘，接近设备接入端。该实体包含应用程序和虚拟化基础设施，提供计算、存储以及应用程序所需网络资源的功能。MEC 可使 5G 时代对预期吞吐量、延迟、可伸缩性和自动化满足要求。通过提供云计算能力和在网络边缘的 IT 服务环境，MEC 可支持超低时延和高带宽。它还可以提供对实时网络和上下文信息的访问。MEC 还提供额外的隐私和安全性，并确保显著的成本效率。MEC 与 5G 架构的集成将带来附加值，确保高效的网络运营、服务交付和最终的个人体验。

MEC 和 NFV 是两个不同的概念，它们可以独立实现。这意味着它们可能共享相同的虚拟化基础设施，或者它们可能有独立的基础设施，这取决于部署选项（在 NFV 环境中的 MEC 或独立的 MEC）。无论如何，从标准化的角度来看，MEC 技术最大程度地用了 NFV 虚拟化基础设施和 NFV 基础设施管理。

（8）载波聚合

在 4G 标准化过程中，我们已经意识到要增加体验数据速率，需要更多的频谱或带宽。3GPP LTE 所得出的解决方案为载体聚合（CA），在不同频段的多个波段组合在一起，从而产生广泛的聚合传输。在 5G 中，载体聚合的概念将继续存在，并且系统将使用频率为数十或数百 GHz 的频谱。在 30GHz~300GHz 之间的频率运行的无线系统通常被称为毫米波（mmWave）。

（9）大规模分布式天线 Massive MIMO

一般来说，多输入多输出（MIMO）无线系统，允许网络容量以更高的数据速率和更多的用户服务。可以利用多个收发器来提供空间的多样性，或者通过使用例如波束赋形来提高接收信号的强度。当基站的天线数量增加到 100 或 1000 个阵元时，即为大规模 MIMO。大规模天线系统也被称为 Massive MIMO 系统，Very Large MIMO，Hyper MIMO 等。大规模 MIMO 和 mmWave 的结合可以减少总传输延迟。在 mmWave 和大规模 MIMO 结合中，非常大的带宽的组合极大地满足了峰值的体验数据速率、区域通信容量和低时延的 5G 需求。3GPP 中的 5G 系统架构支持使用这些技术的数据连接和服务。

2. 5G 核心网络架构

5G 核心网络（5GC）架构部署要能够使用 NFV、MEC 和 SDN 等技术。5G 核心网络架构利用了基于服务的交互，并将用户平面（UP）的功能与控制平面（CP）功能分离开来。这种分离允许独立的可伸缩性、演化和灵活的部署，例如，集中式或分布式（远程）位置。

该体系结构还定义了一个聚合的核心网络，它具有接入网络（AN）和核心网络（CN）之间的公共接口。该聚合的核心网络最小化了 AN 和 CN 之间的依赖关系，并允许不同的 3GPP 和非 3GPP 访问类型之间的集成。

网络功能往往是密集型的集中处理单元（CPU），在某些情况下是内存密集型的，而不是存储密集型的，因此可以有效地分配资源，例如，在单独的位置存储配置和日志，而不是网络功能。为了支持低时延服务和访问本地数据网络，可以将 UP 功能部署到接近接入网络的地方。附图 2 展示了 5G 核心网络（5GC）整体架构，在控制平面中，移动管理和会话管理功能在两个不同的网络功能之间划分：访问和移动管理功能（Access and Mobility Management Function，AMF）和会话管理功能（Session Management Function，SMF）。网络陈列功能（Network Exposure Function，NEF）为外部应用程序提供了与 3GPP 网络通信的接口。统一数据管理（Unified Data Management，UDM）负责访问授权和订阅管理。

网络存储库功能（Network Repository Function，NRF）和策略控制功能（Policy Control Function，PCF）包含策略规则。身份验证由身份验证服务器功能（Authentication Server Function，AUSF）处理。

在用户面中，用户平面功能（User Plane Function，UPF）负责处理数据包，例如，缓冲包、过滤包、路由包等。数据网络（Data Network，DN）提供运营商服务、第三方服务或接入互联网。

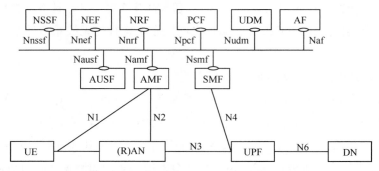

附图2　5G核心网络（5GC）整体架构

为了支持边缘计算的流量卸载，SMF 可以控制分组数据单元（PDU）会话的数据路径，这样 PDU 会话可以同时对应多个 N6 接口（与应用服务器的接口）。当运行中的卸载开始时，AMF 和 SMF 必须协调运行中的数据路径转换。

UPF 终止每个接口被称为支持 PDU 会话锚定功能。每个 PDU 会话锚支持一个 PDU 会话提供了对同一 DN 的不同访问。这可以通过以下三种方式实现：①使用 UpLink 分类器功能的 PDU 会话；②用于 PDU 会话的 IPv6 多宿主法；③支持局域数据网络（LADN）。

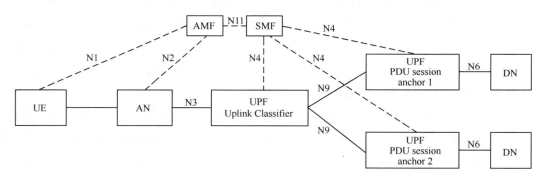

附图3　MEC架构与Uplink分类器

（1）上行分类器

"UL CL"（Uplink 分类器）是 UPF 支持的一种功能，它的目标是将会话管理功能（SMF）提供的一些流量匹配的流量过滤器（本地）分流。SMF 可以决定在 PDU 会话的数据路径中插入一个 UL CL。UL CL 应用过滤规则（例如，检查 UE 发送的 IP 数据包的目标 IP 地址），并确定数据包应该如何路由。UE 使用相同的 IP 地址来访问任何一个网络，并且不知道它在与哪个 DN 通信，MEC 架构与 Uplink 分类器如附图 3 所示。

（2）IPv6 多归属

在这种情况下，给定分组数据单元会话与多个 IPv6 前缀相关联。一个称为"分支点"的"通用"用户平面功能负责将 UL 流量导向一个或另一个基于数据包源前缀的 IP 锚。一个给定的 PDU 会话的分支点可能会被 SMF 插入或删除。MEC 架构与 IPv6 多归属如附图 4 所示。

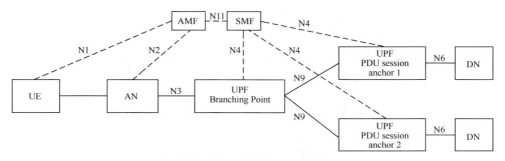

附图4　MEC架构与IPv6多归属

RFC 4191 用于将规则配置到 UE 中，以影响源地址的选择。这对应于 IETF RFC 7157 中定义的场景 1：IPv6 多宿主，没有网络地址转换。

（3）局域数据网络（LADN）

在这种方法中，UE 明确地请求一个 PDU 会话到一个特殊的访问点网络 / 数字数据网络（APN/DDN），以便访问本地提供的服务。为了支持这一点，访问和移动管理功能（AMF）提供了关于 LADN 可用性的信息。AMF 跟踪 UE 并通知 SMF 是否在 LADN 服务区域（LADN 可用的区域）。

在注册过程中，AMF 向 UE 提供了 LADN 信息。该信息由 LADN DNN 和 LADN 服务区域信息组成。LADN 服务区域信息包括一组属于 UE 的当前注册区域（即 LADN 服务区域和当前注册区域的交集）的跟踪区域。当 UE 位于 LADN 服务区域时，UE 可能会请求 PDU 会话建立，从而提供可用的 LADN。

3.5G 无线网络体系结构

在前一节中，我们回顾了 5G 的总体架构，无线接入网络（RAN）节点连接到 UPF 和 AMF。运行节点是 UE 的连接。在 5G 中，运行节点被称为下一代 RAN（NG-RAN）。NG-RAN 节点要么是 gNB，要么是 ng-eNB：gNB 提供面向 UE 终端的 NR 用户平面和控制平面协议，ng-eNB 提供了面向 UE 终端的 E-UTRA 用户平面和控制平面协议，gNBs 和 ng-eNB 通过 Xn 接口相互连接。gNBs 和 NG-eNBs 也通过 NG 接口连接到 5GC，更具体地说，

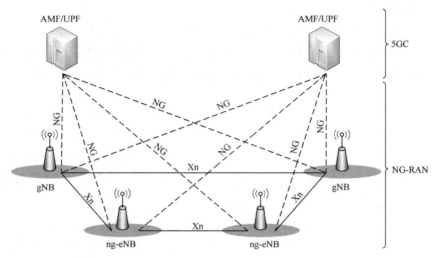

gNBs 和 NG-eNBS 是通过 NG- C 接口和 UPF 通过 NG- U 接口连接到 AMF。NG-RAN 整体架构如附图 5 所示。

附图5 NG–RAN整体架构

gNB 承载了无线资源管理（RRM）的功能，如无线承载控制（RBC）、无线接收控制（RAC）、连接移动控制（CMC），以及在上行链路和下行链路（scheduling）中动态分配资源。gNB 还负责在 UE 连接中选择 AMF，将控制平面信息路由到选定的 AMF 在使用平面上，gNB 负责将用户平面数据路由到 UPF（s）、传输层包标记在上行链路、IP 报头压缩和加密用户数据流。

5GC 和 NG-RAN 之间的功能划分如附图 6 所示。

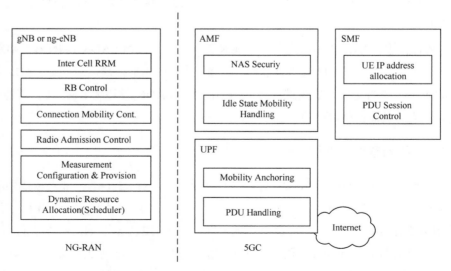

附图6 5GC和NG–RAN之间的功能划分

附录（二）：5 种 5G 帧结构

eMBB 场景，按照 30kHz 子载波间隔，各厂家提出了典型的帧结构如附图 7、附图 8 至附图 9 所示，系统可支持其中的一种或者多种（静态配置）。

附图 7 为 2.5ms 双周期帧结构，每 5ms 里面包含 5 个全下行时隙，3 个全上行时隙和 2 个特殊时隙。Slot3 和 Slot7 为特殊时隙，OFDM 符号配比为 10：2：2（可调整）（DDDSUDDSUU）；patter 周期为 2.5ms，存在连续的 2 个 ULslot，可发送长 PRACH 格式，有利于提升上行覆盖能力。

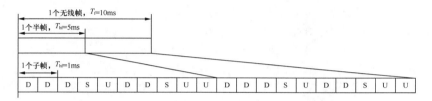

附图7　时隙结构1

附图 8 每 2.5ms 里面包含 3 个全下行时隙，1 个全上行时隙和 1 个特殊时隙。特殊时隙 OFDM 符号配比为 10：2：2（可调整）（DDDDDDDDDDSSUU）；patter 周期为 2.5ms，存在 1 个 ULslot，下行有更多的 slot，有利于下行吞吐量。

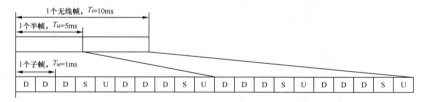

附图8　时隙结构2

附图 9 每 2.5ms 里面包含 5 个双向时隙，其中 4 个下行时隙和 1 个上行时隙。上行时隙 OFDM 符号配比为 1：1：12（DSUUUUUUUUUUUU），下行时隙 OFDM 符号配比为 12：1：1（DDDDDDDDDDDDSU），存在频繁上下行转换，影响性能。

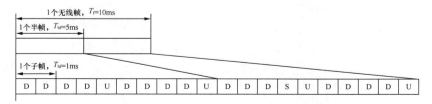

附图9　时隙结构3

附录（三）：时隙格式

常规 CP 时隙格式见附表 1

附表1　常规CP时隙格式

格式	时隙内符号													
	0	1	2	3	4	5	6	7	8	9	10	11	12	13
0	D	D	D	D	D	D	D	D	D	D	D	D	D	D
1	U	U	U	U	U	U	U	U	U	U	U	U	U	U
2	X	X	X	X	X	X	X	X	X	X	X	X	X	X
3	D	D	D	D	D	D	D	D	D	D	D	D	D	X
4	D	D	D	D	D	D	D	D	D	D	D	D	X	X
5	D	D	D	D	D	D	D	D	D	D	D	X	X	X
6	D	D	D	D	D	D	D	D	D	D	X	X	X	X
7	D	D	D	D	D	D	D	D	D	X	X	X	X	X
8	X	X	X	X	X	X	X	X	X	X	X	X	X	U
9	X	X	X	X	X	X	X	X	X	X	X	X	U	U
10	X	U	U	U	U	U	U	U	U	U	U	U	U	U
11	X	X	U	U	U	U	U	U	U	U	U	U	U	U
12	X	X	X	U	U	U	U	U	U	U	U	U	U	U
13	X	X	X	X	U	U	U	U	U	U	U	U	U	U
14	X	X	X	X	X	U	U	U	U	U	U	U	U	U
15	X	X	X	X	X	X	U	U	U	U	U	U	U	U
16	D	X	X	X	X	X	X	X	X	X	X	X	X	X
17	D	D	X	X	X	X	X	X	X	X	X	X	X	X
18	D	D	D	X	X	X	X	X	X	X	X	X	X	X
19	D	X	X	X	X	X	X	X	X	X	X	X	X	U
20	D	D	X	X	X	X	X	X	X	X	X	X	X	U
21	D	D	D	X	X	X	X	X	X	X	X	X	X	U
22	D	X	X	X	X	X	X	X	X	X	X	X	U	U
23	D	D	X	X	X	X	X	X	X	X	X	X	U	U
24	D	D	D	X	X	X	X	X	X	X	X	X	U	U
25	D	X	X	X	X	X	X	X	X	X	X	U	U	U
26	D	D	X	X	X	X	X	X	X	X	X	U	U	U
27	D	D	D	X	X	X	X	X	X	X	X	U	U	U
28	D	D	D	D	D	D	D	D	D	D	D	D	X	U

（续表）

格式	时隙内符号													
	0	1	2	3	4	5	6	7	8	9	10	11	12	13
29	D	D	D	D	D	D	D	D	D	D	D	X	X	U
30	D	D	D	D	D	D	D	D	D	D	X	X	X	U
31	D	D	D	D	D	D	D	D	D	D	D	X	U	U
32	D	D	D	D	D	D	D	D	D	D	X	X	U	U
33	D	D	D	D	D	D	D	D	D	X	X	X	U	U
34	D	X	U	U	U	U	U	U	U	U	U	U	U	U
35	D	D	X	U	U	U	U	U	U	U	U	U	U	U
36	D	D	D	X	U	U	U	U	U	U	U	U	U	U
37	D	X	X	U	U	U	U	U	U	U	U	U	U	U
38	D	D	X	X	U	U	U	U	U	U	U	U	U	U
39	D	D	D	X	X	U	U	U	U	U	U	U	U	U
40	D	X	X	X	U	U	U	U	U	U	U	U	U	U
41	D	D	X	X	X	U	U	U	U	U	U	U	U	U
42	D	D	D	X	X	X	U	U	U	U	U	U	U	U
43	D	D	D	D	D	D	D	D	D	X	X	X	X	U
44	D	D	D	D	D	D	X	X	X	X	X	X	U	U
45	D	D	D	D	D	D	X	X	U	U	U	U	U	U
46	D	D	D	D	D	D	X	D	D	D	D	D	X	U
47	D	D	X	U	U	U	U	D	D	X	U	U	U	U
48	D	X	U	U	U	U	U	D	X	U	U	U	U	U
49	D	D	D	D	X	X	U	D	D	D	D	X	X	U
50	D	D	X	X	U	U	U	D	D	X	X	U	U	U
51	D	X	X	U	U	U	U	D	X	X	U	U	U	U
52	D	X	X	X	X	X	U	D	X	X	X	X	X	U
53	D	D	X	X	X	U	U	D	D	X	X	X	U	U
54	X	X	X	X	X	X	X	D	D	D	D	D	D	D
55	D	D	X	X	X	U	U	U	D	D	D	D	D	D
56－255	保留													

附录（四）：前导格式

附表2　$\Delta f^{RA} = 1.25\,\text{kHz}$前导格式$N_{CS}$值

零相关配置	N_{CS}值		
	非限制集	限制集 Type A	限制集 Type B
0	0	15	15
1	13	18	18
2	15	22	22
3	18	26	26
4	22	32	32
5	26	38	38
6	32	46	46
7	38	55	55
8	46	68	68
9	59	82	82
10	76	100	100
11	93	128	118
12	119	158	137
13	167	202	–
14	279	237	–
15	419	–	–

附表3　$\Delta f^{RA} = 5\,\text{kHz}$前导格式$N_{CS}$值

零相关配置	N_{CS}值		
	非限制集	限制集 Type A	限制集 Type B
0	0	36	36
1	13	57	57
2	26	72	60
3	33	81	63
4	38	89	65
5	41	94	68
6	49	103	71
7	55	112	77
8	64	121	81
9	76	132	85
10	93	137	97

（续表）

零相关配置	N_{CS}值		
	非限制集	限制集 Type A	限制集 Type B
11	119	152	109
12	139	173	122
13	209	195	137
14	279	216	–
15	419	237	–

附表4　$\Delta f^{RA} = 15 \cdot 2^{\mu}$ kHz（$\mu \in \{0,1,2,3\}$）前导格式N_{CS}值

零相关配置	非限制集N_{CS}值
0	0
1	2
2	4
3	6
4	8
5	10
6	12
7	13
8	15
9	17
10	19
11	23
12	27
13	34
14	46
15	69

附表5　当$L_{RA} = 839$和$\Delta f^{RA} \in \{1.25, 5\}$ kHz PRACH前导格式

格式	L_{RA}	Δf^{RA}	N_u	N_{CP}^{RA}	支持限制集
0	839	1.25 kHz	$24576\,\kappa$	$3168\,\kappa$	Type A，Type B
1	839	1.25 kHz	$2.24576\,\kappa$	$21024\,\kappa$	Type A，Type B
2	839	1.25 kHz	$4.24576\,\kappa$	$4688\,\kappa$	Type A，Type B
3	839	5 kHz	$4.6144\,\kappa$	$3168\,\kappa$	Type A，Type B

附表6　当$L_{RA} = 139$和$\Delta f^{RA} = 15 \cdot 2^{\mu}$ kHz PRACH前导格式（$\mu \in \{0,1,2,3\}$）

格式	L_{RA}	Δf^{RA}	N_u	N_{CP}^{RA}	支持限制集
A1	139	$15 \cdot 2^{\mu}$ kHz	$2.2048\,\kappa \cdot 2^{-\mu}$	$288\,\kappa \cdot 2^{-\mu}$	–
A2	139	$15 \cdot 2^{\mu}$ kHz	$4.2048\,\kappa \cdot 2^{-\mu}$	$576\,\kappa \cdot 2^{-\mu}$	–

（续表）

格式	L_{RA}	Δf^{RA}	N_u	N_{CP}^{RA}	支持限制集
A3	139	$15 \cdot 2^{\mu}$ kHz	$6 \cdot 2048\,\kappa \cdot 2^{-\mu}$	$864\,\kappa \cdot 2^{-\mu}$	–
B1	139	$15 \cdot 2^{\mu}$ kHz	$2 \cdot 2048\,\kappa \cdot 2^{-\mu}$	$216\,\kappa \cdot 2^{-\mu}$	–
B2	139	$15 \cdot 2^{\mu}$ kHz	$4 \cdot 2078\,\kappa \cdot 2^{-\mu}$	$360\,\kappa \cdot 2^{-\mu}$	–
B3	139	$15 \cdot 2^{\mu}$ kHz	$6 \cdot 2048\,\kappa \cdot 2^{-\mu}$	$504\,\kappa \cdot 2^{-\mu}$	–
B4	139	$15 \cdot 2^{\mu}$ kHz	$12 \cdot 2048\,\kappa \cdot 2^{-\mu}$	$936\,\kappa \cdot 2^{-\mu}$	–
C0	139	$15 \cdot 2^{\mu}$ kHz	$2048\,\kappa \cdot 2^{-\mu}$	$1240\,\kappa \cdot 2^{-\mu}$	–
C2	139	$15 \cdot 2^{\mu}$ kHz	$4 \cdot 2048\,\kappa \cdot 2^{-\mu}$	$2048\,\kappa \cdot 2^{-\mu}$	

附表7　Δf^{RA} 和 Δf 支持组合对应 $\bar{k}$ 值

L_{RA}	$\Delta f^{RA}_{(PRACH)}$	Δf（PUSCH）	N_{RB}^{RA}（分配 PUSCH 的 RB 数）	$\bar{k}$
839	1.25	15	6	7
839	1.25	30	3	1
839	1.25	60	2	133
839	5	15	24	12
839	5	30	12	10
839	5	60	6	7
139	15	15	12	2
139	15	30	6	2
139	15	60	3	2
139	30	15	24	2
139	30	30	12	2
139	30	60	6	2
139	60	60	12	2
139	60	120	6	2
139	120	60	24	2
139	120	120	12	2

附录（五）：PDSCH 的 MCS 索引

附表8　PDSCH MCS索引表（一）

MCS 索引 I_{MCS}	调制阶数 Q_m	目标码率 $R \times [1024]$	频谱效率
0	2	120	0.2344
1	2	157	0.3066
2	2	193	0.3770
3	2	251	0.4902
4	2	308	0.6016
5	2	379	0.7402
6	2	449	0.8770
7	2	526	1.0273
8	2	602	1.1758
9	2	679	1.3262
10	4	340	1.3281
11	4	378	1.4766
12	4	434	1.6953
13	4	490	1.9141
14	4	553	2.1602
15	4	616	2.4063
16	4	658	2.5703
17	6	438	2.5664
18	6	466	2.7305
19	6	517	3.0293
20	6	567	3.3223
21	6	616	3.6094
22	6	666	3.9023
23	6	719	4.2129
24	6	772	4.5234
25	6	822	4.8164
26	6	873	5.1152
27	6	910	5.3320
28	6	948	5.5547
29	2	保留	
30	4	保留	
31	6	保留	

附表9 PDSCH MCS索引表（二）

MCS 索引 I_{MCS}	调制阶数 Q_m	目标码率 $R \times [1024]$	频谱效率
0	2	120	0.2344
1	2	193	0.3770
2	2	308	0.6016
3	2	449	0.8770
4	2	602	1.1758
5	4	378	1.4766
6	4	434	1.6953
7	4	490	1.9141
8	4	553	2.1602
9	4	616	2.4063
10	4	658	2.5703
11	6	466	2.7305
12	6	517	3.0293
13	6	567	3.3223
14	6	616	3.6094
15	6	666	3.9023
16	6	719	4.2129
17	6	772	4.5234
18	6	822	4.8164
19	6	873	5.1152
20	8	682.5	5.3320
21	8	711	5.5547
22	8	754	5.8906
23	8	797	6.2266
24	8	841	6.5703
25	8	885	6.9141
26	8	916.5	7.1602
27	8	948	7.4063
28	2	保留	
29	4	保留	
30	6	保留	
31	8	保留	

附表10　PDSCH MCS索引表（三）

MCS 索引 I_{MCS}	调制阶数 Q_m	目标码率 $R \times [1024]$	频谱效率
0	2	30	0.0586
1	2	40	0.0781
2	2	50	0.0977
3	2	64	0.1250
4	2	78	0.1523
5	2	99	0.1934
6	2	120	0.2344
7	2	157	0.3066
8	2	193	0.3770
9	2	251	0.4902
10	2	308	0.6016
11	2	379	0.7402
12	2	449	0.8770
13	2	526	1.0273
14	2	602	1.1758
15	4	340	1.3281
16	4	378	1.4766
17	4	434	1.6953
18	4	490	1.9141
19	4	553	2.1602
20	4	616	2.4063
21	6	438	2.5664
22	6	466	2.7305
23	6	517	3.0293
24	6	567	3.3223
25	6	616	3.6094
26	6	666	3.9023
27	6	719	4.2129
28	6	772	4.5234
29	2	保留	
30	4	保留	
31	6	保留	

附录（六）：空间复用码字映射

附表11　空间复用的码字到层映射

层数	码字数	码字到层映射 $i = 0,1,...,M_{\text{symb}}^{\text{layer}}-1$	
1	1	$x^{(0)}(i) = d^{(0)}(i)$	$M_{\text{symb}}^{\text{layer}} = M_{\text{symb}}^{(0)}$
2	1	$x^{(0)}(i) = d^{(0)}(2i)$ $x^{(1)}(i) = d^{(0)}(2i+1)$	$M_{\text{symb}}^{\text{layer}} = M_{\text{symb}}^{(0)}\big/2$
3	1	$x^{(0)}(i) = d^{(0)}(3i)$ $x^{(1)}(i) = d^{(0)}(3i+1)$ $x^{(2)}(i) = d^{(0)}(3i+2)$	$M_{\text{symb}}^{\text{layer}} = M_{\text{symb}}^{(0)}\big/3$
4	1	$x^{(0)}(i) = d^{(0)}(4i)$ $x^{(1)}(i) = d^{(0)}(4i+1)$ $x^{(2)}(i) = d^{(0)}(4i+2)$ $x^{(3)}(i) = d^{(0)}(4i+3)$	$M_{\text{symb}}^{\text{layer}} = M_{\text{symb}}^{(0)}\big/4$
5	2	$x^{(0)}(i) = d^{(0)}(2i)$ $x^{(1)}(i) = d^{(0)}(2i+1)$ $x^{(2)}(i) = d^{(1)}(3i)$ $x^{(3)}(i) = d^{(1)}(3i+1)$ $x^{(4)}(i) = d^{(1)}(3i+2)$	$M_{\text{symb}}^{\text{layer}} = M_{\text{symb}}^{(0)}\big/2 = M_{\text{symb}}^{(1)}\big/3$
6	2	$x^{(0)}(i) = d^{(0)}(3i)$ $x^{(1)}(i) = d^{(0)}(3i+1)$ $x^{(2)}(i) = d^{(0)}(3i+2)$ $x^{(3)}(i) = d^{(1)}(3i)$ $x^{(4)}(i) = d^{(1)}(3i+1)$ $x^{(5)}(i) = d^{(1)}(3i+2)$	$M_{\text{symb}}^{\text{layer}} = M_{\text{symb}}^{(0)}\big/3 = M_{\text{symb}}^{(1)}\big/3$
7	2	$x^{(0)}(i) = d^{(0)}(3i)$ $x^{(1)}(i) = d^{(0)}(3i+1)$ $x^{(2)}(i) = d^{(0)}(3i+2)$ $x^{(3)}(i) = d^{(1)}(4i)$ $x^{(4)}(i) = d^{(1)}(4i+1)$ $x^{(5)}(i) = d^{(1)}(4i+2)$ $x^{(6)}(i) = d^{(1)}(4i+3)$	$M_{\text{symb}}^{\text{layer}} = M_{\text{symb}}^{(0)}\big/3 = M_{\text{symb}}^{(1)}\big/4$

（续表）

层数	码字数	码字到层映射 $i = 0,1,...,M_{\text{symb}}^{\text{layer}} - 1$	
8	2	$x^{(0)}(i) = d^{(0)}(4i)$ $x^{(1)}(i) = d^{(0)}(4i+1)$ $x^{(2)}(i) = d^{(0)}(4i+2)$ $x^{(3)}(i) = d^{(0)}(4i+3)$ $x^{(4)}(i) = d^{(1)}(4i)$ $x^{(5)}(i) = d^{(1)}(4i+1)$ $x^{(6)}(i) = d^{(1)}(4i+2)$ $x^{(7)}(i) = d^{(1)}(4i+3)$	$M_{\text{symb}}^{\text{layer}} = M_{\text{symb}}^{(0)} \big/ 4 = M_{\text{symb}}^{(1)} \big/ 4$

附录（七）：物理过程

1.小区搜索

通过小区搜索过程，终端与服务小区实现下行信号的时间和频率同步，并识别小区ID。用作小区搜索的信道包括同步信道（SCH）和广播信道（BCH）。SCH 用来取得下行系统时钟和频率同步，而 BCH 则用来取得小区的特定信息。完成小区初始搜索后，终端才能开始接收基站发出的系统信息。因此，小区搜索是终端接入系统的第一步，关系到能否快速、准确的接入系统。

（1）5G 小区搜索获得的基本信息如下：

① 初始的符号定时；

② 频率同步；

③ 小区传输带宽；

④ 小区标识号；

⑤ 帧定时信息；

⑥ 小区基站的天线配置信息（发送天线数）；

⑦ 循环前缀（CP）的长度（LTE 对单播和广播 / 组播业务规定了不同的 CP 长度）。

（2）小区搜索流程

小区搜索流程主要分为如下 5 步，如附图 10 所示。

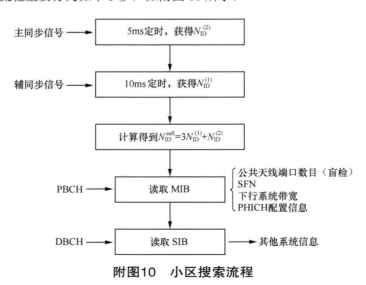

附图10　小区搜索流程

① 通过 PSS 获得 5ms 定时，并通过序列相关得到小区 ID 号 $N_{\text{ID}}^{(2)}$；

② 通过 SSS 获得 10ms 定时，并通过序列相关得到小区 ID 组号 $N_{\text{ID}}^{(1)}$；

③ 按照以上两步的结果，经过计算得到 CELL_ID；

④ 在固定的时频位置上接收并解码 PBCH，得到主信息块 MIB，读取 PBCH 的系统消息（PCH 配置、RACH 配置、邻区列表等）；

⑤ 在下行子帧内接收使用 SI-RNTI 标识的 PDCCH 信令调度的系统信息块 SIB。

2. 随机接入

5G 随机接入过程分为两种模式，即允许"基于竞争"的接入（隐含内在的冲突风险）和"非竞争"的接入。当终端收到 gNB 的广播信息需要接入时，从序列集中随机选择一个 Preamble 序列发给 gNB，然后根据不同的前导序列来区分不同的 UE。物理层的随机接入框图如附图 11 所示。

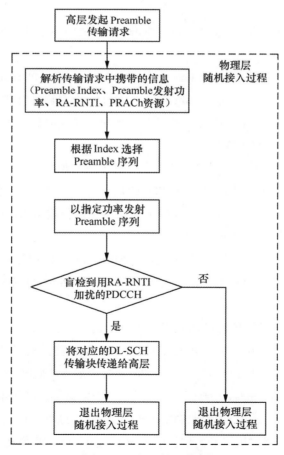

附图11　随机接入框图

5G 中 RACH 用于网络的初始化接入但不能携带任何用户数据，用户数据通过专门的物理上行共享信道（PUSCH）传输。

RACH 的使用场景如下：

① 终端处于 RRC_CONNECTED 状态，但处于上行失步状态，需要发送新的上行数据和控制信息，例如：一个事件触发的测量报告；

② 终端处于 RRC_CONNECTED 状态，但处于上行失步状态，当下行数据到达时终端需要反馈 ACK/NACK 信息至 gNB，因此需要通过随机接入来建立上行同步；

③ 终端处于 RRC_CONNECTED 状态，但处于从正在服务的小区到目标小区的切换状态；

④ 终端从 RRC_IDLE（长时间没有数据交互）状态进行初始接入，也称为初始的随机接入，例如：初始接入或者跟踪区域更新；

⑤ 无线链路失败后进行随机接入，当无线链路失败后会发起重建，若重建超时，则终端会转入 IDLE 状态。

还有一种特殊情况，当 PUCCH 中没有资源留给终端来传输调度请求（SR）时，可以通过随机接入来发送 SR。

随机接入响应消息承载于 PDSCH，使用 RA-RNTI 标识的 PDCCH 进行调度，其中包含的内容：随机 ID、TA、UL grant、Temporary C-RNTI、冲突解决消息（承载于 PDSCH 上，使用 C-RNTI 标识的 PDCCH 来调度，终端来判断冲突解决消息中包含的 ID 号与本地 ID 号是否相同，如果相同则竞争成功）。

RACH 使用的 5 种场景中，场景二和场景三是由基站触发的，对应的随机接入过程是由 PDCCH 命令触发的。此时用户会收到 PDCCH 传输信号，物理层将译码正确的 PDCCH 传输上报至 MAC 层，由 MAC 层给物理层下发 Preamble 传输请求，因此基站可以给终端分配资源，即采用基于非竞争的随机接入。

其他的 3 种应用场景，包括无线链路失败、IDLE 状态下进行初始随机接入和上行数据传输都是由高层触发，即由终端的 MAC 层向物理层下发 Preamble 传输请求，只能采用基于竞争的随机接入。

其实，上述 5 种应用场景均可以采用基于竞争的随机接入过程。但是，小区切换和下行数据到达经常是采用基于非竞争接入（可以减少随机接入的时延）。当基于非竞争的 Preamble 序列不够用时，才会采用基于竞争的随机接入过程。此时 MAC 层会通过 PDCCH 传输中携带的 ra-Preamble Index 来判断究竟是采用竞争随机接入还是非竞争的随机接入。

对于非竞争的接入，gNB 通过对终端分配专门的签名序列避免竞争。这种接入快于基于竞争的接入，这对于受时限影响的切换情形来说尤为重要。两种 RACH 过程的运作依赖于将这些签名分割为基于竞争的接入和非竞争接入的特殊用户。

（1）有竞争的随机接入流程

基于竞争的随机接入过程如附图12所示，此过程分为4步。

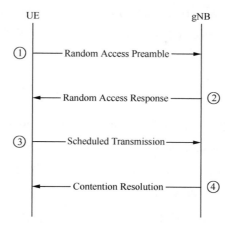

附图12　基于竞争的随机接入过程

① 终端侧通过在特定的时频资源上，发送可以标识其身份的 Preamble 序列，进行上行同步。

② 基站侧在对应的时频资源对 Preamble 序列进行检测，完成序列检测后，发送随机接入响应。

③ 终端侧在发送 Preamble 序列后，在后续的一段时间内检测基站发送的随机接入响应。

④ 终端在检测到属于自己的随机接入响应，该随机接入响应中包含了允许 UE 上行传输的资源调度信息，基站发送冲突解决响应，UE 接收信息，判断是否竞争成功。

（2）无竞争的随机接入流程

无竞争的随机接入流程适用于切换或有下行数据到达且需要重新建立上行同步时，无竞争随机接入过程如附图13所示，此过程分为3步。

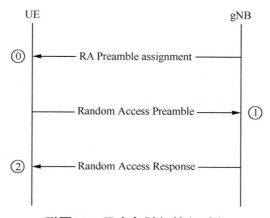

附图13　无竞争随机接入过程

① 基站根据此时的业务需求，给终端分配一个特定的 Preamble 序列（该序列不是在广播信息中广播的随机接入序列组）。

② 终端接收到信令指示后，在特定的时频资源发送指定的 Preamble 序列。

③ 基站接收到随机接入 Preamble 序列后，发送随机接入响应。之后，进行后续的信令交互和数据传输。

3. 同步控制

同步信号分为主同步信号（Primary Synchronization Signal，PSS）和辅同步信号（Secondary Synchronization Signal，SSS），两者确定唯一的物理小区 ID。终端通过检测 PSS 和 SSS 来获得小区 ID。终端在检测 PSS 和 SSS 的过程中获得 5ms 定时和 10ms 定时。其中 PSS 为 5ms 定时同步，SSS 为 10ms 定时同步。

5G 共存在 1008 个物理层小区 ID，分为 336 组，每组 3 个，SSS 与小区 ID 组 $N_{\text{ID}}^{(1)}$ 一一对应，数值范围为 0~335。PSS 与组内 ID 号 $N_{\text{ID}}^{(2)}$ 一一对应，数值范围为 0~2。小区 ID $N_{\text{ID}}^{(\text{cell})}=3\times N_{\text{ID}}^{(1)}+N_{\text{ID}}^{(2)}$。

5G 的上行定时调整步长为 $16T_s$，$T_s=1/(15000\times2048)$，上行定时调整命令通过 MAC 层信令的方式发送给 UE。UE 接收到定时调整量 N_{TA} 后，需要按照下行帧定时提前 $(N_{\text{TA}}+N_{\text{TA, offset}})\times T_c$ 时刻发送相应的上行帧数据，上行提前量如附图 14 所示。

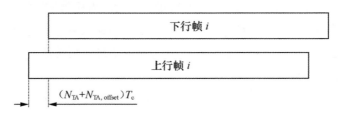

附图14　上行提前量

对于 5G，$N_{\text{TA, offset}}$ 为基站侧上行至下行的切换保护时间，约为 $624T_s$，即 $20.3125\mu s$。

4. 功率控制

根据 5G 上、下行信号的发送特点，物理层定义了相应的功率控制机制。对于上行信号，终端的功率控制对抑制用户干扰和电池节能方面有重要意义，所以采取闭环功率控制，控制上行单载波符号上的发送功率；对于下行信号，基站合理的功率分配和相互间的协调能够抑制小区间的干扰，提高组网性能，采用开环功率分配机制，控制基站在下行各个子载波上的发送功率。

（1）上行功率控制

上行功率控制以终端为单位，控制终端到基站的接收功率，使不同距离的用户都能以适当的功率到达基站，避免"远近效应"。同时，通过小区间干扰情况进行协调调度抑制小区间的同频干扰。上行调度和功率控制的参数是过载指示（Overload Indicator，OI）和高干扰指示（High Interference Indicator，HII）。

①上行共享信道的功率控制

终端在子帧 i 发送 PUSCH 时按照以下公式计算发射功率

$$P_{PUSCH}(i)=\min\{P_{MAX},\ 10\times\log(M_{PUSCH}(i))+P_{O\_PUSCH}(j)+\alpha\times PL+\Delta TF(i)+f(i)\}\ (dBm)$$

其中，

P_{MAX} 为 RAN4 定义的与终端功率等级对应的最大发射功率；

$M_{PUSCH}(i)$ 为该次 PUSCH 传输分配的 PRB 个数；

$P_{O\_PUSCH}(j)=P_{O\_NORMINAL\_PUSCH}(j)+P_{O\_UE\_PUSCH}(j)$ 为 PUSCH 功率基准值，它是小区专属部分 $P_{O\_NORMI AAI\_PUSCH}(j)$ 和终端专属部分 $P_{O\_UE\_PUSCH}(j)$ 两者之和。其中，非动态调度的 PUSCH 传输时 $j=0$，动态调度的 PUSCH 传输时 $j=1$。

$\alpha\in\{0,\ 0.4,\ 0.5,\ 0.6,\ 0.7,\ 0.8,\ 0.9,\ 1\}$ 为部分功率控制算法中对大尺度衰落的补偿量，通过选择合适的因子可以获得小区边缘吞吐量和小区间干扰之间的折中，由高层信令使用 3bit 信息指示本小区所使用的数值，PL 为终端测量的下行大尺度路径损耗。

$\Delta TF(i)$ 为传输格式相关调整量，该调整可基于终端开启/关闭，当该调整开启时，

$$\Delta TF(i)=10\times\log[(2^{K,\ MPR(i)}-1)]\times\beta_{offset}^{PUSCH}]$$

$$MPR(i)=TBS(i)/N_{RB}(i)$$

$$N_{RB}(i)=M_{PUSCH}(i)\times N_{SC}^{RB}\times N_{symb}^{PUSCH}$$

$f(i)$ 为终端闭环功率控制调整值，通过 PDCCH 发送，在 TDD 情况下，功率控制命令和相应的 PUSCH 发送之间的时延根据上下行时间分配比例的不同而有所不同。

②上行控制信道的功率控制

上行控制信道 PUCCH 采用大尺度衰落结合闭环功率控制的方案。终端在子帧 i 发送 PUCCH 发射功率如下式所示：

$$P_{PUSCH}(i)=\min\{P_{MAX},\ P_{O\_PUSCH}+PL+h(n_{CQI},\ n_{HARQ})+\Delta F\_PUCCH(F)+g(i)\}\ (dBm)$$

其中，

P_{MAX} 为终端的最大发射功率；

$P_{O\_PUSCH}=P_{O\_NORMINAL\_PUSCH}+P_{O\_UE\_PUSCH}$ 为 PUCCH 功率基准值，它是小区专属部分 $P_{O\_NORMINAL\_PUSCH}$ 和终端专属部分 $P_{O\_UE\_PUSCH}$ 两者之和；

PL 为终端测量的下行大尺度路径损耗；

$\Delta F\_PUCCH(F)$ 为 PUCCH 格式相关的功率调整量，定义为每种 PUCCH 类型相对于基准 PUCCH 格式的功率偏置；

$g(i)$ 为终端闭环功率控制所形成的调整值，通过 PDCCH 发送；

399

公式中其他参数与 PUSCH 相同。

③ SRS 的功率控制

除了数据信道和控制信道之外，物理层上行还对 SRS 的发射功率进行了控制，采用了与数据信道 PUSCH 类似的部分功率补偿结合闭环功率控制的方法。在子帧 i，终端 SRS 的发送功率可以表示为：

$$P_{SRS}(i)=\min\{P_{MAX},\ P_{SRS_{OFFSET}}+10\times\log(M_{SRS})+P_{OPUSCH}(i)+\alpha(j)\times PL+f(i)\}\ (dBm)$$

其中，

$P_{SRS_{OFFSET}}$ 表示 SRS 的功率偏移，由用户高层信令半静态地进行指示；

M_{SRS} 表示 SRS 的传输带宽（RB 数目）；

其他参数与 PUSCH 中的定义相同。

（2）下行功率控制

下行基站发射总功率一定，需要将总功率分配给各个下行物理信道。下行功率分配以每个 RE 为单位，控制基站在各个时刻各个子载波上的发射功率；下行功率分配中，包括提高导频信号的发射功率，与用户调度相结合实现小区间干扰抑制的相关机制。

下行共享信道 PDSCH 发射功率表示为 PDSCH RE 与 CRS RE 的功率比值，即 ρ_A 和 ρ_B。其中，

ρ_A 表示时隙内不带有 CRS 的 OFDM 符号上（例如，两天线常规 CP 的情况下，时隙内第 1、2、3、4、5、6 个 OFDM 符号）PDSCH RE 与 CRS RE 的功率比值；

ρ_B 表示时隙内带有 CRS 的 OFDM 符号上（例如，两天线正常 CP 的情况下，时隙内第 0、4 个 OFDM 符号）PDSCH RE 与 CRS RE 的功率比值。

①提高 CRS 的发射功率

小区通过高层信令指示 P_B 和 P_A 的比值，通过不同的比值可以设置信号在基站总功率中不同的开销比例，由此实现了不同程度提高 CRS 发射功率的功能。

②用户功率分配和小区间干扰协调

在指示 ρ_B 和 ρ_A 比值的基础上，通过参数 P_A 可以确定 ρ_A 的具体值，得到基站下行 PDSCH 发射功率。该信息用于 16QAM、64QAM 和 MU-MIMO 等需要幅度信息的检测过程，其中 $P_A=\delta_{POWER\_OFFSET}+P_A$，$\delta_{POWER\_OFFSET}$ 用于 MU-MIMO 的场景。例如，$\delta_{POWER\_OFFSET}=-3dB$ 可以表示功率平均分配给两个用户。若 5G 物理层采用 SFBC+FSTD 作为 4 天线发送分集，但在同一时刻只有两根天线进行数据信号的发射，此时 $\rho_A=\delta_{POWER\_OFFSET}+P_A+3$，即 3dB 的偏移量补偿。

下行功率分配为下行公共参考信号分配合适的功率，以满足小区边缘用户下行测量性能和信道估计性能需要，从而支持 RS 功率提升；下行功率分配为下行公共信道／信号（PCFICH、PHICH、PDCCH、同步信号、广播信息、寻呼、随机接入相应等）分配合适的

功率，以满足小区边缘用户的接收质量。同时，下行功率分配为下行用户专属数据信道分配合适的功率，在满足用户接收质量的前提下，尽量降低发射功率，减少对邻小区的干扰。下行功率分配实现不同 OFDM 符号上的总功率尽量一致，在保证功放效率的同时减少功率浪费。

附录（八）：Massive MIMO 天线阵列及部署

　　Massive MIMO 的天线阵列部署场景也是一个需要考虑的方面，通常来说，部署场景分为两种：集中式部署场景和分布式部署场景。

　　在集中式部署的场景中，在有限的空间内如何部署大量的天线阵列是一件有挑战的事情，通常的部署方式有 3 种：第 1 种是线阵天线，线阵天线是常规 MIMO 系统中的部署方式，但当天线数目很大时，天线阵列的长度可能过大，不符合实际情形；第 2 种方式是面阵天线，面阵天线能有效利用空间，其在水平和垂直方向上天线的选择也是一个需要具体评估的问题；第 3 种方式是圆柱阵列天线，通过将天线均匀部署在一个圆柱的外表面，空间利用率最高。

　　在分布式部署的情况下，大量的天线分布在较为广阔的区域内，如何将各个天线连接起来，并实现高速的基带数据传输也是一个需要仔细考虑的方面。在实际部署中，基站端天线会因为各种情况受到限制，理想情况下的系统性能分析可能在实际中面临很大的性能损失。因此，面向实际 Massive MIMO 系统的性能分析显得尤为重要，以便为实际的系统设计提供更具实用价值的参考。另外，无线通信系统在仿真分析上需要一个明确的系统信道模型，包括传播参数、天线阵列等。然而，Massive MIMO 的天线阵列受到阵列孔径的影响，传统的天线线性阵列也许不再适用，Massive MIMO 系统的天线阵列在实际部署上可能更为灵活，包括面阵天线、圆柱阵列天线等，这些都可能是实际中的天线部署情况。

　　当采用 Massive MIMO 面向异构、密集组网的网络构架与组网方案时，且基站侧天线数远大于用户天线数，基站到各个用户的信道将趋于正交。用户间干扰将趋于消失，而巨大的阵列增益将能够有效地提升每个用户的信噪比，从而能够在相同的时频资源共同调度更多的用户。Massive MIMO 天线具有水平及垂直赋形能力、干扰抑制能力、提升容量、广播波束选择、虚拟小区分裂，每个基站的容量和覆盖灵活性提升。Massive MIMO 天线不改变基础的网络架构，现有站址可利旧使用，Massive MIMO 天线功率较大，可用于宏蜂窝、可用于城区、郊区等宏覆盖、高层楼宇穿透覆盖等室内外热点覆盖、无线回传链路等。

附录（九）：NOMA 应用场景

由于功分多址方案主要依赖于不同用户的发送功率来区分用户，因此对实际用户所处信道条件有较强的依赖。根据不同的用户场景，功分多址方案可以主要应用于以下两种场景中。

1. 单蜂窝小区多用户场景

对于单蜂窝小区中的多用户场景，如附图 15 所示，用户 3 几乎处于小区边缘，信道条件较差，而用户 1 离基站较近，信道条件较好。若基站对不同用户采用相同的发送功率，则处于边缘的用户 3 将接收到较差的信号。若系统为信道状况好的用户分配更多的发送功率，则信道状况好的用户发送功率增大，会对信道状况相对较差的用户造成更强的用户间干扰，因而需要把用户公平性也作为性能衡量的指标。

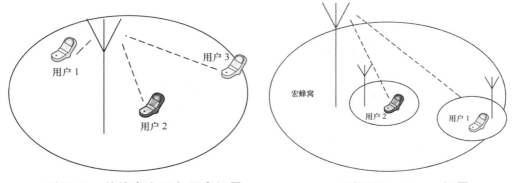

附图15　单蜂窝小区多用户场景　　　附图16　Hetnet场景

2. Hetnet 场景

在 Hetnet 场景中，用户可能同时处于微蜂窝小区基站和宏蜂窝小区基站的覆盖范围内。此时，当宏蜂窝基站给某个用户发送信号时，该用户的相邻用户可能因此受到干扰。在这种场景下，采用功率叠加方案，使宏蜂窝和微蜂窝对不同用户根据不同信道状况分配不同的发送功率。这样对于某一用户，当其接收到其他基站发送的干扰信号后，可以利用串行干扰抵消检测算法，将其余接收信号先当作噪声，解出对自己有用的信号，然后将这一信号作为已知信号，解出接收到的干扰信号，这一信号可以作为已知信号帮助相邻用户解出其有用信号。Hetnet 场景如附图 16 所示。

附录（十）：无线电波衰减率

1. 无线电波空气衰减率

无线电波在空气中传播时，受到空气压力、水汽压力等影响，同时也受温度的影响。设干燥空气压力为 p，水汽压力为 e，$e = \rho T/216.7$，其中 ρ 为水汽密度，单位为 g/m^3，T 为温度，单位为 K，总空气压力为 p_{tot}，$p_{tot} = p+e$，p、e、p_{tot} 单位都为 hPa。无线电波在干燥空气中的衰减率 γ_o 和在水汽中的衰减率 $\gamma_w(f, r_p, \rho, r_t)$ 近似计算方法分别如下式（1）和式（2）所示，单位为 dB/km。

式（1）

$$
\gamma_o = \begin{cases}
\left[\dfrac{7.2 r_t^{2.8}}{f^2 + 0.34 r_p^2 r_t^{1.6}} + \dfrac{0.62 \xi_3}{(54-f)^{1.16\xi_1} + 0.83\xi_2}\right] f^2 r_p^2 \times 10^{-3} & f \leqslant 54\text{GHz} \\[4mm]
e^{\left[\frac{\ln\xi_8}{24}(f-58)(f-60) - \frac{\ln\xi_9}{24}(f-58)(f-60) + \frac{\ln\xi_{10}}{24}(f-58)(f-60)\right]} & 54\text{GHz} < f \leqslant 60\text{GHz} \\[4mm]
\xi_{10} + (\xi_{11} - \xi_{10})\dfrac{f-60}{2} & 60\text{GHz} < f \leqslant 62\text{GHz} \\[4mm]
e^{\left[\frac{\ln\xi_{11}}{24}(f-58)(f-60) - \frac{\ln\xi_{12}}{24}(f-58)(f-60) + \frac{\ln\xi_{13}}{24}(f-58)(f-60)\right]} & 62\text{GHz} < f \leqslant 66\text{GHz} \\[4mm]
\left\{3.02\times10^{-4} r_t^{3.5} + \dfrac{0.283 r_t^{3.8}}{(f-118.75)^2 + 2.91 r_p^2 r_t^{1.6}} + \dfrac{0.502\xi_6[1-0.0163\xi_7(f-66)]}{(f-66)^{1.4346\xi_4} + 1.15\xi_5}\right\} f^2 r_p^2 \times 10^{-3} & 66\text{GHz} < f \leqslant 120\text{GHz} \\[4mm]
\left[\dfrac{3.02\times10^{-4}}{1+1.9\times10^{-5} f^{4.5}} + \dfrac{0.283 r_t^{0.3}}{(f-118.75)^2 + 2.9 r_p^2 r_t^{1.6}}\right] f^2 r_p^2 r_t^{3.5} \times 10^{-3} + \delta & 120\text{GHz} < f \leqslant 350\text{GHz}
\end{cases}
$$

式（2）

$$
\gamma_w(f, r_p, \rho, r_t) = \left\{
\begin{aligned}
&\frac{3.98(0.955 r_p r_t^{0.68} + 0.006\rho)e^{[2.23(1-r_t)]}}{(f-22.235)^2 + 9.42(0.955 r_p r_t^{0.68} + 0.006\rho)^2}g(f,22) + \frac{11.96(0.955 r_p r_t^{0.68} + 0.006\rho)e^{[0.7(1-r_t)]}}{(f-183.31)^2 + 11.14(0.955 r_p r_t^{0.68} + 0.006\rho)^2} \\
&+ \frac{0.081(0.955 r_p r_t^{0.68} + 0.006\rho)e^{[6.44(1-r_t)]}}{(f-321.226)^2 + 6.29(0.955 r_p r_t^{0.68} + 0.006\rho)^2} + \frac{3.66(0.955 r_p r_t^{0.68} + 0.006\rho)e^{[1.6(1-r_t)]}}{(f-325.153)^2 + 9.22(0.955 r_p r_t^{0.68} + 0.006\rho)^2} \\
&+ \frac{25.37(0.955 r_p r_t^{0.68} + 0.006\rho)e^{[1.09(1-r_t)]}}{(f-380)^2} + \frac{17.4(0.955 r_p r_t^{0.68} + 0.006\rho)e^{[1.46(1-r_t)]}}{(f-488)^2} \\
&+ \frac{844.6(0.955 r_p r_t^{0.68} + 0.006\rho)e^{[0.17(1-r_t)]}}{(f-557)^2}g(f,557) + \frac{290(0.955 r_p r_t^{0.68} + 0.006\rho)e^{[0.41(1-r_t)]}}{(f-752)^2}g(f,752) \\
&+ \frac{83328(0.735 r_p r_t^{0.5} + 0.0353 r_t^4 \rho)e^{[0.99(1-r_t)]}}{(f-1780)^2}g(f,1780)
\end{aligned}
\right\} f^2 r_t^{2.5} \rho \times 10^{-4}
$$

其中，

f——频率，单位为 GHz；

$r_p=p_{tot}/1013$ ；

$r_t=288/（273+t）$ ；

t——温度，单位为℃ ；

$\xi_i=k_i\cdot r_p^{a_i}\cdot r_t^{b_i}\cdot e[c_i（1-r_p）+d_i（1-r_t）]$

$$g(f,f_i)=1+\left(\frac{f-f_i}{f+f_i}\right)^2$$

式（1）和式（2）中空气各衰减率参数如附表12所示。

附表12　空气衰减率参数表

i	k_i	a_i	b_i	c_i	d_i
1	1	0.0717	−1.8132	0.0156	−1.6515
2	1	0.5146	−4.6368	−0.1921	−5.7416
3	1	0.3414	−6.5851	0.213	−8.5854
4	1	−0.0112	0.0092	−0.1033	−0.0009
5	1	0.2705	−2.7192	−0.3016	−4.1033
6	1	0.2455	−5.9191	0.0422	−8.0719
7	1	−0.1833	6.5589	−0.2402	6.131
8	2.192	1.8286	−1.9487	0.4051	−2.8509
9	12.59	1.0045	3.561	0.1588	1.2834
10	15.0	0.9003	4.1335	0.0427	1.6088
11	14.28	0.9886	3.4176	0.1827	1.3429
12	6.819	1.432	0.6258	0.3177	−0.5914
13	1.908	2.0717	−4.1404	0.491	−4.8718
14	−0.00306	3.211	−14.94	1.583	−16.37

2. 无线电波雨水衰减率

无线电波在视距传输时，除了在空气中衰减，还会遇到雨水的衰减。若在下雨时传播，降雨量导致的导致的衰减 γ_R 如式（3）所示。

$$\gamma_R=KR^A \tag{式（3）}$$

其中，R 为降雨量，单位为 mm/h，K 和 A 由下面的式（4）、式（5）、式（6）至式（7）和附表12中的参数求得。取 k 和 α 分别如式（4）、式（5）所示。

$$k=10^{\sum_{j=1}^{4}p_j e^{\left[-\left(\frac{\log_{10}f-q_j}{l_j}\right)^2\right]}+m_k\log_{10}f+n_k} \tag{式（4）}$$

$$\alpha=\sum_{j=1}^{5}p_j e^{\left[-\left(\frac{\log_{10}f-q_j}{l_j}\right)^2\right]}+m_\alpha\log_{10}f+n_\alpha \tag{式（5）}$$

在极化中分为水平极化和垂直极化，水平极化时，式（4）和式（5）中的系数中 k 用 k_H 表示，α 用 α_H 表示，$m_k=-0.18961$，$n_k=0.71147$，$m_\alpha=0.67849$，$n_\alpha=-1.95537$；垂直极化时，式（4）和式（5）中的系数中 k 用 k_V 表示，α 用 α_V 表示，$m_k=-0.16398$，$n_k=0.63297$，$m_\alpha=-0.053739$，$n_\alpha=0.83433$；p_i、q_i、l_i 各参数如附表13所示。

附表13　水平、垂直极化时参数表

系数	i	p_i	q_i	l_i
k_H	1	−5.33980	−0.10008	1.13098
	2	−0.35351	1.26970	0.45400
	3	−0.23789	0.86036	0.15354
	4	−0.94158	0.64552	0.16817
k_V	1	−3.80595	0.56934	0.81061
	2	−3.44965	−0.22911	0.51059
	3	−0.39902	0.73042	0.11899
	4	0.50167	1.07319	0.27195
α_H	1	−0.14318	1.82442	−0.55187
	2	0.29591	0.77564	0.19822
	3	0.32177	0.63773	0.13164
	4	−5.37610	−0.96230	1.47828
	5	16.1721	−3.29980	3.43990
α_V	1	−0.07771	2.33840	−0.76284
	2	0.56727	0.95545	0.54039
	3	−0.20238	1.14520	0.26809
	4	−48.2991	0.791669	0.116226
	5	48.5833	0.791459	0.116479

式（3）中的 K 如式（6）所示，A 如式（7）所示：

$$K=\frac{[k_H+k_V+(k_H-k_V)\cos^2\theta\cos2\tau]}{2}$$ 式（6）

$$A=\frac{[k_H\alpha_H+k_V\alpha_V+(k_H\alpha_H-k_V\alpha_V)\cos^2\theta\cos2\tau]}{2k}$$ 式（7）

3. 无线电波视距衰减率

在降雨天气时候，无线电波视距衰减率 F_r 如式（8）所示：

$$F_r=\gamma_o+\gamma_w+\gamma_R$$ 式（8）

附录（十一）：超密集网络的干扰控制

与传统蜂窝网络类似，小区间干扰仍是限制超密集网络性能的主要瓶颈，然而超密集网络中的干扰情况将更为复杂。首先，相对于经过严格规划而部署的宏站，微站在网络中的位置具有一定随机性，大量微站的非规则部署将造成超密集网络的干扰特性十分复杂。此外，随着微站密度的增加，微站对宏站的层间干扰以及不同微站间的层内干扰势必愈发严重。因此，将严重制约用户的服务质量（QoS），特别是处于小区边界处的用户，其性能将难以保证。超密集网络干扰的复杂性为干扰分布特性刻画以及干扰协调策略设计均带来了一定的挑战。

1. 超密集网络的拓扑建模

超密集网络小区间干扰分布特性很大程度上依赖于用户与基站间的相对位置。因此，超密集网络拓扑建模是分析网络各项性能的基础。在蜂窝网络分析中，通常将基站建模为规则六边形，进而分析用户的信干噪比（SINR）以及数据速率等性能。但在超密集网络中，规则网格模型无法刻画微站在空间上的随机性，并且传统建模方法主要依靠复杂的系统级仿真分析系统性能，在微站密集部署场景下的实现复杂度将大幅增加。为解决上述问题，学术界将随机几何工具应用到超密集网络性能分析与优化中。通过将基站位置建模为空间点过程（Spatial Point Process，SPP），一方面可以准确刻画微站空间位置的不规则性；另一方面可基于随机几何理论分析小区间干扰统计特性，进而推导诸如覆盖率、吞吐量等性能的解析表达式，揭示网络各项性能与系统参数间的理论关系。

2. 超密集网络的干扰协调策略

为了有效抑制超密集网络中的小区间干扰问题，学术界已经开展了大量研究。具体而言，干扰协调算法通常可分为四类：时域、频域、功率域、空域干扰协调。其中，时域与频域干扰协调策略基本思想类似，均是通过为相互干扰的基站分配正交的资源以避免小区间干扰，典型的时域干扰协调策略为采用几乎空白子帧（Almost Blank Subframe，ABS），而频域干扰协调策略则对应于多小区频谱资源分配。小区间干扰协调的本质是调整来自于其他小区的干扰功率水平。因此功率控制作为抑制小区间干扰的有效手段得到了广泛采用。当基站配备多天线时，协作多点传输可利用空域自由度抑制小区间干扰并提升用户信号质量。根据协作基站间是否共享用户数据又可细分为联合传输与协作波束成型两类。

附录（十二）：网络切片实现问题和挑战

1. 网络切片实现所面临的问题

从前面的介绍中可以看出网络切片的实现理论上讲逻辑是简单的，但在实际中却并非如此。在此列出具有代表性的 4 个实际问题。

（1）网络切片之间的资源很难做到有效的隔离。在传统网络技术中，实施网络虚拟技术在一个基础设施上分割多个网络切片来运行。切片上的通信流量在传输过程中很难不影响到另一个切片的网络业务，切片间的资源处理优先级又是一个很大的问题，在现有的 IP 技术的大背景下设置比较复杂。

（2）切片类型的归类复杂。由于 5G 应用种类巨大，这就需要建设海量的差异性业务分组，在现有的软硬件设备并不能使其更好的鲜明归类。

（3）网络切片的管理。其中涉及学科交叉类型管理及一般性质的周期如创立、激活、释放、退出等，还有安全和计费以及 QoS 的策略保障等。

（4）网络切片面向不同的用户及商业模式使切片粒度大小难以把控。其中 IP 承载域、数据中心域及各自组成的域单独成立在各个场景中较难协同。

2. 网络切片实现所面临的挑战

网络切片作为 5G 代表性的网络服务能力之一，在未来移动通信中占据重要的地位，给传统的"一刀切"网络架构带来了有力的冲击。目前，网络切片在标准化研究进程中处于起步阶段，3GPP 会将切片的整体架构已在 2018 年完成，而随着对网络切片逐步研究和试验的过程中发现网络切片还面临着诸多挑战，主要挑战有如下 3 个方面。

（1）SDN 方面

SDN 控制器作为 NS 集中化控制的实现部分，会出现单点失效、易受网络攻击、负载过大等安全性问题，为了保证整个系统能够稳定安全的运行，需要建立一整套的防护、隔离和备份和等安全机制，但是目前来还没有系统的解决方案。SDN 控制器的南向接口存在多种选择，例如，Open Flow、边界网关协议（Border Gateway Protocol，BGP）、简单网络管理协议（Simple Network Management Protocol，SNMP）等，主要采用 Open Flow 协议，但是 Open Flow 缺乏能力为 3GPP/ 移动通信和部分供应商专有。现有的专用集成电路（Application Specific Integrated Circuit，ASIC）芯片架构都是基于传统的 IP 地址或以太网寻址和转发设计，SDN 控制器下转发设备（计算硬件、存储硬件和网络硬件）的高性能无法维持。目前，SDN 标准体系统一过程实施艰难，各大标准组织之间还存在着很大的争议，这给 NS 的通用化商用进度的推进带来了巨大的困难。

（2）NFV 方面

NS 架构与传统的电信标准化工作存在着很大的差异，MANO 的标准化主要在管理接口方面，这涉及多个开源组织和标准化组织，具有较大的实现难度。数据中心是移动通信网络的重要组成部分，新型数据中心可以为 NS 架构中的虚拟网元进行统一配置和管理，这部分还有待进一步深入研究。软硬件解耦后的移动通信系统在运行时要依靠强大的系统集成能力，与传统方式相比，解耦后的故障和运维处理具有很大的差异。NS 网络架构中有基础设施组成的硬件资源和其所对应的虚拟化资源池，MANO 初始化并设置新型网络服务，从而实现网络生命周期管理、业务编排、虚拟资源需求计算及申请、网络资源管理和网络部署等功能，这打破了现有的业务部署流程，颠覆了现有设备的运维模式。

（3）OSS/BSS 方面

OSS/BSS 与新型网络的整合和交互能力是实现 NS 的一项重大挑战。利用 SDN 和 NFV 可以提高网络利用率，提高网络的 QoS，但是给服务管理带来一定影响，将会急剧增加 OSS/BSS 的工作负担。NS 架构中的 NFV 基础设施需要动态地对网络资源重新分配，满足各种新型服务的网络带宽、速度、流量和时延等需求，但是，目前的 OSS/BSS 无法支持这种实时的动态服务。

附录（十三）：同时同频全双工技术自干扰抑制抵消

收发间的自干扰问题是全双工系统得以实现必须要解决的首要问题。目前，国内外学者提出了很多的技术方案来解决自干扰问题，理论上可以将自干扰信号全部消除，但是对于实际的通信系统来说，完美的自干扰抵消是不存在的，抵消后剩下的一部分自干扰信号，称作残余自干扰信号（Residual Self-Interference signal，RSI），在评估全双工系统性能时，残余自干扰的是一个很重要的性能指标。自干扰抵消技术根据所处通信系统环节可以分为3 种：天线端自干扰抵消技术、射频模拟自干扰抵消技术、数字自干扰抵消技术。自干扰信号低消示意如附图 17 所示。

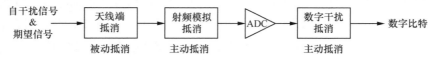

附图17　　自干扰信号抵消示意

天线端自干扰抵消技术是使用不同的天线结构来实现干扰抵消，属于被动抵消（Passive Cancellation，PC）技术范畴，常见的有三天线结构、平衡网络、耦合器、环行器等不同类型，可以达到 15~25dB 自干扰抵消效果。射频模拟抵消技术与数字抵消技术均属于主动抵消（Active Cancellation，AC）技术范畴。射频模拟抵消技术是分离出一部分发射信号对自干扰信号进行重构然后进行抵消，自干扰信号会经历自干扰信道传播，因此需要用衰减器和相移器，配合控制算法按照自干扰信道参数对发射信号进行调整，才能有效地进行抵消。这一部分有很多的抵消结构，如幅相抵消结构，多抽头并行抵消结构，现在的方案可以达到 50dB 或以上的抵消效果，它对整个系统性能的影响也是最明显的。另外，还有利用MIMO 系统结构实现全双工干扰抵消的方案，首先，利用信道估计技术计算出自干扰信道参数；然后，利用一条发射链路对自干扰信号进行重构，以达到自干扰抵消的目的。因为是此环节对射频信号进行处理，对电路制板、器件参数选取有较高要求，实际硬件电路的调试工作很也复杂。

数字自干扰抵消则是利用数字信号处理相关的知识进行自干扰抵消，多采用数字 FIR滤波器和自适应数字信号处理的方式，因为自干扰信号的数字信息是已知的，可以在数字端进行处理，此时的自干扰信号是经过前端部分抵消处理后的残余自干扰信号，不会使ADC 饱和，数字自干扰抵消技术一般作为其他抵消技术的补充。

如何高效抑制全双工中自干扰信号的影响，是全双工走向实用需要解决的最重要的问题，全双工中的关键技术也大都是围绕这个问题展开的。常见的自干扰抑制方式主要分为两类：被动自干扰抑制和主动自干扰抑制。

被动自干扰抑制是指在天线侧通过增加隔离度的方式，降低自干扰到达接收天线的功率，减小自干扰。被动自干扰抑制是在自干扰进入接收端电路以前完成的。

主动自干扰抑制是指在接收端通过某种直接或间接构建自干扰信号的方式与真实自干扰信号做减法，达到消除自干扰的目的。

被动自干扰抑制又包括模拟干扰抑制和数字自干扰抑制两种，根据其构建的自干扰信号的不同形式而区分。此外，器件（如 AD/DA、放大器等）的精度和稳定性对自干扰抑制也有较大的影响。全双工相关的部分关键技术有如下 4 种

（1）天线自干扰隔离

天线自干扰隔离是一种被动的自干扰抑制方式，它利用天线间的隔离技术减小本地接收到的自干扰信号。天线自干扰隔离本身又包括两类技术：一类是本地发射天线如何尽可能小的干扰本地接收天线；另一类是本地接收天线如何尽可能小的接收本地发射天线的自干扰信号。良好的天线自干扰抑制可以大大减轻本地的其他自干扰抑制模块的压力。

（2）射频自干扰抑制

射频自干扰抑制是指在射频域通过对从发射天线耦合回来的射频信号副本按照某种指标进行调幅、调相、延时等操作，近似构建一份自干扰信号，然后利用加法器和实际自干扰信号做抑制。由于射频模拟信号的频率较高，因此该技术对射频器件的要求较高。

（3）高动态范围模数与数模转换器

通信设备对信号进行数模转换和模数转换时存在量化误差，转换器的精度与动态范围对自干扰抑制的效果也存在较大的影响。高精度的数模转换和模数转换器可以减小进行自干扰抑制时引入的量化误差，提高自干扰抑制的性能。

（4）数字自干扰抑制

数字自干扰抑制包括两种形式：一种与射频自干扰抑制类似，对本地保存的发射信号副本进行操作，但数字自干扰抑制操作是在基带或数字中频进行的；另一种是通过数字域的信号变换，优化本地发射信号的形态，以使本地发射的信号对本地接收机的干扰最小化。

附录（十四）：MEC 技术面临的问题和应用

1. MEC 面临的问题

尽管边缘计算由于其特性受到广泛的关注，但在其完成商业应用前依旧存在许多挑战。整体端到端协同问题，由于 MEC 计算能力放在更靠近网络边缘，需要考虑无线网络的智能化、核心网的扁平化以及边缘业务的发展需求的整体端到端设计。边缘计算下沉的位置问题，需要综合考虑性能、管理复杂度、成本收益比等相关问题。商业模式的问题，MEC 涉及第三方及行业客户，商业模式尚不清晰。另外，基于 MEC 的本地分流方案通过对本地指定 IP 数据流进行分流、公网数据流透传的方式实现了 MEC 平台的透明部署，从而在不影响现网的情况实现了无线网络数据本地分流功能，为业务本地化、近距离部署提供了先决条件。然而，MEC 与基于 MEC 的本地分流方案真正应用到现网中还存在一些问题与挑战，主要包括以下 4 个方面。

（1）MEC 平台旁路功能

MEC 平台串接在基站与核心网之间，此时 MEC 平台需要支持旁路功能。也就是说，当 MEC 平台意外失效，例如，电源故障、硬件故障、软件故障等，MEC 平台需要自动启用旁路功能，使基站与核心网实现快速物理连通，不经过 MEC 平台，从而避免 MEC 平台成为单点故障。如果 MEC 平台恢复正常，MEC 平台就需要自动关闭旁路功能。除此之外，MEC 平台升级维护以及调试时，也需要 MEC 平台支持手动启用旁路功能，从而降低网络运维管理的难度。

（2）MEC 本地分流方案的计费问题

由于业务应用的本地化、近距离部署以及 MEC 本地分流方案，使本地业务数据流无须经过核心网，这种透明部署的方式使 MEC 本地分流方案无法像传统 LTE 网络一样，由 PGW 提供计费话单并与计费网关连接。因此 MEC 本地业务如何计费成为 MEC 本地分流方案应用需要解决的问题。是否采用简单的按时长、按流量计费或传统的 LTE 计费方式则需要进一步深入研究。

（3）公网业务与本地业务的隔离与保护

如前所述，基于 MEC 的本地分流方案可以实现本地业务和公网业务同时进行，考虑到用户在承载建立过程中，核心网无法区分用户访问的是公网业务还是本地业务，此时本地高速率业务访问对无线空口资源的大量消耗可能会影响公网正常业务的访问（尤其是宏覆盖场景），此时 MEC 平台如何通过相应的策略实现本地业务与公网正常业务之间的隔离与保护成为 MEC 本地分流方案现网应用需要重点考虑的问题。

（4）安全问题

MEC 平台可以将无线网络上下文信息（位置、网络负荷、无线资源利用率等）以及其他无线网络能力开放给第三方业务应用和软件开发商，用于用户业务体验的提升以及创新型业务的研发部署。此时传统无线网络的封闭架构被打开，需要重点关注由此带来的无线网络安全、信息安全等问题，这些都是 MEC 本地分流方案的现网部署需要进一步研究的问题。

2. MCE 面临的应用

边缘计算中的计算和缓存资源与无线资源不同，资源的部署和管理对边缘计算的性能影响和优化方法需要进行研究。以业务热点高容量场景中的边缘节点为例，边缘节点一般选择性的缓存部分流行度高的文件。例如，热门视频，考虑到相同视频内容存在多种格式，因此利用边缘节点的有限缓存空间存储单一视频的多种格式往往不可取，此时，可选择性地缓存视频的部分格式，在 UE 请求传输相同内容的其他格式时，可利用节点中计算能力换取缓存能力，将缓存的视频格式转换成所需格式并下发。边缘计算虽然具有靠近终端，处理时延低的优点，但计算和缓存资源有限，因此，边缘计算中的卸载决策很重要，面对 UE 的业务请求，边缘计算中的卸载决策将直接影响业务的处理是在本地、云端或混合模式下完成。而决策的依据也依据具体场景的不同而不同，包括但不仅限于 UE 能耗和业务 QoS、边缘节点功耗等。

未来世界将是一个万物互联的世界，每个物体都将能够智能地连接与运行，各种附带传感器的智能设备正在快速联网。移动边缘计算可以通过更靠近边缘的数据分析处理能力，帮助物联网更好地实现物与物之间的传感、交互和控制。连接数的快速增长，意味着海量数据的产生，随之需要海量数据的传输和存储，并需要进行智能计算。云计算是解决该问题的方法之一，可以为大数据提供存储和计算支持。但是物联网产生的大量数据如果完全由云计算进行处理，那么网络边缘侧产生的数据就需要全部通过网络上传到云端，不仅传输时间非常长，传输的代价也很大。更重要的是，由于数据是先上传至云端，再反馈给终端执行，数据处理效率和反馈效率将大打折扣。面对物联网数据的海量性与高增长性问题，如果直接去建设更多更大的数据中心，会极大地增加管理成本并且使系统可靠性下降。而移动边缘计算作为一个靠近终端信息源的小型信息中心，将应用、处理和存储推向移动边界，使海量数据可以在应用侧处理，而不必去建设更多的大型数据中心，在节约成本的同时，可提高系统的可靠性。

MEC 主要用于视频监控、智能无人驾驶等多个业务领域。其中智能无人驾驶汽车的通信连接，是物联网的重要应用领域，也可称之为车联网。无人驾驶汽车需要在高速移动状态下与云端交互大量信息特别是视频信息，依靠现有网络和现有云计算基础设施难以完成，需要重新考虑网络布局。例如，车辆监测到前方有障碍物或者临时状况时，需要录制视频并于瞬间上传到云端，云端瞬间完成运算，并将指令瞬间下传至车辆，车辆随即按指令做出躲避、刹车等动作。如果无法智能化处理，或者信息传递过程中有极小的延迟，都有可能导致车祸的发生。因此，智能无人驾驶对于数据处理的要求较为特殊：一是低时延，在车辆速度运动过程中，要实现碰撞预警功能，通信时延应当在几毫秒内；二是高可靠性，出于安全驾驶要求，相较于普通通信，智能无人驾驶需要更高的可靠性。同时，由于车辆处于高速运动状态，信号需要在能够支持高速运动的基础上实现高可靠性。随着无人驾驶车数量的增多，车联网的数据量也将越来越大，对于时延和可靠性的要求也将越来越高。应用移动边缘计算后，由于移动边缘计算的位置特征，数据可以就近存储于车辆附近位置，因此可以降低时延，非常适合无人驾驶汽车防碰撞、事故警告等时延标准要求极高的业务类型。

在车辆高速度运动过程中，位置信息变化十分迅速。而最末端的移动边缘计算服务器还可以置于车身上，能够精确地实时感知车辆位置的变动，提高通信的可靠性。移动边缘计算服务器对无人驾驶汽车数据实时进行数据处理和分析，并将分析所得结果以极低延迟（通常是毫秒级）传送给临近区域内的其他联网车辆人，以便车辆做出决策。这种方式比其他处理方式更便捷、更自主、更可靠。智能无人驾驶汽车发展潜力巨大。移动边缘计算通过在移动网络边缘提供 IT 服务环境和云计算能力，可以减少对网络资源的无效占用，增加实时通信连接的可用带宽，降低服务交付的时延。5G 时代已到来，移动边缘计算可以较好地满足智能无人驾驶的通信连接以及数据处理和存储的需要，必将对无人驾驶汽车的发展起到重大支撑和推动作用。

车联网可以实现道路危险预警、减少道路拥堵并提升智能交通的安全性，同时还可以为驾驶员提供其他增值服务，例如，寻找车辆位置、停车位导航以及娱乐服务等。现在，我国车联网技术已在乌镇等地部署试点。可以预见，未来将有越来越多的车辆通过 DSRC 或 LTE-V2X 实现互联。超视距的信息互通将使智能交通变得更加安全和高效，但与此同时，由车联网信息交换产生的数据量也会是巨大的。而且，虽然 LTE 网络已经可以将车辆到车辆的延时控制在 100ms 以下，但在车联网的应用中，预警信息越早到达就越可以为驾驶员或自动驾驶系统留出更充足的反应和判断时间，从而在最大程度上保证安全出行。例如，车辆到基础设施的信息传输，在某些应用场景下其时延甚至需要低于 10ms。数据的就近处理和下发在车联网的应用中变得极为重要，不仅可以降低时延，也能减少网络传输的压力和所需的数据带宽。MEC 可以将汽车云分散部署到网络边缘的移动基站中，在靠近网络边缘的基站中为应用程序提供服务器，使数据的处理尽可能地靠近车辆和道路传感器，从而减少数据的往返时间。移动边缘计算的服务器端应用可以直接从车辆和路面传感器的应用程序中获取本地消息，通过算法分析后识别其中的需要近乎实时传输的高风险数据和敏感信息，并将预警消息直接下发至该区域的其他车辆，使附近汽车可以在20ms内接收预警，驾驶员将有更多反应时间并处理突发情况。例如，躲避危险、减速行驶或改变线路等。服务器端应用也可以快速通知在附近其他移动边缘计算服务器上运行的应用程序，使危险告警传播到更广泛的区域，便于驾驶员提前决策，降低道路拥堵的可能。对于复杂情况，服务器端应用将把本地信息发送到连接的汽车云上进行进一步的统筹处理，以获取更多的帮助和支援。

MEC的实际部署需要在体验和效率之间进行平衡，一方面，MEC越靠近基站则中间环节越少，体验就越好；另一方面，越靠近基站，同时接入的用户就会变少，节点的使用效率会有所降低。同时，MEC也要根据场景化的业务需求来决定部署位置，例如，对于一些企业要求私有云数据不出园区的需求，这时的MEC就应该部署在企业园区内。再如，一些体育场馆为场内用户提供赛场回放、参与互动、在线购买以及位置服务等定制业务，这时就需要MEC部署在场馆内。综合以上需求，MEC应该根据业务需求和资源高效的原则部署在城域网边缘到基站之间的位置，例如，在一些特定场所、园区内。